Thomas Böhm

Die manipulierte Evolution

Thomas Böhm

Die manipulierte
EVOLUTION

*Wie unsere Gesellschaft
den genetischen Code verändert*

braumüller

Der Autor verwendet aus Gründen der besseren Lesbarkeit keine geschlechtsneutralen Formen. Die weibliche Form – „Patientinnen", „Ärztinnen" etc. – ist stets mitgemeint.

Bibliografische Information der Deutschen Nationalbibliothek
Die Deutsche Nationalbibliothek verzeichnet diese Publikation in der Deutschen Nationalbibliografie; detaillierte bibliografische Daten sind im Internet über http: // dnb.d-nb.de abrufbar.

Printed in Austria

Alle Rechte, insbesondere das Recht der Vervielfältigung und Verbreitung sowie der Übersetzung, vorbehalten. Kein Teil des Werkes darf in irgendeiner Form (durch Fotokopie, Mikrofilm oder ein anderes Verfahren) ohne schriftliche Genehmigung des Verlages reproduziert oder unter Verwendung elektronischer Systeme gespeichert, verarbeitet, vervielfältigt oder verbreitet werden.

Die Wiedergabe von Gebrauchsnamen, Handelsnamen, Warenbezeichnungen usw. in diesem Werk berechtigt auch ohne besondere Kennzeichnung nicht zu der Annahme, dass solche Namen im Sinne der Warenzeichen- und Markenschutzgesetzgebung als frei zu betrachten wären und daher von jedermann benutzt werden dürften.

1. Auflage 2013
© 2013 by Braumüller GmbH
Servitengasse 5, A-1090 Wien

www.braumueller.at

Lektorat: Franz R. Tettinger
Coverfoto: enot_poloskun / istockphoto.com
Druck: Druckerei Theiss GmbH, A-9431 St. Stefan im Lavanttal
ISBN 978-3-99100-108-9

Inhalt

Einleitung für ein *anderes* Evolutionsbuch 9
Genetic Engineering – Wissenschaft oder Science-Fiction? 13
Was darf man sich unter Evolution überhaupt vorstellen? 19
Evolution braucht kein GPS 23
Nobody is perfect, auch die Evolution nicht 24
Meme und viele Fragen 26

Milchzucker und Rachitis 29
Laktose-Intoleranz 29
Was hat Rachitis mit Evolution zu tun? 33

Infektionskrankheiten als hyperaktive Evolutionsmaschinen 39
David gegen Goliath oder Bakterium gegen Mensch 39
Resistente Bakterien – die tödliche Gefahr 46
Wie Bakterien mit menschlichen Zellen interagieren 58
Malaria-Plasmodien – die tödlichen Meister
  der intimen Interaktion 59
Wenn eine Krankheit vor der anderen schützt 61
Warum zystische Fibrose die häufigste tödliche
  genetische Erkrankung ist 64
De-Selektionsstrategie für Antibiotika 67
Behandlung von Infektionskrankheiten
  ohne Selektionsdruck – möglich? 69
Wie lässt sich das „Kuscheln" mit Bakterien unterbinden? 70

Impfstoffe und Evolution 75
Pneumokokken im Kampf gegen den Impfstoff –
  Evolution in der Mundhöhle 78
Warum funktionieren Impfungen? 80

HIV ist ohne Evolution nicht zu verstehen ... 85
Der erste Kontakt und der faszinierende
Lebenszyklus von HIV ... 85
Der direkte Angriff führt zur Resistenzentwicklung ... 87
Die elegant-ästhetische Strategie im Kampf gegen HIV ... 89
Resistente Menschen – die exzessive Selektion
schützender Mutationen ... 90

Die Hygiene-Hypothese und ihre Bedeutung für Therapie und Prävention ... 95
Der mögliche Nutzen für den Menschen ... 97

Partnerwahl, Reproduktion, Kinderzahl und künstliche Befruchtung – oder die letzte Hoffnung auf Unsterblichkeit ... 101
Hunger im bayerischen Dorf ... 101
Warum gibt es Geschlechter? ... 108
Pair Bonding und Partnerwahl mittels Riechtest ... 110
Das Brustkrebsrisiko zölibatärer Frauen und warum
der Zeitpunkt der ersten Menstruation schwankt ... 119
Entkopplung von Pubertät und Gehirn –
was Eltern schon immer ahnten ... 125
Frauen und Männer und ihr Beitrag
zu Schwangerschaftsrisiken ... 132
Der Preis für künstliche Befruchtung –
oder die Einlösung der Evolutionsschuld ... 142
Zufall oder Großmutterhypothese? –
Vom Sinn oder Unsinn der Menopause ... 148

Der evolutionäre Konflikt zwischen Mutter und Kind ... 151
Menstruation, selektive Abtreibung
und ein makaberer Wettstreit ... 151
Mangelzustand in utero –
die Rechnung kommt Jahrzehnte später ... 154
Der Kampf um die Blutversorgung ... 157
Warum haben menschliche Babys einen so hohen Fettanteil? ... 161

Sexuelle Selektion, Aggression und Depression ... 165
Die Mechanismen sexueller Selektion ... 166
Sexuelle Selektion als Ursprung männlicher
 Aggressivität und Gewalt ... 173

Lifestyle, Ernährung und Hyperkonsum – die Evolution schlägt zurück ... 185
Warum Supermärkte keine gute Erfindung waren ... 185
Energieverbrauch vom Krankenhauspatienten
 bis zum Tour-de-France-Radfahrer ... 189
Modernes (Fr)Essverhalten und die Nahrungsmittelverfettung ... 192
Die erschreckenden Folgen – aber kein Ende in Sicht? ... 196
Wie Evolution gegen Fettleibigkeit vorgeht –
 die evolutionäre Geburtenkontrolle ... 204

Krebsbehandlung ohne Evolutionsverständnis ist undenkbar ... 217
Die ersten Lebensjahre von Krebszellen ... 220
Das Fehlen des Selektionsdrucks ... 224
Immunüberwachung – die zweischneidige
 Rolle des Immunsystems ... 227
Expansives Krebswachstum durch Gefäßneubildung ... 230
Das Grundprinzip der traditionellen Krebstherapie ... 232
Das bessere Krebstherapiekonzept ... 237

Gehirn, Gesellschaft und Evolution ... 243
Die unausweichliche Expansion
 des menschlichen Schädels ... 244
Die Suche nach dem nicht existenten Intelligenzgen ... 253
Kindermangel bei Karrierefrauen und -männern
 und die Konsequenzen ... 260
Nordamerikas Experiment mit der Intelligenz –
 Heranzüchten einer kognitiven Elite ... 264

Verhaltensmuster abseits der gesellschaftlichen Norm(-alität) – die ultimativen Geißeln der Menschheit ... 269
Liegt der Anstieg von Verhaltensauffälligkeiten
in unseren Genen?... 269
Verhaltensauffälligkeiten – was ist das eigentlich
und warum gibt es sie?... 271
Die Kosten mentaler Variabilität... 274
Die Wurzel des Übels – Emotionen als Spielwiese
von Verhaltensauffälligkeiten... 279
Psychische Krankheiten –
Widerspruch und Unmöglichkeit?... 280
Drei Hypothesen, aber nur eine stimmt!... 282
Fruchtbarkeit von psychisch Kranken... 289
Erfolg und Misserfolg therapeutischer Intervention... 291
Antipsychotika-Behandlung von Schizophrenie... 295
Depression als therapeutische Herausforderung... 297
Benzos – die vermeintlichen Wundermedikamente... 302
Szenarien mit unterschiedlichen Folgen... 304
Suchtverhalten als evolutionäres Geschenk... 307
Monetäre und soziale Kosten... 309
Genetische Überlegungen zur Alkoholsucht... 318

Ein kritisches Schlusswort ... 321

Danksagung... 327

Literatur... 329
Internetquellen... 336

Einleitung für ein *anderes* Evolutionsbuch

Nothing in biology makes sense except in the light of evolution.

Nichts in der Biologie hat Sinn, außer aus dem Blickwinkel der Evolution.

Dobzhansky 1973

In diesem häufig zitierten, aber vermutlich zu wenig hinterfragten Ausspruch wird der Begriff Biologie immer wieder durch das Wort Medizin ersetzt. Beide Varianten – die erste weniger als die zweite – sind polarisierend und übertrieben, wobei doch ausreichend Wahrheit aus dem Satz gelesen werden kann, um beide Versionen zu rechtfertigen.

2009 wurde der 150. Jahrestag der Veröffentlichung von Charles Darwins *On the Origin of Species* (Über die Entstehung der Arten), der „Bibel" der Evolutionsforscher, gefeiert. Der Wahrheitsgehalt beider Meisterwerke ist allerdings nicht zu vergleichen. Darwins Arbeit basiert auf jahrhundertelanger wissenschaftlicher Datensammlung und Analyse, wurde unzählige Male reproduziert, ständig bestätigt, erweitert und bislang noch nie falsifiziert. Damit ist eines der wichtigsten Kriterien wissenschaftlicher Arbeit erfüllt. Das kann über die Bibel nicht behauptet werden.

Es dauerte etwa 20 Jahre, bevor Darwin den Mut oder die Zeit fand, das „Buch der Biologiebücher" der Öffentlichkeit zugängig zu machen. Ein Brief von Alfred Russel Wallace mit ähnlichen Ansichten über die Entstehung der Arten dürfte Darwins Entscheidung erheblich beschleunigt haben. Und das Buch wurde ein Bestseller: Die erste Auflage war bereits am ersten Tag ausverkauft und erregte die Gemüter damals ebenso wie heute – wobei die Aufregung gegenwärtig unverständlich ist, wenn man den ungeheuren Wissenszuwachs im letzten Jahrhundert mit unzähligen Bestätigungen des Evolutionsprozesses betrachtet.

Im Jahre 2006 waren 44% der US-Amerikaner überzeugt, dass Gott vor circa 10.000 Jahren die Welt und zur gleichen Zeit den Menschen in der jetzigen Form erschaffen habe. 36% waren der Meinung, dass Menschen sich zwar über einen Zeitraum von Millionen von Jahren entwickelt hätten, aber unter der Ägide von Gott. Damit glaubten im Jahre 2006 noch etwa 80% der US-Amerikaner daran, dass Gott existiert und uns geschaffen hat (vgl. Dawkins, 2009: 429). Diese Zahlen bleiben seit 1982 stabil. In Europa sind die zahlenmäßigen Ergebnisse einer vergleichbaren Umfrage etwas niedriger, aber immer noch erschreckend genug.

Obwohl Wissenschaft von Zweifel in vielen Fällen profitieren kann und Disput, mitunter auch heftige Diskussionen, in einem Wahrheitsfindungsprozess wichtig sind (vgl. Sunstein, 2003), wäre es absurd, die Richtigkeit der Evolutionstheorie und ihrer Grundideen anzuzweifeln. Ich werde Verfechtern von Kreationismus oder *Intelligent Design* in diesem Buch keinen Platz einräumen, weil es meine Überzeugung ist, dass deren Argumente jeglicher Grundlage wissenschaftlichen Denkens entbehren und ein nutzbringender Dialog daher nicht stattfinden kann. Berühmte Evolutionsforscher wie Richard Dawkins und Jerry Coyne, vor allem der Erstgenannte, haben sich mitunter heftig und kampflustig mit dieser Thematik auseinandersetzen müssen, aber was haben sie damit erreicht? Auch der österreichische Kardinal Schönborn hat bedauerlicherweise „Evolution" nicht verstanden, wie einem Satz, der in der „New York Times" zitiert wurde, zu entnehmen ist: „Jedes Denksystem, das die überwältigende Evidenz für einen Plan in der Biologie leugnet oder wegzuerklären versucht, ist Ideologie, nicht Wissenschaft, (…) eine Abdankung der menschlichen Vernunft" (Langenbach, 2008). Diese Aussage entbehrt ebenfalls jeglicher Grundlage für einen interessanten Gedankenaustausch, also werde ich auf diese Thematik nicht näher eingehen.

Leben wir eigentlich in einer Gesellschaft, in der wissenschaftlich erhobene Daten, so sie vorhanden sind, für wichtige Entscheidungen herangezogen werden? In vielen Bereichen ist das nicht notwendig, vielfach sogar gar nicht möglich. Ich stimme mit Konrad Paul Liessmann überein, der zwar in einem anderen Kontext, aber treffend von einer „Desinformationsgesellschaft" spricht (vgl. Liessmann, 2008: 27): „[D]as Wissen dieser Gesellschaft hat nichts mit dem zu tun, was in der europäischen Tradition seit der Antike mit den Tugenden der Einsicht, lebenspraktischen Klugheit, letztlich mit Weisheit assoziiert wurde." (Liessmann, 2008: 26). Höchst problematisch ist die als mediale Wissensvermittlung getarnte pure Trivialität und reine Unterhaltung – sei es via Print, Internet, TV oder Radio. Wie sollen wichtige Probleme unserer Zeit gelöst werden, wenn kein oder nur mangelndes Interesse in einer Gesellschaft vorhanden ist, sich mit Wissen, Wissenserlangung und Wissenserzeugung zu beschäftigen? Woher soll der wissenshungrige Jugendliche kommen, der schwierige Fragestellungen lösen will? Eine App, die wissenshungrige Menschen aufspürt, ist mir nicht untergekommen, eine „Wir suchen den nächsten Top-Wissenschafter"-Show ebenfalls nicht.

Warum also dieses Buch? Beim Lesen zahlreicher Publikationen zum Thema Evolution entwickelte ich das Gefühl, dass ein für mich essenzieller Aspekt der Evolution einfach nicht genug Platz bekommt und vielfach sogar vollständig ignoriert wurde und wird, obwohl damit die enorme Relevanz dieses Themas wesentlich besser dargestellt werden könnte: Es fehlte in fast allen Büchern die Frage, welche Rolle die Evolution hier und jetzt für den Menschen und seine Gesundheit spielt. Ich persönlich bin weniger daran interessiert, wie sich die Schnäbel der Galapagosfinken über Tausende von Jahren entwickeln oder wie eng Indohyus, Pakicetus und Balaena, Übergangsformen in der Evolution von Walen, miteinander verwandt sind und so weiter und so fort; vielmehr mache ich mich in vorliegendem Buch bewusst für einen Anthropozentrismus stark. Das Wort άνθρωπος (ánthropos) kommt aus dem Altgriechischen und bedeutet einfach „Mensch". Schimpansen kommen bei meinen Überlegungen kaum vor – wer wissen möchte, wie sehr wir uns von unseren entfernten Vorfahren unterscheiden, findet dazu genug Literatur (bspw. Pollard 2009, de Waal 2006). Nach meiner Kenntnis existieren gegenwärtig nur drei Bücher über das Thema „Medizin und Evolution", dabei handelt es sich jedoch um explizite Fach-, keine gut verständlichen

Sachbücher. Zudem konzentrieren sich die Werke zum Teil stark auf den biologischen Aspekt von Evolution und sind daher schwer zu verdauen beziehungsweise in Teilen schlicht unverständlich. Mein Anspruch ist das Gegenteil: Ich möchte die Komplexität des Themas aufbereiten und verständlich vermitteln. Des Weiteren will ich mich speziell mit jenen gesellschaftlichen Entwicklungen auseinandersetzen, die eine Veränderung des menschlichen genetisches Codes, also der genetischen Information, die in fast jeder Zelle des menschlichen Körpers gespeichert ist, sicherlich induzieren werden oder induzieren könnten.

Stephen Palumbi, der Leiter der Hopkins Marine Station der Universität Stanford, beschrieb den Menschen in einem exzellenten Artikel als die größte evolutionäre Kraft in der Welt (vgl. Palumbi, 2001: 1786–1790). Er verurteilt die Menschheit dabei nicht, obwohl sie es sicherlich verdient hätte. Ich hingegen schrecke nicht davor zurück, den Menschen per se als den größten Täter in diesem potenziell tödlichen Spiel anzuklagen. Ein Opfer festzusetzen ist erheblich komplizierter. Erderwärmung, Übersäuerung und Verschmutzung der Ozeane, allgemeine Umweltverschmutzung, ungleiche Nahrungsmittelverteilung, mangelnde Bereitstellung von Trinkwasser für Millionen von Menschen, exzessive kapitalistisch getriebene Globalisierung und andere menschlich verursachte Veränderungen wirken sich zweifellos auf die Evolution unzähliger Spezies aus, auch auf den Menschen selbst.

Viele Lebewesen können diese Belastungen nicht ertragen und werden aussterben, einige auch neu entstehen, aber diese Thematik soll hier nicht analysiert werden. Dazu bedarf es zahlreicher Annahmen und Vorhersagen aufgrund komplexer Sachzusammenhänge. Bei der Verwendung einer Kristallkugel fühle ich mich unwohl, trotzdem ist es bei einem Thema dieser Art unumgänglich, in manchen Bereichen auf Intuition und möglichst logische, rationale, wissenschaftlich fundierte Vermutungen zurückzugreifen. Dies mag wie ein Widerspruch erscheinen, eine eindeutige Wahrheit gibt es aber wie überall im Leben nur selten. Der übermäßige Gebrauch digitaler Geräte mit ihrer binären Logik mag zu derartig vereinfachten Denkmustern führen. Den Urknall hat es gegeben oder nicht, aber die voraussichtlichen

Auswirkungen maßloser Antibiotikaverwendung kann man nicht in Ja-oder-Nein-Fragen beschreiben.

Mein Fokus ist auf jene Evolutionskräfte gerichtet, bei denen der Mensch im Mittelpunkt steht, wobei es sekundär ist, ob er gleichzeitig Täter und Opfer oder nur Opfer ist. Der rasante Anstieg resistenter Bakterien wird vielfach durch Handlungen des Menschen mit verursacht, gleichzeitig aber ist er das Opfer nicht behandelbarer Infektionskrankheiten. Bei der vielfach tödlichen Evolution von Krebszellen im Körper eines Individuums über Jahre oder Jahrzehnte trifft den Menschen oft definitiv keinerlei Schuld, wenn die Krebsauslösung durch Rauchen, ungesunde Ernährung oder andere Verhaltensweisen, die eine Krebsinduktion wahrscheinlich machen, nicht miteinbezogen werden. Nach dem Entstehen einer Krebserkrankung läuft die darwinistische Selektion von Krebszellen autonom im Körper ab, hier bleiben wir macht- und schuldlos. Ein besser ausgeprägtes Verstehen dieser Zusammenhänge erlaubt uns aber, evolutionskonforme Therapieansätze zu verfolgen, ähnlich wie bei Infektionskrankheiten. Beide werden ausführlich in späteren Kapiteln dargestellt. Sowohl bei der Entwicklung von resistenten Bakterien als auch bei Krebs kommt es zu genetischen Veränderungen, nicht nur, aber auch im menschlichen Genom. Auch deren Auswirkungen werde ich darstellen.

Genetic Engineering – Wissenschaft oder Science-Fiction?

Dem *Genetic Engineering*, der bewussten Manipulation von genetischer Information, um Menschen mit vordefinierten, gewünschten Eigenschaften zu erschaffen, wird kein eigenes Kapitel gewidmet. Dies entspringt der Absicht, glaubwürdige Wissenschaft in den Vordergrund zu stellen und keine Science-Fiction zu betreiben, in deren Bereich das *Genetic Engineering* nach wie vor fällt. Das Heranzüchten von Menschen durch bewusste Auswahl, „wer mit wem" kopulieren darf, ist natürlich moralisch strikt abzulehnen – auch wenn wahrscheinlich geschichtlich belegbare Fälle zu finden wären. Dass eine solche Vorgangsweise ebenso wie bei Hunden, Pferden oder anderen

Tieren wie auch immer definierte „Erfolge" liefern würde, bleibt davon jedoch unberührt, zumindest sehe ich keine sich stark aufdrängenden wissenschaftlich-medizinischen Gründe, warum dem nicht so sein sollte.

Die Komplexität von Hunden oder Rindern kann offensichtlich nicht mit der des Menschen verglichen werden, muskulär noch eher als kognitiv. Ein menschlicher Muskelprotz sollte jedenfalls genauso selektionierbar sein wie das *Belgian-Blue*-Rind, ein im Vergleich zu einem normalen Rind vor Muskelmasse strotzendes Ungeheuer. Das *Belgian-Blue*-Rind weist eine genetische Veränderung auf, die die Hemmung des Muskelwachstums blockiert – dieser Faktor wird als Myostatin bezeichnet –, und damit ist Muskelwachstum beinahe uneingeschränkt möglich. Es gibt auch eine „Schwarzenegger-Maus", die durch eine vergleichbare genetische Veränderung überproportional muskulär gemacht worden ist. Inwieweit bei etwaigen menschlichen Selektionsabenteuern andere, unerwünschte Merkmale auftreten könnten, weiß zum Glück niemand. Zum Beispiel könnte höhere Aggressivität oder eine früher auftretende Neigung zum Herzinfarkt eine Konsequenz erhöhter Muskelmasse sein.

Es besteht kein Zweifel, dass geistige und körperliche Eigenschaften weitervererbt werden, aber wie weit das getrieben werden kann, werden wir wohl nie erfahren. Ob es derartige Versuche am Menschen tatsächlich gegeben hat, ist unklar. Dass Kinder und Jugendliche in manchen politischen Systemen gezielt ausgewählt und in der Folge mit äußerst bedenklichen Mitteln zu sportlichen Höchstleistungen getrimmt wurden, daran besteht wahrscheinlich kein Zweifel, aber das hat mit dieser Thematik wenig zu tun, wenn dabei nicht auch Versuche stattfanden, Folgegenerationen durch gezielte Paarung „heranzuzüchten". Hoffentlich war dem nicht so. Die lange Generationsdauer beim Menschen ist glücklicherweise ein Hindernis für derartige, überaus problematische Versuche. Reflektiert man jedoch über die dunklen Seiten der menschlichen Seele, kann die Verwunderung nicht allzu groß sein, sollte sich die Existenz derartiger Experimente tatsächlich herausstellen. Womöglich wird sogar schon jetzt daran gearbeitet: Atombombenversuche sind sehr einfach aufzudecken, die Herstellung biologischer Waffen schon wesentlich schwieriger nachzuweisen, auch wenn sie technisch hoch kompliziert zu entwickeln sind, aber das Züchten von Super-Menschen wird niemandem auffallen, sicherlich nicht im kleinen Rahmen – außer vielleicht, wenn in einer Fußballmannschaft alle Spieler die gleiche muskuläre Statur aufweisen würden.

Dennoch: Auch wenn in den letzten Jahren Wissenschafter aus verschiedenen Disziplinen – am häufigsten vielleicht Vertreter aus der Stammzellenforschung – mit konkreten Gedanken über *Genetic Engineering* in den Medien präsent waren, liegt die Realisierung noch weit in der Zukunft. Man muss solche Aussagen eher als eine Art PR-Maßnahme ansehen, um sich neue finanzielle Mittel zu erschließen, die mit ernsthaftem wissenschaftlich-medizinischem Fortschritt wenig zu tun haben. Es ist immer wieder absurd, wenn das superintelligente Kind oder der nächste Michael Phelps versprochen werden. Absurd auch, weil die Wissenschaft derzeit noch nicht einmal fähig ist, die einfachsten genetischen Krankheiten adäquat zu behandeln, und noch weniger, sie zu heilen. „Einfach" heißt in diesem Zusammenhang, dass nur eine einzige genetische Veränderung oder Mutation (aus dem lateinischen *mutare*, sich verändern) für schwerste Krankheitsbilder verantwortlich ist; bei der Zuckerkrankheit oder Schizophrenie zum Beispiel sind Dutzende, vielleicht Hunderte Gene beteiligt, und wie diese zusammenarbeiten, versteht die Forschung noch nicht. Es gibt Tausende von monogenetischen Krankheiten mit Millionen extrem beeinträchtigter und leidender Menschen, die teilweise schon in der frühen Kindheit sterben müssen. Vielfach sind wir völlig hilflos, den Krankheitsverlauf zu beeinflussen. Ausnahmen kommen vor, aber Heilung durch genetische Manipulation ist extrem selten. Dieser mangelnden Therapieerfolge trotz Milliardeninvestitionen in die Erforschung vieler Krankheiten – allen voran Krebs mit einer sich über Jahrzehnte nicht offensichtlich verändernden Sterblichkeitsrate (siehe Kapitel „Krebsbehandlung ohne Evolutionsverständnis ist undenkbar", Seite 218–219) – dürfte man sich nicht bewusst sein, denn die Komplexität von *Genetic Engineering* ist um ein Vielfaches höher. Hier ist Realismus angebracht – und dieser gründet nicht in einem Mangel an Visionen, Negativismus oder einer existenziellen depressiven Grundstimmung.

Den Journalisten kann man wegen der Verbreitung unsachlicher Sensationsberichte über die Möglichkeiten des *Genetic Enginieering* keinen Vorwurf machen; einer Gesellschaft, die sich gegen eine Übermacht der Medien nicht mehr wehrt und dadurch mundtot geworden ist, allerdings schon. Wer kontrolliert die Medien in ihrer Qualität? Sollte es wirklich nur der Leser sein? Es muss jedenfalls eine überaus schmerzhafte Kränkung für Menschen sein, die an genetischen Krankheiten leiden, wenn sie aus Medien erfahren, dass sich in Zukunft Athleten mit genetisch veränderter Muskulatur die Medaillen bei den nächsten Olympischen Spielen untereinander aufteilen werden oder vergleichbar Absurdes. Die Optimierung von Muskulatur verlangt eine enorm komplexe Koordinierung von unzähligen physiologischen Prozessen. Das soll durch genetische Manipulation möglich sein? Nein, so weit ist es noch lange nicht!

Ich hoffe aber, dass die Korrektur einzelner Mutationen, zum Beispiel in Spermien für die Vermeidung von schweren genetischen Krankheiten, in naher Zukunft möglich sein wird. Jegliche bewusste genetische Veränderung von Spermien setzt natürlich voraus, dass man die Wahrscheinlichkeit abschätzen kann, gleichzeitig zusätzliche genetische Veränderungen mit möglichen schwerwiegenden Folgen bei den Nachkommen zu verursachen.

Die künstliche Befruchtung erhöht die Entstehungsrate von mitunter schweren genetischen Krankheiten bei den so gezeugten Kindern signifikant. Zugegeben, die Raten sind noch überaus niedrig, aber wenn man sich die steigende Zahl von „künstlich" gezeugten Kindern vor Augen führt, kann man diese Entwicklung nicht länger ignorieren. Die Ursachen für dieses Phänomen sind nicht wirklich bekannt. Bei keiner der gängigen Varianten der künstlichen Befruchtung kommt es zu einer Manipulation innerhalb der Spermien oder Eizellen, auch wenn die verabreichten Hormone natürlich Signale im Inneren der befruchteten Eizelle induzieren. Trotzdem ist es unwahrscheinlich, dass eine hormonelle Behandlung genetische Information umbauen kann.

Künstliche Befruchtung verändert das menschliche Genom. „Genom" ist der Überbegriff für das gesamte „genetische Buch" innerhalb der Zelle. Die wichtigste Komponente des Genoms ist die

Erbsubstanz oder DNS, die Desoxyribonukleinsäure, die aus vier verschiedenen Subkomponenten besteht: Adenin, Guanin, Cytosin und Thymin, den Grundbausteinen des Lebens. Darin sind (fast) alle genetischen Eigenschaften niedergeschrieben, und ich verwende dementsprechend den Ausdruck „genetisches Buch" oder „Lebensbuch". Eine Informationsanalyse des gesamten genetischen Buches jedes Einzelnen könnte bald finanzierbar sein, was jedoch nicht bedeutet, die Wahrscheinlichkeit einer Krankheitsentstehung oder einer manifesten, das heißt klinisch erkennbaren Krankheit genau berechnen zu können. Das Vorhandensein von Veränderungen im genetischen Bauplan muss nicht immer zum tatsächlichen Auftreten der Krankheit führen. Ein komplexes Zusammenspiel zwischen vielen Genen und unzählige Umwelteinflüsse spielen hierbei eine wichtige Rolle. Sie können das Erscheinungsbild der Krankheit stark beeinflussen.

Zurück zur Verhinderung von Krankheiten durch genetische Manipulation. Die Manipulation der Spermien oder der Eizellen wäre, wenn man an künstliche Befruchtung denkt, nicht die größte Hürde. Das Ausschließen zusätzlicher Veränderungen und damit schlimmer, unvorhersehbarer Nebenwirkungen birgt jedoch noch beachtliche Probleme. Die einzige mir bekannte erfolgreiche genetische Manipulation ist die Behandlung einer schweren, unbehandelt früh tödlich verlaufenden Immunschwäche-Krankheit, der sogenannten *Bubble-Boy*-Krankheit, an einigen wenigen Kindern. Aber bei dieser Krankheit müssen relativ leicht zugängliche Knochenmarkszellen verändert werden und dadurch ist die Komplexität entscheidend geringer. Bis jetzt ist dies das einzige erfolgreiche Beispiel, und ohne Probleme läuft auch diese Behandlung nicht ab: Es wurden bei den betroffenen Kindern Formen von Blutkrebs induziert, weil ein kleiner Prozentsatz von manipulierten Zellen einen starken Überlebens- und Selektionsvorteil hatte. Erfreulicherweise waren diese induzierten Blutkrebsformen gut behandelbar.

Einige Passagen in diesem Buch könnten bei manchen Lesern den Eindruck erwecken, ich machte mich eugenischer Gedanken schuldig – die Eugenik steht frei übersetzt für „gute Gene", noch freier für „bessere oder überlegene Gene" und bezeichnet einen Denkansatz, der die Verbesserung des menschlichen Erbguts zum Ziel hat. Davon distanziere ich mich nicht nur aus offensichtlichen ethisch-moralischen Überlegungen, sondern allein schon darum, weil der Mensch ein so ungemein komplexes System ist, dass für die Resultate derartiger Eingriffe in vielen Fällen keine seriösen Vorhersagen möglich sind, weswegen jede bewusste Manipulation kategorisch abgelehnt werden muss. Sie wäre schlicht unverantwortlich, weil ihre Folgen nach derzeitigem Wissensstand nicht abschätzbar sind.

Dennoch sollte eine sicherlich vorhandene Tabuisierung dieser Thematik nicht zu ihrem Verschweigen führen. Die Weitergabe von elterlichen Genen, die mit einer entsprechenden Wahrscheinlichkeit eine Krankheit bei den Kindern auslösen könnten, ist eine ethisch-moralische Zwickmühle höchsten Grades. Bedauernswerte Eltern, die aber doch jede vorhandene Information detailliert dargestellt bekommen sollen, um dann eine Entscheidung in die eine oder andere Richtung treffen zu können. Wenn jemand bevorzugt, keine Informationen zu bekommen, muss dies ebenso akzeptiert werden. Ethisch-moralische Beeinflussung von Eltern durch moralisierende und normative, nicht rational wissenschaftlich fundierte Betrachtungen sind abzulehnen. Wissenschaftliches Denken stellt keine normativen Ansprüche, es sollte auch nicht einen Verhaltenskodex aufgrund von Datenanalyse postulieren. Nur die Gesellschaft in ihrer ambivalenten, kulturell-soziologischen Zwangsjacke interpretiert Daten als „gut" oder „schlecht". Die Wissenschaft darf das nicht tun, denn ein Wissenschafter ist zwar selbstverständlich berechtigt, eine Meinung zu vertreten, es darf jedoch nicht dazu kommen, dass dadurch gefilterte Daten verwendet werden. Alle Daten müssen auf den Tisch und dann kann jeder für sich selbst entscheiden.

Die diesen Sätzen teils verborgen, teils sehr offen innewohnende Naivität ist mir durchaus bewusst. Es steht aber fest, dass auch komplizierte wissenschaftliche Zusammenhänge allgemein verständlich erklärt werden können und immer häufiger von unabhängigen Wissenschaftsgremien Empfehlungen zusammengestellt werden. So ist der Patient nicht von der Interpretation eines Arztes oder einiger weniger Ärzte oder Wissenschafter abhängig.

Was darf man sich unter Evolution überhaupt vorstellen?

Dieses Buch ist keine Einführung in klassische Evolution und Selektion, aber es erklärt die wichtigsten Aspekte auf einem allgemein verständlichen Niveau. Damit sollte das Buch auch ohne Evolutionsvorwissen leicht lesbar sein. Für jene, die sich umfassender informieren wollen, steht diverse Literatur über die Grundlagen der Evolutionslehre zur Verfügung.

Was versteht man nun unter Evolution? Drei Voraussetzungen für Evolution müssen gegeben sein, die im Folgenden beschrieben werden: Variabilität, Selektion und Vererbung.

Variabilität

Gruppen von Menschen, Tieren, Bakterien oder anderen sich reproduzierenden Lebensformen dürfen genetisch nicht identisch sein, weil es sonst zu keiner Selektion von bestimmten Eigenschaften kommen kann. Der variable genetische Code ist das Werkzeug der Evolution. Allzu leichte Manipulierbarkeit der genetischen Information ist allerdings mit komplexen Lebensformen nicht vereinbar, weil zu viele lebenswichtige Funktionen gestört werden könnten. Die Variabilität des genetischen Buches beim Menschen ist also im Vergleich zu Bakterien oder Viren vielfach geringer. Die hohe genetische Instabilität von bestimmten Viren, allen voran von dem humanen Immunschwäche-Virus (HIV, Verursacher von Aids) oder dem Hepatitis-C-Virus (HCV) sind Beispiele enormer Diversität. Viele unterschiedliche Varianten sind während einer aktiven HIV- oder HCV-Infektion im Körper von Patienten nachweisbar. Aus dieser Vielfalt wird darwinistische Auswahl betrieben. Diese genetische Flexibilität ist einer der entscheidenden Gründe, weshalb die Entwicklung von Impfstoffen gegen HIV und HCV nur schwer möglich sein wird.

Selektion

Das zweite essenzielle Merkmal von Evolution ist das Vorhandensein einer Selektion, also Auswahl, die bestimmte Eigenschaften mit erhöhter Fitness belohnt – äquivalent zur klassischen – übrigens nicht von Charles Darwin, sondern von Herbert Spencer formulierten – Phrase *Survival of the Fittest* („Überleben der Tauglichsten"). Dieser Fitnessvorteil hängt stark von den Umgebungsbedingungen ab. Überlebensselektion auf Wüstenklima in Afrika wird in Grönland keinen Vorteil mit sich bringen, und dementsprechend gibt es durchaus sichtbare Unterschiede zwischen Afrikanern und Inuit hinsichtlich Körperstatur, Muskelbeschaffenheit, Hautbeschaffenheit, Schweißdrüsenfunktion oder Temperaturregulation, wobei diese Unterscheidungsmerkmale natürlich nicht alle auf den Temperaturunterschied zurückzuführen sein müssen. Ein analoger Fall von Selektion: Wenn in einer Bakterienart nur 10 % der Population resistent gegen das Antibiotikum X sind, aber 90 % der Bakterien dagegen empfindlich, gibt es bei jeder Behandlung Millionen oder Milliarden von Bakterien im Körper des Patienten, die gegen dieses Medikament bereits unempfindlich sind. Es kommt also zu einer unbarmherzigen Selektion der resistenten 10 %, weil die sensiblen 90 % rasch getötet werden. Letztere können keine Nachkommen generieren und werden sogar von den resistenten Bakterien im wahrsten Sinne des Wortes kannibalisiert. Nach mehreren Behandlungen sind nahezu alle Bakterien resistent gegenüber Antibiotikum X. Leider ist dies kein theoretisches Beispiel. Der zumindest bei mir starkes Unwohlsein auslösende Häufigkeitsanstieg von vielen resistenten, schon weitverbreiteten Bakterienstämmen in unserer Gesellschaft in den letzten Jahrzehnten wird im Kapitel „Resistente Bakterien – die tödliche Gefahr" (ab Seite 46) diskutiert werden.

Längeres Überleben von resistenten Populationsteilen allein würde keinen Evolutionsvorteil darstellen, wenn es nicht im Vergleich zu dem nicht länger lebenden Teil einer Population mehr Nachkommen gäbe. Dieser Aspekt ist entscheidend und wird manchmal nicht richtig verstanden. Deshalb ist auch der Ausdruck „das Überleben der Tauglichsten" etwas irreführend. Überleben ist nicht gleichzusetzen mit evolutionärer Selektion. Oftmals geht Überleben Hand in Hand mit der Produktion von mehr Nachkommen, wie dies zum Beispiel bei Bakterien und meistens, aber nicht immer, bei Krebszellen oder Grippeviren der Fall ist. Gerade beim Menschen muss man bei diesen Überlegungen jedoch vorsichtig sein, weil die Frau nur über einen Zeitraum von 25 bis 30 Jahren reproduktionsfähig ist, der Mann zwar länger, aber auch mit Einschränkungen. Veränderungen, die es Männern beispielsweise erlauben würden, im Schnitt 100 statt 80 Jahre alt zu werden, sind evolutionsneutral, weil sie nicht die Zahl an Nachkommen gegenüber jenen Männern, die nur 80 Jahre alt werden, erhöhen. Schließlich gibt es nur sehr wenige Männer, die nach dem 80. Lebensjahr noch Väter werden wollen oder können.

Auch ein akuter Herzinfarkt ohne diverse Vorerkrankungen im Alter von 60 Jahren ist evolutionsneutral. Es kann zu keiner Selektion einer Population kommen, die vor Herzinfarkt mit sechzig Jahren geschützt ist: Die Anzahl der Nachkommen von Menschen mit oder ohne Herzinfarkt mit sechzig Jahren sollte identisch sein, weil alle Nachkommen vorher gezeugt wurden und damit ein hypothetisches Schutzgen nicht akkumuliert, also angereichert, werden kann. Man könnte sich aber ein Gen vorstellen, welches erhöhte Potenz im frühen Mannesalter bewirkt – und als „Gegenleistung" stirbt man dann mit 45 Jahren an Herzinfarkt. Ein derartiges Gen würde sich auf natürlichem Wege in der Population anreichern, und etwas Ähnliches gibt es tatsächlich, wie im Kapitel „Sexuelle Selektion, Aggression und Depression" beschrieben wird (siehe Seite 175).

Darwin hat sich neben dieser natürlichen Selektion besonders für die artifizielle oder künstliche Selektion interessiert und sie in seinem ersten Buch *On The Origin of Species* auch ausführlich beschrieben. Auch wenn es vielleicht nicht jedem bewusst ist, wird künstliche Selektion seit Tausenden von Jahren von Menschen betrieben, und die Zwischen- oder Endprodukte reichen vom kleinen Chihuahua-Schoßhündchen oder dem Großen Dänen, die beide vom Wolf abstammen und innerhalb weniger Jahrhunderte künstlich gezüchtet wurden, bis zur Milch-hyperproduzierenden Superkuh, die womöglich noch aus offensichtlichen Gründen süchtig nach der Melkmaschine geworden ist. (Suchtverhalten ist zu etwa 50 % erblich, aber ob es bei diesen Kühen eine Rolle spielt, ist ungeklärt.) Die Induktion von vielfach unbewusster, ungewollter artifizieller Selektion, also die Anreicherung oder Verdünnung bestimmter Genabschnitte, in der Bevölkerung durch die moderne Medizin und durch gewisse Gesellschaftstrends spielt eine wichtige Rolle in diesem Buch.

Neben der natürlichen und der künstlichen Selektion darf man nicht die sexuelle Selektion vergessen, die aber auch als eine Untervariante der natürlichen Selektion angesehen werden kann. Wenn bestimmte Frauen sich gezielt bestimmte Männer aussuchen oder umgekehrt, kommt es zu keiner zufälligen Mischung der genetischen Information, sondern die Paarung wird kontrolliert von bestimmten Charakteristika der Geschlechter. In Evolutionsbüchern gibt es ausreichend Beispiele für dieses faszinierende Grundprinzip der sexuellen Selektion. Sie kann den Größenunterschied zwischen männlichen und weiblichen Lebewesen erklären, aber auch die Gewaltbereitschaft von Männern und damit möglicherweise auch die erhöhte Todesrate von männlichen Jugendlichen und jungen Erwachsenen in unserer Gesellschaft. Die sexuelle Selektion wird später noch detaillierter betrachtet.

Vererbung

Als dritte Voraussetzung für Evolution muss der Selektionsprozess in Form genetischer Information an die nächste Generation weitergegeben werden. Im Fachjargon würde man von selektionierten Allelen sprechen, das bezeichnet einen ganz bestimmten Code, die Buchstabenreihenfolge eines oder mehrerer Gene, die dem Selektionsvorteil entsprechen. Die Anreicherung im Genpool wird durch die erhöhte Anzahl an Nachkommen erreicht. Man spricht dann von einem „Selektionsvorteil" beziehungsweise „relativer Fitness" des Individuums. Bei komplexeren Lebewesen liegt er in vielen Fällen unter 1%, aber über Hunderte von Generationen kommt es doch zu einer signifikanten Erhöhung der Genhäufigkeit in der Population.

Ein einfach zu benützendes Computerprogramm, das diese Zusammenhänge veranschaulicht, wurde von Don Alstad entwickelt. Damit können faszinierende Berechnungen durchgeführt werden (siehe Alstad, 2007). Ein 50%iger Selektionsvorteil würde beispielsweise bei asexueller Fortpflanzung, etwa bei Bakterien, bedeuten, dass drei statt zwei Nachkommen überleben. Dadurch kommt es natürlich schnell zu einer Veränderung der genetischen Zusammensetzung in dieser Population unter den gegebenen Umgebungsbedingungen, die natürlich nicht stabil sein müssen. Und deshalb variiert der Selektionsvorteil bei veränderten Rahmenbedingungen. Ein Antibiotikum kann einen sehr starken Selektionsdruck ausüben, allerdings nur, solange die Konzentration hoch genug ist. Beim Menschen ist ein Selektionsvorteil von 50 % eigentlich nicht vorstellbar, außer vielleicht bei sehr schweren Infektionskrankheiten; bei Viren oder auch Bakterien ist er hingegen leicht vorstellbar und tatsächlich belegt.

Evolution kann nicht nur über eine positive Selektion von genetischen Buchstaben, sondern auch über das Gegenteil, eine Verdünnung, also eine negative Auswahl bestimmter Eigenschaften dargestellt werden. Wenn 5 % der Individuen ein besonderes Merkmal besitzen und es zu einer negativen Selektion kommt, würden vielleicht in wenigen Generationen nur noch 3 % der Individuen diese Eigenschaften besitzen. Natürlich könnte man umgekehrt auch sagen, die 95 % hätten einen Selektionsvorteil gegenüber den 5 %. Genetische Krankheiten oder zum Beispiel eine erhöhte Anfälligkeit für bestimmte Infektionskrankheiten im Kindesalter wurden und werden kontinuierlich auf diese Weise aus unserem genetischen Buch entfernt.

Evolution braucht kein GPS

Evolution hat weder eine vorgegebene Richtung noch einen festgesetzten Plan und würde bei Wiederholung mit hoher Wahrscheinlichkeit andere Verzweigungen wählen. Wenn ein bestimmter starker Selektionsdruck herrscht, könnte man vielleicht von einer Richtung sprechen, oder wohl eher einer mutmaßlichen Richtung, aber die Details der Antwort auf die Selektionsbedingungen sind nicht vorhersagbar. Teleologisches Denken (altgr. τέλος bedeutet Ende, Spitze oder Ziel, „teleologisches Denken" stellt also das Ziel beziehungsweise den Zweck eines Vorgangs ins Zentrum) hat in ernsthaften Evolutionsüberlegungen keinen Platz. Manche Selektionsgegebenheiten können tatsächlich so gravierend sein, dass betroffene Individuen aussterben oder nur wenige von ihnen überleben. Es ist aber genauso möglich, dass die Plastizität, also die Anpassungsfähigkeit, des Organismus wunderbar damit umgehen kann und es zu keiner Selektion kommt. Unser Immunsystem besitzt eine erstaunliche Flexibilität, die unterschiedlichsten Fremdkörper, selbst ganz neuartige Viren oder Bakterien, rasch zu erkennen und entsprechend zu bekämpfen, aber perfekt kann das Immunsystem nicht sein, weil sich Mikroorganismen an die Waffen der Abwehr anpassen können. Der europäische Import von Pocken nach Nord- und Südamerika mit Infektion von Individuen, die dem Virus noch nie zuvor ausgesetzt waren, hat Millionen von indigenen Menschen das Leben gekostet. Imperialismus hat noch weitere Infektionskrankheiten verbreitet, aber auch aufseiten der Aggressoren ihren Tribut gefordert, Malaria sei erwähnt. Grippeepidemien oder -pandemien können mit geringen Symptomen verlaufen, weil das Immunsystem der heutigen Menschen – zumindest wenn sie ausreichend ernährt sind – schon sehr gut entwickelt ist, aber der Aids auslösende Virus überfordert früher oder später das Immunsystem bei einem hohen Prozentsatz der Betroffenen. Es gibt allerdings Menschen, die gegen diesen Virus resistent sind, siehe Kapitel „HIV ist ohne Evolution nicht zu verstehen" ab Seite 85. Die Evolution kennt keine vorgegebene, planbare Route, weder Endergebnis noch Zielzustand.

Nobody is perfect, auch die Evolution nicht

„Schneller, höher und weiter" trifft für Evolution nur dann zu, wenn dadurch ein Überlebensvorteil mit erhöhter Nachkommenschaft gegeben wäre. Das trifft etwa metaphorisch betrachtet bei den Auseinandersetzungen des Löwen mit der Antilope und umgekehrt über Tausende von Jahren zu. Evolution nach höherer Intelligenz gibt es heutzutage sehr wahrscheinlich nicht, weil einfach kein Selektionsdruck in diese Richtung vorhanden ist. Hat der Nobelpreisträger, angenommen er oder sie besäße höhere Intelligenz, typischerweise mehr Kinder als der Durchschnittsmensch? Die bisherige Suche nach einem dominanten Intelligenzgen oder mehreren wichtigen Intelligenzgenen war glücklicherweise erfolglos (vgl. Zimmer, 2008: 52–59). „Wichtige Gene" könnte man in diesem Zusammenhang definieren als Gene, die zu mindestens 10 % an der Intelligenz beteiligt sind. Daraus würde sich ableiten, dass nicht mehr als 10 solcher Gene gefunden werden können oder sollten, die gemeinsam für die menschliche Intelligenz verantwortlich sind. Gefunden hat man kein einziges. Ich behaupte: Dabei wird es bleiben, dieses Gen kann nicht gefunden werden, weil es nicht existiert. Zunächst einmal ist es äußerst komplex, Intelligenz überhaupt zu definieren, und dann bleibt zu diskutieren, ob sehr intelligente Menschen tatsächlich einen Selektionsvorteil hatten oder haben können. Schwere Infektionskrankheiten wie Aids, Tuberkulose und Malaria oder chronische Unterernährungszustände üben starken Selektionsdruck aus und dieser ist zumindest qualitativ messbar. Wie sieht dies aber bei der Intelligenz aus? Würde höhere Intelligenz beim Überleben helfen? Eine Grund- oder vielleicht besser formuliert praktische Intelligenz war sicher immer schon mit erhöhten Überlebenschancen verbunden, aber warum sollte die Möglichkeit, Differenzialgleichungen und dreifache Integrale zu lösen oder viele Sprachen schnell erlernen zu können, positiv selektioniert werden? Die Fähigkeiten, zu lernen, flexibel zu denken und soziale Gefühle zu entwickeln, etwa die Fähigkeit, zumindest für ein paar Jahre in einer Zweierbeziehung zu leben oder Konfrontation nicht gleich mit Mord und Totschlag zu beantworten, hatten wohl einen evolutionären Vorteil, aber sie sind im durchschnittlichen Menschen bereits mehr oder weniger ausgebildet. Ob evolutionäre Kräfte vielleicht in eine andere Richtung wirken, wird im Kapitel „Gehirn, Gesellschaft und Evolution" diskutiert (siehe ab Seite 243).

Dass wir durch Evolution schöner werden – auch dieses Kriterium ist nicht einfach zu definieren, obwohl es universelle, zeitlose Schönheitsmerkmale gibt und diese durchaus über sexuelle Selektion bevorzugt worden sein könnten –, ist auch alles andere als belegt. Mehr Einfluss hat hier gesündere Ernährung, ein ausgeglichener Lebensstil oder medizinische Maßnahmen und Hilfsmittel. Bei den letzten beiden Punkten könnte man fast schon von Betrug an der Natur und der Evolution sprechen. Eine Verschönerung der Menschheit durch evolutionäre Selektion würde nur dann eintreten, wenn überdurchschnittlich attraktive Frauen und Männer mehr Kinder als der Rest oder der Mittelwert der Population zeugen. Bei Models kann ich mir das nicht wirklich vorstellen, aber genau habe ich mich mit dieser Problematik nicht auseinandergesetzt. Vorurteile oder Gerüchte über diese Szene, zum Beispiel über Unterernährung oder die Verbreitung von Bulimie beziehungsweise Anorexie, die nicht gerade förderlich für die Fruchtbarkeit sind, dürfen nicht die Basis einer Urteilsabgabe sein, sondern nur Daten und Fakten. Die Anzahl der Nachkommen von Models könnte relativ leicht erfasst werden.

Die Verwendung von Hilfsmitteln lässt sich einfach durch den starken Anstieg schönheitschirurgischer Operationen in den letzten Jahrzehnten belegen, und dies nicht nur bei Frauen, wie man voreilig vielleicht vermuten würde. Auch eine wachsende Anzahl an Männern beugt sich diesem Trend, Anti-Falten-Cremes für Männer sind längst am Markt. Der soziale Druck, dem Schönheitsideal der Zeit zu entsprechen, dürfte überwältigend groß sein, auch wenn ich nicht weiß, wie hoch der Prozentsatz damit konform gehender Männer ist. Ob derartige Bewegungen eher mit evolutionären Faktoren oder einer Narzissmus-Epidemie oder gar -Pandemie einhergehen, ist schwer zu beantworten.

Meme und viele Fragen

Der populärste Neodarwinist Richard Dawkins hat ein ganzes Kapitel seines Klassikers *The Selfish Gene* einer Einheit von kultureller Transmission oder Imitation, den sogenannten Memen (engl. *memes*), gewidmet. Als Beispiele werden Sprache, Ideen, Modetrends bei Kleidern oder Töpferei erwähnt (vgl. Dawkins, 2006: 189–201). Das sind gesellschaftliche Strömungen, die innerhalb von Generationen von Menschen zu Menschen weitergegeben werden, sich weiterentwickeln, obwohl eine Weiterentwicklung schwer zu definieren und quantifizieren ist, und natürlich mit anderen in Konkurrenz treten. Die Ähnlichkeit von Memen mit Genen ist dabei durchaus beabsichtigt. Dawkins wollte damit aber keine „große Theorie über menschliche Kultur" formulieren (vgl. Dawkins, 2006: 323). Der Begriff Mem wird selten verwendet und er sollte auch nicht mit Evolution in einen Topf geworfen werden. Meme werden in diesem Buch nicht diskutiert, aber Imitation oder soziale Akzeptanz bestimmter Verhaltensweisen kann zu klassischer genetischer Evolution führen, und einige Beispiele hierzu werden gestreift.

In verschiedenen Abschnitten habe ich Gesellschaftsprozesse oder kulturelle Zwänge besprochen, die zu einer Änderung der genetischen Zusammensetzung einer gewissen Population geführt haben, dazu führen oder zumindest führen können, wie geringfügig diese Verschiebungen auch sein mögen. Damit könnte man von Evolution durch Kultur oder Imitation sprechen. Dieser Bereich ist etwas schwammig und er wird in den Evolutionsbüchern selten diskutiert, er ist aber trotzdem oder gerade deshalb interessant. Es muss nicht immer ein Kampf auf Leben und Tod oder ein biologischer Vorteil sein, der selektive Prozesse bestimmt. Entscheidend ist oft einfach die Anzahl der Nachkommen, weil dadurch genetische Verschiebungen stattfinden können. Imitation spielt bei diesen Vorgängen unter Umständen eine Rolle. Es werden Fragen diskutiert wie: Kommt es durch sozial akzeptiertes oder nicht akzeptiertes Übergewicht zu einer Änderung der genetischen Beschaffenheit der Menschheit? Welchen Effekt haben Karrierefrauen auf unseren Genpool? Welchen Effekt könnte Alkoholismus oder allgemein Drogensucht auf Evolution und damit auf unsere Gene haben? Wurden und werden durch Weltkriege oder kriegerische Auseinandersetzungen im Allgemeinen aggressive Gene aus dem Genpool entfernt? Wird die Einnahme bestimmter Medikamente, zum Beispiel Antidepressiva, einen Einfluss auf die genetische Zusammensetzung unserer Gesellschaft haben? Definitiv zu beantworten sind einige dieser Fragen nur in bestimmten Fällen, weil entsprechende Untersuchungen noch nicht in allen Bereichen stattgefunden haben oder der Beobachtungszeitraum zu kurz ist. Den Fokus lege ich daher auf Verhaltens- und / oder Gesellschaftsprozesse, durch die eine genetische Veränderung wahrscheinlich ist. Themen, bei denen Zweifel an möglichen genetischen Veränderungen durch

Selektion überhandnehmen, werden klar gekennzeichnet. Durch konsequentes Durchdenken und gründliche Datenanalyse könnten gesundheitspolitische oder soziologische Gegenreaktionen, falls notwendig und nützlich – oder besser: falls politisch gewünscht oder durchsetzbar – früher oder sogar vorbeugend initiiert werden.

Es wird Zeit, in die Welt des Evolutionsspiels in der heutigen Medizin und Gesellschaft einzutauchen. Ein klassisches Beispiel für Evolution ist die Fähigkeit, Milchzucker oder Laktose ein Leben lang zu spalten. Die Selektion von Milchzuckerverdaubarkeit wurde eingeleitet vor circa 10.000 Jahren durch die Domestikation Milch produzierender Tiere. Menschen mit der Möglichkeit, Milchzucker zu spalten, hatten einen Überlebensvorteil – sie konnten sich entsprechend durchsetzen und folglich verbreiten. Damit möchte ich Sie einladen, mit auf eine faszinierende Reise in die Welt menschennaher Evolution zu kommen.

Milchzucker und Rachitis

Laktose-Intoleranz

Wenn Babys nach dem Abstillen plötzlich milchhaltige Getränke nicht mehr zu sich nehmen wollen – das kann irgendwann zwischen dem zweiten und fünften Lebensjahr passieren – und ihr Unwohlsein durch Schreien kundtun, sollten die Eltern dieses Verhalten respektieren und reflektieren. Die Ursache könnte eine Laktose-Intoleranz sein, das bedeutet, dass der Körper aufgenommenen Milchzucker (Laktose) nicht mehr adäquat verdauen kann. Laktose besteht aus zwei miteinander verbundenen Einfachzuckern. Die beiden Einzelteile, Glukose (der Hauptbestandteil von weißem Zucker) und Galaktose, können leicht ins Blut aufgenommen werden. Bei Laktose-Intoleranz fehlt dem Körper die sogenannte Laktase, ein Eiweiß (Protein), das für die Aufspaltung und damit den effizienten Abbau des Milchzuckers zuständig ist.

Laktose kommt nur in der Milch von Säugetieren vor, sonst nirgendwo in der Natur. Ebenso einzigartig ist der Mensch in seinem Verhalten, Milch von anderen Säugetieren, vor allem von Kühen, Schafen und Kamelen, als wichtige Nährstoffquelle lebenslang zu nutzen. An und für sich ist das Abschalten der Laktase-Erzeugung evolutionär sinnvoll, denn in Zeiten vor der Domestizierung von Tieren stand Milch nach dem Abstillen eigentlich nicht mehr als Nahrung zur Verfügung, und warum soll der stets auf Effizienz angewiesene Körper entsprechend hohe Energiemengen aufbringen, um Laktase zu synthetisieren, wenn er sie ohnehin nicht verwenden kann. Dieser Umstand darf allerdings nicht als allein gültige Regel missverstanden werden, wie Evolution funktioniert. Selbst nutzlos gewordene Errungenschaften der Evolution – nutzlos zum Beispiel durch veränderte Umweltbedingungen – werden nur dann effektiv wegselektiert, wenn ein signifikanter Überlebensnachteil damit verbunden ist und wenn dies physiologisch-technisch überhaupt durchführbar ist. Der Blinddarm hat seit Jahrtausenden wenig Nutzen, aber dieses Anhängsel loszuwerden, ist nicht leicht zu vollbringen, obwohl eine Entzündung lebensgefährlich sein kann und Menschen daran sterben können. Es ist nicht bekannt, wie viele Schritte auf genetischer Ebene notwendig wären, um die Bildung des Blinddarms abzustellen. Der Schluckauf beispielsweise ist ein Relikt von Kaulquappen, das dazu dient, zu verhindern, dass Wasser in die Lungen gelangt (vgl. Shubin, 2009: 50–53).

Die oben erwähnten Unmutsäußerungen des Babys werden durch Bauchschmerzen, Krämpfe, Blähungen und Durchfall ausgelöst. Nicht aufgenommener Laktosezucker bindet Wasser, was zu Durchfall führt, und liefert zudem leicht zugängliche Nahrung für die ansässigen Bakterien, die als Abfallprodukt wiederum Gase erzeugen, wodurch es zu Blähungen kommt. In der Folge können schwere Mangelerscheinungen auftreten, vor allem fehlen Elektrolyte. In den ersten Lebensmonaten treten diese Symptome nicht auf, weil da der kleine Organismus den Milchzucker mithilfe der Laktase aus der Bauchspeicheldrüse noch spalten kann.

Warum sind nun einige Menschen tolerant und andere nicht? Tabelle 1 zeigt, welcher Prozentsatz in verschiedenen Populationen in der Lage ist, ein ganzes Leben lang Milchzucker abzubauen. In Europa wird die Laktase vielfach auch im Erwachsenenalter noch hergestellt. In Asien ist diese Möglichkeit nur eingeschränkt vorhanden.

Tabelle 1: Vorhandensein von Laktase

Population	Geschätzter Prozentsatz
Nordeuropäer	95 %
Amerikaner mit europäischen Wurzeln	85 %
Südeuropäer	20–70 %
Mittlerer Osten, Nordafrikaner	30 %
Indigene Amerikaner	0–38 %
Amerikaner mit afrikanischen Wurzeln	20 %
Ost- und Südost-Asiaten	0–5 %

(vgl. Trevanathan, Smith, McKenna, 2008: 118)

Die Regulation der Laktaseproduktion steht unter genetischer Kontrolle. Eine bestimmte genetische Veränderung (Mutation) erlaubt die lebenslange Herstellung der Laktase. Diese Mutation wurde ab dem Zeitpunkt der Domestizierung von Tieren stark selektioniert, ihre Verteilung stimmt mit der Verbreitung der Milchwirtschaft überein. Die früheste Dokumentation des Melkens von Tieren stammt aus Liberia und ist etwa 8.000 bis 9.000 Jahre alt (vgl. Gluckman, Beedle, Hanson, 2010: 7). Diese genetischen Veränderungen dürften mehrere Male in verschiedenen geografischen Zonen unabhängig voneinander selektioniert worden sein und stellen damit ein elegantes Beispiel von Selektion einer bestimmten Funktion durch unterschiedliche Veränderungen an einem Gen dar. In der Biologie spricht man von „konkordanter Evolution".

Warum aber ist diese Mutation in Europa wesentlich häufiger als in Asien? Die Möglichkeit, Milch zu trinken, war wahrscheinlich gerade in Zeiten von Hungersnöten ein wichtiger Überlebensvorteil und daher wurde diese Veränderung intensiv selektioniert. Die Forschung kennt aber auch Beispiele für eine erfolgreiche Nutzung von Milchwirtschaft, die nicht mit einer Anreicherung dieser Mutation in der Bevölkerung einhergeht. Diese Menschen haben Milch fermentiert und als Joghurt, Käse oder Kefir verzehrt. Die Fermentation reduziert die Laktosekonzentration und damit die durch Intoleranz ausgelösten Symptome. Damit sinkt auch der Selektionsdruck. Wissenschafter haben errechnet, dass ein Überlebensvorteil (Fitnessvorteil) von 3–7 % ausreicht, um die hohe Frequenz von Laktosetoleranz zu erklären. Bei einer um 5 % erhöhten Überlebenschance würde der Toleranzanstieg von 1 % auf 90 % etwa 325 Generationen oder ungefähr 8.000 Jahre dauern (vgl. Stearns, Koella, 2008: 4). In den industrialisierten Ländern gibt es diesen Selektionsdruck wohl nicht mehr, in den dunklen Jahren des Mittelalters könnte er noch aktiv gewesen sein. Nachdem schwere Hungersnöte auch im 21. Jahrhundert noch nicht vermieden werden können, gibt es auch heutzutage noch Millionen von Menschen, die nicht genug zu essen bekommen, und falls Milch eine wichtige Nährstoffquelle darstellt, könnte in gewissen Populationen noch aktive Selektion nach diesen Mutationen stattfinden.

Es bedarf keiner ausführlichen Erläuterungen, dass Muttermilch für Neugeborene und Kleinkinder essenziell für eine normale körperliche und geistige Entwicklung ist. Sie enthält alle notwendigen

Zutaten. Zusätzlich finden sich in der Muttermilch hohe Konzentrationen von sogenannten Antikörpern, die das Neugeborene in den ersten sechs Monaten vor Infektionskrankheiten schützen. Antikörper sind sehr präzise, potente und spezifische Waffen des Immunsystems, die Infektionserreger vernichten oder zumindest harmlos machen können. Nach der Geburt ist das Immunsystem noch unreif und benötigt diese Hilfe von den mütterlichen Antikörpern. Diese Unreife ist auch der Grund, warum man bei kleinen Kindern mehrfach impfen muss, um eine schützende Immunantwort zu erhalten.

Ist Milch auch für das Wachstum, sprich Körpergröße und Knochendichte, oder die Intelligenz von Kindern und Jugendlichen wichtig? Man möchte glauben, dass die „Pro Milch"-Werbeaktionen in vielen Ländern die Antwort vorwegnehmen. Aber ist diese überaus positive Einschätzung des Milchkonsums auch wissenschaftlich fundiert? Oder ist die gesteigerte Werbeaktivität vielmehr auf eine Milchüberproduktion zurückzuführen und dient daher dem Ziel, die produzierten Mengen zu verkaufen? Oder ist unsere Einstellung einfach gefühlsmäßig bestimmt – denn was für das Kleinkind essenziell ist, muss auch in späteren Jahren wichtig sein? Es darf zumindest jetzt schon ohne Zweifel angemerkt werden, dass Milch diversen hoch verzuckerten, teilweise hyperstimulierenden Softdrinks jedenfalls vorzuziehen ist.

Etliche Studien an 6- bis 16-Jährigen in industrialisierten Ländern haben keinen Effekt von Milchprodukten auf das Wachstum gezeigt (vgl. Trevanathan, Smith, McKenna, 2008: 128–129). In nicht westlichen Populationen dürfte ein positiver, wenn auch nur moderater Einfluss gegeben sein. Nicht nur das Längenwachstum soll durch Milchkonsum gesteigert werden, sondern durch den erhöhten Kalziumgehalt der Milch auch die Knochendichte, und damit sollte eine Reduktion an Knochenfrakturen messbar sein. Aber viele dieser Studien erlauben keine klare Interpretation. Zudem ist das Kalzium-Paradoxon aufgetaucht: Die Rate an Knochenbrüchen als Index für Knochenschwäche (Osteoporose) ist am weitesten verbreitet in Ländern mit der höchsten Einnahme an Kalzium und Milchprodukten, am niedrigsten hingegen in Gegenden mit weniger Verzehr von diesen Nährstoffen (vgl. Trevanathan, Smith, McKenna, 2008: 130). Die Ursachen dafür liegen noch im Dunkeln, vielleicht kann der Körper bei Kalziummangel gegensteuern. Als eindeutig erwiesen gilt, dass körperliche Aktivität die Knochendichte signifikant erhöht. Mehrere Stunden pro Tag mit Computerspielen und Fernsehen zu verbringen, kann demnach nicht gut sein. Der Geist wird bei diesen Konsumgewohnheiten auch nicht gerade positiv stimuliert (vgl. Spitzer, 2012). Wir Menschen sind nicht besonders geeignet, stundenlang beinahe regungslos vor einem Bildschirm zu sitzen oder zu liegen. Die eventuellen Folgen wie Übergewicht, das Hand in Hand geht mit der Entwicklung der verheerenden Zuckerkrankheit, deren Opfer immer jünger werden, werden später diskutiert (siehe Kapitel „Lifestyle, Ernährung und Hyperkonsum – Die Evolution schlägt zurück" ab Seite 185).

Wenn man Laktose verdauen kann – falls nicht, empfehle ich, auf laktosefreie Milch umzusteigen –, ist es gewiss besser, Milch zu trinken, als diverse überzuckerte, hyperkalorische und überaktivierende Softdrinks. Deren aktivierende Wirkung auf den Geist beruht auf dem rapiden Anstieg des Insulinspiegels nach Zuckerüberladung des Blutes, was längerfristig aber gesundheitliche Nachteile mit sich bringt. Regelmäßiger Sport wäre die ideale Ergänzung zur kalziumhaltigen Milch. Inwieweit Energydrinks und andere koffeinhaltige, zumeist aber ebenso überzuckerte Getränke zu einer in der Gesellschaft messbaren Hyperaktivität, Fahrigkeit und Konzentrationsmüdigkeit oder -unfähigkeit führen, sollte untersucht werden. Die Unfallhäufigkeit unter dem Einfluss derartiger Flüssigkeiten sollte dabei mituntersucht werden.

Kalzium-Paradoxon hin oder her, Kalzium spielt in der Evolutionsgeschichte eine wichtige Rolle und mit dieser möchte ich mich im nächsten Abschnitt kurz beschäftigen. Es ist ebenfalls ein großartiges Evolutionsbeispiel.

Was hat Rachitis mit Evolution zu tun?

Vor etwa 350 Jahren wurden in überbevölkerten und verschmutzten Industriestädten Nordeuropas viele Kinder von der Rachitis heimgesucht. Der zweite Name, „Englische Krankheit", entstand aus diesen

Zusammenhängen. Rachitis hatte auch im 19. Jahrhundert noch epidemische Züge, als zum Beispiel in Boston (USA) und Leiden (Holland) 80–90 % der Kinder von dieser Krankheit mehr oder minder schwer betroffen waren (vgl. Holick, 2006: 2062–2072). Erst 1822 entdeckte man die präventive und heilende Wirkung von Sonnenbestrahlung. Es dauerte leider ein ganzes Jahrhundert, bis die essenzielle Wirkung von Vitamin D erkannt wurde, erst dann hat man die aktive Form dieses Vitamins Milch und anderen Lebensmitteln als Vorbeugung hinzugefügt und dem ist heute noch immer so. Aufgrund dieser Maßnahme und der Empfehlung ausreichender Sonnenexposition wurde Rachitis bald als Krankheit der Vergangenheit angesehen.

Der Mensch hat zwei Möglichkeiten, dem Körper Vitamin D zur Verfügung zu stellen. Neben der Zufuhr von Vitamin D mit der Nahrung wird durch ultraviolette (UV) Sonneneinstrahlung Vitamin D auch in der Haut hergestellt. Die aktive Form des Vitamin D spielt eine wichtige Rolle im Kalzium- und Phosphathaushalt des Körpers. Beide sind essenziell für die Aufrechterhaltung der Qualität der Knochenstruktur und – vor allem Kalzium – für neuromuskuläre Vorgänge, wobei ein schwerer Mangel durch Muskelschwäche und -krämpfe manifest wird. Ausgeprägter, länger andauernder Vitamin-D-Mangel führt bei Kleinkindern zu Deformierungen des Knochenapparates verbunden mit schwersten Wachstumsstörungen, verzögerter Entwicklung der Muskulatur mit einhergehender Schwäche und vielen anderen negativen Begleiterscheinungen. Kalzium und Phosphat sind fundamentale Bausteine des Körpers und eine fehlende Regulation hat schwerwiegende Folgen. Bei Erwachsenen und im Besonderen bei älteren Menschen führt ein Mangel zur Schwächung der Knochenstruktur verbunden mit einem erhöhten Risiko, Knochenbrüche zu erleiden – typischen Anzeichen der gefürchteten Osteoporose, deren Bezeichnung sich von ὀστοῦν (*ostoun*, altgriechisch: Knochen) und πόρος (*poros*, altgriechisch: das Loch oder die Pore) herleitet. Ältere Menschen und Bewohner von Altersheimen zeigen vielfach einen Vitamin-D-Mangel, vor allem während der Wintermonate in nördlichen Breiten (vgl. Suttorp et al., 2013: 3340). Aber es kann durchaus jeden treffen. Mehrere wissenschaftliche Studien haben zu geringe Vitamin-D-Werte im Blut von Kindern, Jugendlichen und Erwachsenen gehäuft in den Wintermonaten in vielen Ländern nachgewiesen. Vielfach zeigen bis zu 80 % der untersuchten Bevölkerungsgruppen zu geringe Blutwerte von Vitamin D. Ein Vitamin-D-Kenner spricht vom „Wiedererwachen von Vitamin-D-Mangel und Rachitis" (vgl. Holick, 2006: 2062–2072).

Unsere partiell exzessive Indoor-Fernseh- und Computersucht-Kultur mit mangelnder Bewegungslust an der frischen Luft und damit Bestrahlung durch die Sonne ist hierbei definitiv nicht förderlich. Viele Medikamente können durch Beeinflussung der Leber auch zu einer Reduktion der Aktivität des Vitamin-D-Stoffwechsels führen, was wiederum hauptsächlich ältere Menschen betrifft. Die zunehmende Angst, durch Sonnenexposition Hautkrebs auszulösen, verringert indirekt die körpereigene Vitamin-D-Herstellung. In manchen Ländern verhindern religiöse Kleidungsvorschriften adäquate Sonnenbestrahlung und Vitamin-D-Mangel kann in diesen Regionen bei vielen Frauen nachgewiesen werden. Die Verwendung von Sonnenschutzcremen hat einen ähnlichen Effekt. Sonnenschutzmittel können bis zu 90 % der Vitamin-D-Herstellung in der Haut blockieren. Eine bewusste Ernährung mit hohem Vitamin-D-Gehalt ist insbesondere für Risikogruppen wichtig.

Das wissenschaftliche Komitee für Ernährung der EU-Kommission empfiehlt Menschen ab 65 Jahren täglich zusätzliche Vitamin-D-Einnahme (Suttorp et al., 2013: 3341). Mit kombinierter Kalziumeinnahme hat sich das Risiko einer Schenkelhalsfraktur um etwa 25 % senken lassen. Regelmäßige Bewegung und sportliche Aktivität können als Vorbeugung uneingeschränkt empfohlen werden und sind wahrscheinlich wesentlich effizienter als alleinige Vitamin-D-Zufuhr, zudem sie auch bei Gewichtsproblemen helfen. Eine Reduktion des Körpergewichtes führt zu vielen positiven Folgeerscheinungen. Bewegung verbessert die Insulinempfindlichkeit und erniedrigt damit die Wahrscheinlichkeit, zuckerkrank zu werden. Positive Effekte sind außerdem bei einer bereits bestehenden Zuckerkrankheit nachgewiesen. Sportliche Aktivität stärkt das Herz-Kreislauf-System durch Reduktion des Blutdruckes und Verbesserung der Blutfettwerte – von eventuellen positiven psychischen Begleiterscheinungen ganz abgesehen. Die adäquate Zugabe von Vitamin D bei der Babynahrung ist in den entwickelten Ländern seit Jahrzehnten standardisiert, wobei sich die einst festgelegte Menge möglicherweise als zu gering erweist. Zur Vorbeugung von Rachitis bei Säuglingen und Kleinkindern wurden vor einem halben Jahrhundert 100 I. E. (Internationale Einheit, die für medizinische Präparate genau definiert wird, engl.: *international unit*, IU) empfohlen, jetzt sind es 400 I. E. In einzelnen Ländern wird zu noch höheren Dosen geraten. Die natürlichste Methode bleibt natürlich regelmäßige Sonnenexposition. Und schon länger sollten Sie sich fragen, was hat das alles mit Evolution zu tun?

Hautfarbenvariationen beim Menschen werden durch Veränderungen von zumindest drei Genen verursacht (vgl. Quillen, Shriver, 2011). Dunklere Hautfarbe filtert mehr UV-Strahlung als die Haut des hellen Typus – und damit lassen sich die Bausteine auch schon zusammenfügen: Infolge der Auswanderung aus Afrika vor mehr als 50.000 Jahren und der Besiedelung von nördlichen Breitengraden in Europa, wo die Sonnenexposition stark verringert ist, konnten unsere dunkelhäutige Vorfahren nicht genügend Vitamin D herstellen. Die schreckliche Folge war Rachitis und betraf vor allem Kinder. Der Vitamin-D-Bedarf von Schwangeren ist zusätzlich erhöht, und eine Schwangerschaft mit schwachen Knochen und starker Neigung zu Muskelkrämpfen kann nicht gut ausgehen, weder für die Mutter noch für das Kind, und weder vor noch nach der Geburt. Von einer exzessiven Üppigkeit an Nahrungsmittelangebot konnten unsere Vorfahren nur träumen. Notwendige, wenn auch unangenehme Nebenbemerkung: Auch im 21. Jahrhundert gibt es noch Millionen von Menschen, für die ausreichende Nahrung ein unerfüllter Traum bleibt. Der Kampf um das tägliche Brot war und ist genau das: ein täglicher Kampf – und zwar um das nackte Überleben. Unsere männlichen Vorfahren hatten mit schlechten rachitischen Knochen und schwacher Muskulatur weder bei der Jagd nach Fleisch noch bei Frauen eine Chance. Das sind gewiss nicht die besten Voraussetzungen, um viele Nachkommen zu zeugen.

Daher kann es nicht verwundern, dass Individuen mit genetischen Veränderungen, die eine erhöhte Synthese von Vitamin D ermöglichen, einen ausgeprägten Fitnessvorteil hatten. Die Überlebenschancen von Müttern und Kindern stiegen und die Nachkommenschaft erfreute sich einer besseren Gesundheit. Lichtere Haut kann deutlich mehr Vitamin D eigenständig herstellen, weil weniger UV-Licht ausgefiltert wird. Hinzu kommt ein aus biologisch-medizinischer Sicht äußerst sinnvoller negativer Rückkopplungsprozess: Auch exzessive Sonnenexposition kann zu keinen Vitamin-D-Vergiftungserscheinungen führen, weil die Energie der Sonne das überschüssige Vitamin D selbst zerstört.

Einer weitläufigen und raschen Verbreitung dieser Genvariationen mit erhelltem Haar- und Hauttypus stand daher in den nördlichen Breitengraden nichts im Wege. Diese Zusammenhänge erklären, warum Menschen mit dunkler Hautfarbe nach Migration, zum Beispiel nach Skandinavien, gehäuft Vitamin-D-Mangel zeigen müssen. Entsprechende Kleidungszwänge bei Frauen können diesen Mangelzustand noch verstärken. Menschen mit dunkler Hautfarbe benötigen bis zu zehnmal mehr Sonnenexposition im Vergleich zu jenen mit weißer Hautfarbe, um die gleiche Menge an Vitamin D zu synthetisieren. Eine amerikanischen Studie zeigte, dass 52–76 % der Menschen mit afrikanischer Herkunft, 18–50 % der Lateinamerikaner und nur 8–31 % der Amerikaner mit europäischen Wurzeln zu geringe Vitamin-D-Werte aufweisen (vgl. Gluckman, Beedle, Hanson, 2010: 14).

Ein erhöhtes Hautkrebsrisiko durch die lichtere Hautfarbe spielt bei diesen Evolutionsüberlegungen keine wesentliche Rolle, weil die meisten bösartigen Hautkrebsarten erst in späteren Lebensjahren auftreten und damit evolutionsneutral sind. Eine Gegenselektion von Menschen mit dunklerer Hautfarbe wäre nur möglich, wenn bei hellhäutigen Menschen Hautkrebs bereits in jungen Jahren induziert würde. Das ist jedoch nicht der Fall. Zudem ist die Rate an Hautkrebsarten aus Evolutionssicht niedrig und erst in den letzten Jahrzehnten durch eine „Braun ist schön"-Kultur angestiegen – doch selbst diese Tendenz ist wieder rückläufig. Auch wäre das bisherige Zeitfenster für eine effektive Selektion zu kurz, die Bräunungskultur ist viel zu jung. Darüber hinaus entstehen die meisten Melanome – das sind die bösartigsten Formen des Hautkrebses mit sehr schlechter Prognose – in Regionen, die wenig sonnenexponiert sind, und meistens erst im fortgeschrittenen Alter, in dem keine Nachkommen mehr gezeugt werden. Das Entstehungsrisiko aller anderen Formen von Hauttumoren wird durch Sonnenbestrahlung erhöht, jedoch bedarf es chronischer und exzessiver Sonnenanbetung mit verbrannter Haut, besonders in der Kindheit (Kennedy et al., 2003:1087–1093). Im Vergleich zum Melanom sind diese Tumore wesentlich weniger bösartig. Der Nutzen von vernünftiger Sonnenexposition bei Vermeidung eines erhöhten Krebserkrankungsrisikos sollte nach Meinung von australischen Dermatologen und einem australischen Krebskomitee neu evaluiert werden (vgl. Holick, 2006: 2062–2072).

Von chronischem Vitamin-D-Mangel hingegen ist potenziell jeder Mensch betroffen, am schwerwiegendsten schwangere Frauen mit ihren ungeschützten Kindern. Damit ist der Selektionsvorteil durch effizientere Synthese von Vitamin D wesentlich stärker als eine eventuelle, jedoch nicht wahrscheinliche Gegenselektion aufgrund von Hautkrebs. Diese Zusammenhänge sind in der folgenden Tabelle kurz zusammengefasst.

Tabelle 2: Selektion gegen Rachitis ist stärker

Hauttypus	Vitamin D-Herstellung	Krebsrisiko	Evolutionseffekte	Netto-Evolutionseffekt
Helle Haut	Mehr	Höher	Weniger Rachitis = mehr Kinder, Krebs = evolutionsneutral	Selektion nach heller Haut
Dunkle Haut	Weniger	Niedriger	Mehr Rachitis = weniger Kinder, Krebs = evolutionsneutral	Keine Selektion nach dunkler Haut

Rachitische Kinder haben eine erhöhte Infektionsgefahr (Infektionskrankheiten werden im nachfolgenden Kapitel näher behandelt). Zu hoffen bleibt, dass wir eine Renaissance von Rachitis in allen Teilen der Erde, sowohl reich als auch arm, zu verhindern wissen. Rachitis sollte nur mehr in Geschichtsbüchern vorkommen, aber nicht im wirklichen Leben.

Infektionskrankheiten als hyperaktive Evolutionsmaschinen

„Es ist nicht undenkbar, dass wir durch unseren exzessiven Gebrauch von antibakteriellen Chemikalien und Antibiotika unsere Häuser, wie schon unsere Krankenhäuser, zu einem Himmel für unausrottbare krankheitsproduzierende Bakterien machen."
Levy, 1998: 46–53 (Übers. d. Autors)

David gegen Goliath oder Bakterium gegen Mensch

Erst vor Kurzem berichtete mir ein befreundeter Kollege von einem Krankenhauspatienten, der unter einer bakteriellen Infektion litt, aber auf normale Antibiotikabehandlung nicht mehr ansprach, woraufhin eines der letzten potenziell noch wirksamen Antibiotika zum Einsatz kommen musste. Unglücklicherweise waren die Erreger auch gegen dieses Medikament resistent, und die furchtbare Antwort auf die Frage, was mit diesem Menschen nun weiter passieren würde, war auf dem Gesicht meines Freundes abzulesen.

Wir sind fähig, Mikrochips zu bauen, die „Googoliaden" von Kalkulationen pro Sekunde durchführen, und Teleskope in der Erdumlaufbahn zu platzieren, die mehrere Milliarden Lichtjahre in die Vergangenheit blicken können – aber wir sind nicht imstande, einen vermeintlich primitiven, einzelligen Mikroorganismus erfolgreich im Wachstum zu hemmen? Während der letzten Jahre wurde das Vorkommen und die rapide Verbreitung von Bakterienstämmen mit hoher Resistenz gegen Antibiotika wie zum Beispiel Vancomycin, Ampicillin, Gentamicin oder Streptomycin global registriert. Medikamentenresistente Bakterien wurden über Jahrzehnte durch menschliche Aktivität gezüchtet, und die wissenschaftlichen Bibliotheken sind voll mit Beispielen für Bakterienstämme, bei denen die stärksten Antibiotika einfach nicht mehr funktioniert haben (vgl. Walsh, 2000: 775–581, Palumbi, 2001: 1786–1790). Wie kann es möglich sein, dass in unserer hyperraffinierten, hochtechnologischen Gesellschaft Menschen durch Bakterien getötet werden, weil keine effektive Behandlung mehr zur Verfügung steht?

Die Selektion von resistenten Bakterien ist ein klassisches Beispiel für darwinistische Evolution. Darwin konnte in seinem Klassiker *The Origin of Species* noch nicht darüber berichten, weil es zu seinen Lebzeiten vor etwa 150 Jahren noch keine Antibiotika zur Behandlung von Infektionskrankheiten gab. Alle Ingredienzien von klassischer Evolution sind vorhanden: genetische Variationen, Vermehrung und Selektionsdruck. All jene, die an der Relevanz oder überhaupt an dem Wirken von Evolution im täglichen Leben zweifeln, sollten sich mit diesem Kapitel genauer auseinandersetzen. Es kann ohne Übertreibung gesagt werden, dass Infektionserreger den höchsten Selektionsdruck in den vergangenen Hunderttausenden von Jahren auf den Menschen ausgeübt haben, eigentlich seit man von der Existenz von hominoiden Lebewesen sprechen kann, das sind einige Millionen Jahre. In vielen Regionen der Erde fordern sie den Menschen seit jeher auf das Äußerste heraus. Das trifft natürlich auch auf Tiere zu.

Infektionskrankheiten sind weltweit die Ursache für ein Viertel aller Todesfälle. Zudem werden pro Jahr ein bis zwei neue Krankheitserreger entdeckt, zu den bekanntesten Entdeckungen der letzten 30 Jahre zählen das Bakterium *Heliobacter Pylori* (Verursacher von Magengeschwüren), das humane Immunschwäche-Virus (HIV), das Hepatitis-C-Virus (HCV), das Ebola- und das SARS-Virus (vgl. Stearns, Koella, 2008: 215). Beinahe jedes Jahr gibt es einen neuen Grippevirus, der mehr oder weniger tödlich ist. Ein endloser, gigantischer Kampf gegen Mikroorganismen wird das Immunsystem niemals zur Ruhe kommen lassen.

Mikroorganismen, die auf oder in Tieren, zum Beispiel Insekten, leben, schaffen den Aufsprung auf den Menschen mit potenziell fatalen Folgen. Auch die dynamische Natur einiger Infektionserreger muss zu denken geben. Fast jedes Jahr wird ein neuer Grippe-Impfstoff benötigt. Zehntausende von Viren und noch mehr Bakterienarten können den Menschen infizieren. Erfreulicherweise tun es die wenigsten. Viele dieser Organismen teilen sich in hoher Folge und schaffen damit Milliarden von genetischen Varianten, die – wie bei HIV oder dem Hepatitis-C-Virus – enorme Schwierigkeiten bei der Therapieentwicklung bereiten können. Menschliche Hybris darf im Kampf gegen Infektionserreger keine Rolle spielen. 1948 hat US-Außenminister George Marshall laut herausposaunt, dass die Welt nun die Mittel hätte, Infektionskrankheiten auf der Erde auszurotten (vgl. Snowden, 2008: 9–26). Ein besseres Verständnis von evolutionären Prozessen und der Vielfalt von Krankheitserregern hätte Marshall sicher gehindert, derartig absurde Fehlprognosen von sich zu geben.

Wenn Sie Bakteriophobiker sind – so wie etwa der Milliardär Howard Hughes, den seine Angst vor für das Auge unsichtbaren Bakterien sogar in den Tod getrieben hat –, sollten Sie die nächsten Zeilen überspringen. Denn vor Bakterien gibt es kein Entkommen. Der menschliche Körper ist besiedelt von einer Unzahl an Bakterien, die einen integralen Teil der Oberflächensysteme des Menschen darstellen und die meiste Zeit harmlos oder sogar unterstützend ihren Alltag verbringen (Abbildung 1, Seite 42). Ein gegenseitiges Equilibrium schützt beide Seiten vor nicht willkommenen Eindringlingen. Als klassisches Beispiel für die Bedeutung dieses Schutzmechanismusprinzips sei die Entwicklung von schweren Durchfällen nach Verabreichung von Antibiotika beschrieben: Übermäßige Antibiotikaeinnahme führt zum sukzessiven Abtöten der normalen Bakterienfauna im Magen- und Darmtrakt. Sogenannte Clostridienbakterien füllen die entstehenden Lücken und vermehren sich prächtig. Leider zählen zu den Abfallprodukten ihres Stoffwechsels zwei Giftstoffe, die beim Menschen schwere Krankheitssymptome verursachen. Normalerweise wird ihre Population durch den Wettstreit mit Trillionen von anderen Bakterien gering gehalten, aber durch menschliche Störung des Gleichgewichtszustandes bekommen sie ihre Chance. Eine erfolgreiche Therapie eines derart gestörten Verdauungssystems erweist sich oftmals als langwierig.

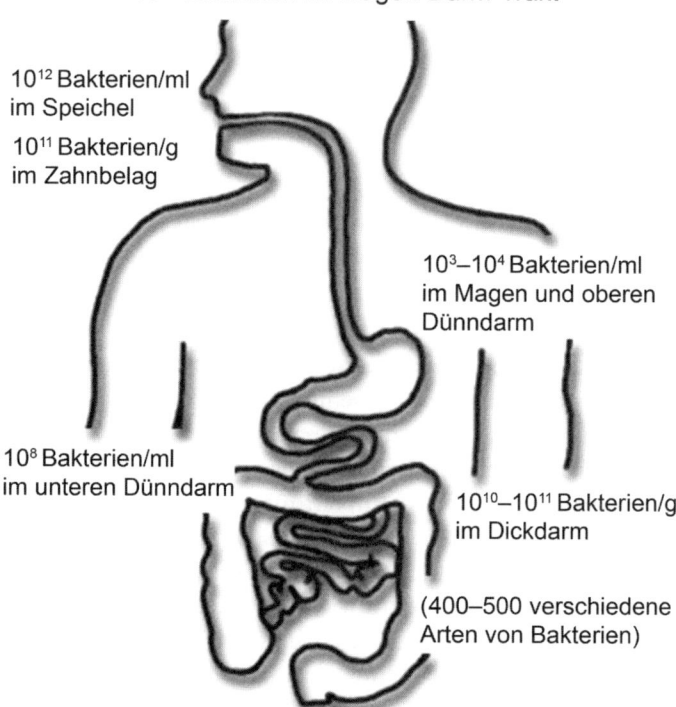

Abbildung 1: Bakterien lieben alle Oberflächen des menschlichen Körpers

10^{12} ist eine Billion oder eine 1 gefolgt von 12 Nullen (1.000.000.000.000). Wir tragen mehr Bakterien im Magen-Darm-Trakt, als wir Zellen im ganzen Körper besitzen. Die meisten Bakterien sind in keiner Weise schädlich, sondern erfüllen wichtige Aufgaben. Krankheiten verursachen nur einige wenige. Im Speichel sind ca. eine Billion Bakterien pro Milliliter nachweisbar. Ein Milliliter Flüssigkeit entspricht etwa einem Teelöffel. Im Magen sind es wesentlich weniger, dort sind die Lebensbedingungen nicht gerade einladend (modifiziert nach Berg, 1996: 430–435).

Ein wie auch immer gearteter auf Bakterien gerichteter Selektionsdruck wird mit Adaptationsversuchen beantwortet werden. Diese werden durch die Allgegenwart von Bakterien in unserer Umwelt früher oder später spürbar und messbar. Die ultrakurze Generationsdauer von vielen Bakterien, vielfach weniger als eine Stunde, ermöglichen eine rasche Selektion. Ein einziges Bakterium der Spezies *Escherichia Coli* kann in sieben Stunden eine Million Nachkommen erzeugen – insofern es uneingeschränkt wachsen kann, was jedoch nur unter bestimmten idealen Laborbedingungen möglich ist.

Diese Einzeller lassen sich natürlich auch zu gutem Nutzen einsetzen, zum Beispiel in der Entwicklung von Bakterien, die Gold abbauen, Plastik verdauen, Öl verschlingen oder Eiweißmoleküle für die Therapie von Krankheiten herstellen. Andererseits sollten wir uns immer die Frage stellen, welche Reaktionen von durch menschliches Zutun erzeugten Selektionsverhältnissen provoziert werden. Die rasche Verbreitung von antibiotikaresistenten Mikroorganismen darf keine Überraschung sein und war einfach vorhersehbar, obwohl nicht unbedingt vermeidbar. Aber die laterale Ausdehnung des Problems auf die unterschiedlichsten Bereiche hat schon längst akzeptierbare Grenzen überschritten. Wir kämpfen mit DTT- und behandlungsresistenten Anophelesmücken, hyperresistenten Bakterien in vielen Variationen, vielfach mutierten und dadurch resistenten HI- und HC-Viren, unbehandelbaren Tuberkuloseerregern, resistentem wild wucherndem Unkraut, allerlei resistenten Krebszellen und vielem mehr. Wenn wir den ausgeübten Selektionsdruck nicht modifizieren, ist die Entwicklungsrichtung des Problems vorgegeben. Unser hygienischer Entwicklungsstand, zumindest in den entwickelten Regionen der Welt, und die begleitenden medizinischen Möglichkeiten, Infektionskrankheiten nicht durch natürliche Mechanismen abwehren zu lassen, sondern mit „künstlichen" Mitteln, sprich Antibiotika und Impfstoffen, zu bekämpfen, haben den Selektionsdruck verringert. Wir sind nicht mehr einzig auf ein optimal adaptiertes Immunsystem angewiesen, um Attacken von Mikroorganismen abzuwehren. Viele Antibiotika sind Produkte aus der Natur, aber viele werden ausschließlich synthetisch hergestellt. Die Unterstützung des Immunsystems durch Antibiotika und Impfstoffe geschieht erst seit ein paar Jahrzehnten und zeigt deswegen noch keine evolutionären Auswirkungen. Darüber können wir nur froh sein, noch ist die Selektionszeit viel zu kurz.

Hyperrational formuliert überleben Menschen durch Antibiotikatherapie, die normalerweise nicht hinwegkommen würden. Zum Glück sind wir mit unseren Therapiemöglichkeiten relativ weit entwickelt, denn Evolution kann grausam sein, wie die durch Infektionskrankheiten dahingerafften Opfer in Millionenhöhe deutlich machen. Ob es durch Antibiotikatherapie zu genetischen Veränderungen des Immunsystems in den reichen Ländern kommt, bezweifle ich eher, in Einzelfällen ist das jedoch vorstellbar. Auswirkungen auf signifikante Teile einer gegen die häufigsten Erreger durchgeimpften Population kann ich mir nicht vorstellen, dazu müsste die Zahl der Nachkommen von Menschen, die mit oder ohne Antibiotika behandelt werden, unterschiedlich sein. Lebensbedrohliche Infektionskrankheiten sind aber eher Krankheiten des fortgeschrittenen Alters, die bei Kindern und Jugendlichen selten sind – eine Ausnahme davon ist die bakterielle Lungenentzündung. Aber nur wenn junge Menschen betroffen sind, kann es zu genetischen Veränderungen des Immunsystems durch Antibiotikagabe kommen. Die dahinterstehende Logik: Wäre eine Gruppe von Kindern und Jugendlichen in der Vor-Antibiotikazeit an bestimmten Infektionskrankheiten gestorben, weil das Immunsystem nicht fähig ist, mit diesen Infektionserregern alleine fertigzuwerden, wäre mit ihnen dieses „schwache" Immunsystem aus dem Genbuch eliminiert worden. Dadurch wird das Genbuch des Immunsystems verändert und das Immunsystem über Generationen gestärkt. Antibiotikagabe verhindert diese Selektion und das Immunsystem wird nicht mehr angepasst. Diese Erklärung mag zwar begreiflich erscheinen, aber es gibt so viele Faktoren, die bei Infektionskrankheiten eine Rolle spielen. Ich glaube nicht unbedingt, dass dieses Erklärungsmodell eine wichtige Rolle spielt, dennoch würde ich es nicht ausschließen.

Ob unsere Immunabwehr evolutionär schon final optimiert ist, darf infrage gestellt werden. Eigentlich kann sie es per definitionem nicht sein, denn ein Optimum ist ein Endpunkt und mit Finalität hat Evolution nichts zu tun. In vielen Teilen der Welt kämpfen Menschen tagtäglich um das nackte Überleben, weil hygienisch adäquate Unterbringungsmöglichkeiten, sauberes Trinkwasser, Abwasserentsorgung, Impfstoffe, Antibiotika, teure Intensivmedizin nicht verfügbar sind. Eine mögliche biologische Aufspaltung von Menschen hinsichtlich einer unterschiedlich entwickelten Immunabwehr gegenüber Infektionskrankheiten durch veränderte Selektionsverhältnisse zwischen reichen und weniger reichen Teilen der Erde ist nicht zu erwarten, aber zweifelsfrei ausschließen kann ich es nicht. Erhöhte Migrationstendenzen und fortschreitende Globalisierung werden dazu beitragen, es zu verhindern. Eine evolutionäre Degeneration des Menschen in Richtung einer generell erhöhten Empfindlichkeit gegenüber Mikroorganismen wird sehr wahrscheinlich nicht stattfinden; unsere Medizin ist zu gut und wird sich noch weiterentwickeln. Unter diesen Umständen wage ich den Begriff der Degeneration des genetischen Buches, in den meisten Fällen muss man bei diesem Ausdruck genau auf Zusammenhänge achten.

Die Gefahr, dass in Zukunft noch mehr Menschen an bestimmten Infektionskrankheiten sterben müssen, weil der Selektionsdruck auf Bakterien durch die teilweise gedankenlose Verwendung von Antibiotika enorm ist und zu einer kontinuierlichen Verschärfung der Resistenzproblematik führen muss, ist gegeben. Dabei wären entsprechende Gegenmaßnahmen offensichtlich und durchaus realisierbar. Teilweise geschieht das auch. Denn immerhin hat das drohende Katastrophenszenario, demgemäß die stetig fortschreitende Resistenzentwicklung auf eine Vielzahl an nicht mehr behandelbaren Infektionskrankheiten mit dramatisch steigenden Todesraten hinausläuft, eine gewisse Handlungsbereitschaft erzwungen, die aber immer noch nicht intensiv und fokussiert genug ausfällt. Die oftmals erdrückende und vielfach unverständliche menschliche Trägheit – möglicherweise evolutionär selektioniert – kann offenbar nur angesichts bereits hereinbrechender Katastrophen überwunden werden. Der Preis weiterer exzessiver Antibiotikaverwendung muss und wird hoch sein. Er ist es bereits. Es bedurfte mehr als 200.000 Leichen, bevor ein Tsunami-Warnsystem installiert wurde. Nachgedacht wurde schon sehr lange darüber. Das Finanzsystem musste die Weltwirtschaft mehrmals in die Knie zwingen, bevor man ernsthaft daranging, Gegenreaktionen zu ersinnen. Als die mexikanische Schweinegrippe 2009 von der WHO zunächst als höchst gefährlich eingestuft wurde, war innerhalb kürzester Zeit die Herstellung mehrerer Impfstoffe möglich. Glücklicherweise erwies sich der Krankheitsverlauf schließlich als nicht gefährlicher als der einer „normalen" Grippe. Das war ein guter Test für den Notfall und ein fabelhaftes Beispiel, wie effizient Kapitalismus funktionieren kann. Umsonst hat es wahrscheinlich kein Impfstoffhersteller gemacht. Nach diesem kurzen Exkurs kehren wir nun wieder zurück zu den durch Antibiotikaresistenz tödlichen Bakterien.

Resistente Bakterien – die tödliche Gefahr

Fünf Gruppen von Mikroorganismen sind für Infektionskrankheiten beim Menschen verantwortlich: Bakterien, Pilze, Protozoen (z. B. die Erreger von Malaria oder Schlafkrankheit), Würmer (über eine Milliarde Menschen sind von diesen Parasiten befallen, vor ein paar Hundert Jahren war der Anteil aber noch wesentlich höher) und Viren. So, wie Infektionskrankheiten auch heute noch in den sogenannten Entwicklungsländern wüten, waren sie in den vergangenen Jahrtausenden die größte Gefahr für die Menschheit, wobei diese Gefahr sehr unterschiedlich ausgeprägt war. Die Bedrohung war jeweils eine andere, wenn man etwa in der Jäger-und-Sammler-Zeit mit einigen Dutzend Sippenmitgliedern mehr oder weniger isoliert von anderen Menschen in schier endlosen Wäldern umherzog, oder wenn man nach der landwirtschaftlichen Revolution vor circa 10.000 Jahren nahezu sesshaft in Ansammlungen von Tausenden von Menschen und Tieren hauste, in denen man einander viel näher kam und die Möglichkeit der direkten Übertragung von Infektionserregern zwischen Tier und Mensch viel stärker ausgeprägt war – oder wenn man beispielsweise in einer mittelalterlichen Großstadt mit Hunderttausenden von Menschen, aber minimalsten hygienischen Maßnahmen auf engstem Raum wohnte. Die geografische Verteilung von Infektionserregern ist durch Klima und die vorhandenen Tiere – vor allem auch Insekten als wichtige Überträger von vielen Krankheiten – stark auf tropische Regionen konzentriert.

Die Hauptverantwortung für den Anstieg der Lebenserwartung in den letzten 150 Jahren trägt nicht unbedingt der medizinische Fortschritt. Die Etablierung von hygienischen Grundstandards, allen voran die Verfügbarkeit reinen Trinkwassers, die Zubereitung und Aufbewahrung von Nahrungsmitteln und eine adäquate Exkrementenentsorgung haben Entscheidendes bewirkt, wie in Abbildung 2 leicht ersichtlich ist.

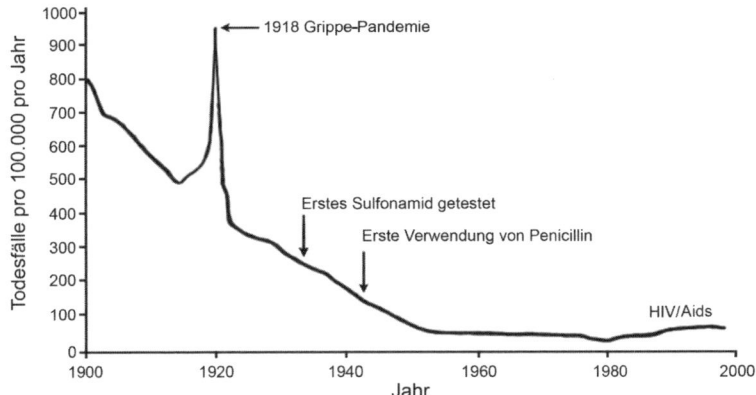

Abbildung 2: Todesfälle durch Infektionen im Verlauf des 20. Jahrhunderts in den USA

Eine mehr als 10-fache Reduzierung ereignete sich in den ersten 60 Jahren. Die Verwendung von Antibiotika war nicht entscheidend für diesen Trend. Die Grippe-Pandemie um 1918 und HIV/Aids sind erkennbar (modifiziert nach Armstrong et al., 1999: 61–66).

Der größte Mörder unter den Mikroorganismen ist seit Jahrzehnten das *Mycobakterium Tuberculosis* mit über einer Million Opfern pro Jahr (vgl. The Howard Hughes Medical Institute, 1996:22, WHO, Global tuberculosis report, 2012). Malaria war 2010 für 216 Millionen Krankheitsepisoden verantwortlich, obwohl die Dunkelziffer höher sein sollte. Diese noch immer schrecklich wütende Krankheit verursachte 2010 etwa 650.000 Todesfälle, vor allem in Subsahara-Afrika (vgl. WHO, World Malaria Report, 2011). Das ist Selektion und Evolution von ihrer brutalsten Seite. HIV/Aids rafft noch mehr Menschen hin als Malaria, bis heute rund 30 Millionen. Mehrere Hunderttausend Kinder sterben jedes Jahr an Masern in Indien und Afrika, eine Zahl, die durch fokussierte Impfaktionen in den letzten Jahren glücklicherweise stark verringert wurde. Ich hoffe, die Ausrottung des Masernvirus wird in naher Zukunft gelingen, am besten gleichzeitig mit den Polioviren, die für die Kinderlähmung verantwortlich sind. Bis jetzt konnte nur das Pockenvirus durch weltweite Impfung eliminiert werden. Durch die Ausrottung und damit sinkende natürliche Immunität und aufgrund der Einstellung von Pockenimpfungen Mitte der 70er-Jahre konnte der Affenpockenvirus, verwandt mit dem Pockenvirus, vermehrt Menschen befallen (vgl. Stearns, Koella, 2008: 226, Shah, 2013: 52–57). Akute Infektionen der Atemwege und Durchfallerkrankungen, verursacht durch diverse Mikroorganismen, töten Jahr für Jahr mehr als acht Millionen Kinder.

Speziell in Entwicklungsländern erschweren es ökonomische, politische und geografisch-logistische Probleme, entsprechende Behandlungskonzepte in Form von adäquater Antibiotikatherapie und Präventionsmaßnahmen durch Impfungen und anderen Mitteln, wie etwa Fliegennetze gegen den Malariaüberträger, bereitzustellen. Resistenzentwicklung oder eine gegebene Unempfindlichkeit diverser Mikroorganismen gegenüber dem menschlichen Antibiotikaarsenal spielen bei den beschriebenen Opferzahlen nicht unbedingt eine dominante Rolle, aber die Wichtigkeit von Resistenz steigt. Mehr und mehr Tuberkulose- und Malariastämme sind gegen die vorhandenen Medikamente resistent. „Die Resistenz des Parasiten [Malaria-Plasmodien] gegen Cloroquin, das Hauptmittel zur Prophylaxe und Behandlung auf dem Kontinent [Afrika], wächst mit alarmierender Geschwindigkeit. Fansidar, die einzige billige Alternative, dürfte zum gleichen Schicksal verdammt sein. Es wird ziemlich schockierend werden." (Butler et al., 1997: 535–541). Auch die Resistenz gegen Artemisin, das letzte noch potente Medikament gegen die Malariaerreger, wird wohl nicht mehr aufzuhalten sein (vgl. WHO, 2011/2012). Resistenzentwicklung gegenüber anderen Parasiten wie Trypanosomen und Leishmanien darf ebenfalls nicht ignoriert werden (vgl. Baker et al., 2013: 110–118, Chakravarty, Sundar, 2010: 167–176).

Wir, fernab in den Industrienationen, sollten uns nicht sicher fühlen und glauben, dass diese resistenten Mikroorganismen für uns keine Bedrohung darstellen, schon gar nicht in Zeiten des uneingeschränkten globalen Reiseverkehrs. Die vielfach tödliche Kombination von einer HIV-Infektion mit Tuberkulose hat durch adäquate Behandlungsmöglichkeiten von Aids in der westlichen Welt an Schrecken sicherlich verloren, wütet aber verheerend in weiten Teilen Afrikas. HIV-infizierte Menschen mit Therapieversagen sind häufiger, als Medienberichte über Erfolge der HIV-Therapie vermuten lassen (vgl. Mocroft et al., 2004: 1947–56). Das Auftreten von kleinen vorstädtischen Tuberkulose-Epidemien in Hawaii, La Quinta im US-Bundesstaat Kalifornien und Long Island (New York) sollte uns zu denken geben (The Howard Hughes Medical Institute, 1996: 7). Tuberkulose kann leicht von einer Person auf die nächste übertragen werden, und Flugzeuge, Busse und Kinos sind ausgezeichnete Orte, eine resistente Variante abzubekommen. Wenn das Immunsystem normal funktioniert, liegt die Heilungsrate bei nicht resistenten Tuberkuloseformen über 90 %. Aber für vielfach medikamentenresistente Formen – und diese nehmen zu – kann die Mortalitätsrate auf bis zu 40 % steigen. Bei Personen mit einer zusätzlichen HIV-Infektion liegt die Sterberate bei 80 %. Der Ausbruch des schweren akuten respiratorischen Syndroms (SARS) wahrscheinlich in China und in der Folge in Hong Kong, Singapur und Toronto soll als Erinnerungshilfe dienen, dass in Zeiten mit globaler Verkehrsvernetzung und Mobilität Mikroorganismen nahezu jeden Ort auf der Erde schnell erreichen können (vgl. Perry, 2003: 1166–1168). Zwei Milliarden Menschen saßen 2006 in Flugzeugen (vgl. Snowden, 2008: 9–26). Dabei ist SARS relativ harmlos im Vergleich zu Malaria, Tuberkulose und HIV. Trotzdem waren Gesundheitsbehörden weltweit vom Auftreten dieser Krankheit zu Recht schwer irritiert. Der Grund, warum SARS als relativ harmlos bezeichnet werden kann, liegt darin, dass die Anzahl an Todesfällen im Vergleich zu den drei oben erwähnten Krankheiten relativ gering ausfällt. Zudem erlauben die Charakteristika der Infektion eine schnelle Isolierung von infizierten Personen, und eine Impfung sollte aus wissenschaftlich-medizinischen Gründen bei gegebenem politischem Willen leicht zu entwickeln sein. Allerdings befindet sich auch mehrere Jahre nach dem ersten Auftreten von SARS die Impfstoffentwicklung noch in den Kinderschuhen. Impfungen gegen Malaria, Tuberkulose und

HIV sind wissenschaftlich äußerst komplex, obwohl es bei Malaria Anlass zur Hoffnung gibt (vgl. Collins, Barnwell, 2008: 2259–2601). Bereits ein paar Monate nach dem Höhepunkt wurden keine neuen SARS-Fälle mehr gemeldet. SARS möge hoffentlich Geschichte sein. Nicht nur die Behandlung von Tuberkulose und Malaria ist von Resistenzentwicklung geplagt, viel dramatischer ist die Anzahl an resistenten Bakterienstämmen in den letzten Jahrzehnten angestiegen. Zum Beispiel waren im Jahre 1940 alle Pneumokokkenstämme sensitiv für Penicillin. Pneumokokken verursachen vor allem mitunter tödliche Lungenerkrankungen bei Kleinkindern und älteren Menschen. In den USA sind heute 25–30 % von wichtigen Pneumokokkenstämmen penicillinresistent und 30–60 % gegenüber Erythromycin, einem äußerst potenten Antibiotikum. Von den Bakterien der Spezies *Staphylococcus aureus* sind bereits 80 % in der Lage, Betalaktamasen zu produzieren, das sind Eiweißmoleküle, die Antibiotika höchst effektiv zerschneiden und damit inaktivieren können. Obwohl viele Bücher über die Gefahren von Antibiotikaresistenz veröffentlicht werden, wird dieses so brisante Thema von den großen Massenmedien leider nur sporadisch aufgegriffen. Ob auf globaler Ebene entsprechende Gegenmaßnahmen von den zuständigen Institutionen diskutiert und umgesetzt werden, und wenn ja, wie schnell, ist nicht abschätzbar. Was getan werden muss, liegt auf der Hand. Es scheitert an der tatsächlichen Durchführung. Die Vorboten der Katastrophe treten noch zu isoliert auf, sie erscheinen zu unbedeutend oder zeigen sich nur in fernen Ländern mit geringem Einfluss und noch weniger finanziellen Mitteln. Die zunehmende Gefahr durch resistente Bakterien wird ohne Zweifel eine der wichtigsten medizinischen Herausforderungen des 21. Jahrhunderts.

Sogar die renommierte Zeitschrift *The New Yorker* hat darüber geschrieben und resistente Infektionen als „beinahe unmöglich zu behandeln" bezeichnet (vgl. Groopman, 2008). Ein Artikel in der weltweit anerkanntesten klinischen Wochenzeitschrift *The New England Journal of Medicine* spricht von einer „klinischen Super-Herausforderung" für das 21. Jahrhundert (Arias, Murray, 2009: 439–443). Infektionen mit resistenten Keimen sind tatsächlich sehr schwer zu behandeln. Leider gibt es noch keine verlässlichen Schnelltests, die nachweisen, mit welchem Keim ein Patient infiziert ist und welches Resistenzmuster der Krankheitserreger zeigt. Daher muss man die Behandlung mit einem oder mehreren Breitbandantibiotika beginnen, in der Hoffnung, die Bakterien sind nicht resistent. Darwinistische Selektion durch exzessiven Gebrauch von Antibiotika ist dafür verantwortlich. Antibiotikaresistenz unüberlegt in Kauf zu nehmen, ist ein tödliches Spiel mit der Evolution.

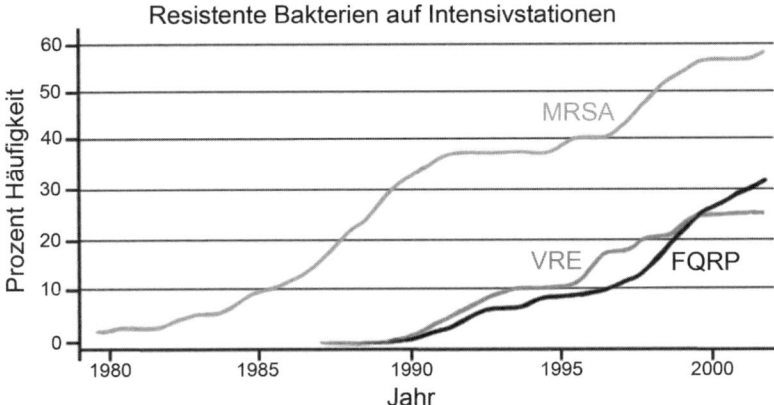

Abbildung 3: Resistenz hat in den letzten Jahrzehnten dramatisch zugenommen

Diese Kurven sind fast linear ohne Zeichen einer Plateauentwicklung. Je mehr Bakterien resistent sind, desto mehr und stärkere Antibiotika müssen verwendet werden. Das bedeutet, der Selektionsdruck steigt. Nur ein Umdenken kann diesen positiven Rückkopplungsprozess unterbrechen. Die Daten wurden in Intensivstationen von amerikanischen Krankenhäusern erhoben. Die Kurven würden in Europa ähnlich aussehen, obwohl es länderspezifische Unterschiede gibt, aber der Grundtenor ist gleich: Die Zahl der resistenten Bakterien steigt kontinuierlich. MRSA = Methicillin-resistenter Staphylococcus aureus; VRE = Vancomycin-resistenter Enterococcus und FQRP = Fluoroquinolone-resistenter Pseudomonas aeruginosa. (Datenerhebung: Centers for Disease Control and Prevention; modifiziert nach IDSA-Report, 2004: 11.)

Das Problem der darwinistischen Selektion von resistenten Bakterien ist akut, weil diese Zahlen ohne entsprechende Maßnahmen eigentlich nur immer weiter ansteigen können. Ein Beispiel für eine solche Maßnahme wäre es, Antibiotika seltener zu verwenden, aber ohne die Qualität der Versorgung von Patienten zu gefährden. Der kritische

Leser mag einen Widerspruch erkennen. Denn ein vermehrtes Auftreten resistenter Bakterien liegt genauso wenig im Interesse der Patienten. Die Medizin hat aber zu Antibiotika vielfach noch keine alternativen Medikamente und ein wichtiger Teil dieses Kapitels wird sich mit anderen Therapieansätzen mit geringerem Selektionsdruck auseinandersetzen. Die entscheidende Frage lautet: Wie kann der Evolutionsdruck durch Antibiotikabehandlung bei Infektionskrankheiten vermieden oder zumindest reduziert werden?

Die Grundannahme bei dem derzeitigen Verschreibungsverhalten muss sein, dass jeder Einsatz von Antibiotika notwendig ist. Diese Annahme darf allerdings durchaus hinterfragt werden, zum Beispiel bei der Verschreibung von Antibiotika zur Behandlung grippaler Infekte oder nicht schwerer Mittelohrentzündungen. Wenn diese Grundannahme nicht stimmt, könnte man die Verwendung von Antibiotika durch adäquaten Gebrauch senken. Grippale Infekte werden beinahe immer von Viren ausgelöst und Antibiotika haben auf Viren überhaupt keinen Effekt. Bei Mittelohrentzündungen ist der Nutzen von Antibiotika durch klinische Studien nicht eindeutig erwiesen. Bei schweren Fällen sollen sie verwendet werden, sonst lautet die Empfehlung: „Warten und beobachten" (vgl. Spiro et al., 2006: 1235–1241). Die ärztliche Praxis sieht jedoch zumeist anders aus. In einer US-amerikanischen Studie wurde errechnet, dass Ärzte im Jahre 1998 circa 20 Millionen Antibiotika-Verschreibungen für Atemwegsinfektionen an nicht hospitalisierte Patienten erteilt haben, die man als nicht notwendig bewerten muss (vgl. Lauerman, 1997: 18–21). 50% aller Antibiotikaverschreibungen könnten unnötig sein. (vgl. Hicks, Taylor, Hunkler, 2013: 1461–1462). Diese Zahlen haben sich wohl kaum signifikant verändert.

Noch nachdenklicher machen die folgenden Zahlen: Wenn Ärzte annehmen, dass Eltern ein Antibiotikarezept erwarten, wird diese Erwartung zu 56% erfüllt. Wenn Eltern es nicht erwarten, sind es nur 12% (vgl. Trevanathan, Smith, McKenna, 2008: 15), unglaublich, aber wahr. Evidenzbasierte Medizin ist offenbar vielfach noch Wunschdenken. Evidenzbasiert bedeutet, dass ärztliches Handeln, wenn möglich, von den Ergebnissen hochqualitativer klinischer Studien geleitet wird. Wissenschaftliches Denken soll und muss, wenn gute Daten verfügbar sind, für ärztliches Handeln ausschlaggebend sein. Der ärztliche Alltag sieht aber anders aus. Die beste Therapie für den Patienten ergibt sich daraus sicherlich nicht. Warum staatliche Gesundheitsbehörden nicht versuchen, diese Verhalten, wenn nötig, zu erzwingen, bleibt rätselhaft.

Neben der humanmedizinischen Verwendung hat auch der jahrelange exzessive Gebrauch von niedrig dosierten Antibiotika bei Tieren gravierende Konsequenzen. Gerade die Verabreichung von niedrigen Antibiotikamengen ist eine höchst effektive Variante, resistente Bakterien zu züchten. Einer Schätzung zufolge werden 50 % aller in Amerika produzierten Antibiotika an Tiere verabreicht, überdies in den meisten Fällen für nicht therapeutische Zwecke. 11,2 Millionen Kilogramm werden jedes Jahr an Tiere für nicht therapeutische Zwecke verfüttert, 2 Millionen im Rahmen von Therapien. Demgegenüber werden Menschen nur 1,3 Millionen Kilogramm verabreicht, ein ungleiches Verhältnis von 10 zu 1. Die Konsequenzen von diesem gigantischen darwinistischen Experiment sind vorprogrammiert: Resistente Stämme von gefährlichen Bakterien werden aus Hühnern, Schweinen und Hackfleisch isoliert – politisches Handeln ist dringend nötig (vgl. Gorbach, 2001: 1202–1203). Im Jahre 2006 hat die Europäische Union die gesamte nicht therapeutische Verwendung von Antibiotika bei Tieren verboten. Die USA und viele andere Länder mögen ähnliche Schritte ergreifen. Ich schätze, der Verbrauch für die therapeutische Anwendung bei Tieren wird in den nächsten Jahren deutlich ansteigen. Hoffentlich ist dieser Zynismus unangebracht.

Diese Resistenzproblematik muss sich ebenso in der Anzahl an Infektionen mit resistenten Keimen in Krankenhäusern manifestieren – und das tut sie auch. In amerikanischen Krankenhäusern mussten 2002 über 360.000 Infektionen behandelt werden, bei denen die Standard-Antibiotikatherapie nicht mehr geholfen hatte. Wenn man Europa und Japan dazurechnet, ist man ungefähr bei einer Million Infektionen mit resistenten Bakterien pro Jahr. Diese Situation gefährdet das Leben von Tausenden Menschen und nicht nur von denen in Krankenhäusern. Besucher nehmen diese Keime auch in die Gesellschaft mit. Zudem verursacht dieser Zustand enorme zusätzliche Kosten, weil die Ausweich- oder Notfallantibiotika empfindlich teurer, oftmals auch schlechter verträglich sind und damit für die Patienten eine zusätzliche Gefahr bedeuten. Darüber hinaus verlängert sich die Dauer des Krankenhausaufenthaltes. Diese Zahlen werden steigen müssen, wenn es nicht zu einem Umdenken kommt (vgl. IDSA-Report, 2004).

Das bedeutet natürlich nicht, dass die genannten 360.000 Menschen in amerikanischen Krankenhäusern an resistenten Mikroorganismen sterben. Aber laut Schätzungen des Centers for Disease Control, einer der wichtigsten staatlichen Gesundheitseinrichtungen in den USA mit ausgezeichneter internationaler Reputation, sind im Jahre 2006 19.000 Menschen alleine an Methicillin-resistentem *Staphylococcus aureus* gestorben, das entspricht circa einem Fünftel der Infektionen (vgl. Groopman, 2008). Eine Extrapolation dieser Rate auf die 360.000 Fälle des Jahres 2002 in den USA würde die Anzahl der durch resistente Bakterien verursachten Todesfälle auf etwa 70.000 erhöhen, und das sind sicherlich noch nicht alle. Einige Schätzungen über die Anzahl an resistenten Infektionen in Krankenhäusern sind 10-fach höher. Aids/HIV tötet pro Jahr in den USA circa 17.000 Menschen, Grippe 37.000 und Brustkrebs 40.000 (vgl. Stearns, Koella, 2008: 125). Auch wenn die Erkrankung nicht tödlich verläuft, leiden die betroffenen Patienten, ebenso ihre Angehörigen und Freunde. Der verlängerte Krankheitsverlauf ist mit Ungewissheit und Sorgen verbunden und durch die Verabreichung von anderen Antibiotika und zusätzlichen Medikamenten sind vermehrt Nebenwirkungen zu ertragen. Die Extrakosten für das Gesundheitssystem sind beträchtlich. Bei der Behandlung von antibiotikaresistenten Infektionen im Krankenhaus verdreifachen sich Kosten und Zeitdauer des Krankenhausaufenthaltes (vgl. Hoffert, 1998). Die wirtschaftlichen Kosten im klinischen Umfeld in den USA werden mit jährlich 80 Milliarden US-Dollar veranschlagt (vgl. Stearns, Koella, 2008: 125).

Wenn Bakterien gegen die Standardbehandlung resistent sind, müssen Ärzte stärkere Antibiotika verwenden, oftmals mit schwerwiegenderen Nebenwirkungen. Dann ist es nur eine Frage der Zeit, bis wiederum resistente Bakterien selektioniert werden, ein darwinistischer Circulus vitiosus. Bei schweren Infektionskrankheiten muss vor einer gezielten Behandlung vielfach auf Antibiotikaempfindlichkeit hin getestet werden. Solange die Ergebnisse dieser Tests ausstehen, wird oftmals mit einem „atombombenartigen" Kombinationscocktail begonnen. Alternativen gibt es noch keine, doch leider ist dies der perfekte Weg, um resistente Bakterienklone zu selektionieren. Klone sind eine Untergruppe einer Population mit ganz bestimmten genetischen Merkmalen. Aber wie lange können wir an diesem Paradigma der direkten Attacke im Kampf gegen Bakterien noch festhalten? Gibt es alternative Optionen, die die Standardbehandlung unterstützen, aber die Wahrscheinlichkeit der Resistenzentwicklung signifikant verringern können?

Auf dem Buchmarkt finden sich allgemein verständliche Darstellungen dieser Thematiken mit ausführlichen Beschreibungen, was Bakterien sind, wie Antibiotika funktionieren, woher sie kommen, warum die meisten Bakterien in Einklang mit uns leben und warum spezifische Interaktionen von Mikroorganismen so wichtig für die Krankheitsinitiierung sind, zum Beispiel: *Die Resistenzfalle* (siehe Böhm, 2010). Auf eine simple Formel gebracht, unterscheidet man drei Mechanismen, wie Bakterien gegenüber Antibiotika resistent werden:

Erstens: Bakterien synthetisieren Enzyme, das sind bestimmte Eiweißstoffe, die Antibiotika zerschneiden oder verändern und damit inaktivieren. Enzyme exekutieren ganz bestimmte molekulare Schritte äußerst präzise und unheimlich schnell, oftmals millionenfach schneller, als die Reaktion ohne Enzyme ablaufen würde.

Zweitens: Bakterien können bestimmte Transportsysteme aktivieren und pumpen Antibiotika schnell aus dem Inneren der Bakterien hinaus – eine sehr effektive molekularbiologische Müllabfuhr.

Drittens: Bakterien verändern die molekularen Angriffsziele von Antibiotika, das heißt, die genetische Information wird umgeschrieben, woraufhin die Antibiotika einfach nicht mehr mit ausreichend hoher Affinität an die entsprechenden Rezeptoren oder Dockingstellen binden. Das Schlüssel-Schloss-Prinzip funktioniert nicht mehr. Bakterien verwenden sehr ähnliche Prinzipien wie Krebszellen, wenn diese Chemotherapeutika inaktivieren.

Der klinisch bedeutendste Mechanismus bei der Verbreitung von Infektionen mit resistenten Bakterien ist der erste, weil die verantwortlichen Enzyme schnell und einfach über eine Art „genetische

Postpakete" zwischen Bakterien ausgetauscht werden können. Dadurch verändert sich der genetische Code von Bakterien. Exzessive Antibiotikaverwendung führt also zu Veränderungen in der genetischen Zusammensetzung von Bakterien. Es kommt zwar zu keiner direkten Einflussnahme auf das menschliche Lebensbuch, aber die Selektion von antibiotikaresistenten Bakterien hat selbstverständlich Auswirkungen auf den Menschen. Wir alle spielen mit, indem wir vielfach gedankenlos Antibiotika verwenden und damit den genetischen Code von Bakterien verändern.

Der erwähnte Prozess der Nachbarschaftshilfe, bei dem ein Bakterium einem anderen genetische Pakete übermittelt, kann die Geschwindigkeit der Erzeugung von resistenten Bakterien dramatisch erhöhen. Es ist ein positiver Rückkopplungsprozess, der schwer zu stoppen ist, sobald er einmal angelaufen ist. Der wichtigste Grund für die Entwicklung von diesem Verteidigungs- sowie eines jeden Resistenzmechanismus ist klar: Es geht um das Überleben – „Survival of the fittest"! Dasselbe gilt für die Angriffswaffen, unsere Antibiotika. Denn die Menschheit hat weder Antibiotika erfunden (ihren Einsatz haben wir uns von Mikroorganismen abgeschaut) noch hat sie die Entstehung der diversen Resistenzmechanismen induziert. Diese waren vorher schon als Reaktion auf natürlich vorkommende Antibiotika existent. Jedoch sind wir gerade dabei, ihre weltweite Verbreitung dramatisch zu beschleunigen, und das zu unserem eigenen Schaden. In Tabelle 3 (siehe Seite 57) ist das Jahr der Einführung und die Zeit bis zur ersten Resistenzmeldung von wichtigen Antibiotika dargestellt. In den meisten Fällen vergehen dazwischen weniger als fünf Jahre (vgl. Stearns, Koella, 2008: 126).

Eine andere Publikation errechnete einen Durchschnitt von zehn Jahren von der ersten Verwendung eines neuen Antibiotikums bei Patienten bis zum Erscheinen erster Berichte über Resistenzentwicklung. Die Standardabweichung, ein Maß der (Un-)Genauigkeit und Streuung, war allerdings groß. In einigen Fällen waren resistente Bakterien bereits nach einem Jahr nachweisbar (vgl. Palumbi, 2001: 1786–1790). Die Zeitdauer bis zur Entwicklung von Resistenz könnte sich in Zukunft wegen Kreuzresistenz noch verkürzen. Dabei verwenden bereits anderweitig resistente Bakterien den gleichen

Mechanismus, um ein neues Medikament zu inaktivieren. Resistenzentwicklung gegen das neue Medikament in Abhängigkeit von der Resistenz zum alten Antibiotikum. Je höher die Resistenz gegen das alte Antibiotikum war, desto schneller findet man Resistenz gegen das neue Antibiotikum. Natürlich gibt es den Fall, dass die Resistenz zum alten Medikament verstärkt wird, weil ein neues Medikament verwendet und entsprechender Selektionsdruck aufgebaut wird. Resistenz entsteht durch Selektion, und das ergibt eine alternative Behandlungsstrategie, die komplementär zur Antibiotikatherapie angewendet werden könnte. So würden sich die genetischen Veränderungen durch Antibiotikaselektion verringern lassen. Bevor wir uns aber mit diesem Behandlungskonzept auseinandersetzen können, müssen wir noch etwas Hintergrundinformation bewältigen.

Tabelle 3: Rapide Evolution von Resistenzentwicklung

Antibiotikum / Antibiotikaklasse	Dauer bis zur ersten Resistenz
Penicillin (Einführung: 1943)	2 Jahre
Chloramphenicol (Einführung: 1949)	1 Jahr
Erythromycin (Einführung: 1952)	4 Jahre
Cephalothin (1-Gen.-Ceph.*) (Einführung: 1964)	2 Jahre
Vancomycin** (Einführung: 1958)	28 Jahre
2-Gen.- bzw. 3-Gen.-Cephalosporine* (Einführung: 1979 / 1981)	8 bzw. 6 Jahre
Linezolid (Einführung: 2000)	2 Jahre

* Erste, zweite oder dritte Generation von Cephalosporinen.
** Vancomycin wurde erst in den 80er-Jahren weitflächig verwendet.

(vgl. Stearns, Koella, 2008: 126)

Wie Bakterien mit menschlichen Zellen interagieren

In unserem Magen-Darm-Trakt und auf unserer Haut fühlen sich Trillionen von Bakterien wie zu Hause. Warum sind wir nicht die ganze Zeit krank? Warum sind nur einige wenige Bakterien gefährlich? Im Menschen sind bis zu 35.000 unterschiedliche Arten von Bakterien nachweisbar, und das ist nur ein Bruchteil aller Bakterienarten. Von allen weltweit bekannten Bakterien sind nur etwa 100 krankheitsinduzierend, ein verschwindend kleiner Prozentsatz (vgl. Finlay, 2010: 42–49). In den letzten Jahren erkannten Wissenschafter, dass eine Voraussetzung für die Entstehung von Krankheitssymptomen oftmals die Fähigkeit von Bakterien ist, sich fest an menschliche Zellen anzuheften. Der Ort der Entzündung wird durch den Körperteil oder besser die Körperoberfläche bestimmt, an der sich Bakterien festklammern können. *Escherichia Coli* verursacht fast nur Harnwegserkrankungen, im Gegensatz etwa zu bestimmten Streptokokken, die bevorzugt die oberen Atemwege und die Haut kolonisieren und dort zu Problemen führen können, aber ganz selten Harnwegsinfektionen verursachen. Pneumokokken können sich an die Schleimhautzellen der oberen Atemwege anheften und nur dann kann es zu einer Lungenentzündung kommen. *Helicobacter Pylori* verursacht ausschließlich Magengeschwüre, weil es selektiv an die Magenzellen binden kann.

In einigen Fällen ist die Vermehrung von Bakterien ohne feste Anheftung an Zellen gar nicht möglich. Ein Beispiel sei erwähnt. Nur wenn das enteropathogene *Escherichia Coli*, welches bevorzugt Erkrankungen (pathogen) im Darmtrakt (entero) auslöst und in Ländern mit geringeren Hygiene- und Gesundheitsstandards ein großes Problem darstellt, sehr effektiv an die Zellen im Darmtrakt binden kann, ist es pathogen. Ohne feste Verankerung an den Schleimhautzellen wird es einfach weggewaschen. Viele Experimente haben klar demonstriert, dass gewisse Bakterien spezifische Moleküle auf der Oberfläche von Säugetierzellen erkennen, und nur wenn sie imstande sind, mit diesen Dockingstationen zu interagieren, können sie Krankheitssymptome verursachen (vgl. Finlay, 2010: 42–49). Dafür lässt sich eine Reihe an Beispielen anführen, aber das würde zum Grundverständnis nicht wesentlich beitragen. Das Fazit lautet, dass Bakterien bei Infektionsprozessen nicht als unabhängige Einheiten gesehen werden dürfen. Sie interagieren mit den Zellen des Wirtes – Mensch oder Tier – und sind vielfach von diesem abhängig, so wie Krebszellen für ihre tödliche Expansion die Gefäßneubildung des Wirtes ausnützen müssen (siehe Kapitel „Krebsbehandlung ohne Evolutionsverständnis ist undenkbar", ab Seite 230). Malaria demonstriert die Abhängigkeit des Parasiten von menschlichen Zellstrukturen auf exzellente Weise und zeigt, wie es durch die Abwehrmechanismen des Immunsystems zu genetischen Veränderungen der Parasiten kommen kann. Doch ist inzwischen ein hoffnungsvoller Impfstoff in Entwicklung, der einen wichtigen Schritt in dieser Interaktion unterbricht.

Malaria-Plasmodien – die tödlichen Meister der intimen Interaktion

Vier Malaria auslösende Plasmodien-Stämme (*Plasmodium vivax*, *ovale*, *malariae* und *falciparum* als Verursacher der schwersten Form) töten bis zu einer Million Menschen jedes Jahr, häufig Kinder. Ein Vielfaches dessen erkrankt an Malaria und ist davon zumeist schwer gezeichnet. Malaria zeigt klar definierte Krankheitsentwicklungsschritte, die die unterschiedlichen Symptome im Verlauf einer Malariaerkrankung erklären. Über das Blutsaugen der Anophelesmücke gelangen Sporozoiten in das Blut von Menschen. Durch die Verwendung von DTT und anderen Insektiziden mit dem Ziel, Anopheles auszurotten und Malaria zu besiegen, wurden natürlich DDT-resistente Mücken selektiert. Aus diesem Grund und auch wegen der chronischen Vergiftungsproblematik wird DDT nicht mehr beziehungsweise nur in Ausnahmesituationen und in geringer Dosierung zur Imprägnierung von Schlafnetzen verwendet. „Vielleicht am wichtigsten sind die Anophelesmücken, die, durch ihre Rolle bei der Übertragung, rechtmäßigerweise als die gefährlichsten Tiere in der Welt angesehen werden sollten." (Roush, 1993: 174–179)

Einer der Pioniere in der Malariaforschung, der Anthropologe Frank Livingstone, gibt dem Menschen weitere Mitschuld an der

Ausbreitung von Malaria. Der Mensch hätte sich durch die Zerstörung von Wäldern, durch das Anlegen von Feldern für den Ackerbau und durch die Eliminierung von Tieren selbst zum besten Wirten für die Anophelesmücke gemacht. Zudem ist die Anzahl an Menschen stark gestiegen (vgl. Trevanathan, Smith, McKenna, 2008: 7). Der Mensch hatte dabei freilich nicht viele Wahlmöglichkeiten, aber wenn man derartige Zusammenhänge versteht, kann man gewisse Folgeerscheinungen vielleicht verhindern oder zumindest abschwächen.

Nachdem die Sporozoiten ins Blut gelangt sind, heften sie sich an Leberzellen und gelangen in das Innere dieser Zellen, wo sie sich (in seltenen Fällen) auch für Jahre verstecken können. Den Prozess der Leberzelleninvasion versteht man schon recht gut. Eine wichtige Komponente ist das Circumsporozoiten-Eiweißmolekül. Hemmt man die Aktivität dieses Faktors, können die Sporozoiten nicht mehr in das Innere der Leberzellen gelangen und die Symptome der Malaria würden ausbleiben. Innerhalb der Leberzellen werden sogenannte Merozoiten gezeugt, wobei ein Sporozoit Tausende von Merozoiten generieren kann, die sodann mehr oder weniger explosionsartig in den Blutstrom freigesetzt werden. Dabei werden die Leberzellen zerstört. Diese Zerstörung und die Freisetzung der Merozoiten verursachen die starken Fieberattacken. Aber das ist noch nicht das Ende der Interaktionen zwischen diesen Parasiten und den menschlichen Körperzellen. Nun binden die Merozoiten an die roten Blutkörperchen, gelangen in das Innere und beginnen sich dort zu vermehren, was zur Deformation und früher oder später zur Destruktion der roten Blutkörperchen führt. Bevor diese zerstört werden, bleiben sie durch die starken Deformationen in den Kapillaren hängen und verstopfen den Blutfluss. Diese mechanische Verstopfung von kleinen Gefäßen verursacht sogenannte Mikroinfarkte in vielen Körperorganen, äußerst starke Schmerzen und ist ultimativ für das verheerende Krankheitsbild von schwer betroffenen Malariapatienten verantwortlich.

Die Eiweißkomponenten der roten Blutkörperchen und Parasiten, die bei der Invasion eine wichtige Rolle spielen, sind bereits gut charakterisiert worden. Wenn man sie blockiert, kann man den Invasionsprozess verhindern. Malaria ist ein großartiges, aber extrem schreckliches Beispiel, wie über Jahrtausende effektive Strategien selektioniert worden sind, sich Eigenheiten des menschlichen Organismus zunutze zu machen. Wären wir in der Lage, die Bindung an die Leberzellen zu blockieren, würde das Eindringen der Sporozoiten harmlos. Malaria würde viel weniger Schmerzen verursachen, wenn wir die Invasion der roten Blutkörperchen verhindern könnten. Natürlich hat sich der Mensch oder besser das Immunsystem gegen diese Krankheit gewehrt – die Folge war ein klassischer darwinistischen Schlagabtausch, aber losgeworden sind wir Malaria nicht und werden es mit dieser direkten Konfrontationsstrategie wahrscheinlich auch niemals. Das menschliche Immunsystem feuert seit Jahrtausenden Waffen, sogenannte Antikörper, gegen den Parasiten. Diese Antikörper müssen fest an die Oberfläche binden, um sekundäre Abwehrsysteme zu aktivieren und die Parasiten zu zerstören. Es ist leicht zu erraten, was die Parasiten dagegen machen: Sie verändern ständig ihre Oberfläche, sodass die Antikörper nicht mehr effektiv binden können, und entkommen so der Vernichtung. Dadurch kommt es natürlich zu genetischen Veränderungen bei Parasiten und zu einer Selektion von resistenten Malariaerregern. Umgekehrt versucht auch unser Immunsystem oder unser Organismus, die Parasiten zu vernichten. Das Spiel der Evolution ist in vollem Gange und die Auswirkungen am menschlichen Genom kann man leicht nachweisen. Malaria hinterlässt ihre Spuren in unserem genetischen Lebensbuch.

Wenn eine Krankheit vor der anderen schützt

Die Sichelzellanämie beruht auf unterschiedlichen Mutationen in einem bestimmten Eiweißmolekül, der sogenannten beta-Globin-Kette des Hämoglobins. Dieses transportiert den Sauerstoff in den roten Blutkörperchen. Menschen mit zwei mutierten Ketten, eine von jedem Elternteil, haben schwerste Krankheitssymptome. Die roten Blutkörperchen von Patienten sind steif und verformt und können den Sauerstoff nicht effektiv transportieren. Durch die missgestaltete Form bleiben sie in den kleinen Blutgefäßen stecken. Individuen mit zwei mutierten Versionen habe ohne therapeutische Maßnahmen eine stark verkürzte Lebenszeit und selten Nachkommen. Menschen mit nur einer mutierten Kopie haben wenige Krankheitssymptome. Der Krankheitsverlauf ließe erwarten, dass diese Mutationen aus einer Population allmählich verschwinden, weil Individuen mit zwei veränderten Kopien selten Nachkommen haben. Das ist aber nicht der Fall und in tropischen Gebieten Afrikas, in Griechenland, in der Türkei und Indien findet man diese Mutationen in bis zu 20% der Bevölkerung. Auch andere Länder haben intermediär erhöhte Häufigkeiten. In Nordeuropa, Australien oder Nordamerika hingegen kommen diese Veränderungen äußerst selten vor. Warum ist das so?

Die Erklärung dieser asymmetrischen Verteilung mit Häufungen in bestimmten geografischen Regionen findet man im Schweregrad der Malariasymptome. Kinder mit nur einer mutierten Variante der beta-Kette des Hämoglobins überleben Malaria mit einer höheren Wahrscheinlichkeit. Dieser überraschende Fitnessvorteil sorgt für eine Anreicherung der Sichelzellgene in malariaverseuchten Gebieten (vgl. Stearns, Koella, 2008: 24). Die Häufigkeit von Genen, die verantwortlich für die Sichelzellanämie sind, und von Malariakranken überlappt sich geografisch eindrucksvoll. Eine Krankheit schützt vor einer anderen. Der Selektionsvorteil liegt zwischen 1% und 4% – das ist aus evolutionärer Sicht sehr viel. Auch andere Krankheiten mit Veränderungen von roten Blutkörperchen schützen vor schweren Malariasymptomen und es kommt bei diesen ebenso zu einer selektiven Anreicherung (vgl. Stearns, Koella, 2008: 23–25). Malaria wird als eine der stärksten evolutionären Kräfte am Menschen angesehen und bei einer Opferzahl von etwa einer Million pro Jahr, vor allem Kinder, wird sie weiterhin starken Selektionsdruck ausüben.

Trotz abnehmender Wirksamkeit der Medikamente zur Behandlung von Malaria wegen sich verbreitender Resistenz gibt es einen Hoffnungsschimmer. Zurzeit befindet sich ein Malariaimpfstoff in der letzten Stufe seiner klinischen Entwicklung, und Ergebnisse aus früheren Studien sind vielversprechend. Mit der Impfung aus der Phase II wurden circa 50–60% aller klinischen Malariaepisoden verhindert. Der Impfstoff ist gegen das Circumsporozoiten-Eiweißmolekül gerichtet und verhindert damit die Bindung von Sporozoiten an die Leberzellen, ein Ansatz, der wahrscheinlich geringeren Selektionsdruck ausübt als die Malariamedikamente, die die Vermehrung in den Leberzellen oder roten Blutkörperchen blockieren sollen. Zudem wird der Vermehrungsschritt (ein Sporozoit erzeugt Tausende Merozoiten) verhindert. Es ist der erste Impfstoff gegen Malaria, der die letzte Phase der klinischen Entwicklung eines Medikamentes erreicht hat. Es steht zu hoffen, dass sich in dieser Phase III, in der Tausende von Kindern in malariaverseuchten Gebieten beteiligt sind, die bisherigen Resultate erfolgreich reproduzieren lassen. Es wäre ein Durchbruch im Kampf gegen Malaria, auch wenn die Effektivität nur maximal 60 % erreichen dürfte (vgl. Collins, Barnwell, 2008: 2259–2601). Viele Impfstoffe bewegen sich bei 90–100 %.

Bei allem Optimismus möchte ich darauf hinweisen, dass durch den reduzierten Wirkungsgrad des Impfstoffes etwa 40 % der Malariaepisoden nicht verhindert werden können. Wenn diese eingeschränkte Wirksamkeit bedeutet, dass es eine bestimmte Parasitensubpopulation gibt, die resistent gegenüber dem Impfstoff ist, wird diese wahrscheinlich selektioniert werden. Der Impfstoff könnte im Laufe der Jahre weiter an Effektivität verlieren. Die Aggressivität der Malariastämme wird hoffentlich nicht erhöht. Das wäre ein Beispiel dafür, dass ein Impfstoff zu einer darwinistischen Selektion von Mikroorganismen führt, die dann mehr Schaden am Menschen anrichten können. Auch in diesem Fall gleicht das menschliche Handeln einem Spiel mit dem Feuer – trotzdem steht außer Zweifel, dass wir dieses Spiel wagen müssen. Denn welche Alternativen gibt es? Wir können bei Malaria nicht einfach nur zusehen.

Ob sich die Zahl an Menschen mit Sichelzellanämie noch erhöht, ist nicht bekannt. Ob durch Antibiotikabehandlung und andere therapeutische Maßnahmen die Häufigkeit der Genveränderungen, die charakteristisch für die Sichelzellanämie sind, beeinflusst wird, ist ebenso unklar, aber wahrscheinlich. Effektive Antibiotikatherapien, die die Anzahl an Nachkommen erhöht, müsste die verantwortlichen Sichelzellanämiemutationen verdünnen. Ohne Therapie wären mehr Menschen gegenüber Malaria in dieser Population empfindlich. Ein sehr aktiver Malariaimpfstoff könnte Sichelzellanämie zum Verschwinden bringen.

Die Evolution hat nicht nur Malaria mit der Sichelzellanämie verheiratet, sondern auch noch andere Pärchen hervorgebracht, wenngleich in diesen Fällen die beteiligten Partner nicht so leicht identifizierbar sind.

Warum zystische Fibrose die häufigste tödliche genetische Erkrankung ist

Die zystische Fibrose oder Mukoviszidose ist eine schwere genetische Krankheit, die noch vor wenigen Jahrzehnten zu einem frühen Tod geführt hat. Heute erreichen in Deutschland etwa 50 % der betroffenen Menschen das Erwachsenenalter und 20 % werden älter als 30 Jahre. Die Krankheit hat trotz medizinischen Fortschritts nicht ihren Schrecken verloren. Die mittlere Lebenserwartung ist dramatisch auf circa 40 Jahre halbiert. Diese schwere Symptomatik tritt aber nur auf, wenn das mutierte Gen von beiden Elternteilen vererbt wird. Bei Vorhandensein von nur einem veränderten Gen sind die Symptome minimal.

Das *Cystic Fibrosis Transmembrane Conductance Regulator* genannte Eiweißmolekül (CFTR) spielt bei der Elektrolytsekretion eine wichtige Rolle. Elektrolyte sind zum Beispiel Natrium – ein Teil vom Kochsalz –, Kalium, Magnesium oder Kalzium, die bei einer Vielzahl von physiologischen Vorgängen eine wichtige Rolle im Körper spielen. CFTR-Mutationen betreffen vor allem die Atemwege und den Magen-Darm-Trakt. Der produzierte Schleim ist einfach zu dick und fließt schlecht, dadurch kommt es zu einer Vielzahl an Infektionen in der Lunge. 95 % der Betroffenen sterben an den Komplikationen. Darüber hinaus ist die Aufnahme von Nährstoffen stark reduziert, weil einige Verdauungsfunktionen der Bauchspeicheldrüse verschlechtert sind. In manchen kaukasisch-europäischen Populationen liegt die Häufigkeit eines veränderten CFTR-Eiweißstoffes bei ungewöhnlichen 4–5 %, in Afrika und Ostasien hingegen weit darunter. Das erste Auftreten dieser CFTR-Mutationen in Europa dürfte vor 15.000 Jahren stattgefunden haben, also vor etwa 600 Generationen (vgl. Gluckman, Beedle, Hanson, 2010: 69). Diese hohe Rate kann nur durch eine spezifische Gegenselektion, ähnlich wie bei Malaria und Sichelzellanämie, erklärt werden. Aus diesem Grund begab man sich auf die Suche nach einem verantwortlichen Krankheitserreger.

In Betracht kommen die Erreger der Cholera und bestimmte Stämme der Spezies *Escherichia Coli*, auch wenn betreffend Cholera inzwischen gröbere Zweifel bestehen (vgl. Gluckman, Beedle, Hanson, 2010: 69). Entscheidend ist es, ein Verständnis zu entwickeln, warum diese „schlechten" Gene in einer Population gehäuft vorhanden sind, obwohl sie es nicht sein sollten. Beide Bakterienarten, Cholera und bestimmte *E.-Coli*-Stämme, verursachen lebensbedrohliche Durchfälle, und ein mutierter CFTR-Faktor könnte durch eine Abschwächung dieser Symptome vorteilhaft gewesen sein und wurde daher selektioniert. Menschen mit diesen Mutationen hatten nachweislich mehr Nachkommen.

Obwohl Cholera heute nicht mehr im Zentrum der Aufmerksamkeit steht, erkrankten im Jahr 2006 etwa 236.000 Menschen an Cholera und über 6.300 starben daran. Diese Zahlen sind viel höher als in den Jahren davor und ein Warnsignal. Cholera kann jederzeit zu Epidemien führen. Zudem wird geschätzt, dass nur 10% der tatsächlichen Fälle an die WHO, die Quelle dieser Zahlen, gemeldet werden (vgl. WHO Factsheet 2012).

Typhus ist eine Infektion, die durch bestimmte Salmonellen-Bakterien ausgelöst wird. Obwohl in Industrienationen eher selten geworden, gab es im Jahr 2002 weltweit 22 Millionen Typhuserkrankungen. Bei 10–15% dieser Infektionen kommt es zu einem schweren Verlauf und circa 1% stirbt an der Krankheit. Multiresistente Stämme sind in Indien, China und gewissen Teilen Afrikas keine Seltenheit. Die bakteriellen Erreger des Typhus benützen CFTR, um in die Zellen des Darmtrakts einzudringen und von dort bestimmte Körperorgane zu befallen (vgl. Pier et al. 1998: 79–82). Ist eine Kopie von CFTR wie bei der zystischen Fibrose verändert, sind diese Bakterien nicht imstande, das volle Typhuskrankheitsbild auszulösen.

Durch die weite Verbreitung von Salmonellen, Cholerabakterien und anderen Erregern von Durchfallerkrankungen vor der Industrialisierung war ein verändertes CFTR-Eiweißmolekül ein Überlebensvorteil. Daher findet man erhöhte Frequenzen dieser Mutationen in bestimmten Populationen, verstärkt dort, wo diese Krankheiten weitverbreitet waren. Menschen mit einem mutierten, die zystische Fibrose auslösenden Gen hatten eine höhere Lebenserwartung und mehr Nachkommen. Der Preis dieser Selektion ist das Vorhandensein von CFTR-Mutationen, die, wenn sie von beiden Eltern weitergegeben werden, ein immer noch schreckliches Krankheitsbild verursachen. Wird sie aber nur von einem Elternteil vererbt, schützt sie ihren Träger schon im Kindesalter vor bestimmten Infektionskrankheiten.

Evolution bewahrt nicht nur „gute" Gene im Lebensbuch, sie kann auch eine Selektion von „schlechten" Genen bewirken, die allerdings unter bestimmten Umständen vorteilhaft sein müssen, denn ausschließlich „schlechte" Gene würden nicht im Genom behalten werden. „Gut" und „schlecht" heißt in diesem Zusammenhang: mehr oder weniger Nachkommen, gleichzusetzen mit darwinistischer Fitness. Opfer von bestimmten Infektionskrankheiten gibt es genug, aber sicher weniger ohne Mutationen, und dadurch wurden diese Mutationen im Genom gewisser Populationen angereichert. Evolution verlangt manchmal einen hohen Preis.

Die neueste Hypothese macht das Tuberkulose-Bakterium für die hohe Rate an CFTR-Mutationen in Teilen Europas verantwortlich. Derzeit ist ein Drittel der Weltbevölkerung mit dem Bakterium infiziert, aber glücklicherweise werden nur 5–10 % jemals in ihrem Leben eine aktive Erkrankung durchmachen. Die bekannte BCG-Impfung schützt im Kindesalter, kann aber einen späteren Ausbruch nicht effektiv verhindern und neuartige Impfstoffe sind dringend vonnöten. Laut WHO starben im Jahr 2008 1,5 Millionen Menschen an Tuberkulose, oftmals kombiniert mit einer HIV-Infektion. Die historische und geografische Verteilung der CFTR-Mutationen stimmt besser mit dem Auftreten von Tuberkuloseerkrankungen überein als mit dem von Cholera und anderen Durchfallerkrankungen. Außerdem hat man nachgewiesen, dass Eltern, deren Kinder an zystischer Fibrose gestorben sind, seltener an Tuberkulose erkranken – genau wie es zu erwarten war (vgl. Gluckman, Beedle, Hanson, 2010: 69).

Welche Infektionskrankheit für die Anhäufung der CFTR-Mutationen nun effektiv verantwortlich ist, bleibt hier sekundär. Die hohe Zahl an Patienten in bestimmten Populationen ist ein Faktum und wird vermutlich aufgrund gesteigerter Überlebenschancen durch zukünftige Fortschritte in der Medizin weiter ansteigen. Träger der CFTR-Mutation werden mehr Kinder haben. Unsere Gesellschaft spielt mit der Evolution, aber es gibt keine wirkliche Alternative. Durch genetische Manipulation von Spermien oder Eizellen könnte man die schadhafte Gensequenz ausbessern, aber so weit ist die Medizin noch nicht. Unter 2.500 Geburten gibt es eine zystische Fibroseerkrankung. Sie ist damit die häufigste tödliche genetische Krankheit in Europa. Ein kleiner Trost für die Zukunft liegt darin, dass durch die limitierte Präsenz von Typhus, Cholera oder Tuberkulose in Europa kein Selektionsdruck mehr für eine positive Selektion dieser Mutationen gegeben ist, und damit könnten sie sich im Genpool verdünnen. Das wird aber noch lange dauern. Welche Möglichkeiten existieren oder sind zumindest vorstellbar, einer Selektion von resistenten Bakterien entgegenzuwirken und damit das Evolutionsspiel zu unterbrechen?

De-Selektionsstrategie für Antibiotika

Eine Möglichkeit, dem Resistenzproblem entgegenzuwirken, ist offensichtlich und Ergebnisse wurde bereits veröffentlicht. Wenn die Verwendung von einem bestimmten Antibiotikum die Selektion von resistenten Bakterien induziert, dann sollte man diesen Prozess umkehren können, indem man dieses Antibiotikum oder die entsprechende Klasse nicht mehr verwendet. Ärzte aus Finnland konnten zeigen, dass die Verwendung von Erythromycin – einem wichtigen Antibiotikum für bakterielle Atemwegs- und Hautinfektionen – direkt mit der Rate an Erythromycin-resistenten Gruppe-A-Streptokokken korreliert. Nachdem in ganz Finnland die Verwendung von Erythromycin für Nicht-Krankenhauspatienten eingeschränkt wurde, ist die Rate an resistenten Streptokokken tatsächlich stark gesunken (vgl. Seppaelae et al. 1997: 441–446, Schwartz, 1997: 491–492). Die Gesamtmenge an verwendeten Antibiotika hat sich indessen nicht verändert. Andere Antibiotika wurden verwendet, um eine optimale Versorgung der Patienten zu gewährleisten. Ob es zu einer höheren Resistenz gegenüber diesen anderen Antibiotika gekommen ist, wurde nicht erwähnt.

Dieses Beispiel zeigt etwas Wichtiges: Resistenzentwicklung ist kein irreversibler Prozess. Fällt der Selektionsdruck in Form des Antibiotikums weg, haben resistente Bakterien einen Wachstumsnachteil, weil die Aufrechterhaltung der Resistenz für Bakterien zusätzliche Energie kostet. Bei exponentiellem Wachstum hat auch ein kleiner Effekt merkliche Auswirkungen und resistente Bakterien werden möglicherweise aus der Population verdünnt. Die Zeitdauer bis zum vollständigen Verschwinden des Resistenzphänotyps ist nicht leicht abzuschätzen, liegt aber wohl nicht im Bereich von Wochen, sondern eher von Monaten bis Jahren.

Natürlich können wir nicht generell aufhören, Antibiotika zu verwenden, und gerade deshalb ist dieses Beispiel höchst interessant. Aber kann es eine Langzeitlösung sein? Es wäre beispielsweise denkbar, mehrere Antibiotika in zyklischer Abfolge zu verwenden, indem man, noch bevor sich die Resistenzrate erhöht, zum jeweils nächsten wechselt. Kann man damit die Resistenzentwicklung unter Kontrolle bekommen? Es ist einen Versuch wert, aber logistisch nicht ganz trivial, weil dafür viele Resistenzmessungen bei Tausenden von Patienten durchzuführen wären, um den Zeitpunkt des jeweiligen Wechsels optimal festzulegen. Klinische Studien konnten den erwünschten Effekt bisher nicht zeigen. (vgl. Stearns, Koella, 2008: 135). Zudem können Bakterien ausgleichende Mutationen (*compensatory mutations*) entwickeln, die den Wachstumsnachteil des Resistenzmerkmals aufheben. In der Folge würde die Unempfindlichkeit auch ohne Antibiotikagabe in einer Population stabil verweilen. Dieses Phänomen wird als *evolutionary lobster-trap* bezeichnet, „evolutionäre Hummerfalle", weil ein Hummer einem solchen speziellen Käfig durch die Öffnung, durch die er hineingeschlüpft ist, nicht mehr entfliehen kann. Damit würde eine zyklische Verabreichung von Antibiotika ad absurdum geführt. Der Verbreitungsgrad solcher „bakteriellen Hummerfallen" bei resistenten Bakterienarten ist nicht bekannt. Gibt es also eine Alternative?

Behandlung von Infektionskrankheiten ohne Selektionsdruck – möglich?

Bakterien, Parasiten und Krebszellen werden als isolierte Systeme betrachtet und auf dieser Sichtweise basiert auch die Entwicklung von Medikamenten, die zumeist dem Prinzip folgt, den identifizierten Feind möglichst direkt zu attackieren und auszuschalten, also abzutöten. Diese Herangehensweise erweist sich leider immer öfter als zu kurzsichtig. Demgegenüber plädiere ich für eine komplementäre Strategie im Kampf gegen Bakterien und Parasiten, die konzeptuell einer Hemmung der Blutgefäßneubildung bei Krebs ähnelt. Die Initiierung von Infektionskrankheiten durch Bakterien und Parasiten ist von der Interaktion mit spezifischen Wirtsstrukturen abhängig. Bevor Mikroorganismen Krankheiten induzieren können, müssen sie an Zellen des Wirtes spezifisch binden. Dies wurde in einer Vielzahl an Experimenten mit Tieren bestätigt. Die logische Konsequenz für den Kampf gegen Bakterien, Viren und Parasiten ist es, ihre Fähigkeit zur Bindung und starken Anheftung an menschliche Zellen zu blockieren und so die eventuelle Aufnahme in die Zelle zu verhindern. Das Ziel lautet also, die Interaktionen zwischen Mikroorganismen und unseren Zellen zu unterbinden.

Eine Bindung von einem Bakterium an eine humane Zelle ist überaus eng und spezifisch, wie man aus elektronenmikroskopischen Aufnahmen weiß. Harmlose Varianten von Bakterien und Parasiten besitzen diese Fähigkeit nicht und können daher auch nicht mit humanen Zellen interagieren. Den Unterschied zwischen Krankheit und keiner Krankheit macht manchmal nur ein einziges Eiweißmolekül, jenes, das den Kontakt zwischen menschlicher Zelle und Krankheitserreger herstellt. Gelingt es, diese Interaktion zu blockieren, unterbindet man die Krankheitsentstehung mit all ihren Folgen. Vor mehr als 15 Jahren haben Nathan Sharon und Halina Lis in einem leider zu wenig beachteten wissenschaftlichen Klassiker im *Scientific American* genau diesen Ansatz vorgeschlagen (vgl. Sharon, Lis, 1993: 82–89). Viele Daten sind veröffentlicht worden (vgl. Donnenberg, 2000: 768–774). Einige dieser Ergebnisse aus Tierversuchen sind ohne Zweifel beeindruckend, aber es hat mit einigen wenigen

Ausnahmen wie zum Beispiel in der Behandlung von HIV noch keine erfolgreiche Translation in die klinische Praxis gegeben. Klinische Studien werden mit zu geringer Intensität durchgeführt.

Wie lässt sich das „Kuscheln" mit Bakterien unterbinden?

Grundsätzlich gibt es zwei Optionen. Man kann die Interaktion beim Wirten, sprich aufseiten der menschlichen Zelle, oder direkt an den Infektionserregern blockieren. Beide Ansätze haben Vor- und Nachteile.

Wenn man die verantwortlichen Faktoren von Bakterien oder Parasiten blockiert, existiert eine gewisse Wahrscheinlichkeit, Adaptation oder Resistenzentwicklung zu induzieren, denn damit selektioniert man jene Mikroorganismen, die die Blockade umgehen können. Die Wahrscheinlichkeit einer Resistenzentwicklung ist zwar geringer als beim traditionellen Ansatz, Mikroorganismen mit Antibiotika abzutöten, weil der Selektionsdruck schwächer ist, aber bei Verwendung von nur einem Interaktionshemmer sicherlich nicht vernachlässigbar. Wenn man aber zwei oder drei blockierende Medikamente gegen den gleichen Mikroorganismus zum Einsatz bringen könnte, würde das die Keime vor die nahezu unmögliche Aufgabe stellen, zwei oder drei Interaktionsblockaden gleichzeitig zu umgehen. Damit wäre selbst die eine evolutionäre Adaption bei hoher Generationsfolge überfordert, denn die Wahrscheinlichkeit für derartig konzertierte genetische Veränderungen ist verschwindend gering. Das weiß man auch von der Aids-Therapie.

Die alternative und elegantere Methode ist, die Interaktions- oder Dockingstationen der Erreger direkt an den menschlichen Zellen zu hemmen. Dabei entsteht kein Selektionsdruck. Für den Mikroorganismus stellt sich die Situation so dar, als wäre er in einem falschen Wirtsorganismus gelandet, der über den spezifischen Zelltyp, mit dem eine Interaktion möglich ist, gar nicht verfügt. Dieser Ansatz kann Nebenwirkungen zeigen, weil man Strukturen an menschlichen Zellen blockiert, die unter Umständen auch andere Aufgaben zu erfüllen haben. Beide Ansätze sollten getestet werden, weil es schwierig ist, ohne konkrete Daten den einen dem anderen vorzuziehen. Aufgrund der sehr geringen Wahrscheinlichkeit einer Resistenzentwicklung wäre aus aktueller Sicht die zweite Strategie zu bevorzugen.

Um die Bindungsfähigkeit von krankheitserregenden Keimen zu blockieren, bieten sich verschiedenste Methoden an: Es könnten Medikamente, Antikörper, Eiweiß oder Zuckermoleküle vom gleichen, krank machenden Bakterienstamm zum Einsatz kommen oder auch ganze Bakterien, lebend, inaktiviert oder tot. Ein Vorschlag lautet, genetisch veränderte Bakterien zu verwenden, um „schlechte" Bakterien aus der Mundhöhle zu verdrängen. Wenn beide an die gleichen Dockingstationen anbinden, könnte das funktionieren. Die schädlichen Bakterien produzieren Milchsäure und sind mitverantwortlich für Karies. Antibiotika sind zur Eliminierung von Bakterien in der Mundhöhle ungeeignet, erstens, weil es schlicht nicht funktioniert, und zweitens, weil es ethisch nicht vertretbar wäre, da keine ernsthafte Notwendigkeit besteht und es unweigerlich zu einer Selektion von resistenten Subpopulationen käme. Eine effektive Verdrängung mit einer harmlosen Variante hingegen könnte durchaus funktionieren. Experimente mit Ratten haben vielversprechende Ergebnisse gezeigt, wobei das leider noch lange nicht bedeutet, dass diese Ergebnisse auch für Menschen relevant sind (vgl. Paton et al., 2006, 193–200, Weiss, 2002). Denn die Übertragbarkeit von Tiermodellen auf den Menschen lässt zu wünschen übrig. Zudem werden Tiermodelle oftmals an die Versuchsfrage angepasst, was bei kranken Menschen aus offensichtlichen Gründen weder möglich noch sinnvoll ist. Gute Ergebnisse würden erschummelt werden. Zusätzlich sind Ratten oder Versuchstiere allgemein homogen gezüchtet und daher mehr oder weniger genetisch identisch, was die Variabilität einschränkt. Wenn der künstliche Bakterienstamm einen Wachstumsvorteil hat, sollte Verdrängung möglich sein. Wenn nicht, müsste man jeden Morgen mit Milliarden von „guten" Bakterien gurgeln! Bon appétit! Andererseits enthält auch ein gewöhnliches Joghurt Milliarden von Bakterien.

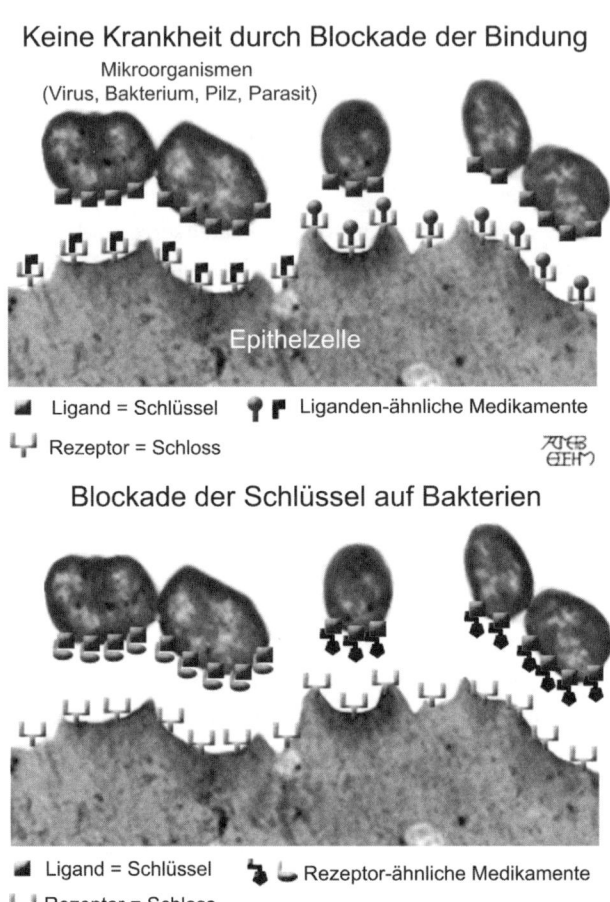

Abbildung 4: Grundprinzipien der Interaktionshemmung.

Um Krankheiten zu verhindern, bieten sich zwei Möglichkeiten an, die Interaktion von Mikroorganismen mit menschlichen Zellen zu blockieren. Im oberen Bild werden die Rezeptoren oder die Schlösser an den menschlichen Zellen blockiert und damit können die Mikroorganismen nicht mehr binden und sind harmlos. Die Liganden oder die Schlüssel an den Bakterien oder Viren finden den Rezeptor oder das Schloss nicht mehr. Das Medikament Celsentri® (Maraviroc) ist ein Beispiel dafür. Es wurde zur Behandlung von HIV-infizierten Menschen zugelassen. Im unteren Bild werden Medikamente gesucht, die die Liganden oder Schlüssel auf den Bakterien oder Viren blockieren. Dadurch wird auch das Schlüssel-Schloss-Prinzip unterbrochen und eine Bindung verhindert. Das HIV-Medikament Fuzeon® (Enfuvirtide) basiert genau auf diesem Prinzip. Antivirale Antikörper, wichtige Waffen des körpereigenen Immunsystems, induziert nach einer Infektion oder nach einer Impfung, funktionieren über ein ähnliches Prinzip. Sie blockieren den Zugang der Viren zu menschlichen Zellen.

Dieser Ansatz kann ebenso für Magen- und Darminfektionen oder zur Vorbeugung angewendet werden. Wenn eine Infektion mit einem Bakterium XY vorliegt oder die Wahrscheinlichkeit hoch ist, infiziert zu werden, und zugleich bekannt ist, dass dieses Bakterium XY ganz bestimmte Strukturen an der Oberfläche von menschlichen Darmzellen für die Initiierung der Krankheit benützt, könnte man diese Interaktion mit künstlich veränderten, harmlosen XY-Bakterien blockieren. Diese könnte man einfach in ein Joghurt mischen. Auch wenn es vielleicht etwas unappetitlich erscheinen mag, Milliarden von Bakterien zu verzehren, wir machen es ständig. Wenn Sie den Inhalt eines normalen Joghurtbechers essen, verschlucken sie circa zwei Milliarden Bifidobakterien. Es schmeckt trotzdem köstlich, oder? Ein zusätzlicher Vorteil dieser Strategie liegt darin, dass die „guten" Bakterien auch antibiotikaresistente Bakterien verdrängen. Zur Vorbeugung könnte man Joghurt mit bestimmten Keimen regelmäßig essen. Joghurt statt Impfung! Doch auch in der Wissenschaft steckt der Teufel stets im Detail und die praktische Umsetzung einer derartigen Strategie ist alles andere als trivial. Die Populationsdynamik von Hunderten von Bakterienarten, die im Magen-Darm-Trakt leben, mit ihren Milliarden von Einzelorganismen ist ungeheuer schwer einzuschätzen, aber ernsthafte Versuche sollten auch weiterhin unternommen werden.

Da die Entwicklung neuer Medikamente grundsätzlich komplex ist und derart modifizierte Bakterien in die Kategorie „überaus kompliziert" fallen, schlage ich eine Alternative vor: Anstatt ganzer Bakterien könnte man kugelähnliche Strukturen aus Polystyren oder einem anderen polymerischen plastikartigen Material einsetzen. Diese Kügelchen müssten die Fähigkeit haben, bestimmte schädliche Bakterien zu erkennen, was mit chemischen Methoden relativ leicht durchführbar wäre. Wenn diese Kugeln geschluckt werden, binden sie an die „bösen" Bakterien und unterbinden damit deren schädliche Aktivitäten. Diese Kugeln sind chemisch inert, können nicht degradiert werden und wurden schon für andere medizinische Zwecke ohne Nebenwirkungen beim Menschen verwendet. Der Körper entfernt sie auf natürliche Weise, in diesem Falle beladen mit den „bösen" Bakterien. Weil die Interaktion von Bakterien und Kugeln multivalent ist – das heißt, viele Bindungen werden gleichzeitig eingegangen –, kommt es zu einer sehr starken Bindung, und das würde garantieren, dass die „bösen" Bakterien effektiv aus dem Darmtrakt hinaustransportiert werden. Diese bakterienspezifischen Kügelchen könnten auch für diagnostische Zwecke Verwendung finden.

Schon in den 70er-Jahren hat Richard Wrangham von der Harvard-Universität die Verwendung von Blättern „nicht für die Ernährung, aber hinweisend auf selbsttherapeutisches Verhalten" beobachtet (vgl. The Economist, 2002, Huffman, 2001). Wenn Schimpansen gewisse Beschwerden verspüren, die vor allem durch das Aufnehmen von Parasiten verursacht werden, beginnen sie vermehrt, bestimmte Blätter zu essen. Dieses Verhalten wird von Generation zu Generation weitergegeben. Zur Erklärung dieser Beobachtung wurde zuerst eine chemische Hypothese vorgeschlagen. Chemische Substanzen, die aus den Blättern gelöst werden, inaktivieren oder töten die Parasiten. Chemiker begannen diese Blätter zu sammeln und haben erfolglos versucht, die verantwortlichen antiparasitären Chemikalien zu isolieren. Bis die Suche nach des Rätsels Lösung eine unerwartete Wendung genommen hat. „Es wurde für die Wissenschafter immer evidenter, dass die einzige gemeinsame Sache von diesen Blättern ihre raue Oberflächenstruktur war (…) mit hackenähnlichen Mikrostrukturen, Trichome genannt." (vgl. The Economist, 2002, Huffman, 2001). Mit anderen Worten, diese Blätter haben in einer multivalenten Art und Weise fest an die Parasiten gebunden und diese so aus dem Magen-Darm-Trakt entfernt. Dieses Phänomen wird jetzt als Velcro-Effekt (Klettverschluss-Effekt) bezeichnet. Das Prinzip ist äquivalent zum Plastikkugeltransportsystem. Anstatt undefinierter Blätter würde man Plastikkügelchen mit spezifischen und selektiven Chemikalien als multivalent haftende Strukturen einsetzen. Die Zuhilfenahme von Blättern ist ein gutes Lehrbeispiel, das uns zeigt, wie die Natur Infektionserreger ohne direkte Zerstörung und damit ohne Selektionsdruck aus einem Säugetierkörper entfernt.

Impfstoffe und Evolution

Das Immunsystem ist für eine effektive Infektionsvorbeugung und Bekämpfung von Eindringlingen verantwortlich, was natürlich nicht immer perfekt funktioniert: Während in manchen Fällen überhaupt keine Symptome auftreten, weil eingedrungene Infektionserreger früh inaktiviert werden, reichen die Folgen in anderen Fällen von leichtem Fieber bis zur Blutvergiftung mit tödlichem Ausgang. Schädliche Mikroorganismen entwickeln ihrerseits verschiedenste Strategien, um der Vernichtung zu entgehen. Dies hat den menschlichen Körper in einen mikroskopischen Kriegsschauplatz verwandelt, auf dem schon seit Millionen von Jahren die wildesten evolutionären Schlachten geschlagen werden. Hier lebt sich Evolution so richtig aus.

Mittels Impfstoffen gelingt es der Medizin, – vereinfacht gesagt – das Immunsystem auf dieses Gemetzel besser vorzubereiten, da diese eine abgeschwächte Infektion nachahmen. Wenn man zum Beispiel gegen Masern geimpft ist, wurde das Immunsystem durch eine Gedächtnisfunktion auf die mögliche Infektion vorbereitet. Ein späterer Befall mit dem tatsächlichen Masernvirus wird wesentlich schwächer ablaufen oder man merkt überhaupt nichts davon. Ohne Zweifel gehören Impfstoffe zu den effektivsten, billigsten und sichersten Medikamenten. Tödliche Krankheiten wie Pocken, Masern, Keuchhusten, Wundstarrkrampf, Kinderlähmung, Hepatitis A und B, Grippe und viele andere haben dank potenter Impfstoffe weitestgehend an Schrecken verloren. Millionen von Kindern und Erwachsenen haben sie das Leben gerettet und schwerste Folgeerscheinungen verhindert (Tabelle 4, siehe Seite 76).

Die weltweite Verbreitung der wichtigsten Impfstoffe wird heutzutage von vielen Organisationen entschlossen vorangetrieben, damit helfen sie ärmeren Ländern indirekt bei der ökonomischen Aufholjagd.

Eine hohe Durchimpfungsrate von über 90 % ist notwendig, um zum Beispiel dem Masernvirus keine Möglichkeit zum Überleben zu geben. In den USA gibt es den Masernvirus nicht mehr, vereinzelte Masernfälle werden über Flugzeugpassagiere eingeschleppt. Leider werden von Impfgegnern unwissenschaftlich erhobene Daten und irrationale Argumente verwendet, um Eltern zu manipulieren und zu verunsichern. Die Impfbereitschaft ist in Deutschland, England und den USA beträchtlich gesunken und wahrscheinlich müssen Kinder sterben, bevor sich dieser besorgniserregende Trend umkehren kann. Impfstoffe sind die sichersten und effektivsten von Menschengeist geschaffenen Medikamente.

Tabelle 4: Reduktion von Infektionen durch Impfstoffe im 20. Jahrhundert

Krankheit	Erkrankungen pro Jahr ohne Impfungen	Erkrankungen 2005	Reduktion in Prozent
Pocken	48.164	0	100
Diphtherie	175.885	0	100
Keuchhusten	147.271	25.616	>82
Wundstarrkrampf	1.314	27	>97
Kinderlähmung (Polio)	16.316	1	>99
Masern	503.282	66	>99
Mumps (Ziegenpeter)	152.209	314	>99
Röteln	47.745	11	>99
Röteln bei der Geburt	823	1	>99
Haemophilus influenzae (<5 Jahre)	20.000 (geschätzt)	226	>98

Die Daten stammen aus den USA, für Europa sind ähnliche Ergebnisse anzunehmen (vgl. CDC, 1999: 243–248, CDC, 2006: 880–881).

Die Soldaten der körpereigenen Immunabwehr erkennen präzise, ob es sich bei einem Bakterium oder einem Virus um einen unerwünschten Eindringling handelt, und starten sodann eine Attacke mit komplexen und effizienten Waffensystemen. Ein wichtiger Teil dieses Waffenarsenals sind Antikörper, das sind sehr große Eiweißstoffe, die hochspezifisch und hochselektiv unterschiedlichste Ziele attackieren und zerstören können. Durch die Bindung von Antikörpern an der Oberfläche von Viren werden diese gehindert, in das Innere von

Körperzellen einzudringen. Nur dort können Viren überleben und sich vermehren. Viren, deren Interaktion mit menschlichen Zellen durch Antikörper blockiert wird, sterben ab. Mithilfe von Impfstoffen, die diese Abwehrmechanismen spezifisch trainieren, gelang es bereits, den Pockenvirus auszurotten. Das Ende der Kinderlähmung ist greifbar nahe und die Tage des Masernvirus sind gezählt.

Evolutionäre Kräfte haben das Immunsystem über Jahrmillionen weiterentwickelt und versucht, es möglichst optimal anzupassen. In diesem Kampf auf Leben und Tod versuchen natürlich Bakterien und Viren ihrerseits, der Zerstörung zu entgehen. Bei HIV gewinnt der Virus; bei Masern, Kinderlähmung und vielen anderen viralen und bakteriellen Krankheiten sind die natürliche Immunabwehr und / oder entsprechende Impfstoffe sehr erfolgreich. Effektive Impfstoffe gegen HIV beziehungsweise den Hepatitis-C-Virus konnte die Wissenschaft trotz enormen Aufwandes bisher nicht entwickeln. Ob es jemals möglich sein wird, ist schwer abzuschätzen. Hinzu kommt – und das keineswegs unerwartet –, dass durch wenige effiziente Impfversuche ein ausgeprägter Selektionsdruck entsteht, der entsprechende Ausweichmanöver der Mikroorganismen provoziert, wie es bereits zu beobachten ist. Wenn das Lebensbuch eines Virus rascher mutiert, erhöht das die Wahrscheinlichkeit, einem Impfstoff zu entkommen. Bei HIV und Hepatitis C sind Fälle bekannt, in denen es dem Virus innerhalb von Wochen und wenigen Monaten gelang, einen Impfstoff zu inaktivieren. Das ist ein weiteres Beispiel, wie menschliches Handeln den genetischen Code von Mikroorganismen verändert. Das Spiel mit der Evolution ist ubiquitär.

Auch wenn es nun bald einen halbwegs effektiven Impfstoff gegen Malaria geben könnte, blickt die Medizin auf eine jahrzehntelange erfolglose Suche zurück. Mikroorganismen entwickeln laufend neue Ausweichstrategien, um den Attacken des Immunsystems oder der Impfungen zu entkommen. Auch das ist Evolution pur. Die Erreger von Malaria und der Schlafkrankheit (Trypanosomen) besitzen Eiweißmoleküle an der Oberfläche, die sich als Angriffsziele für eine Impfstoffentwicklung eignen, aber enorm mannigfaltig sind und sich kontinuierlich verändern. In Tierversuchen konnte elegant gezeigt werden, dass das Immunsystem oftmals einen Schritt hinter den

Mikroorganismen herläuft (vgl. Stearns, Koella, 2008: 142, 234). Dass die Immunantwort des Menschen und die Verabreichung von Medikamenten auf Malariaparasiten einen Selektionsdruck ausüben und damit die wichtigsten Auslöser der Mannigfaltigkeit dieses Infektionserregers sind, ließ sich über genetische Methoden nachweisen. Es ist ein endloser Kampf ums Überleben. Evolutionäre Kräfte haben diese Variabilität hervorgezaubert.

Pneumokokken im Kampf gegen den Impfstoff – Evolution in der Mundhöhle

Im Jahr 2000 wurde ein Impfstoff gegen sieben sogenannte Pneumokokken-Serotypen für die Impfung von Kindern zugelassen. Es gibt an die 90 unterschiedliche Pneumokokken, wobei die Zuckerbeschaffenheit der Oberfläche dieser Bakterien den Serotypus bestimmt. Dieser erste Impfstoff war gegen die sieben wichtigsten Krankheitserreger unter den Pneumokokken gerichtet und schützte effektiv vor Pneumokokken-verursachter Lungen-, Gehirnhautentzündung und Blutvergiftung. Diese Bakterien töten seit Jahrtausenden Millionen von Kindern und ältere Menschen. Inzwischen gibt es Nachfolgeimpfstoffe, die gegen zehn oder sogar schon 13 Serotypen aktiv sind. Diese Impfstoffe retten Tausenden von Kindern das Leben – aufgrund der hohen Kosten leider primär in den reicheren Ländern, aber allmählich wird die weltweite Verbreitung dieser Impfstoffe implementiert.

Als überzeugter (Neo-)Darwinist muss man sich zumindest zwei Fragen stellen: Erstens: Warum gibt es 90 Varianten von einem einzigen Bakterium? Zweitens: Kommt es durch die Impfung zu einer Verschiebung der Serotyp-Häufigkeiten, am wahrscheinlichsten in Richtung jener Serotypen, die in den Impfstoffen nicht enthalten sind? Mit anderen Worten: Verursacht die Impfung evolutionären Druck, der ihre Wirksamkeit mit der Zeit verblassen lässt? Wenn dem so wäre, wäre dies ein Beispiel dafür, wie Impfstoffe oder Medikamente die genetische Zusammensetzung von Mikroorganismen in Richtung einer steigenden Bedrohung verändern können. Eventuell kann dies auch zu Änderungen des menschlichen Genoms führen, etwa wenn die dabei selektionierten, aggressiveren Bakterien nicht gut behandelt werden können und im Kindes- und Jugendalter mitunter tödliche Krankheiten verursachen, was wiederum eine Selektion im menschlichen Genom bewirken kann. Aber das darf die moderne Medizin nicht zulassen.

Eine Oberflächendiversität sieht man auch bei vielen anderen Bakterien, aber 90 ist wohl der Rekord. Die extreme Variabilität der Oberfläche von Pneumokokken kann man sich über die Wirkung von Evolutionskräften relativ leicht erklären. Das menschliche Immunsystem erkennt die Zuckerkette A und vernichtet das Bakterium. Dadurch entsteht enormer Selektionsdruck auf Bakterien mit der Zuckerkette A, diese zu modifizieren, und irgendwann wird es eine Variante mit Zuckerkette B geben. Das menschliche Immunsystem reagiert und stellt sich darauf ein, sowohl Pneumokokken mit der Zuckerkette A als auch jene mit der Zuckerkette B zu töten, und das Spiel wiederholt sich.

Pneumokokken versuchen, das Immunsystem auch durch eine Erhöhung der Dicke und Dichte ihres Zuckermantels zu überlisten. Der sicherlich signifikante zusätzliche Energieaufwand, diesen festen Zuckermantel zu synthetisieren und aufrechtzuerhalten, lässt sich nur durch einen deutlichen Überlebensvorteil erklären. Je dicker dieser Bakterienpelz, desto schwerer tut sich das menschliche Immunsystem, die Bakterien zu vernichten. Es ist ein faszinierendes Wechselspiel evolutionärer Kräfte zwischen einem vermeintlich primitiven Einzeller und der am weitesten entwickelten Kreatur in unserem Sonnensystem, im Universum vielleicht. Irgendwann pendelt sich dieses Spiel ein und wir stehen derzeit bei 90 Serotypen, wobei nicht alle davon tödliche Infektionskrankheiten auslösen können.

Die zweite Frage kann man mit einem eindeutigen Ja beantworten. Durch die Impfung sind die sieben Serotypen in bestimmten geographischen Zonen fast vollständig verschwunden, nämlich dort, wo die Durchimpfungsrate sehr hoch ist, z. B. in Nordamerika und Kanada. Aber die dabei bildlich gesprochen frei gewordenen biologischen Nischen wurden von anderen Pneumokokken, sogenannten Nicht-Vakzintypen, aber auch anderen Bakterienarten aufgefüllt. Die neuen Impfstoffe gegen Pneumokokken, die zusätzliche Serotypen abdecken, kommen zur rechten Zeit. Noch ist eine Impfung gegen Pneumokokken sehr effektiv und sollte uneingeschränkt empfohlen und durchgeführt werden, aber die Verschiebungen in den Serotypen und die oft länder- oder kontinentspezifisch auftretenden Krankheitsfälle müssen genau beobachtet werden – die Evolution schläft niemals. Nach der Einführung der Pneumokokkenimpfung kam es beispielsweise auch zu einem Anstieg von Mittelohrentzündungen, verursacht durch andere Bakterien. Dies zeigt einmal mehr, dass jegliche Manipulation, die mit Ausübung eines Selektionsdrucks einhergeht, zu entsprechenden, aber oftmals schwer vorhersehbaren Reaktionen führen kann. Glücklicherweise ist die Situation bei der Impfung gegen Pneumokokken eine Ausnahme und noch hat man diese gefährlichen Infektionserreger gut unter Kontrolle. Damit stellt sich eine weitere fundamentale Frage:

Warum funktionieren Impfungen?

Es gibt zwei weitere, für den Menschen relevante Beispiele, bei denen ein zugelassener Impfstoff angepasste Mikroorganismen induziert hat. Der Hepatitis-B-Virus verursacht weltweit schwere Leberschäden und durch den jahrzehntelangen Entzündungsprozess in einigen Fällen Leberkrebs. Seit den frühen 1980er-Jahren gibt es einen effektiven Impfstoff, der die Verbreitung des Virus mit den dazugehörenden Leberkrankheiten dramatisch reduziert hat. Im Jahre 1990 wurden die ersten mutierten Viren entdeckt, die für noch seltene Krankheitsfälle bei geimpften Menschen verantwortlich sind (vgl. Stearns, Koella, 2008: 140). Noch handelt es sich dabei um ein relativ überschaubares Problem und der Impfstoff wurde noch nicht angepasst. Die Situation muss aber beobachtet werden, denn bei stärkerer Ausprägung wird eine entsprechende Modifikation des Impfstoffes unumgänglich sein.

Auch bei Keuchhusten dürfte es zu einer selektionsbedingten Häufigkeitsverschiebung von bestimmten Eiweißmolekülvarianten in Bevölkerungen mit hoher Impfrate gekommen sein, die aber die

Effektivität des derzeitigen Impfstoffes zum Glück noch nicht beeinträchtigt hat. Gesundheitsbehörden überwachen kontinuierlich die Effektivität sowie die Sicherheit aller zugelassenen Impfstoffe.

Wenn man bedenkt, wie viele Impfstoffe seit Jahrzehnten schon an Millionen von Menschen verabreicht worden sind, muss man sogar überrascht sein, dass es nicht mehr Probleme gibt. Ist die Zeitspanne einfach zu kurz? Sind die Krankheitserreger, die bisher mit Impfstoffen attackiert wurden, auf irgendeine Art und Weise speziell? Viele dieser Krankheiten betreffen vor allem Kinder und haben einen akuten Verlauf. Wenn man Masern ohne vorherige Impfung bekommt, ist man nach Überstehen der Krankheit lebenslang immun. Die natürliche Selektion von Menschen, den Masernvirus abzuwehren, war daher sehr erfolgreich. Ein Impfstoff muss daher einfach – die Details sind etwas komplexer – eine natürliche Infektion mit reduzierten Krankheitssymptomen hervorrufen, damit er die entsprechende Immunisierung bewirkt, die bei Begegnung mit den tatsächlichen Krankheitserregern auch die Selektion von veränderten Masernviren verhindert. Die dafür notwendige ausgeprägte Potenz des Impfstoffes kann in Tierversuchen gemessen werden.

Der lebenslange Schutz nach einer natürlichen Erkrankung mit dem Masernvirus steht im Gegensatz zu Krankheiten wie Aids, Hepatitis C, Tuberkulose, Malaria oder der Schlafkrankheit, die bei einem bestimmten Prozentsatz der befallenen Menschen durch chronische Verläufe gekennzeichnet sind. Das Immunsystem ist nicht imstande, die Erreger endgültig abzuwehren. Die Schlacht wird über Jahre oder Jahrzehnte im Körper fortgesetzt – je nach Infektionserreger mit unterschiedlichem Ausgang. Das Vorhandensein vieler Varianten eines Erregers, wie auf Seite 77 für Malaria und Trypanosomen bereits beschrieben, aber auch andere Prozesse, die die Immunabwehr zusätzlich unterdrücken, erschweren es vielen Menschen, Krankheitserreger aus dem Körper zu eliminieren. Hier würde ein Impfstoff also etwas versuchen, was menschliche Evolution oder Selektionsdruck über Abertausende von Jahren nicht geschafft hat. Das ist verständlicherweise schwieriger, als akut verlaufende Infektionen, die das Immunsystem oftmals eigenständig besiegen kann, durch Impfstoffe zu bekämpfen.

Der Selektionsnachteil, mit solchen chronische Erkrankungen auslösenden Erregern im Blut oder in anderen Körperorganen über Jahre zu leben, war offenbar nicht hoch genug. Wenn man trotz Hepatitis-B- oder -C-Virus-Infektion 50 Jahre alt wird, wird sich die Anzahl der Nachkommen nicht dramatisch reduzieren, und damit werden diejenigen, bei denen die Viren keine Chance haben, in der Bevölkerung nicht angereichert. Viele Menschen, die sich das erste Mal mit dem Hepatitis-C- oder -B-Virus infizieren, können den Virus gut abwehren. Nur bei einem bestimmten Prozentsatz, je nach Krankheit und körperlicher Konstitution, kommt es zur Entwicklung einer chronischen Infektion. Genetische Faktoren spielen dabei eine wichtige Rolle und damit hat auch hier die Evolution ihre Finger im Spiel. Es wäre nicht verwunderlich, wenn es zum Beispiel in Afrika zu einer Selektion von Genen kommt, die eine erhöhte Abwehrfähigkeit gegenüber HIV besitzen. Die hohe Infektionsrate mit dem Hepatitis-C-Virus in Ägypten könnte zu einer äquivalenten Selektion führen.

Ein nicht „perfekter" Impfstoff könnte gefährliche Konsequenzen haben. Ein Vakzinexperte formuliert es so: „Die darauf folgende Evolution führt zu einem höheren Niveau an intrinsischer Bösartigkeit (Virulenz) und daher zu schwereren Krankheitssymptomen in nicht geimpften Personen. Diese evolutionären Kräfte können den Impfnutzen für die Bevölkerung derart herabsetzen, so dass sich die Gesamtsterblichkeitsrate nicht verändert oder sogar ansteigt, mit dem Prozentsatz an geimpften Personen." (Gandon et al., 2001: 751–756). Ein zu schwacher Impfstoff übt einen starken Selektionsdruck auf die Population von Viren aus. Eine Virenpopulation ist eine Mischung aus vielen Virusvarianten mit unterschiedlicher Fitness. Einige verursachen bei einer Krankheit leichte Symptome, andere schwere. Letztere besitzen eine höhere Virulenz, ein Maß für die Gefährlichkeit von Infektionserregern. Wenn ein Impfstoff nicht fähig ist, alle Varianten zu eliminieren, werden vorwiegend die schwächeren Viren zerstört. Damit kommt es zu einer Anreicherung jener Viren, die bösartiger sind. Zwar stellt der Impfstoff für geimpfte Menschen einen ausreichenden Schutz vor den aggressiven Viren dar, für die nicht geimpften Teile der Bevölkerung ist der angereicherte bösartigere Virus aber eine erhöhte Bedrohung. In der Folge könnte die

Sterblichkeitsrate bei den Ungeimpften ansteigen, und damit ändert sich die Fitness der Bevölkerung.

Noch ist dieser Zusammenhang nicht relevant für den Menschen, obwohl er bei Tieren schon nachgewiesen wurde. Der zurzeit entwickelte Malariaimpfstoff könnte so eine Selektion verursachen, weil er nicht optimal effektiv ist. Derartige noch theoretische Überlegungen dürfen aber nicht davon abhalten, diesen Impfstoff weiterzuentwickeln, schon weil Vorhersagen unter diesen komplexen Umständen schwierig sind. Wenn die erste Effektivität einmal bestätigt ist, werden noch bessere Impfstoffe gegen Malaria folgen.

Die Konsequenzen von derart adaptierten Infektionserregern für die Gesundheit von Menschen sind schwer abzuschätzen. Der Hut brennt aber sicher noch nicht. Vakzinexperten nehmen an, dass die durch den Selektionsdruck von Impfstoffen veränderten Erreger eine geringere Fitness aufweisen und dadurch weniger gefährlich sind, aber generelle Einigkeit herrscht hierüber unter den Wissenschaftern nicht. Auch was „weniger gefährlich" bedeutet, weiß man nicht wirklich. So sind etwas weniger gefährliche Pockenviren wahrscheinlich noch immer tödlich.

Ein hyperkritischer Gedanke: Wenn man – aus menschlicher Sicht betrachtet – die Erhöhung der Widerstandskraft gegenüber Infektionskrankheiten als Evolutionsziel oder zumindest Evolutionsrichtung definiert – auch wenn dies sehr problematisch ist, da Evolution und Teleologie sich gar nicht vertragen –, dann sind Impfungen „de-evolutionär". Denn eine effektive Impfung erlaubt bestimmten Menschen, die sonst an einem Virus oder Bakterium gestorben wären, diese Infektionen zu überleben. Dass diese Individuen ein zu schwaches Immunsystem im Kampf gegen einen bestimmten Infektionserreger haben, spielt keine Rolle mehr. Es kommt zu keiner Selektion des „fittesten" Immunsystems.

In vielen Teilen der Welt passiert genau diese Selektion nach einem optimalen Immunsystem, vielfach verstärkt oder erschwert durch Unterernährung und chronische Krankheiten wie Malaria oder Tuberkulose. Ein potenziell besser adaptiertes Immunsystem der Überlebenden im Vergleich zu Individuen aus den industrialisierten Ländern dürfte allerdings ein schwacher Trost für die Betroffenen in den Entwicklungsländern sein. Erfreulicherweise werden immer mehr weltweite Impfaktionen durchgeführt, vielfach finanziert von der Bill-&-Melinda-Gates-Stiftung und vielen anderen philanthropischen Organisationen. Dem Ernährungszustand der Kinder und auch Erwachsenen muss aber genauso viel Aufmerksamkeit geschenkt werden. Denn gut ernährte Kinder, Mütter natürlich ebenso, erkranken seltener und sind weniger anfällig für chronische Krankheiten. HIV ist gerade aus diesen Gründen so fatal. Vielfach werden junge Männer und Frauen dahingerafft, die entscheidend für die ökonomische Entwicklung einer Region wären.

Aufgrund der angeführten Überlegungen – betreffend die Adaptation von Infektionserregern oder eine mögliche „De-Evolution" durch Impfstoffe –, auf die Verabreichung von Impfungen zu verzichten, wäre absurd. Schon die derzeitig sinkende Bereitschaft von Eltern, ihre Kinder impfen zu lassen, was einen nicht unbeträchtlichen Prozentsatz in den USA und Europa betrifft, ist besorgniserregend. Dieser Trend kann wohl nur durch schwere Erkrankungen oder sogar den Tod von Kindern rückgängig gemacht werden. Der Grund für diese Impfverweigerung liegt allerdings ganz woanders, nämlich in unbegründeten Ängsten betreffend die Sicherheit von Impfstoffen. Der Staat müsste bestimmte Impfungen nicht als Möglichkeit, sondern als gesetzliche Pflicht definieren, und genau das passiert auch schon in einigen Ländern. Das ist gut so, solange die Qualität und Effektivität der Impfstoffe zufriedenstellend sind.

Impfungen sind neben Hygieneverbesserung die erfolgreichsten Maßnahmen gegen Infektionskrankheiten. Vielleicht müssen ein paar Impfstoffe in den kommenden Jahren und Jahrzehnten aufgrund der Evolution von Erregern modifiziert werden, aber durch ständige Überwachung der Effektivität durch Gesundheitsbehörden würde ein inaktiver Impfstoff sehr schnell Alarm auslösen. Die Technologien, modifizierte Impfstoffe schnell zu entwickeln, sind verfügbar. Ich mache mir mehr Sorgen über die rückläufige Impfbereitschaft, weil dadurch Infektionsfenster mit tödlichen Folgen entstehen werden. Es wäre eine Schande für die Menschheit, wenn Kinder, aber auch Erwachsene wieder vermehrt an Masern, Keuchhusten oder Diphtherie sterben müssten. Das ist im 21. Jahrhundert nicht mehr notwendig.

HIV ist ohne Evolution nicht zu verstehen

Der erste Kontakt und der faszinierende Lebenszyklus von HIV

Das erworbene Immundefektsyndrom (*Acquired Immune Deficiency Syndrome*, Aids) wurde zum ersten Mal 1981 beschrieben und ist Folge einer Infektion mit dem humanen Immundefizienz-Virus (HIV). Es begann wahrscheinlich in Zentralafrika in den 50er-Jahren durch Übertragung von Affen auf den Menschen und hat sich über die Karibik nach Europa und in die USA ausgebreitet. Im Dezember 2006 lebten circa 40 Millionen Menschen mit HIV und von denen etwa 50 % in Subsahara-Afrika und 8 Millionen in Süd- und Südostasien. Diese Zahl schließt die Todesopfer nicht ein. Die Gesamtanzahl der durch HIV ums Leben gekommenen Menschen wird auf circa 25 Millionen geschätzt (vgl. Worldwide HIV & AIDS Statistics Summary, 2011).

Sobald HIV einen Weg in das Blut gefunden hat, bindet er an sogenannte CD4-positive T-Zellen. Nach der Anhaftung an die Zelle setzt HIV in das Zellinnere ein Paket frei, welches aus der Ribonukleinsäure (RNS), dem Speicher des von HIV verwendeten genetischen Bauplanes, und aus einigen Eiweißstoffen besteht. Der nächste Schritt – und der ist ganz wichtig – wird im Zellinneren von der Reversen Transkriptase (RT) durchgeführt. Dieses Enzym überträgt die genetische Information aus den viralen RNS-Molekülen in den Code der DNS (Desoxyribonukleinsäure), ein absolut essenzieller Vorgang für die Vermehrung von HIV. Unglücklicherweise für infizierte Menschen, aber glücklicherweise für HIV, ist das Enzym RT extrem ungenau – zumindest für genetische Maßstäbe. Wenn ein Schüler aus einem Buch vorliest und ihm dabei nur alle 10.000 Buchstaben ein Fehler unterläuft, kann sich das wohl nur positiv auf seine Beurteilung auswirken. Mit dem Leben wäre es aber nicht vereinbar, wenn die molekulare Maschinerie, die unsere DNS kopiert – was in unserem Körper bei jeder Zellteilung notwendig ist und täglich viele Millionen Mal passiert –, eine derartig hohe Fehlerrate hätte. Bei unserem Erbgut liegt die Quote bei einem Fehler alle 1.000.000.000.000 (Billion) Buchstaben, eine sehr große Zahl. Unser Korrektursystem ist im Vergleich zu HIV hundertmillionenfach präziser. Die hohe Fehlerrate der RT hat einerseits einen evolutionären Vorteil, der die Kosten für den Virus leicht kompensiert – in diesem Zusammenhang bedeuten Kosten, dass viele generierte Viren durch die Mutationen nicht vermehrungsfähig oder überlebensfähig sind. Andererseits würde HIV die Angriffe des Immunsystems nicht überleben, wenn die RT präzise wäre, denn einen unflexiblen Virus kann das Immunsystem sehr gezielt und effizient attackieren. Die hohe Fehlerrate der RT macht auch die Entwicklung eines Impfstoffes schwierig bis unmöglich, weil der Virus täglich unzählige Varianten erzeugt, von denen einige nicht mehr von den Soldaten des Immunsystems erkannt werden. Bis zu einer Milliarde HIV-Partikel können in einem aktiven Patienten pro Tag in das Blut freigesetzt werden. Diese nicht vom Immunsystem attackierten Viren finden wiederum neue T-Zellen und das Spiel beginnt von vorne. Das ist Evolution vom Feinsten. Der Krieg zwischen mutierten Viren und Soldaten des Immunsystems kann über Jahre oder Jahrzehnte toben, aber ohne Therapie gewinnt in den meisten Fällen der Virus. Der Tod des menschlichen Wirts stört den Virus nicht besonders, weil er Monate bis Jahre Zeit hatte, immer wieder auf neue Opfer überzuspringen, bevorzugt bei ungeschütztem Geschlechtsverkehr. Glücklicherweise ist selbst hierbei die Übertragungseffizienz nicht hoch. HIV muss ins Blut gelangen. Außerhalb des Blutes kann er nicht lange überleben. Trotzdem ist HIV leider ein extrem erfolgreicher Virus. Resistenz gegenüber HIV ist selten.

Aids-Patienten entwickeln opportunistische Infektionen. Das sind Krankheiten, die bei normalen Menschen nicht auftreten würden, sondern erst in Erscheinung treten können, wenn das Immunsystem durch Aids entscheidend geschwächt ist. Diese Infektionen werden leider auch von antibiotikaresistenten Bakterien verursacht. Vor allem die Kombination von einer HIV-Infektion mit medikamentenresistenter Tuberkulose ist mit einer hohen Rate fatal – insbesondere ohne HIV-Therapie, wie es vielfach in Afrika der Fall ist (vgl. Williams, Dye, 2003: 1535–1537).

Der direkte Angriff führt zur Resistenzentwicklung

Das erste HIV-Medikament wurde 1987 zugelassen. Der Nutzen für die Patienten war nicht messbar. David Ho, ein berühmter Aids-Wissenschafter, sagte, dass jede Behandlung mit nur einer einzigen Substanz dazu „verdammt ist fehlzuschlagen". Schuld daran ist die RT. Andere Medikamentenklassen folgten, aber als Einzeltherapie hatten auch sie gegen die Wandelbarkeit des HIV keine Chance. Der direkte evolutionäre Selektionsdruck war derartig hoch, dass Mutationen vorherbestimmt und vorhersagbar waren.

Ein vermeintlicher Durchbruch war die Verwendung eines Medikamentencocktails, allgemein als HAART (hochaktive antiretrovirale Therapie) bezeichnet (vgl. Hammer et al., 1997: 725–733). Dabei werden mitunter drei bis fünf Medikamente kombiniert, und je nach Anzahl der verwendeten Medikamente verringert sich die Wahrscheinlichkeit, dass sich resistente Viren vermehren und ausbreiten können. Behandelt man Patienten zugleich mit drei Wirkstoffen, stehen die Chancen 1 zu 1.000.000.000.000.000 (in Worten: eins zu einer Billiarde), dass ein Virus durch Resistenzentwicklung entkommt.

Haben wir HIV endgültig besiegt? In Afrika sicherlich nicht – vor allem wegen der exorbitanten Kosten einer HAART. Diese Behandlungsart hat zudem mitunter schwere Nebenwirkungen und die Therapie muss nicht selten beendet werden. Darüber hinaus ist die Induktion eines hyperresistenten HIV-Stammes denkbar. Vielfache Medikamentenresistenz ist von 1,1 % während der Periode von 1995 bis 1998 auf 6,2 % zwischen 1999 und 2000 angestiegen (vgl. Little et al., 2002: 385–394). Wir sollten uns im Kampf gegen Evolution und im Speziellen gegen HIV nicht selbst für dumm verkaufen. Die Rate der Resistenzentwicklung kann eigentlich nur weiter ansteigen, solange wir das Behandlungskonzept nicht entscheidend verändern.

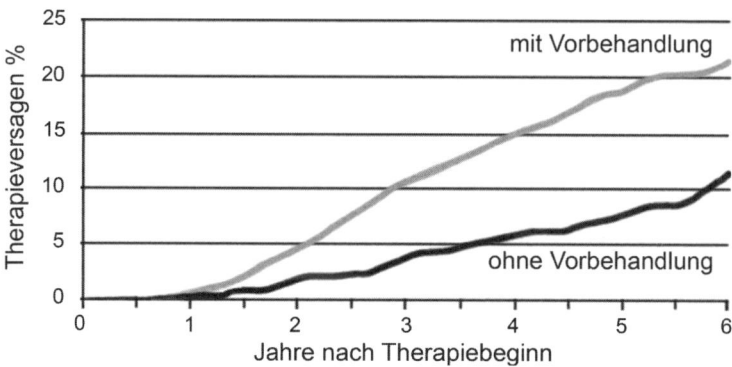

Abbildung 5: HIV antwortet mit Resistenz ‚und überrascht sollte niemand sein

Obwohl es heute Medikamentencocktails für HIV-Patienten gibt, die das Überleben für viele Jahre ermöglichen, schwebt die Resistenzentwicklung wie ein Damoklesschwert über jedem HIV-infizierten Menschen. Die Nebenwirkungen dieser Medikamente sind auch nicht zu vernachlässigen. Diese Cocktails werden als HAART (hochaktive antiretrovirale Therapie) bezeichnet. Dabei werden mindestens drei unterschiedliche Medikamente regelmäßig eingenommen. Wie man an dieser Abbildung erkennen kann, kommt es schon nach wenigen Jahren bei einem bestimmten Prozentsatz von HIV-infizierten Menschen zur Resistenz oder zum Therapieversagen. Hat es vor dem Start von HAART schon Therapieversuche mit einzelnen HIV-Medikamenten (Kurve mit Vorbehandlung) gegeben, findet man nach fünf Jahren schon fast 20% Therapieversagen. Bei Menschen ohne Vorbehandlung ist die Rate geringer als 10%. Wie bei Krebs und Bakterien kann man sich auch bei Viren nicht vor darwinistischer Selektion schützen, wenn man diese direkt attackiert. Es wird ein enormer Selektionsdruck aufgebaut und früher oder später kommt es zur Resistenzentwicklung. Nur durch eine indirekte Attacke wie die Blockade der Interaktion mit dem Wirt (im Falle von HIV die Interaktion mit den T-Zellen, bei Bakterien die Adhäsion und bei Krebs die Gefäßneubildung) kann man diesen Selektionsdruck ausschalten (modifiziert nach Mocroft et al., 2004: 1947–1956).

Zusätzlich kann jede Unterbrechung der Therapie umgehend wieder zum Ausbruch der Krankheit führen. „Die Ausrottung von HIV mit der derzeitigen Kombinationstherapie ist vielleicht unmöglich." (Molla et al., 1996: 760–766, Flexner, 1998: 1281–1292). Je länger man HIV unterdrückt, desto größer wird die Chance, dass ein resistenter Stamm selektioniert wird. Seit der Einführung der Kombinationsprotokolle ist die Zahl der HIV-Todesopfer dramatisch gesunken, zumindest in den Ländern, die sich diese Medikamente leisten können. Allerdings haben 50% der Patienten beträchtliche Nebenwirkungen, viele sprechen überhaupt nicht auf die Therapie an und die Resistenzentwicklung zeigt eine steigende Tendenz (vgl. Little et al., 2002: 385–394, Kmietowicz, 2005: 308). Von einem Sieg gegen HIV würde ich nicht sprechen, aber HAART hat ein Leben mit HIV vielfach möglich gemacht und glücklicherweise nimmt die Verfügbarkeit dieser teuren Medikamente auch für afrikanische und asiatische Patienten laufend zu.

Die elegant-ästhetische Strategie im Kampf gegen HIV

Die HIV-Therapie zeigt ähnliche Muster wie die Krebs- und antimikrobielle Therapie. Der Versuch des direkten Tötens führt immer zur Selektion von resistenten Mikroorganismen. Wissenschafter konnten sich zwei Phänomene in der HIV-Forschung lange nicht erklären. Erstens: Warum lassen sich nicht alle Zellen, die über die CD4-Dockingstation an ihrer Oberfläche verfügen, mit HIV infizieren? Und zweitens: Warum sind gewisse Risikogruppen trotz hoher HIV-Exposition resistent und entwickeln kein Aids oder nur in einer abgeschwächten Form?

Beide Fragen haben dieselbe Lösung. Die CD4-HIV-Dockingstelle ist für eine erfolgreiche Infektion von T-Zellen notwendig, aber nicht ausreichend. Wissenschafter entdeckten, dass zusätzlich eine der beiden sogenannten Chemokin-Dockingstationen (die wissenschaftliche Bezeichnung lautet CXCR4 und CCR5) auf den Zellen vorhanden sein müssen. HIV braucht also zwei Rezeptoren. Die erwähnten Risikogruppen, die keine HIV-Infektion entwickeln, haben mutierte Chemokin-Dockingstationen, eine sogenannte CCR5-delta32-Mutation, und daher kann HIV nicht an ihre T-Zellen binden, nicht in das Innere gelangen und nicht zu einer Infektion führen. Das war ein Durchbruch.

Umgehend wurde versucht, sogenannte Eingangsinhibitoren zu entwickeln. Das sind Medikamente, die die Chemokin-Dockingstationen auf T-Zellen blockieren und damit – und das ist absolut entscheidend – keinen Selektionsdruck auf HIV ausüben. HIV kann trotz seiner genetischen Variabilität nicht auf eine andere Dockingstation wechseln. Dafür wären zu viele parallele Mutationsschritte notwendig. Das erste Medikament basierend auf diesem Wirkmechanismus heißt Maraviroc (Celsentri®). Es schützt aber nur vor HI-Viren, die die CCR5-Dockingstation für die Zellinvasion verwenden. Patienten mit Maraviroc-Behandlung verhalten sich ähnlich wie Personen mit Mutationen in den Chemokin-Dockingstationen. Optimal ist Maraviroc allerdings noch nicht, erstens, weil es nur an den Rezeptor CCR5 bindet, und zweitens, weil es, um HIV keine Chance zu geben, 24 Stunden, 365 Tage im Jahr alle verfügbaren CCR5-Rezeptoren vor HIV beschützen müsste, und das ist einfach überaus schwierig. Hundertprozentig effektive Medikamente gibt es fast nicht. Das perfekte Szenario wäre, den CCR5-Rezeptor bereits in den Knochenmarksstammzellen derart zu verändern, dass HIV nicht mehr binden kann. Da die Zellen im Blut früher oder später durch neue Zellen mit verändertem CCR5-Rezeptor aus dem Knochenmark ausgetauscht werden, würden sich bald ausschließlich resistente T-Zellen im Blut befinden und HIV hätte keine Möglichkeit mehr, diese Zellen zu attackieren. Die Umsetzung einer derartigen Therapieform ist leider wissenschaftlich-medizinisch komplex, aber sollte in naher Zukunft möglich sein, am ehesten über eine Knochenmarkstransplantation. Aber woher stammt eigentlich die natürliche CCR5-delta32-Variante? Warum gibt es Personen mit dieser veränderten Gensequenz? Und wie häufig ist sie?

Resistente Menschen – die exzessive Selektion schützender Mutationen

Die CCR5-delta32-Mutation dürfte nicht älter als 700 Jahre sein, obwohl auch 5.000 Jahre geschätzt wurden (vgl. Galvani, Slatkin, 2003: 15276–15279, Cohn, Weaver, 2006). In bestimmten europäischen Bevölkerungsgruppen haben 10% der Menschen diese genetische Variante. In Afrika, Asien, im Mittleren Osten und unter den indigenen Amerikanern treten diese Mutationen nur ganz selten auf. Diese in manchen Erdteilen hohe Frequenz kann nur durch intensive Selektion erklärt werden. Es wäre offensichtlich, HIV dafür verantwortlich zu machen, aber HIV hat den Sprung auf den Menschen erst im 20. Jahrhundert geschafft. Durch die hohe Sterblichkeitsrate und verringerte Anzahl an Nachkommen übt HIV auch heutzutage einen starken Selektionsdruck aus, wodurch der Anteil an resistenten Menschen in Gebieten mit hoher Infektionsrate, am wahrscheinlichsten in Afrika, tatsächlich anwachsen könnte. Ob sie die CCR5-delta32-Mutation verwenden, ist dabei nicht gesichert – die hohe Rate von derzeitig 10 % lässt sich durch den Einfluss von HIV jedenfalls nicht erklären. Aktuell ist nicht einmal erwiesen, ob es durch HIV bereits zu einer messbaren Anreicherung gekommen ist – aber es wäre ein eindrucksvolles Beispiel, wie relevant das Wechselspiel mit der Evolution auch für den heutigen Menschen ist.

Auf Basis des Alters und der geografischen Verteilung werden zumeist zwei Krankheiten für die Anreicherung der CCR5-delta32-Mutation verantwortlich gemacht: die Pest und die Pocken. Zuerst wurde der Pest der Vorzug gegeben, inzwischen aber sind die Pocken als mögliche Ursache ins Rampenlicht getreten – jedoch zweifelt eine ausgezeichnete wissenschaftliche Arbeit, die die historischen Gegebenheiten der beiden Krankheiten sehr genau unter die Lupe nimmt, an der Richtigkeit von beiden Hypothesen (vgl. Cohn, Weaver, 2006). Im Falle der Pest muss noch erwähnt werden, dass nicht das Bakterium *Yersinia pestis*, sondern ein Ebola-ähnlicher Virus als Ursache für die verheerenden Todesfälle verantwortlich sein könnte (vgl. Derr, 2001). Auch da gibt es keine Einigkeit. Der Pest sind in Europa zwischen 1347 und 1352 geschätzte 25 Millionen Menschen zum Opfer gefallen, das sind etwa 30–50 % der Bevölkerung. Mehrere Millionen Menschen erlagen dieser Krankheit in den darauffolgenden drei Jahrhunderten und dann verschwand sie. Was immer die Pest verursacht hat, eine starke Selektion für zumindest teilweise resistente Menschen hat wahrscheinlich stattgefunden.

Das ist Wissenschaft: Hypothesen werden formuliert und offen an den Pranger gestellt. Früher oder später wird die wahre Ursache für diese starke evolutionäre Selektion wohl erkannt werden. Doch nur offener und ehrlicher Disput kann die Wahrheit ans Licht bringen. Auch wenn man sich über die genauen Ursachen der Selektion noch nicht im Klaren ist, herrscht Einigkeit darüber, dass sich in der Verteilung der CCR5-delta32-Mutation das Wirken von evolutionären Kräften widerspiegelt. Die CCR5-delta32-Mutation beschützt nicht nur vor Krankheiten, sie dürfte auch das Risiko einer symptomatischen West-Nil-Virus-Infektion erhöhen. Der West-Nil-Virus (WNV) ist ein wiederauftauchender (engl. *re-emerging*) Infektionserreger. In den USA hat es zwischen 2001 und 2004 nachgewiesene 16.577 Erkrankungen mit 648 Todesfällen gegeben. Es muss aber berücksichtigt werden, dass 80% aller Infektionen nicht bemerkt werden. Mit anderen Worten, circa 100.000 Menschen haben sich mit dem Virus auseinandersetzen müssen. Einen Impfstoff gibt es noch nicht, er ist aber in Entwicklung. Eine Gefahr für Träger der CCR5-delta32-Mutation besteht nicht unmittelbar, weil es sehr unwahrscheinlich ist, dass Träger dieser Mutation gleichzeitig auch an einer WNV-Infektion erkranken. Aber kann man ausschließen, dass Maraviroc die Anzahl an gefährlichen WNV-Infektionen bei HIV-Patienten erhöht, vor allem wenn sie sich in WNV-verseuchten Gegenden aufhalten? Das erhöhte Risiko einer symptomatischen WNV-Infektion ist noch nicht in Stein gemeißelt, denn es gibt erst ein paar bestätigende Publikationen. Wenn es stimmt, wäre die CCR5-delta32-Mutation ein lehrreiches Beispiel über mögliche Evolutionsprozesse. Eine Krankheit wird verhindert, die andere verstärkt. Biologische Systeme sind selten linear, vielfach chaotisch, oftmals bipolar – und fast immer faszinierend.

Evolution in Zusammenhang mit Infektionskrankheiten ist auf einer aktiven und passiven Ebene für die Gesundheit des Menschen wichtig und heute im 21. Jahrhundert höchst relevant für den Menschen. Einerseits verändern wir durch unsere Behandlungskonzepte, wie zum Beispiel die exzessive Verwendung von Antibiotika oder die Verabreichung von Impfstoffen, das genetische Buch von Mikroorganismen, und das sollten wir keinesfalls ignorieren. Aber andererseits, und das kann nicht überraschend sein, kommt es durch Infektionskrankheiten wie zum Beispiel bei Malaria auch beim Menschen zu einer Selektion von Individuen mit einem bestimmten genetischen

Code. Das bedeutet, auch unser Genom wird verändert. Die hohe Rate von Menschen mit zystischer Fibrose beruht wahrscheinlich auf einer Selektion über Mikroorganismen. In den letzten Jahrtausenden hat es sicher eine Vielzahl weiterer Selektionsprozesse mit den Hauptdarstellern Mensch und Mikroorganismus gegeben, aber wir kennen sie nicht. Wie viele davon auch heute noch aktiv sind, lässt sich ebenso nicht abschätzen. Es ist wahrscheinlich, dass sich die CCR5-delta32-Mutation in Teilen Afrikas und möglicherweise auch Asiens anreichert. Die Resistenz gegenüber einer HIV-Infektion ist 100 % und daher muss es nahezu zu einer Erhöhung dieser Gensequenz kommen. Erfolgreiche HAART-Therapie würde dagegensteuern, in diesem Fall allerdings ohne medizinische Konsequenzen, da Personen mit der CCR5-delta32-Mutation keine gesundheitlichen Beeinträchtigungen aufweisen.

In der Natur läuft ein ständiger Prozess des Gebens und Nehmens, wobei wir uns diesen Mechanismen nicht unüberlegt ausliefern sollten. Antibiotikaresistenz wird als eine der größten medizinischen Herausforderungen des 21. Jahrhunderts angesehen. Wir sollten dieses Spiel mit der Evolution nicht einfach sich selbst überlassen, sondern als rational, wissenschaftlich und logisch denkender Homo sapiens bewusste Entscheidungen treffen. Die Resistenz von Mikroorganismen ist nicht irreversibel, aber für eine Trendumkehr braucht man nicht nur neue Medikamente, um Infektionen mit resistenten Bakterien oder Viren behandeln zu können, sondern, noch wichtiger, den politischen Willen, die derzeitig verfügbaren Antibiotika vernünftiger einzusetzen.

Im nächsten Kapitel spielen Mikroorganismen wiederum eine wichtige Rolle, auch wenn ein wirkliches Verständnis der komplexen Zusammenhänge noch nicht gegeben ist. Aber zumindest deutet vieles darauf hin, dass unsere (westlichen) hygienischen Lebensstandards – neben den vielen positive Auswirkungen – auch die Schuld an der Entwicklung von einigen Krankheiten tragen.

Die Hygiene-Hypothese und ihre Bedeutung für Therapie und Prävention

Die Rate an allergischen Erkrankungen wie Asthma, Heuschnupfen, Rhinitis (eine triefende Nase, die nicht durch eine Infektion verursacht wird) oder der sogenannten atopischen Dermatitis oder auch Neurodermitis steigt im Besonderen bei Kindern seit mehreren Jahrzehnten. Zudem werden auch bei immer mehr Jugendlichen und Erwachsenen sogenannte Autoimmunerkrankungen diagnostiziert. Zu diesen Krankheiten zählt man zum Beispiel die Typ-1- oder insulinabhängige Zuckerkrankheit, die multiple Sklerose mit starken Beeinträchtigungen des Gehirns, oder den Morbus Crohn und die Colitis ulcerosa (Verdauungsstörungen mit Durchfällen begleitet von Blähungen und starken Schmerzen). Bei all diesen Krankheiten kommt es zu einer Reaktion des Immunsystems gegen Teile des eigenen Körpers. Während die Ursachen mancher Autoimmunerkrankungen partiell verstanden werden, tappen wir beim großen Rest noch komplett im Dunkeln. Vererbungsfaktoren spielen eine Rolle. Die erhöhte Rate an Allergieerkrankungen und eine aggressive Reaktion des Körpers gegen sich selbst in Form von Autoimmunkrankheiten dürften Hand in Hand gehen.

Diesem stetigen Anstieg steht die in den letzten Jahrzehnten abfallende Häufigkeit von Infektionskrankheiten gegenüber, teilweise verursacht durch Impfungen, teilweise durch verbesserte hygienische Bedingungen. Masern, Mumps, Tuberkulose und andere Infektionskrankheiten treten in der sogenannten entwickelten Welt nur mehr selten auf.

Abbildung 6 (siehe Seite 97) verdeutlicht diese inversen Zusammenhänge.

Der naheliegende Schluss wird als Hygiene-Hypothese seit 1989 verbreitet, wenig später wurden Impfungen für den Anstieg dieser Erkrankungen verantwortlich gemacht, obwohl es weder positive noch negative Daten über den Einfluss von Impfungen auf diese

Krankheiten gibt. Ein wichtiger Teil des Hygiene-Hypothese-Rätsels liegt auch in der geografischen Verbreitung. Ein Nord-Süd-Gefälle lässt sich nicht leugnen. Dieses besteht zwischen Nord- und Südeuropa, aber noch ausgeprägter zwischen Europa und Afrika. In Nord- und Südamerika verhält es sich ähnlich, in der südlichen Hemisphäre entsprechend reziprok. Wie schon erwähnt spielen Gene gewiss eine wichtige, aber unterschiedlich starke Rolle. So tritt multiple Sklerose bei eineiigen Zwillingen zu 25 % bei beiden Geschwistern auf, Typ-1-Diabetes zu 40 % und Asthma zu 75 %. Wenn nur die Gene verantwortlich wären, wären 100 % zu erwarten. Offensichtlich spielen Umweltfaktoren wie die wirtschaftlichen oder sozioökonomischen Verhältnisse ebenfalls mit. Darunter werden zum Beispiel Faktoren wie die Arbeitslosenrate, der Wohnraum pro Person, der Besitz eines Autos oder das Familieneinkommen zusammengefasst. In Bevölkerungsgruppen, die weniger privilegiert sind, eine höhere Arbeitslosenrate aufweisen oder in kleinen Wohnungen leben müssen, zeigen sich deutlich weniger Asthmaerkrankungen. Kinder, die vermehrt sozialen Kontakt haben und damit mehr Infektionserregern ausgesetzt sind, erkranken seltener an Überempfindlichkeitsreaktionen. Im Prinzip gibt es auch keinen Unterschied zwischen Land und Stadt mit der Ausnahme von Kindern, die auf dem Bauernhof aufgewachsen und dadurch mit Tieren und deren Infektionserregern in Berührung gekommen sind. Der Konsum von unbehandelter Kuhmilch darf nicht unerwähnt bleiben. Bei diesen Kindern findet man fast kein Asthma oder allgemein allergische Erkrankungen. Faszinierend!

Wenn man Kinder in den Slums von Caracas mit Anti-Wurm-Medikamenten behandelt, steigt die Rate an allergischen Überempfindlichkeiten. Nicht zuletzt aufgrund solcher Beobachtungen sind bei der Suche nach des Rätsels Lösung in den letzten Jahren Würmer ins Zentrum der Aufmerksamkeit gerückt. Im gleichen Atemzug muss aber erwähnt werden, dass die Hygiene-Hypothese keineswegs als uneingeschränkt richtig akzeptiert ist. Insbesondere bei Asthmaerkrankungen widersprechen genügend wissenschaftliche Daten dieser eleganten Erklärung. Ein anderer möglicher Hauptverursacher der steigenden Zahl von Asthmafällen ist unser Lebensstil, der mit sich bringt, dass wir viel mehr Zeit als früher im Sitzen verbringen.

Im Englischen existiert dafür eine elegante Phrase, die sich nur unbefriedigend ins Deutsche übersetzen lässt: *sedentary lifestyle*. Auch die zunehmende Fettleibigkeit, beides natürlich nicht unabhängig voneinander, wird verdächtigt. Ebenso wird eine bei Übergewicht oft feststellbare entzündliche Komponente für die erhöhten Asthmaraten verantwortlich gemacht.

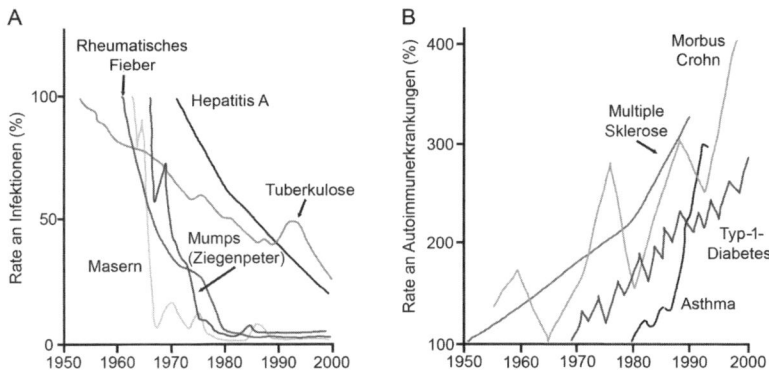

Abbildung 6: Autoimmunerkrankungen anstelle von Infektionen – das kleinere Übel?

Auf der linken Seite (A) ist die Infektionsrate von verschiedenen Krankheiten zusammengefasst. Bis auf die Daten zur Hepatitis A (Frankreich) stammen alle Angaben aus den USA. Durch flächendeckende Impfungen kam es zu einer rapiden Abnahme an Infektionen. Auf der rechten Seite (B) sieht man die Zunahme an Autoimmunerkrankungen. Die Daten stammen aus verschiedenen Publikationen über nordeuropäische Länder. Die dargestellten Effekte (sowohl von Teil A als auch B) wurden durch Daten von anderen Regionen mehrfach bestätigt (vgl. Bach, 2002: 911–920).

Der mögliche Nutzen für den Menschen

Die Hygiene-Hypothese postuliert, dass die Exposition von Menschen, vor allem von Kindern, mit Mikroorganismen eine unterdrückende Wirkung auf die Entwicklung von allergischen und Autoimmunerkrankungen hat. Durch die veränderten Lebensbedingungen in den letzten Jahrzehnten mangelt es im Vergleich zu den Jahrtausenden davor insbesondere in den westlichen Industrieländern an diesen supprimierenden Effekten und die Konsequenzen werden offensichtlich.

Der nächste Schritt liegt nun nahe: Wenn unser Immunsystem überreagiert, weil der Kontakt mit Infektionserregern zu gering ausfällt, dann könnte eine Exposition die Symptome dieser Überempfindlichkeitsreaktionen eventuell lindern – und genau solche Versuchsbedingungen wurden getestet. Würmer befallen mehr als ein Drittel der Weltbevölkerung, aber sind in den industrialisierten Ländern nahezu ausgerottet. Die Entwicklung des Morbus Crohn und der ulcerativen Colitis ist mit Wurmbefall stark negativ korreliert, wobei nicht jeder Wurm eine unterdrückende Wirkung gezeigt hat, was jedoch auch nicht zu erwarten ist. Um diese Zusammenhänge besser zu verstehen, wurden zunächst Tierversuche durchgeführt – und die Ergebnisse waren vielversprechend. Die Entwicklung von verschiedenen immunologischen Überempfindlichkeitsreaktionen, die den allergischen und Autoimmunerkrankungen ähnlich sind, konnte verhindert oder zumindest signifikant abschwächt werden. Leider lassen sich die Ergebnisse aus Tierversuchen nicht eins zu eins auf den Menschen übertragen. Die zweifelsfreie Überprüfung, ob eine Hypothese auch für den Menschen Relevanz besitzt, kann nur mittels Versuchen am Menschen erfolgen. Im nächsten Schritt mussten demgemäß Menschen als Versuchskaninchen herhalten – und auch hier sind die Ergebnisse aussichtsreich. Dabei wurde in unterschiedlichen Studien der therapeutische Einsatz von verschiedenen Würmern beziehungsweise Wurmeiern getestet. Während sich in einigen Fällen keine Wirkung nachweisen ließ, lieferten mehrere Studien signifikant positive Daten, die weitere Untersuchungen zweifellos rechtfertigen. Die Verabreichung von Würmern oder deren Eiern bringt nicht nur aus offensichtlichen psychologischen, sondern besonders aus rein herstellungstechnischen Gründen Probleme mit sich. Besser wäre es, die verantwortlichen Substanzen zu isolieren und entsprechend gereinigt und definiert zu verabreichen – so weit ist die Forschung aber noch nicht.

Obwohl die Datenlage noch nicht ausreichend abgesichert ist, spricht vieles dafür, dass dieser Ansatz dazu führen wird, diese teilweise schweren und stark beeinträchtigenden Krankheiten zu mildern, wenn nicht sogar zu verhindern. Bis entsprechende Präventionsversuche gestartet werden können, wird jedoch noch Zeit vergehen. In absehbarer Zukunft könnten eine oder wahrscheinlich mehrere Impfungen oder andersartige Verabreichungen zur Behandlung von allergischen Symptomen und Autoimmunerkrankungen Wirklichkeit werden. Eine effektive und prophylaktische Vorbeugung wäre noch vorteilhafter. Auch wenn die Effektivität derartiger Behandlungen nur 20 % oder 50 % betragen sollte, würden unzählige Menschen profitieren. Bisher ist das Interesse der pharmazeutischen Industrie aber noch überschaubar. Sie verdient „Unsummen" mit Medikamenten, die chronisch gegeben werden müssen und nur Symptome lindern, nicht aber versuchen, die Ursache zu beheben – täglich drei Pillen oder mehrere Inhalationsschübe ein Leben lang sind den Medikamentenherstellern anscheinend am liebsten.

Durch die voranschreitende Entwicklung der Weltwirtschaft werden mehr und mehr Länder einen Anstieg an allergischen und Autoimmunerkrankungen erleben. Diese Problematik wird bald nicht mehr vorwiegend Europa und Nordamerika betreffen, sondern auch den Rest der Welt. Falls Fettleibigkeit eine wichtige Rolle spielen sollte, sind diese Zeiten nicht mehr fern. Nirgendwo auf der Welt wächst die Zahl an Übergewichtigen schneller als in China und Indien – ein Geschenk des Westens, aber mit einem hohen Preis. Diese Länder haben jedoch den Vorteil, dass entsprechendes Wissen und vielleicht sogar neuartige Therapieansätze bald vorhanden sein könnten.

Die Entwicklung von allergischen Krankheiten und Autoimmunsymptomen ist ein wunderbares Beispiel dafür, wie sich evolutionsbedingte Adaptionen aufgrund stark veränderter Umgebungsgegebenheiten für den heutigen Menschen nachteilig auswirken können. Über Jahrtausende lernten der menschliche Organismus und natürlich auch unsere Affenvorfahren, mit Würmern und anderen Infektionserregern umzugehen und mit ihnen zu koexistieren. Durch den aus evolutionärer Sicht plötzlichen Wegfall dieser lebenslangen Interaktionen befinden sich Teile des Immunsystems in einem Zustand der Unterforderung. Die über Tausende von Generationen entwickelte Antwort gegen Infektionserreger kann nicht kontrolliert werden, da bis vor Kurzem der Bedarf einer solchen Kontrolle einfach nicht gegeben war. Noch immer ist mehr als ein Drittel der Weltbevölkerung mit Würmern befallen und noch vor ein paar Hundert Jahren war es wahrscheinlich die gesamte Menschheit. Die Vermehrungsfähigkeit ist bei diesen Krankheiten kaum eingeschränkt, weil wir schon über Hunderttausende von Jahren daran gewöhnt sind, mit ihnen auszukommen, und daher wird es wahrscheinlich auch zu keiner relevanten genetischen Selektion kommen. Die Menschheit wird mit allergischen Reaktionen leben müssen, aber vielleicht kommen uns Würmer oder genauer gesagt Teile von ihnen doch noch zu Hilfe. Im Zusammenhang mit der Hygiene-Hypothese stellen Würmer aber sicherlich nicht die einzige Lösung dar, hierbei sind gewiss auch noch andere Bakterien oder Infektionserreger im Spiel. Diese gilt es, zu identifizieren und therapeutisch sowie präventiv zu nutzen.

Damit wäre der wichtige und umfangreiche Bereich über Evolution und Infektionskrankheiten abgeschlossen. Der nächste große Abschnitt beschäftigt sich mit der Zeugung von Nachkommen und den vielen Aspekten, die unmittelbar dazugehören. Da die früher sehr hohe Sterblichkeit von Neugeborenen vor allem durch Infektionskrankheiten verursacht war, besteht zwischen diesem und dem folgenden Kapitel ein gewisser Zusammenhang.

Partnerwahl, Reproduktion, Kinderzahl und künstliche Befruchtung – oder die letzte Hoffnung auf Unsterblichkeit

In diesem großen Abschnitt werden viele verschiedene Bereiche angesprochen, die aber dennoch durch einen oder sogar zwei rote Fäden verbunden sind. Der erste kann in einem Satz zusammengefasst werden: Welche Rolle spielt die Evolution (und die heutige Medizin) bei der Fortpflanzung? Der Begriff Fortpflanzung ist hierbei etwas ausgedehnter als vielleicht üblich zu betrachten. Dabei ergeben sich viele weitere Fragen wie etwa: Hat das Alter des ersten Kindes einen messbaren Einfluss auf die Überlebenswahrscheinlichkeit weiterer Kinder? Oder fundamentaler: Warum gibt es überhaupt Geschlechter? Nach welchen Kriterien sucht der Mensch einen Partner aus? Warum schwankt der Zeitpunkt der Menstruation? Wer trägt mehr zur Erhöhung bestimmter Schwangerschaftsrisiken bei – Mann oder Frau? Wie verändert sich die Fruchtbarkeit im Alter? Warum verändert künstliche Befruchtung unser genetisches Lebensbuch? Diese und andere Fragen werden in Zusammenhang mit Evolution und Medizin und möglichen Veränderungen unseres Genoms näher beleuchtet. Außerdem werden wichtige Zusammenhänge zwischen Reproduktionsmedizin und Evolution dargestellt. Den zweiten roten Faden bildet die bewusst gewählte, weitgehend chronologische Reihenfolge, entlang derer die einzelnen Fragestellungen thematisiert werden.

Hunger im bayerischen Dorf

Längeres Überleben ist nicht gleichzusetzen mit einer erfolgreichen Weitergabe der eigenen Gene. Einzig die Anzahl an gesunden, wiederum zeugungsfähigen Nachkommen ist für die Selektion nach bestimmten Eigenschaften über Generationen entscheidend. Dazu zählt auch, dass Kinder zu ernähren und zu schützen sind. Bis zum achten Lebensjahr sind Kinder absolut von anderen Menschen abhängig und können alleine nicht überleben. Auch (werdende) Mütter benötigen Schutz und Nahrung, die vom anderen Elternteil, der Gruppe oder einer entsprechenden Gesellschaftsstruktur bereitgestellt werden müssen.

In der Vorzeit wurde der Tagesablauf vereinfacht gesagt vor allem von Nahrungsmittelbesorgung, Essen und der Versorgung der Nachkommen bestimmt. Vielleicht standen auch Erholung und Faulenzen auf der Tagesordnung, ganz sicher aber der ständige Kampf mit Mikroorganismen – und dieser Kampf hat unser Immunsystem geprägt. Die Suche nach Nahrung bedurfte mehrerer Stunden am Tag, und die Aufteilung in die Tätigkeiten des Jagens und des Sammelns stellte eine Fortsetzung aus noch früheren Zeiten dar – ein Lebensstil, der über weite Strecken den unserer tierischen Vorfahren gleicht. Dabei wird das Jagen gerne den männlichen Individuen zugeschrieben, das Sammeln eher den weiblichen, und das geschieht wohl auch mit gewissem Recht. Die Zeit der Mutterschaft nahm einen vergleichsweise viel größeren Lebenszeitraum ein als heute und eine (oft schwangere) Frau, die sich um den Nachwuchs kümmerte, war wohl eher in der Lage, nebenbei Nahrung zu sammeln, als auf die Jagd zu gehen. Mütter stillten mindestens zwei Jahre und hatten natürlich mehrere Kinder, was einen enormen energetischen Aufwand bedeutete. Und dieser musste gedeckt werden, obwohl damals aus der Nahrung deutlich weniger Kalorien extrahiert werden konnten. Nahrungsbesorgung war also die Hauptbeschäftigung unserer Vorfahren. Das Überleben der Kinder war auch abhängig vom Geburtenintervall. Für das Stillen oder präziser die Milchproduktion braucht eine Mutter zusätzliche 500 Kilokalorien pro Tag. Eine Schwangerschaft ist mit circa 300 Kilokalorien extra weniger belastend (vgl. Stearns, Koella, 2008: 89). Das mag beim heutigen Angebot und Kaloriengehalt von Lebensmitteln und Ersatzmilch kein Problem darstellen, was selbstverständlich nur auf entwickelte, westliche Länder zutrifft. Aber noch vor etwa zwei- oder einhundert Jahren könnte eine mangelnde Energiebereitstellung und damit erhöhte Infektionsgefahr auch in

Europa durchaus ein Problem gewesen sein, wie sich potenziell auch in den Daten von einem bayerischen Dorf aus dem 19. Jahrhundert in Abbildung 7 widerspiegelt. Vor Tausenden von Jahren war das Problem wahrscheinlich viel eminenter. Stramme, starke Männer mit gutem Orientierungssinn, exzellenten Jagd- und Sammlerqualitäten waren da gefragt, weil sie viele Kalorien nach Hause brachten.

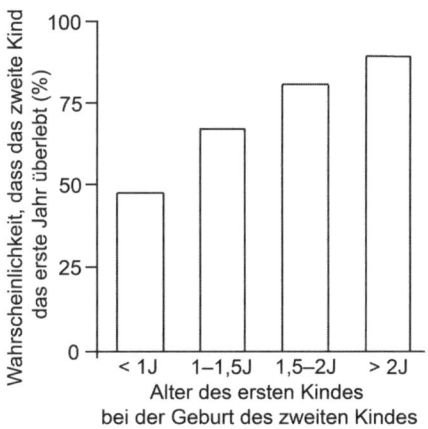

Abbildung 7: Der Zeitraum zwischen zwei Geburten ist wichtig für das Überleben von Kindern.

Diese Daten entstammen Aufzeichnungen aus einem bayerischen Dorf im 19. Jahrhundert und zeigen eindrucksvoll, wie stark das Überleben des zweites Kindes vom Abstand zur Geburt des ersten Kindes abhängt. Die Überlebenswahrscheinlichkeit sinkt beträchtlich, wenn es innerhalb eines Jahres geboren wird (vgl. Knodel, 1968: 297–318).

Wie man der Abbildung entnehmen kann, sinkt die Überlebenswahrscheinlichkeit für das zweite Kind relativ stark, wenn es zu bald nach dem ersten Kind auf die Welt kommt. Wahrscheinlich konnte die Mutter zwei Kinder gleichzeitig nicht ohne Weiteres ausreichend ernähren. Mit dem zuvor angegebenen Kalorienverbrauch für das Stillen beziehungsweise während einer Schwangerschaft ergibt sich folgende Rechnung: Eine Frau, die im Abstand von zwölf Monaten schwanger wird, auf diese Weise bereits zwei Kinder auf die Welt gebracht hat und mit dem dritten gerade schwanger ist, braucht mindestens 1.300 zusätzliche Kilokalorien. Sie selbst braucht auch etwa 2.500 Kilokalorien. Das sind insgesamt beinahe 4.000 Kilokalorien täglich. Abbildung 7 impliziert, dass in einem bayerischen Dorf vor ein paar hundert Jahren dieser Mehraufwand nicht gänzlich bereitgestellt werden konnte. Auch heute gibt es viele Länder, in denen das nicht möglich ist – im heutigen Bayern allerdings schon.

Für die Säuglinge, aber auch die Mütter war das ein Härtetest und nur die Fittesten haben überlebt. Auch die Mütter standen unter einer entsprechenden Selektion. Infektionserregern fällt es viel leichter, unterernährte Kinder zu infizieren, und damit kam es zu einer Selektion nach einem besseren Immunsystem. Diese Selektion ist aktiv seit Tausenden von Jahren, und erst in den letzten Jahrhunderten und nur in den entwickelten Ländern hat sich dieser Evolutionsdruck verringert.

Die vielfach übertriebene, beinahe obsessive Beschäftigung des heutigen Menschen mit Essen, die sich auch widerspiegelt in den unzähligen Kochsendungen, neuen Kochbüchern im Wochentakt, den auf Essen fokussierten, überall präsenten Supermärkten und den vielen Stunden, die mit Kochen verbracht werden, mag evolutionsgeschichtlich erklärbar sein, hat aber neben dem durchaus nicht abzustreitenden wunderbaren Genusseffekt in unserer modernen Gesellschaft, mit einem schier unendlichen Überschuss an hyperkalorisierten Nahrungsmitteln, eingeschränkter Muskelaktivität und verlorener Bewegungslust, auch fatale Folgen, die nachfolgend noch beschrieben und diskutiert werden.

Wir sind genetisch selektiert, dem Essen diese Wichtigkeit zu geben. Viele Kleinkinder tun sich ganz schwer, Essen zu teilen, weil es über Tausende von Jahren wahrscheinlich einen Überlebensvorteil mit sich brachte, eben nicht zu teilen. Gut ernährte Kinder können die Angriffe von krank machenden Mikroorganismen besser abwehren. Womöglich hat sich die menschliche Eigensinnigkeit aus der Essensgier heraus entwickelt. Es darf spekuliert werden, ob nicht auch der Siegeszug des Kapitalismus – über den Sozialismus oder genauer gesagt den Kommunismus, denn in der menschlichen Entwicklung brachte soziales und kooperatives Verhalten auch evolutionäre Vorteile mit sich (vgl. Nowak, 2012: 34–39,

Fehr, Fischbacher, 2003: 785–791) – zum Teil darauf beruht. Früher waren es Kalorien, von denen der Mensch nie genug bekommen konnte, heute ist es Geld – das je nach Bedarf wiederum in Kalorien umgewandelt werden kann.

Die Relevanz dieser ausgeprägten Ess-Obsession mit ernst zu nehmenden Folgen für die Gesundheit nimmt jährlich zu. Was auch immer die genauen Gründe dieser Entwicklung sein mögen, die Rate an fettleibigen Menschen mit einer Körpermassezahl (*body mass index*, BMI) von über 30 hat sich in vielen Ländern in den letzten Jahrzehnten verdoppelt oder sogar verdreifacht. Bei Kindern und Jugendlichen sind zudem massive Steigerungen mit absehbaren und beinahe unvermeidbaren Folgen messbar. Die Rate von Kinderfettleibigkeit nähert sich der 30%-Rate oder hat diese bereits überschritten und entspricht überraschend gut der Rate an unterernährten Kindern in den Entwicklungsländern – ein nahezu zynischer Zufall.

2005 waren 32% oder etwa 180 Millionen Kinder unter fünf Jahren in ihrem Wachstum stark gehemmt. Sie waren zwei Standardabweichungen unter dem Medianwert des „Größe für ein bestimmtes Alter"-Faktors (*height-for-age*) im Vergleich zu einer Referenzpopulation (vgl. World Health Statistics Report 2007). Die Standardabweichung ist ein Maß der Streuung oder Variabilität. In einer Normalverteilung, die sich grafisch ähnlich der Form einer Kirchenglocke darstellen lässt, befinden sich 95% aller Werte innerhalb von zwei Standardabweichungen, 2,5% oberhalb (oder rechts) und 2,5% unterhalb (links) des Medians oder des Mittelwertes. Bei Statistiken mit vielen Datenpunkten sind Median und Mittelwert annähernd ident. Wenn nun 32% der Kinder zwei Abweichungen unterhalb liegen, weiß man, die WHO hat ein buchstäblich schwerwiegendes Problem. Der Anteil der Kinder, die zu wenig Gewicht für ihr Alter (*weight-for-age*-Faktor) haben, bewegt sich bei etwa 10%, das sind circa 55 Millionen.

Falls noch jemand behaupten will, Evolution spiele keine Rolle im 21. Jahrhundert, der soll sich diese Zahlen „überbewusst" machen und bedenken, dass Mangelernährung eine der Hauptursachen für Infektionsempfindlichkeit und in Folge für den Tod ist. Ein möglicherweise besseres Immunsystem durch brutalste Selektion im

Kampf gegen Infektionserreger ist allerdings ein schwacher Trost für die betroffenen Kinder und ihre Familien. Die WHO könnte sich als neues Ziel für 2020 eine parallele Senkung von unter- und überernährten Menschen auf der Erde setzen. Statt *Carbon trading* vielleicht *Calorie trading*! Selbst wenn da nicht die Unmöglichkeit einer logistischen Umsetzung eines derartigen Transports an Nahrungsmitteln wäre, könnte man aber mit dem Überschuss an Kalorien in den reichen die Unterernährung in anderen Erdteilen nicht kompensieren. Eine baldige Abschaffung der Agrartarife bei der Einfuhr von Landwirtschaftsprodukten aus den Entwicklungsländern wäre aber ein vielversprechender erster Schritt zu einer gerechteren Verteilung – obwohl dann Nahrungsmittel auch hierzulande billiger kämen und sich damit das Problem der Fettleibigkeit in den wohlhabenden Ländern womöglich noch verschärfen könnte. Aber um dem vorzubeugen, könnte man die Preise erhöhen und das eingenommene Geld für zusätzliche Entwicklungshilfe verwenden. Damit würde man gleich mehrere Fliegen mit einer Klappe schlagen. Ein Rückgang der Fettleibigkeit würde mit beträchtlichen Ersparnissen für das Gesundheitssystem einhergehen. Dieses Sparpotenzial ist deshalb gegeben, weil bei weniger Fettleibigkeit weniger Personen zuckerkrank sind, sich weniger Bluthochdruck entwickelt und sich dadurch auch andere Folgeerkrankungen eines hyperkalorischen, hyperkonsumierenden Lebensstils nicht mehr etablieren würden. Eine Verbesserung der langfristigen Lebensqualität wäre nicht abzuwenden. Aber vor allem hätten Entwicklungsländer mehr Einnahmen, sowohl durch die wegfallenden Tarife als auch durch die zusätzlichen Zahlungen infolge der Preiserhöhungen in den reichen Ländern, die die Menschen in den westlichen Ländern zu bewusster Essenskultur bewegen sollten. Mit diesem Geld könnte man Malaria, Tuberkulose oder HIV effizienter bekämpfen. Solche Überlegungen bleiben natürlich allesamt in der Möglichkeitsform, sie sollen jedoch die komplexen Zusammenhänge des Problems verdeutlichen und damit bestenfalls ein Bewusstsein schaffen.

Neben kontinuierlicher Nahrungsbesorgung war in den Anfängen der Menschheitsgeschichte die von den Männern ausgeübte Schutzfunktion entscheidend. Frauen mit mehreren Kindern waren auf Unterstützung angewiesen und die Sitten des Zusammenlebens waren in Vorzeiten noch nicht unbedingt auf heutigem Standard. Die Gefahr, dass Familien und Sippen überfallen und getötet wurden, war manifest. Details über prähistorische Lebensgemeinschaften seien hier beiseitegelassen. Entscheidend ist, dass es höchstwahrscheinlich zu einer Selektion von Männern gekommen ist, die sich erstens um die Kinder kümmerten oder zumindest Nahrungsmittel zur Verfügung stellten, sei es für die Familie oder eine kleine Sippe, und die zweitens stark und kräftig waren, um die Familie oder die entsprechende Gesellschaftsform zu beschützen. Dabei darf nicht vergessen werden, dass auch der Konkurrenzkampf zwischen den Männern und nicht nur die Selektion von Männern durch Frauen und umgekehrt zu diesen Überlegungen gehört.

Zusammengefasst: Bis vor wenigen Jahrhunderten haben die Mütter täglich 3.000 bis 4.000 Kilokalorien für sich selbst und ihre Kinder benötigt. Das heißt, sie mussten sich darum bemühen, Männer zu finden, die bereit und in der Lage waren, eine derartige Menge an Kilokalorien über Jahre hinweg Tag für Tag zur Verfügung zu stellen. Wenn man den männlichen Bedarf noch hinzuzählt, kommt man auf täglich 7.000 Kalorien. Das ist enorm viel in einer Zeit, in der Kalorien bei geringer Effizienz aus natürlichen Lebensmitteln extrahiert werden mussten. Mit diesem Wissen ist vielleicht einfacher zu verstehen, warum unser Körper mit den aufgenommenen Kalorien so sparsam umgeht – oder anders formuliert, warum es so schwer ist, die Extrakalorien wieder loszuwerden.

Bevor ich mich weiteren Details und Kuriositäten bei der Partnerwahl widme, möchte ich die Frage stellen, warum es überhaupt Geschlechter gibt. Wenn das Wichtigste in der Evolution die Weitergabe der eigenen Gene darstellt, erscheint asexuelle Reproduktion vergleichsweise einfacher und effizienter. Um sich ein klareres Bild machen zu können, muss man ein paar Hundert Millionen Jahre in der Evolutionsgeschichte zurückgehen, exakt an den Punkt, an dem sich viele Zellen zusammenschlossen, die pausenlos von anderen Mikroorganismen wie den einzelligen Bakterien oder Viren attackiert wurden – genau so, wie wir es heute werden. Es musste zuerst eine Strategie entwickelt werden, um dieser Attacken Herr zu werden, auch wenn der energetische Preis entsprechend hoch ist. „Energetischer Preis" bedeutet hier, welchen erhöhten Energieaufwand oder Kalorienverbrauch ein Lebewesen aufbringen muss und kann, um die eigenen Überlebenschancen und die Zahl der Nachkommen zu steigern – ein Balanceakt. Denn der Nutzen einer erhöhten Fruchtbarkeit ist den dafür investierten energetischen Einsatz nicht wert, wenn dem eigenen Organismus die zusätzlichen Kalorien im täglichen Überlebenskampf fehlen.

Warum gibt es Geschlechter?

Noch bevor es zur Vereinigung von einem Spermium mit einer Eizelle kommt, wird das genetische Material von der Mutter und dem Vater in der Ureizelle beziehungsweise im Urspermium verdoppelt und dann unabhängig voneinander vermischt. Dieser Vorgang heißt Meiose und besteht aus zwei Reifeteilungen. Die einzelnen Chromosomen, wir haben insgesamt 46, jeweils 23 vom Vater und 23 von der Mutter, verdoppeln sich, kuscheln sich dann aneinander und es kommt zu sogenannten Rekombinationsvorgängen. Teile der mütterlichen und väterlichen Chromosomen werden herausgeschnitten und in das jeweils gegengeschlechtliche Chromosom hineingeklebt, so als würde man zwei lange Schlangen von Legosteinen zusammenbauen, zwischen denen man sodann einige Teilbereiche austauscht. In den entstehenden Hybriden sind Teile der väterlichen und der mütterlichen Erbsubstanz zufällig ohne Plan gemischt. Am Ende der ersten Reifeteilung werden die 92 Chromosomen in zwei Zellen aufgeteilt. Im zweiten Schritt kommt es zu einer Auftrennung der jeweils 46 Chromosomen in zwei (fast) gleiche Gruppen mit jeweils 23 Chromosomen. Aus der Urspermienzelle entstehen so vier Spermien, wobei zwei das Y-Chromosom und zwei das X-Chromosom tragen. Aus einer Ureizelle entwickelt sich eine reife Eizelle, die immer das X-Chromosom beinhaltet. Die anderen Teile der Ureizelle werden nicht weiterverwendet. Darin liegt der Unterschied, der das Geschlecht des Kindes später bestimmt. Zweimal X wird weiblich und einmal Y und X männlich. Damit steht einer Vereinigung von

Spermium und Eizelle nichts mehr im Wege und die befruchtete Eizelle hat dann wiederum 46 Chromosomen, 23 von der Mutter und 23 vom Vater. Evolutionsgeschichtlich hat sich die Vermischung zum ersten Mal vor vielen Millionen Jahren abgespielt und die Frage ist natürlich: Warum ist das so?

Evolutionsbiologen postulieren dazu unterschiedliche Hypothesen und ich will hier nur eine, die zumeist favorisierte, beschreiben. Abgesehen vom Menschen selbst ist die größte Bedrohung für den Menschen die Welt der Mikroorganismen in Form von Bakterien, Parasiten, Würmern und Viren. Eine Hauptaufgabe der Evolution – wenn man sich einer derartigen Formulierung schuldig machen will, denn eine Aufgabe zu erfüllen hat die Evolution natürlich nicht – war, ist und wird es immer sein, Infektionskrankheiten besser abwehren zu können. Es ist wie die Ost-West-Auseinandersetzung im Kalten Krieg, bei der immer bessere oder neuere Strategien und Maßnahmen entwickelt wurden mit dem einzigen Erfolg, dass die Gegenseite äquivalent reagierte – eine niemals endende, für beide Seiten insgesamt absolut sinnlose, aber leider, wie man befürchten muss, unabwendbare und sich endlos wiederholende Geschichte. Die Abwehr von Infektionskrankheiten wird durch genetische Komponenten grundlegend mitdeterminiert. Wenn wir alle genetisch gleich wären, was wir glücklicherweise nicht sind und auch nicht sein können, müssten Infektionserreger nur ein einziges entscheidendes Detail an ihrem Waffenarsenal verändern, sodass wir mit einem Schlag allesamt gefährdet wären. Leider ist dieses Bild durchaus realistisch, wenn man bedenkt, wie viele amerikanische Indianer oder Südamerikaner durch Pocken oder andere „europäische" Infektionskrankheiten wie Syphilis oder Masern dahingerafft wurden. Es gab Millionen von Toten. Diese indigenen Völker oder besser ihre Immunsysteme kannten diese Erreger nicht und wurden vor eine nicht lösbare Aufgabe gestellt.

Wenn sich etwa ein Mann nicht mehr effizient gegen den Virus X wehren kann, weil sich der Virus an dessen genetisches Umfeld angepasst hat – und Mikroorganismen können das ungleich schneller als Menschen –, wären seine Kinder, wenn sie nur diese Gene bekommen würden, ebenfalls in höchster Gefahr. Durch das Mischen mit anderen, weiblichen Genen, gewinnt das Immunsystem einen enormen Vorteil und kann mit einer höheren Wahrscheinlichkeit mit dem Virus X fertig werden. Deshalb gibt es zwei Geschlechter. Der Kampf gegen Bakterien und Viren ist „schuld" an der Aufteilung in Mann und Frau. Die sexuelle Lust und das sexuelle Vergnügen dürften erst viel später dazugekommen sein. Diese Prozesse begannen lange vor Menschengedenken, aber sind heute noch aktiv und wirksam. Sexuelle Selektion und die damit verbundene Frage, welche Frauen beziehungsweise Männer mit welchen Männern beziehungsweise Frauen kopulieren wollen, verändert die genetische Zusammensetzung der Menschen. Die Auswahl des Paarungspartners erfolgt keineswegs zufällig, wie gleich näher beschrieben wird. Dieser ewige evolutionäre Wettstreit mit den Mikroorganismen wird in Fachkreisen als *Red Queen's Race* bezeichnet, benannt nach der *Roten Königin* aus Lewis Carrolls Buch *Alice im Spiegelland* (*Alice Through the Looking Glass*): Sie lief und lief und blieb dabei immer am selben Platz, wie beim Kalten Krieg und bei der Antibiotikabehandlung mit Resistenzentwicklung.

Warum es Männer und Frauen gibt, ist damit beantwortet. Wer nun konkret mit wem, und was die Evolution damit zu tun hat, damit befassen wir uns anschließend.

Pair Bonding und Partnerwahl mittels Riechtest

Bei höheren Säugetieren sind die energetischen Kosten, vereinfacht gesagt der Kalorienbedarf und -verbrauch, um Kinder zu haben, offensichtlich für das weibliche Individuum höher als für das männliche. Ein Mann, der mit vielen Frauen schläft und dann immer wieder verschwindet, sofort nach dem Akt oder sobald die Frau schwanger ist, könnte seine Gene an und für sich wunderbar weitergeben und derartiges Verhalten würde genetisch selektiert. Es wäre ein perfektes Evolutionsspiel, wenn Männer Dawkins'scher Eigensinnigkeit verfallen wären. Das sind wir Männer aber nicht und so hat es Richard Dawkins in seinem Bestseller *Das egoistische Gen* (*The Selfish Gene)* auch nicht gemeint.

Frauen tragen die Kinder aus, geben ihnen Milch und Nahrung und sie müssten sich – wenn sie ihre Gene erfolgreich weitergeben wollen und sofern Männer sich allesamt aus dem Staub machen – ganz allein um den Nachwuchs kümmern, bis er selbstständig lebensfähig ist. Manche Männer wissen und spekulieren darauf, dass Frauen auch ohne Unterstützung nicht aufgeben und nur in den seltensten Fällen den Kindesmord wählen würden. Frauen suchen deshalb bei ihrer Partnerwahl nach positiven Signalen, die ein Fluchtverhalten des männlichen Partners weniger wahrscheinlich erscheinen lassen, weil es die Überlebenswahrscheinlichkeit der Kinder erhöht. Eine stabile Zweierpartnerschaft, im Englischen als *Pair Bonding* bezeichnet, könnte sich aus diesen Überlegungen über evolutionäre Selektion entwickelt haben. Dabei verzichtet der Mann auf seine mögliche Promiskuität und kümmert sich um Frau und Kinder.

Eine gewisse Veranlagung zu Lust auf sexuelle Freizügigkeit ist als Gegenpol zum *Pair Bonding* auch in der heutigen Zeit trotz kultureller Überblendungsversuche einfach nachzuweisen. Diese Thematik wurde großartig und amüsant in einem Artikel von Baumeister und Vohs (siehe Baumeister, Vohs, 2004: 339–363) beschrieben. Seit vielen Jahrtausenden suchen sich Frauen diejenigen Männer aus – und ich erlaube mir zu behaupten, sie tun es auch heute noch mit entsprechenden soziokulturellen Wandlungen –, von denen sie glauben: „Er bleibt bei mir, kümmert sich mit mir um das Kind, stellt die Versorgung sicher (mit Nahrung beziehungsweise Geld) und beschützt die Familie." Die in dieser Hinsicht schummelnden Männer hat es immer gegeben und aussterben werden sie nie. Das weibliche Pendant fehlt natürlich auch nicht.

Aus diesen Überlegungen müssen Frauen viel selektiver bei der Partnerwahl als Männer sein und dafür sprechen auch viele Verhaltensstudien. Männer haben von einer Zweierpartnerschaft natürlich ebenso einen großen Vorteil: Sie können sich eher sicher sein, dass das Kind von ihnen ist und ihre Investition zu einer Weitergabe der eigenen Gene führt – das ultimative Dawkins'sche Existenzziel. Individuen, die dieses Ziel nicht erreichen, sterben aus.

Der Diamantring, der Ferrari, Reichtum per se können nun natürlich allesamt als Zeichen interpretiert werden, die signalisieren sollen, dass der Mann Schutz bieten kann und über die Mittel verfügt, das Wohl von Frau und Kindern zu garantieren. In der Vorzeit war es Fleisch, heute ist es Geld, und damit kann die Faszination von Geld in der heutigen Zeit leicht erklärt werden. Frauen werden verstärkt auf Signale von Geld oder Macht reagieren, denn es liegt in ihren Genen, die ressourcenstärksten Männer auszusuchen. Deshalb wiederum streben Männer sehr wahrscheinlich aggressiver als Frauen nach Macht und Geld. Zudem kann das machohafte Verhalten von Männern beim Werben des weiblichen Geschlechtes im Sinne der sexuellen Selektion als ein Signal von Stärke und Vitalität und damit Schutz und einer höheren Wahrscheinlichkeit, gesunde, kräftige Kinder zu zeugen, interpretiert werden. Es ist allerdings nicht zu beweisen, ob unmittelbare Kulturzwänge nicht doch einen stärkeren Einfluss ausüben als vergangene Evolutionsprozesse. Diese Verhaltensmuster sind sinnvoll, ob sie evolutionär erklärbar sind, kann weder eindeutig bejaht noch verneint werden.

Das *Pair Bonding*, die Fähigkeit, soziale Interaktionen einzugehen und stabil zu halten, gilt als mitverantwortlich für die Entwicklung des sozialen Gehirns und damit als wesentlich für die Menschheitsgeschichte. Bei männlichen Nagetieren hat man einen bestimmten Botenstoff identifiziert, der mitverantwortlich für das *Pair Bonding* ist. Dabei handelt es sich um das sogenannte Arginin-Vasopressin, eine kurze Kette von Aminosäuren (das sind die Grundbausteine von Eiweißstoffen), das wie ein Schlüssel in seine vorgesehene Andockstelle im Körper, den Arginin-Vasopressin-Rezeptor, passt. Als Wissenschafter die Aktivierung dieses Schlüssel-Schloss-Systems in Experimenten unterdrückten, zeigten sich das *Pair Bonding* gestört und die männlichen Tiere verloren ihr Interesse an der Beziehung. Die sich umgehend aufdrängende Frage nach der Relevanz für den Menschen ist nicht leicht zu untersuchen und noch schwerer zu beantworten. Es gibt aber erste Hinweise, dass ähnliche Mechanismen wirken könnten (vgl. Walum et al., 2008: 14153–14156). Wissenschafter haben Assoziationen zwischen *Pair-Bonding*-Verhalten und einer bestimmten genetischen Variante des Arginin-Vasopressin-Rezeptors gefunden. Assoziationen sind noch kein Beweis für Ursache und Effekt. Mehr Forschung in diesem Bereich ist erforderlich.

Interessanterweise hat man bei Menschen eine umgekehrte Verbindung mit autistischen Krankheitsbildern entdeckt. Je geringer die Aktivität des *Pair-Bonding*-Rezeptors, desto höher war die Wahrscheinlichkeit, dass einzelne mit Autismus verbundene Persönlichkeitsmerkmale auftreten. Autismus oder andere Symptomenkomplexe, die mit autistischen Zügen einhergehen, sind geprägt von sozialen Interaktionsauffälligkeiten bis hin zu Verhaltensstörungen. Der großartige Dustin Hoffman hat als *Rainman* im gleichnamigen Film einen Autisten gespielt. Die Ergebnisse aus diesen Tier- und Menschenstudien dürfen jedoch nicht überinterpretiert werden. Schon gar nicht dürfen diese darauf hinauslaufen, zum Beispiel nach genetischer Austestung zu beurteilen, ob ein Mann für eine Ehe oder Beziehung mehr oder weniger gut geeignet sei. So weit ist diese Forschung nicht fortgeschritten und wird sie hoffentlich niemals sein. Manche weiblichen Leser mögen darüber schwer enttäuscht sein, aber spezifische therapeutische Intervention für Männer wird es auch noch lange nicht geben – obwohl natürlich Psychotherapie, in welcher konkreten Ausformung auch immer, durchaus einen Versuch wert wäre. Nachlassendes *Pair Bonding* könnte bei Ehe- oder Partnerproblemen eine prominente, ernst zu nehmende Rolle spielen. Jedoch verbietet sich jeder Hyperreduktionismus, der versucht, *Pair Bonding* die alleinige Schuld an einer gescheiterten Beziehung zuzuweisen. Evolution und Psychologie vertragen sich nur schlecht, trotzdem gibt es Versuche, beide unter einen Hut zu bringen.

Wie beschrieben dürfte unser Kampf mit Mikroorganismen bei der Entwicklung von zwei Geschlechtern eine wichtige Rolle gespielt haben. Im Allgemeinen darf als Faktum angenommen werden, dass diese Auseinandersetzungen bei der evolutionären Entwicklung unseres Immunsystems entscheidend waren. Die genetischen und molekularbiologischen Zeugnisse dessen sind nicht zu übersehen. Dieser Vorgang wird kein Ende finden, solange Menschen und Mikroorganismen existieren, und zumindest bei letzteren spricht jedenfalls nichts dagegen, dass es sie noch länger geben wird. Faszinierenderweise spielt das Immunsystem zudem eine Rolle bei der Partnerwahl, obwohl das bei genauer Überlegung nicht überraschend ist. Damit kann jedenfalls eine Verbindung zum *Pair Bonding* hergestellt werden.

Es mag offensichtlich sein, dass Frauen und Männer Schönheit, Stärke und Größe bevorzugen, weil sie gerne Kinder haben, die wiederum schön, stark und groß sind. Wer will das nicht? Die Partnerwahl wird auch durch äußere Ähnlichkeiten mitbestimmt. In der Evolutionslehre bezeichnet man das als *assortative mating* mit der freien Übersetzung: Ähnliches sucht Ähnliches. Dieses Verhalten kann man leicht an Paaren beobachten und diese These ist wissenschaftlich abgesichert. Ob die Wahl eines Haustieres äquivalent funktioniert, ist ein amüsanter Gedanke. Ein Körper, der durch chronische Infektionskrankheiten gezeichnet erscheint und geschwächt ist, mag unschwer zu erkennen sein, muss es aber nicht. Ein kranker Mensch wird vielleicht versuchen, eine etwaige Schwäche mit kosmetischen Mitteln zu verbergen.

Brutal formuliert – aber Evolution nimmt auf Gefühle keine Rücksicht: Wer will Kinder haben von einem Partner, der von Malaria oder Hepatitis gezeichnet ist oder – noch extremer – Aids hat? Solche Menschen werden vielfach nicht als „normal" empfunden und man hält eine gewisse Distanz. Die Kosten für dieses Verhalten sind aus evolutionärer Sicht gering, wenn es genügend Partner zur Auswahl gibt. Ein Fehler in Form einer Ansteckung kann schwerwiegende Folgen haben. Dieses Infektionsvermeidungsalarmsystem wird auch für Fremdenangst und Ethnozentrismus mitverantwortlich gemacht. Ohne Antibiotika, ohne Impfstoffe, ohne adaptiertes Immunsystem kann ein noch nie gesehener Virus oder ein neues Bakterium tödlich sein. Deshalb war es ein Evolutionsvorteil, unbekannte und fremde Menschen zu meiden. Man wusste nicht, welche Viren oder Bakterien sie mit sich bringen. Die extreme Gewalttätigkeit in der frühen Menschheitsgeschichte dürfte ein weiterer Grund sein, warum Fremdenangst und Ethnozentrismus nicht verschwinden werden. Die Bedeutung von Infektionskrankheiten in der Evolution des Menschen ist dominant und faszinierend. Es verwundert daher nicht, dass eine schwangere Frau in den ersten Wochen hyperempfindlich auf Gerüche und visuelle Reize reagieren kann. Das Immunsystem ist in dieser Zeit etwas unterdrückt und eine Infektion muss um jeden Preis vermieden werden (vgl. Schaller, 2011: 99–103). Wenn etwas faulig stinkt, sind fast immer Mikroorganismen am Werk. Partnerwahl geht noch einen Schritt weiter und dazu tauchen wir tiefer in die faszinierende Welt des Immunsystems ein.

Die Idee einer strengen Trennung von Geist und Körper hat glücklicherweise an Bedeutung verloren und kann aufgrund jüngerer Forschungsergebnisse nicht aufrechterhalten werden. Das Nervensystem als physikalische Repräsentanz des Geistes interagiert mit vielen anderen Systemen des Körpers und umgekehrt. In den letzten beiden Jahrzehnten hat man einiges über die Interaktionen neuronaler Strukturen mit dem Immunsystem gelernt. Ich möchte hier einen besonderen Teilbereich näher betrachten.

In unserem Genpool gibt es viele untereinander eng verwandte, sehr variable, mutationsfreudige Genabschnitte, die man zusammengefasst als *Major Histocompatibility Complex* (MHC) bezeichnet. Diese Gene sind ganz entscheidend für die effiziente Funktionsweise des Immunsystems, für die Akzeptanz von fremdem Gewebe bei einer Organtransplantation und für die Toleranz gegenüber dem Kind im Mutterleibe, welches ja nur zu 50 % von der Mutter stammt. Aber – und das war für die Wissenschaft nicht vorherzusehen und überraschend: MHC-Gene sind auch für die normale Entwicklung und Funktion des Nervensystems wichtig, wobei diese Zusammenhänge noch relativ unerforscht sind. Störungen von MHC-Funktionen zeigen schwerste Krankheitsbilder und sind oftmals mit dem Leben nicht vereinbar. Was machen nun diese MHC-Gene?

Gene werden in Eiweißmoleküle (Proteine) umgeschrieben, die im Körper bestimmte Funktionen ausführen. Zum Beispiel bindet das Insulin nach einem Schlüssel-Schloss-Prinzip an die Insulindockingstellen an der Oberfläche bestimmter Zellen, wodurch es zu einer Informationsübertragung und zu einer Reaktion der Zelle kommt – in diesem Fall beginnt die Zelle, Zucker aus dem Blut aufzunehmen. Wenn diese Signalübertragung nicht mehr einwandfrei funktioniert, droht die Zuckerkrankheit. Auch MHC-Proteine sind an der Zelloberfläche zu finden, jedoch nicht allein für sich, sondern in Verbänden (sogenannten Komplexen) mit Peptiden, das sind kleinere Eiweißstoffe. Diese wiederum können aus dem eigenen Körper stammen, aber auch von Bakterien, Viren oder anderen Eindringlingen. Entscheidend ist die unglaubliche Vielfalt der MHC-Proteine, dank deren sie mit vielen unterschiedlichen Peptiden von verschiedensten Mikroorganismen in Interaktion treten können.

Wenn ein MHC-Protein mit einem körperfremden Peptid interagiert und einen MHC-Peptid-Komplex bildet, ist dies ein Signal für das Immunsystem, mit einer starken Immunantwort zu reagieren. Jene Viren oder Bakterien, von denen das gebundene Peptid stammt, werden angegriffen und im besten Falle abgewehrt. Wenn wir nur ein einziges MHC-Gen hätten, könnten nur sehr wenige unterschiedliche MHC-Peptid-Komplexe gebildet werden und wir wären vielen Mikroorganismen hilflos ausgeliefert, weil das Immunsystem einfach zu wenig flexibel wäre. Das hat die Evolution nicht zugelassen und deshalb besitzen wir wie alle Wirbeltiere viele unterschiedliche MHC-Gene, die aufgrund der gemeinsamen Abstammung, auch wenn diese Millionen Jahre zurückliegt, alle miteinander verwandt sind. Die Empfindlichkeit gegenüber zum Beispiel HIV, Malaria, Tuberkulose, Hepatitis, Schlafkrankheit oder Lepra hängt vom Repertoire der MHC-Gene ab. Die Verfügbarkeit bestimmter Kombinationen machen Menschen mehr oder weniger erfolgreich, mit diesen Krankheitserregern fertigzuwerden. Die MHC-Diversität dürfte aber auch bei anderen Krankheiten eine Rolle spielen: Bei Problemen des Herz-Kreislauf-Systems, psychiatrischen Krankheiten, bei Neurodegeneration oder im Metabolismus. Ihre Rolle in der menschlichen Entwicklungsgeschichte ist fundamental. Und sie haben noch eine weitere Funktion:

Wissenschafter konnten zeigen, dass Tiere, die zwei gleiche MHC-Systeme besitzen, empfindlicher auf Infektionserreger reagieren als jene mit zwei unterschiedlichen Systemen. Damit lässt sich wie oben dargestellt auch die Geschlechtstrennung oder eigentlich die Geschlechterentstehung erklären. Wenn sich die Überlebenswahrscheinlichkeit durch möglichst breite Vermischung von MHC-Genen erhöhen lässt, weil dadurch Infektionskrankheiten besser und erfolgreicher abgewehrt werden können, ergibt sich eine logische Konsequenz für die evolutionäre Entwicklung: Die Fitness einer Spezies kann verbessert werden, wenn sexuelle Selektion gewährleistet, dass sich Gleiches nicht mit Gleichem paart, *dissortative mating* im Fachjargon. Menschen mit ähnlichen MHC-Genen sollten sich also mit einer geringeren Wahrscheinlichkeit paaren. Dass sich dieses spezielle Kriterium in der Partnerwahl über den Geruchssinn vermitteln könnte, dafür gab es verschiedenste Hinweise. Salopp ausgedrückt: Menschen mit ähnlichen MHC-Systemen können sich nicht riechen und zeugen daher seltener Nachkommen. Erste Tierversuche bestätigten diese Hypothese. Es galt nun, eine kreative Möglichkeit zu finden, sie bei Menschen zu testen. Das T-Shirt kam zu Hilfe. Frauen, bei den ersten Tests Collegestudentinnen, wurden hinsichtlich ihrer Präferenz von männlichen T-Shirt-Gerüchen untersucht. Die T-Shirts wurden von männlichen Probanden zwei Tage durchgehend getragen und die Verwendung von Deodorants war verboten. Beim darauf folgenden Riechtest zeigte sich, dass diejenigen „Leiberl" bevorzugt wurden, deren Träger MHC-Gene besitzen, die denen der jeweiligen Riecherin am wenigsten ähnlich sind. Nimmt die weibliche Versuchsperson die Pille, verschiebt sich dieser Zusammenhang genau ins Gegenteil.

Wird also die Harmonie von Beziehungen womöglich durch das Absetzen der Pille beeinträchtigt, weil dann Männer für Frauen anders riechen? Unterschiedliche Parfums wurden ebenso getestet. Der menschliche Geruchssinn ließ sich dadurch nicht beeinflussen, die präferierten T-Shirts waren weiterhin jene, deren Träger die „richtigen" MHC-Gene besaßen. Evolution vom Feinsten! Und wie sich zeigt, hat das Bauchurteil, laut dem man „jemanden riechen" beziehungsweise „nicht riechen" kann, womöglich unerwartete tiefere genetische Wurzeln. Ein wichtiger Schritt zur Vervollständigung dieser spannenden Geschichte konnte ebenso nachgewiesen werden: MHC-Proteine haben tatsächlich Einfluss auf das Geruchsprofil ihres Trägers. Damit ist der Kreis geschlossen.

Durch die Bevorzugung von gegengeschlechtlichen Partnern mit unterschiedlichen MHC-Genbereichen wird zudem der Inzucht entgegengesteuert. Dies ist aus Evolutionsperspektive nicht nur hinsichtlich der MHC-Diversität günstig, sondern es verringert auch die Wahrscheinlichkeit, dass schwere Genschäden oder Missgeburten auftreten. Inzucht heißt, die Inhomogenität des Genpools zu verringern beziehungsweise die Homogenität zu erhöhen. Wenn man sich die Ergebnisse der Familienpolitik in bestimmten Adelsgeschlechtern quer durch die Geschichte bewusst macht, weiß man, warum derartiges Verhalten nicht vorteilhaft ist, obwohl Macht und Reichtum in der nahen Familie bleiben.

Die Kosmetikindustrie wird von diesen wissenschaftlichen Ergebnissen zwar freudig Kenntnis genommen haben, aber sie kommerziell ergiebig umzusetzen, dürfte noch dauern. Finde deinen Traumpartner durch MHC-Matching – oder vielmehr Mismatching! Inwieweit die aktuell üblichen Matchingversuche beim Onlinedating wirklich zum Erfolg führen können, sei dahingestellt. Es wäre aber wohl machbar, ein entsprechendes ungewaschenes T-Shirt in ein Analyselaboratorium einzuschicken und auf die weibliche Riechattraktivität hin untersuchen zu lassen. Ein „Frau kann Mann riechen"-Matchingfaktor könnte ermittelt werden. Inwieweit in der heutigen Zeit die Duftindustrie diese uralten Evolutionsmechanismen außer Kraft setzen kann und wenn ja, mit welchen Folgen, ist nicht bekannt. Mein vielleicht naives Gefühl sagt mir, dass die evolutionär herausgebildeten Mechanismen zu stark sind und sich nicht von künstlichen Gerüchen verwirren lassen. Zudem heißt es, ein Parfum entfache erst durch den Träger die wahre Wirkung. Und ein Zustand kontinuierlicher Parfümierung ist ohnehin nicht aufrechtzuerhalten – der wahre Duft wird früher oder später riech- und analysierbar. Durch die große Anzahl an Menschen, die bei der Partnersuche oder für das Zeugen von Nachkommen heute potenziell infrage kommen, ist die Wahrscheinlichkeit gering, dass sich Träger der gleichen MHC-Gene über den Weg laufen. Dass die Evolution dafür sorgt, Inzucht zu verhindern, steht außer Frage. Unsere Vorfahren lebten in Sippen mit zehn, zwanzig oder dreißig Menschen und da könnten derartige Prozesse fundamental gewesen sein.

In Zeiten von Hyperhygiene, Impfungen und häufiger Verwendung von Antibiotika mögen Infektionskrankheiten relativ harmlos erscheinen. Die natürliche Bestrafung einer homogenen MHC-Mischung, nämlich Kinder zu zeugen, die auf Infektionskrankheiten vielleicht empfindlicher reagieren, muss heute niemand mehr ernsthaft fürchten. In Entwicklungsländern dürfte die Situation anders sein. Dort herrscht noch im 21. Jahrhundert ein Kampf zwischen dem Immunsystem und den Mikroorganismen mit entsprechenden genetischen Selektionsprozessen, die die Überlebenswahrscheinlichkeit erhöhen. Der (Irr-)Glaube, Mikroorganismen und die von ihnen ausgelösten Infektionskrankheiten wären heute keine Gefahr mehr – prädominant verbreitet in der westlichen Welt –, muss jedenfalls relativiert werden. Steigende Antibiotikaresistenzen, die zum Auftreten von nicht mehr behandelbaren Stämmen führen könnten, seien nur eine kleine Warnung. SARS und Vogelgrippe sind zwei weitere und es gibt noch viele mehr. Aber eine inhomogene Mischung von MHC-Genen würde uns da auch nicht helfen. Solche Selektionsprozesse wirken über längere Zeitfenster und unter „extremen" Selektionsbedingungen, die wir in der westlichen Welt aber größtenteils vermeiden können.

Nachdem wir wissen, warum es Geschlechter gibt und wie sie sich finden, gehen wir jetzt der Frage nach, wie unsere Gesellschaft jahrtausendealte biologische Vorgänge verändert. Woher wissen die Geschlechter, ab wann eine Paarung Erfolg versprechend oder überhaupt biologisch möglich ist? Bei Männern ist der Zeitpunkt schwierig zu erfassen, bei Frauen geht das einfacher.

Das Brustkrebsrisiko zölibatärer Frauen und warum der Zeitpunkt der ersten Menstruation schwankt

Eine deutlich sichtbare Menstruationsblutung ist im Tierreich eher selten und kommt nur beim Menschen, bei Gorillas und ein paar anderen Primaten vor. Die Wissenschaft rätselt über die Ursachen für die Entwicklung dieser offensichtlichen Kennzeichnung des Endes eines Reproduktionszyklus. Hypothesen gibt es viele. Menstruation könnte einfach ein Beiprodukt ohne besondere Funktion sein, sie könnte eine Rolle bei der Abwehr von Infektionserregern spielen, nicht gesunde Embryos eliminieren oder ein Signal der Fruchtbarkeit und Empfängnisbereitschaft darstellen. Unsere weiblichen Vorfahren hatten oftmals drei oder mehr Jahre keine Regelblutung und dann würde das erneute Eintreten ein klares Signal für die neuerliche

Empfängnisbereitschaft darstellen. Es ist ein Faktum, dass viele Frauen in den entwickelten Ländern heute 450–500 Menstruationszyklen durchmachen (müssen), bis zu fünf Mal mehr als in Kulturen ohne Kontrazeptionskontrolle, ähnlich wie bei Frauen in der Jäger- und-Sammler-Zeit vor Tausenden von Jahren (Abbildung 8).

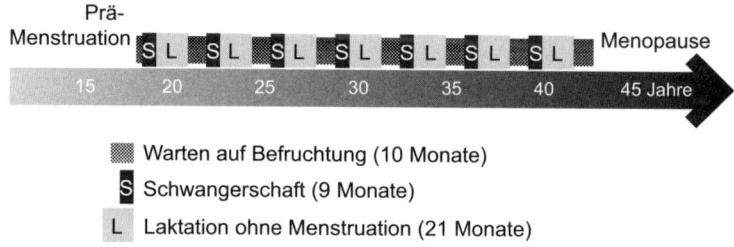

Abbildung 8: Hypothetische Reproduktionshistorie einer Frau aus der Jäger-und-Sammler-Zeit

Bei einer Frau aus der Vorzeit betrug die Zeit zwischen zwei Geburten circa 40 Monate. Die erste Regelblutung trat mit etwa 15,9 Jahren ein und die erste Schwangerschaft wurde mit 19,4 Jahren erlebt. Die letzte Geburt war mit circa 40 Jahren und mit 47 Jahren kam die Menopause. Damit waren 7 Kinder das Maximum und bei einer Sterblichkeit von Kindern unter 5 Jahren von mindestens 50 % hatte die Frau circa 3–4 Kinder, die zu Erwachsenen heranwuchsen (modifiziert nach Trevanathan, Smith, McKenna, 2008: 21).

Diese Vorzeitfrauen waren verstärkt Progesteronhormonen ausgesetzt. Bei Frauen in Industrieländern dominieren hingegen die Östrogene, und deren biologische Wirkungen können bei erhöhter Exposition mitunter ernste Folgen haben, ein größeres Risiko von Brustkrebs zum Beispiel. Durch unsere gesellschaftlichen Wandlungen in den letzten Jahrzehnten wird der weibliche Körper mit neuen Herausforderungen konfrontiert, die über Jahrtausende hinweg bis vor nicht allzu langer Zeit kein Thema waren. Das ist kein „Zurück auf die Bäume"-Ruf, sondern eine Mahnung, weitere gesellschaftliche Veränderungen genau zu beobachten, um möglichst früh auf Warnsignale und mögliche Gesundheitswirkungen reagieren zu können.

Die Kosten-Nutzen-Rechnung bei der Verwendung der Antibabypille muss von der Frau oder besser der Partnerschaft abgeschätzt werden. Krebs ist ein Spiel mit Wahrscheinlichkeiten. Je häufiger und länger Brustzellen zur Teilung motiviert werden, desto größer wird die Wahrscheinlichkeit, dass bei gewissen Drüsenzellen jene bösartigen Veränderungen eintreten, die für die Entstehung von Brustkrebs verantwortlich sind. Östrogene spielen bei der Zellteilung von Brustdrüsenzellen eine wichtige Rolle. Mehrere Medikamente, die gegen das Wachstum von Brustkrebszellen wirken, blockieren eben diese Östrogene oder verhindern deren natürliche Herstellung. Zölibatäre Frauen – beziehungsweise alle Frauen, die niemals schwanger werden (wollen) und dies anders als mittels Pille sicherstellen – haben ein erhöhtes Risiko, an Brustkrebs zu erkranken, weil sich das Brustgewebe Monat für Monat auf eine Schwangerschaft vorbereitet, sich Brustdrüsenzellen teilen, aber keine Schwangerschaft eintritt. Das Risiko ist daher negativ mit der Anzahl der Kinder korreliert, anders gesagt: je mehr Kinder, desto geringer die Brustkrebsrate. In den 90er-Jahren lagen die Raten, an Brustkrebs zu erkranken, in Kolumbien, Costa Rica und Ecuador bei 20–30, in den USA und Westeuropa hingegen bei 100–150 Fällen pro 100.000 Frauen (vgl. Stearns, Koella, 2008: 4). Das ist ein beträchtlicher Unterschied, obwohl andere Faktoren wie längere Lebensdauer eine Rolle spielen dürften. Durch die Milchproduktion nach der Geburt werden ältere Drüsenzellen abgeschieden und dadurch potenziell bösartige Zellvorstufen entfernt – ein zusätzlicher Reinigungsmechanismus zum Schutz vor Brustkrebsentwicklung. Das kurze Stillen in der heutigen Zeit, oftmals nur ein paar Wochen, trägt zum erhöhten Risiko bei.

Frauen, die niemals mit einem Mann geschlafen haben, profitieren auf der anderen Seite von einer verringerten Wahrscheinlichkeit, sich mit bestimmten Varianten des Papillomavirus zu infizieren. Damit reduziert sich das Risiko, an Gebärmutterhalskrebs zu erkranken. Die pharmazeutische Industrie hat reagiert und Impfungen gegen die bösen Papillomaviren sind erhältlich. Dabei gibt es unzählige Formen, aber nur wenige können Krebs mitverursachen. Die Diskussionen über die Sinnhaftigkeit dieser Impfung werden anhalten, ich tendiere eher dazu, sie zu empfehlen, das sollte aber auch hier am

Einzelfall nach Abwägung aller Fakten und Risiken gemeinsam mit den Betroffenen entschieden werden.

Die Industrie hat auf das erhöhte Brustkrebsrisiko bei kinderlosen Frauen reagiert und eine Antibabypille entwickelt, die nicht nur die Ovulation, sondern auch die Menstruation verhindert oder auf wenige Episoden pro Jahr reduziert. Ich vermute, die Motivation lag nicht nur an der Reduktion des Brustkrebsrisikos, sondern eher an dem Wunsch der Frauen nach einem Leben mit weniger Menstruationsproblemen. In der Folge hat sich eine lebendige Diskussion mit Evolutionsargumenten auf der einen Seite und mit den möglichen positiven Effekten von Menstruation auf der anderen Seite entwickelt. Der Teufel steckt auch hier im Detail: Wenn man die relevanten Hormonwerte genau unter die Lupe nimmt, wird offensichtlich, dass die Hormonveränderungen, die durch diese neue Antibabypillengeneration induziert werden, nicht der natürlichen Situation entsprechen. Ob sich die Risikoraten für Brustkrebs ändern, kann erst in einigen Jahren oder eher Jahrzehnten festgestellt werden. Weniger Menstruationsbeschwerden werden von Anwenderinnen der neuen Pille gemeldet.

Der Zeitpunkt der Menstruation muss von „Mutter Natur" gut gewählt werden, weil eine Schwangerschaft nicht ohne Probleme ablaufen würde, wenn nicht eine entsprechende körperliche Größe – zumindest der Geburtskanal muss ausreichende Dimensionen haben –, aber auch geistige Reife erreicht ist. Bis vor wenigen Jahrhunderten dürften bis zu 15 % der Frauen und natürlich deren Kinder bei Schwangerschaften gestorben sein, weil das Kind einfach nicht durch den Geburtskanal gepasst hat (vgl. Gluckman, Beedle, Hanson, 2010: 265). Wenn man sich diese 15 % vor Augen hält, wird klar, wie hoch der evolutionäre Druck, die Dimensionen des Geburtskanals zu erweitern, gewesen sein muss und noch immer ist. Warum die Evolution 15 % überhaupt zulässt, mag nicht offensichtlich sein. Ein Erklärungsversuch folgt.

In der heutigen Zeit wird dieses Problem durch Kaiserschnitt oder andere medizinische Maßnahmen verhindert. Kaiserschnittraten von mehr als 30 % aller Geburten sind in der westlichen Welt keine Seltenheit mehr. Die Ursache für die Diskrepanz von notwendiger und tatsächlicher Dimension des Geburtskanals liegt wahrscheinlich an der raschen Entwicklung unseres Gehirns. Da konnte der weibliche Körperbau nicht schnell genug folgen. Das Gehirn war der Evolution offenbar aus guten Gründen so wichtig, dass eine 15%ige Todesrate von Frauen und Neugeborenen in Kauf genommen wurde. Während der Geburtskanal bei anderen Primaten entweder gleich oder größer ist als der Kopf des Kindes, ist er beim Menschen sogar kleiner (vgl. Trevanathan, Smith, McKenna, 2008: 25). Glücklicherweise ist der knöcherne und noch wachsende Schädel etwas verformbar und das mütterliche Skelett gibt ein bisschen nach. Ideal ist diese Situation aber keineswegs und die Kaiserschnittvariante wird deshalb in der heutigen Zeit oft gewählt, aber nicht nur aus diesen Gründen. Risikofrei ist keine Operation.

Das Problem wird sich über die nächsten Generationen nicht verbessern, weil Frauen mit engen Geburtskanälen nun Kinder gebären, die eines Tages die gleichen Schwierigkeiten haben werden – aber das ist in unserer Zeit irrelevant, da sich das Problem chirurgisch relativ einfach lösen lässt. Genetische Veränderungen in Richtung eines kleineren Geburtskanals sind denkbar, und damit hätten wir ein weiteres Beispiel, wie gesellschaftliche Prozesse in die Evolution eingreifen und dadurch die genetische Zusammensetzung des Menschen verändern.

Es kann durchaus sein, dass in ein paar Hundert Jahren alle Kinder per Kaiserschnitt auf die Welt kommen, weil die Geburtskanäle generell zu klein sind. Dass es ein Gen gibt, welches nur die Größe des Geburtskanals beeinflusst, ist nicht leicht vorstellbar. Die involvierten Gene müssen noch weitere Funktionen haben. Durch die großzügige Verwendung des Kaiserschnittes wird es möglicherweise nicht nur zu einer Verkleinerung des Geburtskanals kommen, sondern damit könnten auch andere Veränderungen an Frauen und möglicherweise auch an Männern einhergehen. Noch weiß niemand, wonach man suchen soll, aber die Beschaffenheit des Knochenapparates drängt sich auf.

Eine heutzutage leider gar nicht seltene Überernährung während der Schwangerschaft und die daraus folgende problematische Gewichtszunahme des Ungeborenen verursachen erhebliche Probleme. Diese Kinder haben wiederum ein erhöhtes Risiko, später zuckerkrank zu werden, mit allen Folgeerscheinungen. Die ethisch-moralischen Auswirkungen einer derartigen Situation sollten nicht unbedacht bleiben. In einem Buch über Evolution wird und sollte vielleicht nur selten über Ethik und Moral philosophiert werden, denn wir wollen die Fakten in den Mittelpunkt rücken – an dieser Stelle aber trotzdem ein Gedanke: Eine allzu kalorienliebende Mutter erhöht durch unausgewogene Ernährungsgewohnheiten in der Schwangerschaft die Wahrscheinlichkeit, dass ihre Kinder Jahrzehnte später zuckerkrank werden. Diese Zusammenhänge sind wissenschaftlich abgesichert. Daraus leitet sich nun die Frage ab, ob Eltern zur Rechenschaft gezogen werden können, wenn sie durch falsche Ernährung bei ihren Kindern Fettleibigkeit verursachen, die wiederum Jahrzehnte später – teilweise irreversibel – mit schwersten Folgeerscheinungen wie etwa mit verkürzter Lebenserwartung assoziiert ist. Wie ist das bei Zigaretten? Kinder von rauchenden Eltern entwickeln eine höhere Wahrscheinlichkeit, ebenfalls zu Rauchern zu werden, inklusive aller gesundheitsschädlichen Folgeerscheinungen. Bei übertriebener Vorliebe, Alkohol zu konsumieren, verhält es sich ähnlich. Komplizierte Fragen – finden wir Antworten?

Faszinierend, nicht aber überraschend ist die Tatsache, dass die Größe des Neugeborenen vom Körperbau der Mutter entscheidend mitbestimmt wird. Andernfalls würden, wenn ein Hüne ein Kind mit einer kleinen, zierlichen Frau hätte, schwerste Probleme bei der Geburt auftreten, aber das passiert nicht. Diesen Selektionsdruck hat der Kaiserschnitt ebenso eliminiert, eine mögliche Folge ist, dass es in Zukunft zu einer Annäherung der Größe des Kindes an die Größe des Vaters kommt.

Mit der ersten Menstruation ist die Pubertät nicht mehr fern und das Erwachsenwerden wird Thema. Der Körper ist auf dem besten Wege zur Reifung – was aber tun, wenn die geistige Entwicklung da nicht mitspielt? Läuft die Reifung von Geist und Körper synchron? Hat die Evolution für eine gleichzeitige Reifwerdung gesorgt und trifft das für den modernen Menschen noch zu?

Entkopplung von Pubertät und Gehirn – was Eltern schon immer ahnten

Der Zeitpunkt der Menarche, der ersten Regelblutung, kann im Durchschnitt zwischen 12 Jahren in reichen Ländern und bis zu 19 Jahren in einigen Entwicklungsländern schwanken, obwohl die Menarche in weniger reichen Ländern auch früher sein kann. Diese große Variabilität spricht für einen erheblichen Einfluss von Umgebungsfaktoren und für eine ausgeprägte biologische Plastizität, um auf diese Faktoren adäquat reagieren zu können. Eine derartige Anpassungsfähigkeit muss aber nicht positiv sein. Eine überaus frühe Pubertät bringt Probleme mit sich. In Europa ist das Alter, in dem die erste Menstruation auftritt, seit Mitte des 19. Jahrhunderts um drei bis vier Jahre verringert, einhergehend mit der verbesserten Nahrungsmittelversorgung und einer signifikanten Zunahme der Körpergröße der Menschen. Leichterer Kalorienzugang wird für diesen Trend verantwortlich gemacht, der aber natürlich nicht so weitergehen kann (vgl. Trevanathan, Smith, McKenna, 2008: 35). Da der biologischen Flexibilität Grenzen gesetzt sind, könnte, ja muss die Verschiebung in Richtung noch früherer Start der Pubertät bald ein Ende haben. Kinder aus Indien oder Südamerika, die von dänischen Eltern adoptiert wurden, haben ein erhöhtes und beschleunigtes Wachstum und der Anteil an Mädchen, die die erste Blutung bereits mit acht Jahren erleben, ist 10- bis 20-fach erhöht (vgl. Stearns, Koella, 2008: 75).

Der Nahrungsmittelhyperkonsum, in diesem Fall in Dänemark, könnte vom Körper als perfekte Umweltbedingungen für schnelles Wachstum und frühe Reproduktion verstanden werden. Das ist Evolution. Aus Evolutionssicht ist es nur verständlich, dass gute Bedingungen genutzt werden, um Nachkommen zu zeugen. Natürlich werden diese Frauen oder vielmehr frühreifen Kinder nicht unmittelbar schwanger, in den ersten Zyklen kommt es meist zu keiner Ovulation, aber der Zeitpunkt der ersten Menstruation korreliert sehr wohl mit dem der ersten Schwangerschaft. Das Erreichen einer geistig-emotionalen Reife wird durch ein übermäßiges Nahrungsmittelangebot leider nicht beschleunigt. Probleme entstehen.

Einen genauen zeitlichen Zusammenhang zwischen Menstruation und verlässlichem Eisprung konnte ich nicht finden. Schon bald nach der ersten Menstruation hört das Wachstum bei Frauen auf, was aus der Sicht der Evolution sinnvoll ist. Das Beckenwachstum sollte vor einer Schwangerschaft abgeschlossen sein. Soziokulturelle Normen wirken einer frühen Schwangerschaft stark entgegen, aber Hormone sind auf geistiger und emotionaler Ebene sicherlich nicht neutral oder wirkungslos. Nicht einmal uns Männern entgeht das.

Diese frühe „Pseudo-Reifung" oder „Prä-Reifung" wird mit den evidenten Problemen von Jugendlichen in Verbindung gebracht. Die natürliche psychosoziale Reifung dürfte erst mit 19–20 Jahren abgeschlossen sein und geht damit nicht mehr Hand in Hand mit der körperlichen Reifung (vgl. Gluckman, Beedle, Hanson, 2010: 237). Frühe Pubertät wird mit Teenagerdepression, auffälligem Verhalten, Drogenmissbrauch und sogar Selbstmord, vor allem bei Burschen, assoziiert (vgl. Trevanathan, Smith, McKenna, 2008: 35). Die folgende Tabelle 5 zeigt die statistisch signifikant erhöhten Raten an Auffälligkeiten bei Mädchen und Burschen, die früher als der Durchschnitt in die Pubertät kamen. Die Zahlen stammen von mehreren Tausend Jugendlichen im Alter zwischen 16 und 20 Jahren aus der Schweiz (vgl. Michaud, 2006: 172–178).

Tabelle 5: Frühe Pubertät erhöht das Risiko von psychosozialen Problemen

Mädchen	Rate
Unzufriedenheit mit dem Körper	1,3
Häufige funktionelle Symptome	1,5
Viktimisierung	1,7
Sexuelle Aktivität	1,9
Zurzeit Raucherin	1,4

Burschen	Rate
Häufige funktionelle Symptome	2,2
Viktimisierung	1,6
Sexuelle Aktivität	1,8
Zurzeit Raucher	1,8
Betrunkenheit während des letzten Monats	1,4
Haschischkonsum (30 Tage)	1,9
Andere illegale Drogen (30 Tage)	2,0
Depressive Symptome	2,1
Selbstmordversuch	4,9

Die Rate wird im Verhältnis zu „durchschnittlichen" Jugendlichen gerechnet. 2,2 bedeutet eine 120%-ige Erhöhung. Funktionelle Symptome sind zum Beispiel Muskel-, Kopfschmerzen oder Übelkeit. Viktimisierung bedeutet: zum Opfer werden oder machen. (vgl. Michaud, Juris, Deppen, 2006: 172–178).

Der potenzielle gesellschaftliche Nutzen und die positiven Effekte für Jugendliche und Eltern einer Hinauszögerung der körperlichen Reifung bei Mädchen und Burschen ist mehr als offensichtlich. Wie eine Verlangsamung der Reifung erreicht werden könnte, steht in den Sternen. Ob sich theoretische Ansätze, wie mehr sportliche Aktivität oder Vermeidung von Hyperkalorisierung in der realen Welt bewahrheiten, ist (noch) nicht zu beantworten. Mehr Sport hätte jedenfalls viele positive Auswirkungen.

Die pharmazeutische Industrie hat diese mögliche Marktlücke (noch) nicht entdeckt, und wenn, wäre der Aufschrei hoffentlich entsprechend laut. Denn über Manipulation der Hormone ließe sich durchaus versuchen, die Reifung zu steuern. Reale Versuchsergebnisse solch schwerwiegender Eingriffe in den Entwicklungsprozess junger Menschen wird es hoffentlich niemals geben. Dabei könnte die Kombination aus Sport und Doping bei Jugendlichen – und diese Kombination hat es leider vielfach gegeben – bereits Daten liefern. Zur Frage, ob psychosoziale und psychotherapeutische Betreuung von „frühreifen" Jugendlichen die Häufigkeit an Problemen senken könnte, liegen mir leider keine Daten vor. Bleibt zu hoffen, dass die notwendige Infrastruktur für eine derartige Betreuung vorhanden ist. Welche Rolle können oder sollen hierbei Eltern und Lehrer übernehmen? Und sind sich Eltern und Lehrer dieser Problematik überhaupt bewusst?

Abbildung 9 ist ein Versuch, die Situation vom Zeitpunkt der Menarche und psychosozialer Entwicklung über die letzten 20.000 Jahre in Europa darzustellen.

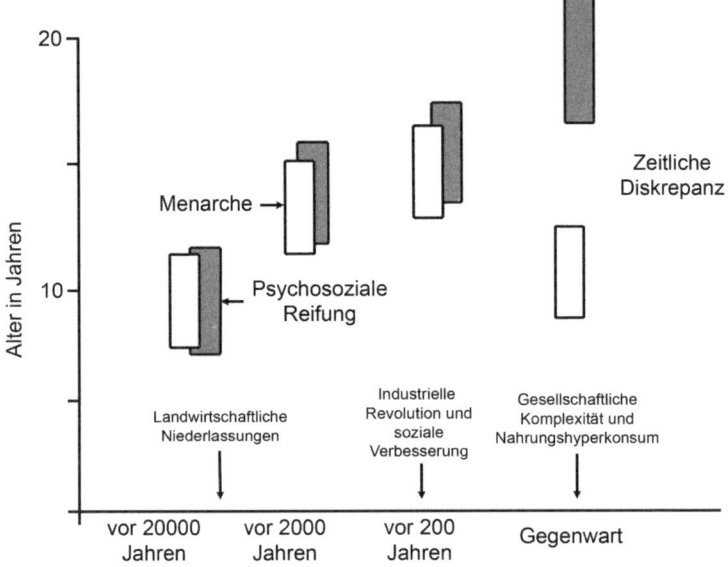

Abbildung 9: Mögliche ungleiche körperliche und psychosoziale Reifung in Europa

Mit Ausnahme der Gegenwart gab es immer einen synchronen, parallelen Verlauf zwischen der ersten Regelblutung als Zeichen körperlicher Entwicklung und der psychosozialen Reifung. Durch die vermeintlich gestiegene Komplexität unserer Gesellschaft mit einer einhergehenden möglichen Überforderung und einer vielleicht ebenfalls Einfluss nehmenden kalorischen Hyperkonsumation hat sich eine zeitliche Diskrepanz eingestellt. Die Menarche tritt viel früher als die psychosoziale Reifung ein. Es würde mich nicht wundern, wenn bei jungen Männern ein ähnliches Bild gezeichnet werden kann, aber es ist nicht so einfach, ein menstruationsäquivalentes Ereignis bei Männern zu messen. Weitere Erläuterungen siehe Text (vgl. Gluckman, Hanson, 2006: 7–12).

Durch die Entwicklung von urbanen Niederlassungen vor ungefähr 10.000 Jahren und der damit einhergehenden höheren Bevölkerungsdichte im Vergleich zu Jäger-und-Sammler-Gesellschaften, deren Sippen 10–30 Mitglieder hatten, steigerte sich die Anzahl an gefährlichen und damals vielfach tödlichen Infektionskrankheiten. Die Domestizierung begann. Menschen waren Tieren bis dahin noch nie so nahe gewesen. Häufige Nahrungsmittelknappheit trug zum erhöhten Krankheitsrisiko bei. Dadurch verzögerte sich das Auftreten der ersten Regelblutung, weil der Körper eine ungewisse, riskante und stressbeladene Zeit erlebte und eine ebensolche Zukunft prognostizierte. Damit war es aus Evolutionssicht wesentlich besser, die Reproduktion zu verzögern. Das kollektive Leben in einer städtischen Gemeinschaft erhöhte die psychosoziale Komplexität für Gesellschaftsmitglieder. Diese beiden Entwicklungen verliefen zeitlich Hand in Hand.

Durch die teilweise katastrophalen hygienischen Bedingungen in überbevölkerten europäischen Städten vor der industriellen Revolution kam es zu einer weiteren Verzögerung. Mit verbesserten hygienischen Lebensbedingungen, einem allgemeinen Anstieg der Gesundheit der Bevölkerung, ausreichender Ernährung und einem Abfall an Infektionskrankheiten im 19. Jahrhundert fiel das Alter bei der Menarche etwa auf den Zeitpunkt zurück, der auch vor Tausenden von Jahren üblich war. Vereinfacht gesagt reduzierte sich der Lebensstress für die Menschen und den Körper. Daraus hat dieser richtigerweise eine rosige Zukunft prognostiziert. Warum sollte mit Nachwuchs gewartet werden? Die Komplexität der Gesellschaft stieg jedoch weiter an und ein Ende ist immer noch nicht in Sicht. Damit entstand ein Zustand von ausreichender körperlicher, jedoch mangelnder psychosozialer Reife. Diese Zusammenhänge sind eine plausible, aber nicht unbedingt bewiesene Arbeitshypothese (vgl. Gluckman, Beedle, Hanson, 2010: 165–166).

Studien haben gezeigt, dass psychosozialer Familienstress zu einer früheren Pubertät führen kann. Mädchen ohne Väter erleben die Pubertät früher. Der Stärke der Bindung zur Mutter wird eine wichtige Rolle zugeschrieben. Eine unsichere Bindungsgeschichte wird mit früher Reproduktion, mehr und kurzfristigeren sexuellen

Beziehungen und weniger mit einfühlsamer und verantwortungsvoller Sorge um die eigenen Kinder in Verbindung gebracht (vgl. Gluckman, Beedle, Hanson, 2010: 165, Trevanathan, Smith, McKenna, 2008: 141). Die Erfahrung, mit einem vergleichsweisen Mangel an Aufmerksamkeit, Pflege und Liebe seitens der eigenen Mutter oder allgemein durch das sozial Umfeld aufzuwachsen, wird von den betroffenen Kindern in das sozioökonomische Umfeld extrapoliert, als psychischer und körperlicher Stress materialisiert, als Wut und Gewalt entladen, als unsichere Zukunft interpretiert und letzten Endes als frühe Pubertät realisiert. Eine warmherzige, gut funktionierende Familie wird offensichtlich anders erlebt als eine Familie, in der der Vater zum Beispiel dem Alkohol zugeneigt und / oder gewalttätig ist oder etwa beide Elternteile generell nicht imstande sind, Wärme und Liebe zu schenken.

Ob dahinter eine erhöhte evolutionäre Tauglichkeit steckt, ist nicht zu beantworten. Man könnte die Hypothese aufstellen, dass Stress mit Risiko und Lebensgefahr verknüpft wird, und es dadurch besser wäre, früher Nachkommen zu haben, weil die Überlebenswahrscheinlichkeit der betroffenen jungen Frau geringer ist. Je länger sie zuwarten, desto geringer ist die Wahrscheinlichkeit auf Nachkommen. Aus dieser Hypothese ergibt sich aber, dass die Überlebenswahrscheinlichkeit dieser Nachkommen geringer ist. Erstens, weil die Mutter früher sterben könnte und damit die Kinder sich selbst überlassen wären, und zweitens, weil die Gefahr für die Nachkommen aufgrund der grundsätzlichen Risikosituation erhöht ist – da beißt sich offenbar etwas in den eigenen Schwanz. Die Theorie, eine vorgezogene Pubertät oder Menstruation unter Stressbedingungen als Evolutionsvorteil zu betrachten, das heißt mehr Nachkommen zu haben, ist also nicht ganz schlüssig zu argumentieren. Eines ist sicher: Die Evolution kann mit der gesellschaftlichen Entwicklung nicht mithalten. Eine frühere geistige Reifung des Menschen über Selektion zu erreichen und damit eine Anpassung an die kalorisch unlimitierte Nahrungsmittelsituation, ist nicht wirklich vorstellbar. Eine adäquate genetische Adaptation in solch kurzer Zeit kann man ausschließen. Gene spielen zwar eine Rolle, aber es ist nicht möglich, dass geistige Reifung aufgrund evolutionärer Selektion um Jahre vorverschoben wird. Würde sich die Anzahl an Nachkommen denn dadurch erhöhen? Und nur das ist entscheidend.

Anstatt die geistige Reifung zu beschleunigen, sollten wir die körperliche Reifung verzögern. Unsere Vorfahren hatten diese Probleme nicht oder im geringeren Ausmaß, weil damals die körperliche und geistig-soziale Entwicklung gleichzeitig abliefen. Falls Probleme im Jugendalter mit früher Pubertät kausal zusammenhängen, sollte man ernsthaft überlegen, ob man die Pubertät nicht auf natürlichem Wege hinauszögern könnte.

Finger weg allerdings von künstlichen Hormonen oder exzessiver Hormonzufuhr, auch wenn es die natürlichen Hormonvarianten sind. Diese werden niemals ohne entsprechende Nebenwirkungen bleiben. Regelmäßiger Sport und bewusste Ernährung in Form von weniger Kalorienzufuhr und mehr Ballaststoffeinnahme wären die richtigen Maßnahmen, auch wenn die Effekte nicht exakt vorhersehbar sind. Ein erfolgreicher Kampf gegen Übergewicht bei Jugendlichen müsste den Pubertätsstart verzögern, was den täglichen Stress innerhalb der Familie verringert, was wiederum Auswirkungen auf den Zeitpunkt des Menstruationsbeginns hätte. Doch das ist natürlich alles leichter gesagt als getan, eine praktische Umsetzung auf Gesellschaftsebene klingt fantastisch bis utopisch.

Kann mit adäquaten Präventions- und Interventionseinrichtungen der psychosoziale Druck auf Jugendliche signifikant vermindert werden? Die Schweiz hat 1993 und 2002 zwei große Studien über die Gesundheit und den Lebensstil von Jugendlichen durchgeführt. Tabelle 5 zeigt einige Daten der Studie aus dem Jahre 2002. Es gibt erhebliche und ernst zu nehmende Problembereiche wie Drogen-, Alkohol- oder Tabakkonsum, eigenwilliges Essverhalten oder mangelnde körperliche Aktivität. Noch beunruhigender ist, dass sich manche Bereiche in nur einem Jahrzehnt erheblich verschlechtert haben. Erhöhte psychosoziale Anforderungen und gesteigerte gesellschaftliche Komplexität werden dafür verantwortlich gemacht. Entsprechende Präventions- und Interventionsprogramme sind eine Notwendigkeit, um die Situation der Jugendlichen zu verbessern, aber niemand weiß, ob sie wirksam sind. Der potenzielle Nutzen für die Gesellschaft ist unumstritten.

Rattenmütter kann man einteilen in diejenigen, die ihren Nachwuchs liebkosen, pflegen, abschlecken und ihnen viel Gefühls- und Körperwärme geben, und in diejenigen, die all das nicht tun – „Rabenrattenmütter" sozusagen. Zwischen diesen beiden extremen Ausprägungen gibt es natürlich einen kontinuierlichen Übergang. Wissenschafter haben Mütter beider Extremformen und ihre Nachkommen genauer untersucht. Die Kinder der gefühlskalten, sorglosen Rattenmütter zeigten geringere Toleranz, mit Stress fertigzuwerden, und hatten erhöhte Stresshormonwerte. Der weibliche Nachwuchs war früher sexuell reif und aktiv. Durch entsprechende Versuchsbedingungen wurde nachgewiesen, dass es nur vom Liebkosungsverhalten der Mütter abhängt und nicht genetisch determiniert ist (vgl. Trevanathan, Smith, McKenna, 2008: 144). Diese Daten stimmen mit den vielen Beschreibungen und Studien bei Menschen überein.

Gesellschaftspolitisches Handeln zur Stabilisierung oder besser Erhöhung und Verbesserung der psychosozialen Gesundheit der Bevölkerung ist offensichtlich notwendig und sollte vehement gefordert werden. Allerdings ist die Umsetzung derartiger Ambitionen nicht trivial, obwohl der Nutzen für die Gesellschaft beträchtlich wäre. Die körperliche Gesundheit wird dabei keinen Schaden nehmen und über sportliche Aktivität kann auch die geistige Gesundheit gefördert werden. In einem gesunden Körper könnte auch ein gesunder Geist stecken – ich habe Juvenals Spruch aus dem alten Rom leicht abgewandelt, um falscher Interpretation vorzubeugen.

Frauen und Männer und ihr Beitrag zu Schwangerschaftsrisiken

Die höchste Fruchtbarkeit liegt durchschnittlich bei etwa 22 Jahren und fällt danach kontinuierlich ab (Abbildung 10). Sie ist mit vierzig Jahren um die Hälfte reduziert, was eigentlich nicht so gravierend erscheint, aber stellen Sie sich vor, Ihre Intelligenz würde einen ähnlichen Verlauf nehmen. Obwohl auch die geistigen Fähigkeiten mit dem Alter abnehmen, was bereits mit 25 Jahren beginnen soll, sind diese kognitiven Verluste viel geringer und treten wesentlich später auf. Intelligenzverbessernde Medikamente gibt es nicht und wird es wahrscheinlich nie geben – anderslautende Medienberichte sind nicht glaubwürdig. Eine gute Tasse Kaffee mehrmals am Tag, viel Bewegung und täglich geistig stimulierendes Training sind ausgezeichnete Maßnahmen, um den Verfall hinauszuzögern.

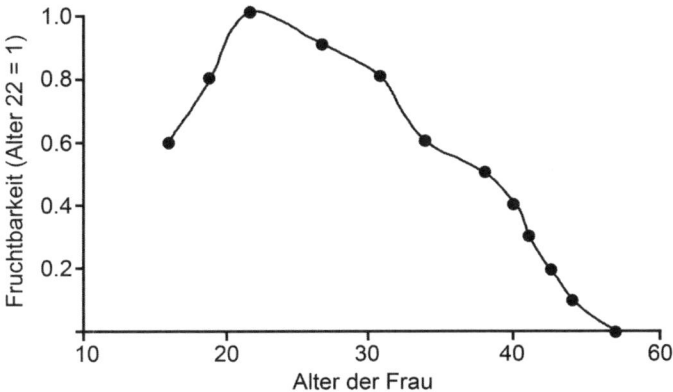

Abbildung 10: *Fruchtbarkeit mit fortschreitendem Alter im freien Fall*

Diese Daten stammen aus Gesellschaften ohne Schwangerschaftskontrolle. Die höchste Fruchtbarkeit wurde mit 22 Jahren erreicht. Mit 40 Jahren ist die Fruchtbarkeit um 50 % reduziert (vgl. Homan et al., 2007: 209–223).

Aufgrund dieses Abfalls gibt es viele Paare, die bei der Zeugung von Nachwuchs erhebliche Schwierigkeiten haben, Mann und Frau stoßen hier auf biologische Grenzen. Unsere Gesellschaft hat eine künstliche Lösung gesucht und auch gefunden, obwohl dieses Schwert zweischneidig ist. Ab dem Ende der dritten Lebensdekade sinkt die Fruchtbarkeit des Mannes. Aus Sicht der Evolution sind diese Zusammenhänge sinnvoll. Vor nicht allzu langer Zeit war die Lebenserwartung etwa 40 bis 45 Jahre und in diesem Alter hatte man ohne Verhütungsmittel schon mindestens drei oder vier Kinder, eigentlich um die sieben, aber rund 50 % hatten das frühe Kindesalter nicht überlebt.

Welche anderen Faktoren außer dem Alter beeinflussen die Fruchtbarkeit? Rauchen ist erwiesenermaßen schlecht für die Fertilität. Mir ist überhaupt kein medizinisch positiver Effekt von Tabakkonsum bekannt, abgesehen vielleicht von einer erleichterten Verdauung.

Wissenschafter konnten eindeutig demonstrieren, dass sowohl die Fertilität des Mannes als auch der Frau durch Rauchen signifikant negativ beeinflusst werden. Bei Männern ist die Quantität, Motilität und das Aussehen der Spermien – „verschrumpelt" muss man es vielleicht nicht nennen, aber jedenfalls deformiert – beeinträchtigt. Zudem kommt es zu einer erhöhten Schadensrate des Erbmaterials, und damit wird das Thema Rauchen auch für unsere Auseinandersetzung mit möglichen gesellschaftsinduzierten genetischen Veränderungen höchst interessant (vgl. Homan et al., 2007: 209–223). Raucher wissen, dass sie sich selbst schädigen, die Gesundheit der Menschen in ihrer Umgebung durch passives Rauchen gefährden, aber wem ist wirklich bewusst, dass das genetische Material des Nachwuches durch Rauchen möglicherweise verändert wird? Gute quantitative Daten gibt es dazu leider keine. Bei Frauen findet man auch anatomische Veränderungen, die mit verringerter Fruchtbarkeit einhergehen. Auch künstliche Befruchtung wird vom negativen Effekt des Rauchens nicht verschont, die Erfolgsraten sind herabgesetzt.

Erhöhtes Gewicht kann einen Schwangerschaftserfolg ebenfalls beeinträchtigen, sowohl seitens des männlichen als auch des weiblichen Partners. Eine rauchende Frau mit einer Körpermassenzahl (BMI) von gleich oder über 30 hat ein 11,5-fach erhöhtes Risiko, nur verzögert schwanger zu werden, oftmals wird sie es gar nicht mehr. Kaffee hat keinen nachweisbar positiven Effekt auf die Zeugungsfähigkeit. Als Nebenbemerkung sei erlaubt: Ich konnte keine einzige wissenschaftlich glaubwürdige Studie finden, die irgendetwas Negatives über Kaffee beschrieben hätte. Keine Sorge, ich bin nicht durch Kaffeesucht verblendet – ein bis zwei Tassen pro Tag sollten die Urteilsfähigkeit nicht lahmlegen. Körperliche Aktivität ist natürlich fördernd. Wenn man Kinder haben will, sollte man viel Bewegung machen, am besten in der frischen Luft, ein normales Körpergewicht halten oder anstreben, wenig Alkohol konsumieren, absolut nicht rauchen – und das Leben in vollsten Zügen genießen. Die Erfolgswahrscheinlichkeit steigert sich signifikant.

Nicht nur die verringerte Fertilität etwa ab dem 30. Lebensjahr ist durch Evolution erklärbar, sondern auch die möglichen Konsequenzen für das gezeugte Kind, wenn die Mutter in einem etwas höheren Alter schwanger wird. Beispielsweise hat eine 35-jährige Frau gegenüber einer 20-Jährigen etwa ein 4-faches Risiko, ein Kind mit Down-Syndrom (Trisomie 21) zu gebären. Bei einer 45-jährigen Frau ist das Risiko bereits 75-fach erhöht, das trifft bereits jedes zwanzigste Kind (vgl. Hecht, Hook, 1994: 729–738). Statt zwei Chromosomen mit der Nummer 21 haben diese Kinder drei. Die Auswirkungen und Verlaufsformen der Trisomie 21 können unterschiedlich schwer ausfallen. Was es heißt, ein Kind mit Down-Syndrom zu erziehen, ist mit Worten nicht wirklich zu beschreiben. Es erfordert unglaubliche Hingabe und Liebe. Nicht selten zerbrechen Familien daran.

Auch die Rate an Spontanaborten ist bei älteren Frauen um ein Vielfaches erhöht. Sie liegt bei Frauen im Alter von 20–35 Jahren bei etwa 10–15 % und steigt danach dramatisch an, bei Frauen über vierzig auf 50 %. Eine Frau, die über 45 Jahre ist, verliert neun von zehn Schwangerschaften (vgl. Heffner, 2004: 1927–1929).

Die Häufigkeit von anderen Trisomien steigt mit zunehmendem Alter ebenfalls stark an, nur überleben die Embryos diese Defekte nicht. Es wird geschätzt, dass 25 % aller Schwangerschaften von Frauen im vierten Lebensjahrzehnt Trisomien sind, miterklärend für die hohe Spontanabortrate. Evolution mischt sich in diesem Alter nicht mehr ein, hat es nie getan, wird es niemals tun, und gerade deshalb sieht man diese erhöhten Raten. Es muss bedacht werden, dass die mütterlichen Eizellen sogar etwas älter als die Mutter sind, weil die durchschnittlich 23 Zellteilungen zur Herstellung der Eizellen schon vor der Geburt stattfinden. Die Oozyten schlummern in den Eierstöcken und können während ihres lang andauernden Schlafes durchaus Schaden nehmen. Die erhöhte Rate von Trisomie wird durch das Alter der Frauen verursacht, obwohl man die Mechanismen nicht versteht. Fest steht, dass es durch das Hinauszögern des Mutterwerdens zu einer Veränderung des genetischen Buches kommt. Die heutzutage vielfach gewollte späte Schwangerschaft führt zu Mutationen in unserem Genom, deren Folgen nicht abzuschätzen sind.

Haben Männer hingegen eine „weiße Weste", was die Zeugung im höheren Alter anbetrifft? Lange Zeit wurde diese Frage nicht einmal gestellt. Ist womöglich die männliche Dominanz in der Wissenschaftswelt für diese Geistesträgheit verantwortlich?

In jüngster Zeit wurden dazu Daten geliefert und Frauen waren bei diesen Forschungen wohl nicht unbeteiligt. Ein Spermium eines 35-jährigen Mannes hat etwa 500 Zellteilungen hinter sich und daher viele Möglichkeiten gehabt, Fehler anzuhäufen. Gibt es Krankheitsbilder, die durch das Alter des Mannes mitverursacht sind? Wenn dem so wäre, wird kaum darüber gesprochen. Das Risiko, ein Kind mit Autismus oder einem ähnlichen Krankheitsbild zu bekommen, ist für einen Vater mit vierzig Jahren oder älter um etwa das 6-fache erhöht im Vergleich zu Vätern jünger als 30. Statt sechs Kinder in 10.000 sind es dann 32. Das Risiko erhöht sich auf das 9-fache bei Daddys über fünfzig Jahren (vgl. Gray, 2011, Reichenberg et al., 2006, 1026–1032, Raeburn, 2009). Verschiedene anatomische Geburtsdefekte dürften bei Männern über 45 im Vergleich zu 20- bis 25-Jährigen 4- bis 5-fach erhöht sein. Sogar die Rate von bestimmten Krebsarten und der bipolaren Depression, bei der abwechselnd depressive und manische Zustände auftreten, wird mit dem Alter von Vätern in Verbindung gebracht (vgl. Gray, 2011, Frans, 2008: 1034–1040). Die Erkrankungsraten bei der bipolaren Depression sind zwar nicht dramatisch erhöht, aber im Vergleich zu einem Vater von 20–24 Jahren steigert sich bei einem Vater ab 24 Jahren das zusätzliche Risiko von etwa 10 % kontinuierlich bis zu 37 % bei Vätern mit 55 Jahren oder älter. Diese mitunter schwere mentale Erkrankung ist nicht selten und ein paar Prozentpunkte mehr ergeben Tausende von zusätzlichen Betroffenen.

Weil Autismus und bipolare Depression zu etwa 30–50 % vererbt werden und in der heutigen Zeit die Väter immer älter werden, muss es unweigerlich zu einer Genanhäufung in der Gesellschaft kommen, und damit zu einer Steigerung der Häufigkeiten von Autismus und bipolarer Depression in den kommenden Generationen. Das Zeitfenster ist aber noch zu klein, um diesen Zusammenhang jetzt schon gesichert nachweisen zu können. Nichtsdestotrotz handelt es sich dabei um ein höchst relevantes Beispiel für genetische Veränderungen, die durch einen gesellschaftlichen Wandel verursacht werden und von denen (potenziell) viele Tausend Menschen betroffen sind. Aber haben Sie jemals einen Artikel in einer Zeitung darüber gelesen? Mit Schlagzeilen wie: „Ältere Väter verursachen einen Anstieg an psychischen Krankheiten!" – „Machen ältere Väter unsere Gesellschaft psychisch (noch) kränker?" – „Ältere Männer und das Spiel mit der Evolution – mit furchtbaren Nebenwirkungen!" Ganz robust sind die Daten über die Erhöhung von psychischen Krankheiten durch ältere Spermien noch nicht. Es wurden kaum konkordante Studienergebnisse veröffentlicht, aber der Trend ist eindeutig. Auch wenn noch nicht alle vorläufigen Ergebnisse ausreichend verifiziert sind, lässt sich nicht mehr abstreiten: Wenn Männer altern, wirkt sich das auch auf die Qualität ihrer Spermien aus. Neben der bipolaren Depression und dem Autismus gibt es aber noch eine dritte psychische Krankheit, deren Frequenz mit dem Alter des Vaters korreliert, und diese ist relativ häufig: Abbildung 11 zeigt, dass bei Kindern, deren Väter bei der Geburt fünfzig Jahre alt sind, das Risiko, an Schizophrenie zu erkranken, gegenüber Kindern mit 25-jährigen Vätern um das 3-fache erhöht ist. Der Mechanismus, der für diese Erhöhung verantwortlich ist, ist nicht bekannt. Eine erhöhte Mutationsrate in den Spermien wird diskutiert, ist aber nicht erwiesen.

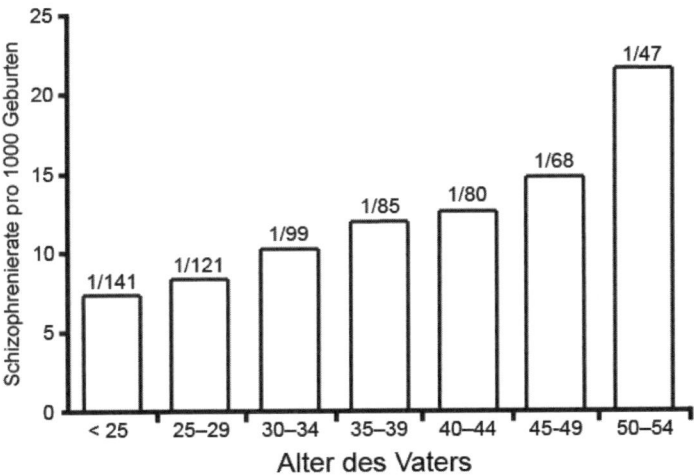

Abbildung 11: Die Schizophrenierate steigt mit dem Alter des Vaters

Die Wahrscheinlichkeit, ein Kind mit Schizophrenie zu zeugen, verdoppelt sich beinahe, wenn der Vater älter als 40 ist, und dürfte ab dem 50. Lebensjahr rasant weiter steigen. Ungefähr zwei von 100 Kindern wären sodann betroffen (vgl. Malaspina et al., 2001: 361–367).

Dass sich das Risiko von Trisomie beim Kind mit dem Alter der Mutter zum Zeitpunkt der Schwangerschaft erhöht, ist in aller Munde, über das Alter der Väter wird aber nur wenig gesprochen. Dabei spielt es eine gewichtige Rolle. Was bedeuten diese Tatsachen für unsere „genetische Gesundheit"? Mir ist bewusst, dass dieser Ausdruck gewagt ist, aber wenn man über Autismus, Trisomien oder Schizophrenie schreibt, darf man vielleicht auch in Bezug auf die genetischen Grundlagen von gesund und krank sprechen.

Die Anzahl an Trisomien wird sich in unserer Gesellschaft durch evolutionäre Selektion über Generationen nicht erhöhen, weil die betroffenen Menschen unfruchtbar sind, aber die Zahl der Menschen mit Trisomie 21 könnte sich verändern, wobei es offen ist, ob und aus welchen Gründen die Anzahl schlussendlich ansteigt, gleich bleibt oder sich sogar verringert. Die zukünftige Rate an Trisomie-Erkrankungen ist deshalb schwer abzuschätzen, weil es genetische Tests gibt, mit denen sich Trisomien auf recht einfache Weise nachweisen lassen. Diese Untersuchungen können früh und mit geringem Risiko gemacht werden. Eltern stehen vor der schwierigen Entscheidung, die Schwangerschaft abzubrechen oder nicht. Diese Eltern müssen umfangreich aufgeklärt werden und die Entscheidung selbst treffen. Mehrere Gespräche mit Eltern, die Down-Syndrom-Kinder erziehen, sollten ein Teil dieser Aufklärung sein. Down-Syndrom ist nicht gleich Down-Syndrom, denn es gibt schwere und leichte Formen, vorhersagbar ist der Schweregrad jedoch nicht.

Die Rate von bipolarer Depression, Autismus, Schizophrenie und anderen Geburtsdefekten wird in den westlichen Ländern möglicherweise ansteigen, obwohl es bald genetische Tests geben könnte, die mit einer gewissen Wahrscheinlichkeit vorhersagen können, ob ein Defekt entstehen wird. Aber daraus ergibt sich ein neues Problem: Bei Trisomie ist die Eintrittswahrscheinlichkeit bei einem positiven Testergebnis praktisch 100%, obwohl der Schweregrad unterschiedlich sein kann, aber es gibt auch Mutationen, die sich nur sehr schwach auswirken, was die Entscheidung für oder gegen einen Schwangerschaftsabbruch erheblich erschwert.

Bei bipolarer Depression, Autismus und Schizophrenie ist die Situation noch schwieriger, weil diese Krankheitsbilder zwar genetisch mitdeterminiert sind, es aber zu viele mitverantwortliche Gene gibt und allein aufgrund von Genanalysen keine verlässlichen Vorhersagen zu treffen sind. Wir können nicht sagen, ob ein bestimmtes Genmuster zu Autismus oder Schizophrenie führt. Ob die Wissenschaft bald dazu imstande sein wird, wage ich zu bezweifeln. Es werden, wenn überhaupt, nur Wahrscheinlichkeitsangaben über die Manifestation möglich sein, ohne aber den Schweregrad einschätzen zu können. Das Dilemma für die Eltern kann man sich leicht ausmalen: „Ihr Testergebnis zeigt eine 14%ige Wahrscheinlichkeit, dass ihr Kind autistisch ist, zu 35% wird es manisch-depressiv und zu immerhin 51% schizophren, allerdings ist der Schweregrad des möglichen Autismus als gering einzustufen, ebenso der der Schizophrenie, aber die bipolare Depression könnte mittelstark ausgeprägt sein. Was das Alter mit den ersten schwerwiegenden Symptomen anbelangt, lässt sich aus heutiger Sicht nur der Bereich zwischen dem 30. und 50. Lebensjahr angeben. Eine erhöhtes suizidales Risiko ist in der Folge nicht auszuschließen." – Ein solcher Befund wäre ein Albtraum, aber sicher keine Entscheidungshilfe.

Warum kann ich behaupten, dass die Raten an diesen Krankheiten trotz verbesserter genetischer Testmöglichkeiten ansteigen werden? Abbildung 12 (Seite 140) zeigt die Gründe. Das Alter von Frauen, die ihr erstes Kind bekommen, steigt kontinuierlich an, und man kann davon ausgehen, dass sich das bei Männern ebenso verhält, da diese in Beziehungen üblicherweise etwas älter als ihre weiblichen Partner sind. In den USA sind die Zahlen eindeutig und die Zahlen in Europa sollten ähnlich sein.

In den USA hat sich die Geburtenrate von Vätern nach dem 40. Lebensjahr seit 1980 um 40% erhöht, gleichzeitig ist die Rate bei Männern unter 30 um 21% gesunken. Das sind Zahlen, die mit Daten aus Kanada und von anderen westlichen Ländern in etwa übereinstimmen (vgl. Raeburn, 2009). Offen ist, ob sich die Zahlen an Trisomie-Erkrankungen in diesen Ländern durch die Geburtsverschiebungen bereits verändert haben. Die Anwendung des genetischen Tests zum Nachweis des Down-Syndroms ist nicht universell und die Entscheidung zum Schwangerschaftsabbruch stark vom soziokulturell-religiösen Umfeld abhängig. Dieses ist zudem von Land zu Land unterschiedlich.

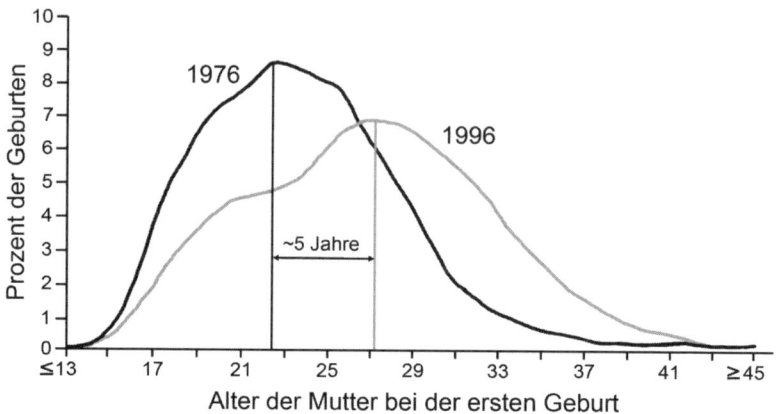

Abbildung 12: Natürliche kann mit kultureller Evolution nicht mithalten

Das Alter der Mutter bei der Erstgeburt hat sich in Kanada zwischen 1976 und 1996 um fast fünf Jahre verändert. Dieser Altersanstieg ist natürlich von Land zu Land verschieden, aber in industrialisierten Gebieten wurde dieser Trend vielfach nachgewiesen (modifiziert nach Health Canada Report, 2005).

Ich konnte keine Informationen darüber finden, welchen Einfluss zum Beispiel eine Verdoppelung des Anteils von über vierzigjährigen Erstvätern auf die Schizophrenierate haben könnte. Dazu müsste man den derzeitigen Einfluss der Väter über vierzig Jahre an der Rate von Schizophrenie-Erkrankungen kennen. Wenn man noch die Fertilität von Schizophrenen und eventuelle therapeutische Verbesserungen mitberücksichtigen will, wird das Modell kompliziert und wahrscheinlich nur mehr, wenn überhaupt, über ein Computermodell grob berechenbar. Ein entsprechender Effekt könnte bereits in wenigen Generationen messbar sein, hoffentlich stehen bis dahin auch bessere therapeutische Möglichkeiten zur Verfügung.

Leider muss man zugeben, dass diese Krankheit trotz intensiver molekularbiologischer Forschung über mehrere Jahrzehnte noch wenig verstanden wird. Eine oftmals wichtige Voraussetzung für verbesserte therapeutische Erfolge ist ein besseres Verständnis der Krankheit. Die Hoffnung auf einen Durchbruch ist legitim. Andererseits sind bei der Verursachung und Ausprägung von Schizophrenie viele

Gene beteiligt, wodurch eine effektive medikamentöse Intervention unwahrscheinlich wird. Das kann man über Autismus oder bipolare Depression ebenfalls sagen. Auf die therapeutischen Erfolge bei der Schizophrenie und anderen möglicherweise abnormen psychischen Verhaltensmustern wird noch eingegangen.

Doch selbst wenn wir Schizophrenie tatsächlich erfolgreich behandeln könnten, würde sich die Rate an Schizophrenie über Generationen erhöhen. Der Grund wäre in einer erhöhten Fertilität durch erfolgreiche Therapie zu suchen. Ähnliches gilt für andere psychische Krankheiten.

Wenn man bedenkt, dass viele schizophrene Menschen bei nicht vorhandenen Auffangeinrichtungen, die ihnen entsprechend Hilfe und Schutz anbieten, auf der Straße enden, sollten oder müssen bei Bestätigung eines sich häufenden Auftretens derartige Einrichtungen vermehrt geschaffen werden. Die Rate an Schizophrenie liegt derzeit bei etwa 0,5–1 % der Gesamtbevölkerung.

Der Trend zum älteren Vater und zur älteren Mutter wird hoffentlich bald stagnieren und sich umkehren, wodurch diese Überlegungen obsolet wären – es sieht aber nicht so aus. Umso wichtiger wäre es, ausreichend früh aktive Aufklärung zu betreiben, damit Paare, die sich dieser Risiken nicht bewusst sind, keine bösen Überraschungen erleben. Bipolare Depression, Schizophrenie, Autismus oder Down-Syndrom sind oftmals schwere Krankheiten und es sollte ein Anliegen unserer Gesellschaft sein, ihr Auftreten – insofern die Interventionen ethisch-moralisch akzeptabel sind – möglichst zu verhindern. Gegen Aufklärung können sich nicht einmal die konservativsten Kräfte in einer Gesellschaft öffentlich aussprechen. Eine ausreichende Anzahl an Kinderbetreuungsplätzen muss geschaffen werden, damit einer Umsetzung des durchaus vorhandenen Kinderwunsches von jüngeren Männern und Frauen, die sich aber auch beruflich verwirklichen wollen und sollen, keine weiteren Hindernisse in den Weg gelegt werden. Ein jedes Ja zu früheren Schwangerschaften ist entschieden und bestmöglich zu unterstützen.

Wenn die natürliche Fruchtbarkeit nicht mehr gegeben ist, kann künstlich eingegriffen werden, solange es gelingt, den Eisprung zu induzieren. Hormone sind mächtig und Spermien immer vorhanden. Einige Überlegungen dazu folgen.

Der Preis für künstliche Befruchtung – oder die Einlösung der Evolutionsschuld

Der Mensch kennt zwar keine Schuldgefühle, die sich ins Bewusstsein drängen, wenn es ihm misslingt, vermeintlichen Evolutionspflichten nachzukommen, jedoch kann sich, solange man die eigenen Gene nicht weitergegeben hat, durchaus eine gewisse Leere einstellen, wenn die Vergänglichkeit des eigenen Körpers und Geistes stärker in den Vordergrund rückt und der Kinderwunsch zu einem zentralen Anliegen wird. Die Vereinten Nationen haben Heirat und Familie als ein fundamentales menschliches Recht klassifiziert; aber was tun, wenn es auf natürliche Weise nicht mehr funktioniert? Rauchen, Fettleibigkeit und eventuell erhöhter Stress können dem Kinderwunsch signifikant entgegenwirken. Zudem wird der Kinderwunsch in den westlichen Ländern gerne auf „später" verschoben, weil die berufliche Karriere, begleitet von anderen Faktoren wie unzureichende Möglichkeiten der Kinderbetreuung oder fehlende finanzielle Absicherung, wichtiger geworden ist. Die Jahre vergehen und plötzlich ist man mit Infertilität konfrontiert.

Dieser Unfruchtbarkeit wird auch die Schuld für den Abfall der Geburtsraten in den westlichen Ländern gegeben. Europäer müssten zum Beispiel durchschnittlich 2,1 Kinder pro Familie haben, schaffen es gerade auf 1,5. Die Überalterung der Bevölkerung ist nicht mehr aufzuhalten. Infertilität wird definiert als das Ausbleiben von Schwangerschaft nach einem Jahr von ungeschütztem Geschlechtsverkehr, also, einfach gesagt, nach etwa zwölf verpassten Chancen. Adoption wäre eine Möglichkeit, sich den Kinderwunsch zu erfüllen, aber dabei bleiben die eigenen Gene auf der Strecke. Viele wollen auf deren Weitergabe nicht verzichten, vermutlich mehr Männer als Frauen. Außerdem kann sich der Prozess einer erfolgreichen Adoption enorm in die Länge ziehen.

Die unterschiedlichsten Formen der künstlichen Befruchtung (engl.: *assisted reproductive technology*, ART) stellen sodann die gebräuchliche Methode dar, seine und ihre Unsterblichkeit zu garantieren, zumindest für eine weitere Generation. Im Jahr 2010 ging der Medizinnobelpreis an Robert Edwards, den Erfinder der künstlichen

Befruchtung. Im Grundprinzip besteht dieser Vorgang aus der Stimulierung der Eizellenreifung durch Hormonbehandlung, dem Ernten oder Entnehmen dieser Eizellen und dem Mischen mit frischen oder aufgetauten Spermien zur Befruchtung. Auch schwache, unbewegliche, kränkliche und – böse formuliert – biologisch minderwertige Spermien bekommen dabei ihre Chance, wo sie im wahren Leben versagt hätten. Die paar Zentimeter in den Eileiter und dort weiter zur Eizelle hätten sie nicht geschafft. In der künstlichen, vorgewärmten Petrischale ist das kein Problem. Ist die Befruchtung erfolgt, steht dem finalen Transfer von zumeist mehreren befruchteten Eizellen über die hoffentlich erfolgreiche Implantation bis hin zur Schwangerschaft und der Geburt eines gesunden und fröhlichen Kindes nichts mehr im Wege. Die Prozedur ist jedoch nicht frei von negativen Eventualitäten.

Die Anwendung von ART ist in den letzten Jahren rapide angestiegen. Von 1996 bis 2006 haben sich die Raten in den USA zum Beispiel mehr als verdoppelt. In Dänemark wurden 2002 bereits 4,2% aller Lebendgeburten über ART gezeugt, in Belgien 2,4%, in Großbritannien 1,4% (vgl. Ziebe et al., 2008: 583–592) und in den USA 2006 etwa 1% und damit etwas über 50.000 Neugeborene (CDC-Report, 2006). Nachdem in Deutschland ab 2004 von den staatlichen Krankenkassen für ART weniger erstattet wurde, sank die Anzahl an Versuchen beträchtlich. Der Kinderwunsch dürfte wirklich von Herzen gewesen sein! Der stärkste Rückgang zeigte sich in wirtschaftlich weniger privilegierten Gebieten (vgl. Ziebe et al., 2008: 583–592).

Daran anschließend ein weitgehend polemischer Gedankengang: Wenn ART so leicht zugänglich ist, vom Staat bezahlt wird und wenig Aufklärung über Fertilität stattfindet, könnte ART einen negativen Effekt auf die Anzahl von Nachkommen in einer Gesellschaft haben. Der Grund dafür liegt darin, dass Paare – bei einem kleinen Prozentsatz sind beide Teile des Paares Frauen – fälschlicherweise annehmen, sie könnten noch warten, warten und warten, weil dank ART eine Befruchtung ohnehin zu jedem beliebigen späteren Zeitpunkt möglich ist. Um diese künstlich gezeugten Kinder geht es, denn ART hat neben einem rein wirtschaftlichen Preis, der mitunter beträchtlich sein kann, auch noch einen ganz anderen. Dieser Preis lässt sich zwar gut beschreiben, wird aber weitgehend tabuisiert und ist vielen Menschen überhaupt nicht bewusst, auch weil er nicht leicht quantifizierbar ist. Trotzdem lasse ich mich nicht davon abhalten, dieses Thema anzusprechen, denn nur dadurch ist eine Enttabuisierung möglich. Vielleicht ist das nicht von allen gewünscht, von mir aber sehr wohl, denn um eine richtige und optimale Entscheidung zu ermöglichen, ist es notwendig, alle wissenschaftlichen Daten offen auf den Tisch zu legen. Die Richtung dieser Entscheidung sei sodann den betroffenen Paaren selbst überlassen.

Unfruchtbarkeit betrifft im reproduktionsfähigen Alter ungefähr 10 % der Frauen und Männer, das ist nicht wenig. In den USA wären das circa 7,3 Millionen Menschen. Weltweit schätzt man die Gruppe der Infertilen auf etwa 80 Millionen. ART wird die genetische Zusammensetzung von Gesellschaften beeinflussen, umso stärker, je häufiger die Anwendung. ART spielt mit der Evolution. Wie gesagt, die Rate an genetischen Abnormitäten und psychischen Krankheiten wie Autismus und Schizophrenie bei Nachkommen steigt mit dem Alter der Eltern an. Und nachdem ART nicht nur, aber vor allem von älteren Paaren als letzte Hoffnung angesehen wird, muss sich das auf die allgemeine Gesundheit der künstlich gezeugten Kinder auswirken. Vielleicht gerade wegen dieser Überlegungen wurde in manchen Ländern eine Altersgrenze für künstliche Befruchtung gesetzt. Die Effekte könnten klein ausfallen, aber messbar über mehrere Generationen.

Nachdem ART-Kinder für gewöhnlich von Eltern stammen, bei denen zumindest ein Teil auf natürlichem Wege unfruchtbar ist, könnte sich die Häufigkeit von Infertilität erhöhen, insofern diese Unfruchtbarkeit genetisch mitdeterminiert ist – und das anzunehmen, ist keineswegs unrealistisch. Es können erworbene Mutationen sein oder von den Eltern geerbte. Das macht keinen Unterschied. Die Weitergabe erfolgt in jedem Fall. Der Bedarf an ART könnte durchaus auch aufgrund dieser Überlegungen in den nächsten Jahrzehnten noch weiter ansteigen, ein Circulus vitiosus. Es ist noch eine junge Technologie, die erst seit zwei bis drei Jahrzehnten Verwendung findet und deren Akzeptanz längst noch nicht auf ihrem Höhepunkt ist. Aktuell wächst die Rate an ART-Kindern stetig an, eine Spitze ist nicht erreicht.

Es ist zu hoffen, dass die Infertilitätsdefekte nur auf die Funktion der Spermien oder Eizellen beschränkt sind, andernfalls drohen weitere böse Überraschungen. Denn wenn der Grund der Infertilität genetisch ist – durchaus realistisch – und die veränderten Gene oder entsprechenden Eiweißstoffe auch andere Funktionen im Körper ausüben – ebenfalls realistisch –, könnten weitere Defekte in den folgenden Generationen wie aus dem Nichts auftauchen. ART ist künstlich und umgeht die natürliche Selektion. Die Auswirkungen werden aber erst in Generationen sichtbar werden. Dieses Spiel mit der Evolution darf nicht leichtfertig betrieben werden. Die möglichen Folgen für die Gesellschaft wie eine erhöhte Anzahl an manisch-depressiven Erkrankungen, Schizophrenie oder Autismus könnten signifikant sein – und der Preis von ART könnte sich als noch deutlich höher erweisen.

Durch den Transfer von mehreren befruchteten Eizellen kommt es zu Mehrfachgeburten, die nur vereinzelt gewollt sind. Auf 1 % Kinder, das ist der Anteil, der im Jahre 2006 in den USA durch ART gezeugt wurde, fallen 18 % aller Mehrfachgeburten. Anders formuliert, die Rate an Zwillingen in der Gesamtbevölkerung liegt bei 3 % im Vergleich zu 44 % bei ART. Diese Kinder kommen vermehrt zu früh auf die Welt und haben oft ein zu geringes Körpergewicht. Damit sind sie Risikogeburten, wobei das Risiko nicht nur für die Kinder besteht. Die Sterblichkeit der Neugeborenen und der Mütter ist bei Mehrfachgeburten signifikant erhöht. Die Kurz- und Langzeitkonsequenzen von untergewichtigen Frühgeburten sind bekannt, signifikant und mitunter äußerst schwerwiegend. Mehrfachgeburten stellen aktuell das größte Problem bei ART dar.

Die Lösung wäre, weniger befruchtete Eizellen zu transferieren und so die Chance auf eine Monoimplantation zu erhöhen. In den USA wurden im Jahr 2006 bei 43 % der künstlichen Befruchtungen drei oder mehr Embryos transferiert. Die hohen Kosten von ART bewirken natürlich einen starken ökonomischen Druck, erfolgreich zu sein. Ein Schaden ergibt sich für die ART-Kliniken nur dann, wenn es zu keiner Schwangerschaft kommt, und nicht einmal dann, denn bezahlt werden muss die Prozedur trotzdem. Bei jüngeren Frauen ist es möglich, weniger befruchtete Eizellen zu transferieren, weil sie fruchtbarer sind, aber bei älteren Frauen sinkt bei einer Monoimplantation die Erfolgsrate erheblich. Wer weiß, dass amerikanische Kliniken gerade mit Erfolgsraten von Lebendgeburten für ART werben, kann den Gedankengang alleine fortsetzen. Sich unter diesen Voraussetzungen erfolgreich für vermehrte Monoimplantationen einzusetzen, ist trotz der damit verbundenen langfristigen gesellschaftlichen Vorteile denkbar schwierig.

Neben dem Risiko von Mehrfachgeburten mit all ihren Komplikationen wird ART auch mit einem erhöhten Risiko für zwei äußerst schwere genetische Defekte in Zusammenhang gebracht, dem sogenannten Beckwith-Wiedemann- und Angelman-Syndrom. Immerhin handelt es sich dabei aber um sehr seltene Erkrankungen. ART könnte ihr Auftreten aber bereits erhöht haben. Es gibt bislang keine Therapie (vgl. DeBaun et al., 2003: 156–160, Cox et al. 2002: 162–164). Betroffene Menschen sind meines Wissens nicht zeugungsfähig und daher werden sie diese Veränderungen nicht weitergeben können.

In einer finnischen Studie wurde ein 4-fach erhöhtes Herzfehlbildungsrisiko festgestellt, welches nicht nur durch die Anzahl an Mehrgeburten verursacht sein dürfte (vgl. Koivurova et al., 2002: 1391–1398). Andere Geburtsdefekte dürften bei ART-Kindern ebenso erhöht sein, obwohl es auch Studien gegeben hat, die keinen Effekt nachweisen konnten. Selbst bei ART-Einzelgeburten findet man erhöhte Raten von Frühgeburten und von Kindern mit zu geringem Körpergewicht. Das Alter der Eltern, die Unfruchtbarkeit per se (die dafür verantwortlichen Gene beziehungsweise die dazugehörigen Eiweißmoleküle haben höchstwahrscheinlich auch noch andere Funktionen) und die hormonelle und mechanische Manipulation von Eizellen und Spermien könnten für diese Effekte verantwortlich sein (vgl. Gissler et al., 1995: 1856–1861, Schieve et al., 2004: 1144–1153). Eine Weitergabe von genetischen Defekten ist wahrscheinlich. Zu hoffen ist, dass in den nächsten Jahren nicht noch mehr gesicherte Zusammenhänge zwischen ART und genetischen oder körperlichen Veränderungen gefunden werden. Aufgrund der jungen Geschichte von ART müssen entsprechende Daten erst gesammelt und analysiert werden. Die Anwendung von ART ist ein unkontrolliertes Evolutionsexperiment, bei dem sicherlich noch nicht alle negativen Folgen erkannt worden sind. Ist der Preis von ART zu hoch? Ist unsere Gesellschaft tatsächlich bereit, den vollen Preis von ART zu bezahlen, und ist man sich der Auswirkungen von ART überhaupt bewusst?

Weil psychische Belastungen oftmals in der medizinisch-wissenschaftlichen Literatur vernachlässigt werden und die Quantifizierung nicht trivial ist, gibt es keine verlässlichen Zahlen. Es darf trotzdem als sicher angenommen werden, dass Totgeburten beziehungsweise Mehrfachgeburten, bei denen alle oder ein Teil der Kinder sterben oder sehr stark geschädigt sind, schwerste Belastungen für beiden Elternteile mit sich bringen – sowohl akut als auch chronisch. Selbst normal verlaufende Schwangerschaften werden nicht immer leicht verarbeitet, wenn man zum Beispiel an das gehäufte Auftreten depressiver Phasen nach Entbindung eines gesunden Babys denkt. In den USA waren bei unter 35-jährigen Müttern 45 % Lebendgeburten, bei über 42-jährigen nur mehr 7 % (vgl. CDC-Report, 2006). Ähnliche Zahlen hat man in Kanada gefunden (vgl. Health Canada Report, 2005: 11). Eine entsprechende Aufklärung im Vorfeld und helfende Interventionen beim Eintreten von Problemen sollten selbstverständlich sein. Eine frühere Umsetzung des Kinderwunschs würde das Problem zwar nicht lösen, aber signifikant verringern.

Die Entscheidung, ob ART oder nicht ART, muss nach ehrlicher, nicht normativer Aufklärung der Eltern in spe getroffen werden. Die Gesellschaft sollte versuchen, die Wahrscheinlichkeit des Eintretens dieser Probleme proaktiv zu verringern. Die beste Strategie wäre, Programme zu entwickeln und zu implementieren, die helfen, das Alter werdender Eltern wieder vorzuverlegen. Das würde allen Beteiligten zugutekommen, denn wie es scheint, ist im Zuge gesellschaftlicher Entwicklungen der Bezug zu Natur und Evolution verloren gegangen und die Folgen daraus sind nicht vorteilhaft, nicht für den Einzelnen, nicht für die Gesellschaft und auch nicht für den genetischen Code. Ich wage zu behaupten, dass verstärkte Anlagen zu Autismus, zu Schizophrenie, zu bipolarer Depression oder zu Fehlgeburten keine „guten" Veränderungen unseres Lebensbuches darstellen.

Natürlich wird in der ART-Welt bereits versucht, den Anteil von Mehrfachschwangerschaften zu senken, aber natürlich ohne die Effektivität von ART zu beeinträchtigen, was aber genau den Kern des Problems ausklammert. Ältere Frauen und Männer sind weniger fruchtbar und müssen „übereffektiv" behandelt werden. Nur indem wir wieder früher Kinder bekommen wollen, wäre diese Problematik zu entschärfen, weil bei jüngeren Frauen der Transfer von einer einzelnen befruchteten Eizelle oftmals ausreichend ist. Auch genetische Tests werden dazu beitragen, bestimmte schwerwiegende Defekte schon frühzeitig zu erkennen, am besten noch im Reagenzglas, obwohl bei einigen beschriebenen Krankheiten, etwa der bipolaren Depression oder der Schizophrenie, dieser Weg nicht funktionieren wird, zumindest nicht in absehbarer Zukunft. Bei diesen Krankheiten sind zu viele Gene im Spiel, und wie sie zusammen diese Krankheiten auslösen, versteht keiner.

Evolution ist nicht perfekt und ART noch weniger, aber die Kriterien dafür liegen im Auge des Betrachters. Gerade Kinder, die in manchen Augen nicht vollkommen sind, weil sie zu früh auf die Welt gekommen und dadurch beeinträchtigt sind, einen genetischen Defekt haben oder eine schwere Infektionskrankheit durchmachen mussten, bedürfen noch mehr Zuneigung, Liebe und Wärme. Der Entwicklungsstand einer Gesellschaft sollte auch daran gemessen werden, wie sie gerade mit diesen Menschen umgeht. Wenn die Eltern es nicht alleine schaffen, müssen unterstützende Einrichtungen helfen. Die Gesellschaft darf nicht die Augen verschließen.

Zufall oder Großmutterhypothese? – Vom Sinn oder Unsinn der Menopause

Die Menopause signalisiert das Ende der Fruchtbarkeit. Der Eisprung bleibt aus und weibliche Hormone werden in geringeren Mengen produziert. Damit wird auch ART machtlos. Die Haut verdünnt sich, Vaginalsekretion wird reduziert und früher oder später gesellt sich vielleicht auch verminderte Knochendichte, als Osteoporose schon lange Zeit in aller Munde, dazu. Menopause gibt es eigentlich nur bei

Menschen. Bei Gorillas in Zoos wurde sie beobachtet, und das hat die Diskussion eröffnet, ob Menopause nicht ein „Zufallsereignis" ist, weil Frauen länger leben und es ab dem 45. Lebensjahr einfach keine Eizellen mehr gibt.

Kurz vor der Geburt befinden sich in den Eierstöcken über zwei Millionen Ureizellen, die in den nächsten zehn Jahren sehr schnell auf unter 500.000 reduziert werden. Diese stark verringerte Anzahl spielt bei der abfallenden Fruchtbarkeit von Frauen ab 35 Jahren eine wichtige Rolle. Die „Zufallsereignis"-Hypothese postuliert außerdem, dass es energetisch zu kostspielig sei, Eizellen länger als bis zur mittleren Lebenszeit – diese lag früher bei etwa 45 Jahren – zu erhalten. Zudem steigt in älteren Eizellen die Häufigkeit von erworbenen Mutationen. Dadurch erhöht sich das Risiko, Kinder mit Trisomie 21 oder anderen genetischen Abnormitäten zu zeugen. Von Befürwortern dieser Hypothese wird auch angeführt, dass eine menopausale Frau keinen Fitnessvorteil besitzt und Menopause daher ein zufällig eintretender Prozess ohne Funktion ist.

Gegner der Zufallshypothese kontern, dass sich eine Frau um ihre Kinder kümmern muss, bis diese etwa das achte bis zehnte Lebensjahr erreichen, um die Wahrscheinlichkeit des Überlebens zu erhöhen. Weitere Kinder im höheren Alter wären, vereinfacht gesagt, zu viel. In diesen Überlegungen wird der Menopause eine durch die Evolution begünstigte Rolle zugedacht. Die sogenannte „Großmutter-Hypothese" liefert hierzu weitere Argumente: Durch die Hilfe der Großmutter und das Eintreten der Menopause bei der Mutter steigt die Überlebenswahrscheinlichkeit der Kinder, weil die Großmutter einen Teil der Aufgaben der Mutter übernehmen kann. Sie erhöht damit auch ihre eigene Fitness, weil die Kinder ihre Gene natürlich zum Teil weitergeben. Daten aus Afrika unterstützen diese Hypothese. Die Sterblichkeitsrate von Kindern war geringer in Familien, wenn die Großmutter sich im gleichen Dorf befand. So könnte man miterklären, warum ältere Menschen in vielen Gesellschaften als integraler und respektierter Teil der Familie oder der Gesellschaft angesehen werden, wenngleich in westlichen Ländern der traurige Trend, alte Menschen in eine Abstellgleisposition zu verfrachten, leider nicht zu leugnen ist.

Nach diesem kurzen Ausflug in die Zeit der Menopause setzen wir wieder an der Stelle fort, wo wir die chronologische Reihenfolge der Reproduktion verlassen haben: bei der Befruchtung der Eizelle. Ist diese erfolgreich geschehen, entwickelt sich im Mutterleib ein Embryo. Im folgenden Abschnitt wollen wir die wichtigsten Gedanken zum Thema Evolution und Mutter-Kind-Konflikt beschreiben – und der existiert ohne Zweifel.

Der evolutionäre Konflikt zwischen Mutter und Kind

Menstruation, selektive Abtreibung und ein makaberer Wettstreit

Das Abwerfen von Zellschichten der Gebärmutter mit sichtbarem Verlust von Blut ist unter Säugetieren selten. Das gibt es nur bei menschenähnlichen, anthropoiden Primaten (Halbaffen, Affen und Menschen), einigen Fledermäusen und Elefantenspitzmäusen. Diese Arten zeigen invasive Einnistung der Plazenta, sozusagen ein aggressives Eindringen in die Gebärmutter – immer mit einer gewissen Blutungsgefahr verbunden. Durch die Monatsblutung werden defekte Embryos entfernt. Das könnte eine der Hauptfunktionen sein, weil die Kosten für die Mutter hoch sind, Nahrung und Energie in einen nicht lebensfähigen Embryo zu investieren. Ein möglicher Schutzmechanismus vor Infektionskrankheiten wird der Menstruation auch zugeschrieben. Menstruation als Aussortierungsmaschinerie für defekte Embryos darzustellen, mag unmenschlich klingen, aber die Evolution nimmt auf emotionale Empfindlichkeiten keine Rücksicht. Mütter, die über Wochen oder Monate ein nicht lebensfähiges Kind im Mutterleib mit sich herumtragen, haben ein stark erhöhtes Komplikations- und damit Sterberisiko. Eine erfolgreiche Abstoßung bedeutet eine klare Verbesserung der Fitness – die Folge ist eine positive Selektion von Müttern mit dieser Fähigkeit.

Falls die Umweltbedingungen nicht optimal sind, könnten auf diesem Weg auch gesunde Embryos eliminiert werden, weil deren Zukunftsaussichten einfach zu schlecht sind. Ausgeprägte Unterernährung, verbunden mit schwerem Stress könnte so ein Notzustand sein. Beim Menschen gehen dabei immer alle Kinder verloren, weil auch das Endometrium, die oberste Zellschicht der Gebärmutter, abgestoßen wird und es dadurch zu einer generellen, nicht lokalisierten Menstruation kommt. Bei Tieren mit Würfen von mehreren

Nachkommen, zum Beispiel Schweinen, ist auch eine selektive Absorption von einzelnen Embryos möglich. Das mag unappetitlich klingen, erfüllt aber einen klaren evolutionären Zweck: Die Stärkeren überleben. Es gibt auch Tiere, bei denen es in Zeiten von wenig Nahrungsmittelangebot zu überhaupt keiner Vermehrung kommt. Verständlich, bedenkt man, dass die Generationsdauer relativ kurz und die Anzahl der Nachkommen hoch ist. Beim Menschen ist beides nicht gegeben und deshalb werden Schwangerschaften auch unter Mangelzuständen ausgetragen. Erstaunlicherweise ist die Milchproduktion auch während Hungersnöten relativ gut aufrechtzuerhalten. Damit wird gewährleistet, dass das Kind eine reelle Chance zum Überleben hat, und damit ist das primäre Evolutionsziel der erfolgreichen Fortpflanzung gegeben: die Weitergabe der eigenen Gene.

Viele Organismen, auch der Mensch, initiieren mehr Schwangerschaften, als Nachkommen geboren werden. Diese „Überproduktion" von Embryos kann als adaptiver Prozess angesehen werden, falls die Fitness oder Gesundheit der überlebenden Embryos höher ist als der nicht überlebenden. Beim Menschen muss der implantierte Embryo eine ausreichende Menge vom humanen Gonadotropin (hCG) produzieren, um die Menstruationsblutung zu verhindern. Messungen von hCG haben gezeigt, dass 25% aller Embryos innerhalb von sechs Wochen nach der letzten Monatsblutung abgestoßen werden, vielfach unbemerkt. 11% wurden auf andere Weise eliminiert. Weitere 10–20% der Embryos sterben in den ersten drei Monaten, oftmals durch schwere genetische Schäden. Die Daten, die für evolutionäre negative Selektion von „minderwertigen" Embryos sprechen, sind eindeutig. Die Qualität der Embryonen wird durch die Menge an hCG von der Mutter gemessen. Ist die Menge zu gering oder der Faktor durch Mutationen in seiner Funktion eingeschränkt, gibt es kein Weiterkommen. Evolutionäre Selektionsmechanismen sind heute genauso aktiv wie vor Jahrtausenden. Embryos mit einem Lebensbuch, in dem viele Seiten fehlen oder schadhaft sind, sterben ab.

Im zweiten und dritten Trimester der Schwangerschaft ist die Zahl an Fehlgeburten relativ gering. Frühgeburten werden häufig durch Infektionen ausgelöst, ein Schutzmechanismus eher für die Mutter. Sie verliert eventuell das Kind, kann aber im besten Falle wieder schwanger werden und damit wird ihre Reproduktionsfähigkeit aufrechterhalten. Welche evolutionären fitnessrelevanten Auswirkungen eintreten können, weil durch Intensivmedizin sehr unreife Geburten überleben, lässt sich schwer abschätzen. Genetische Änderungen über Generationen sind nicht auszuschließen. Embryos mit schweren genetischen Schäden haben von Natur aus nur eine geringe Chance zu überleben, doch es gibt immer Grenzfälle. Dort kann die neonatale Intensivmedizin ein Leben retten, welches noch vor wenigen Jahrzehnten keine Chance gehabt hätte. Welche genetischen Veränderungen sich anhäufen könnten, ist gegenwärtig kaum abzuschätzen.

Es ist ethisch eine komplexe Diskussion, Frühgeburten mit nur ein paar Hundert Gramm Körpergewicht sterben zu lassen oder ihr Leben mit allen Mitteln zu erzwingen. Hier Superlative anzuführen, finde ich verwerflich. Der hippokratische Eid verlangt, keinen Schaden zuzufügen. Dass viele Kinder mit weniger als 1000 g schwere Schäden in vielen Funktionen des Körpers aufweisen, soll nicht zur Diskussion stehen, aber ob Elternglück gefunden werden kann, wenn die geistige und körperliche Entwicklung stark beeinträchtigt sind, muss offen diskutiert werden dürfen. Eine intensive Auseinandersetzung mit Eltern von Kinder mit Down-Syndrom oder mit anderen schweren genetischen Erkrankungen mag dabei individuelle Einsichten ermöglichen. Die versteinerte normative Meinung der Kirche hilft kaum. Die wahrscheinlich frequente Anwendung des Kindsmordes als evolutionäre Adaptation, um die Gesundheit der Nachkommen zu erhöhen, darf ebenso wenig als Maßstab genommen werden. Menschen sind dazu fähig. Laut Mara Hvistendahls kürzlich erschienem Buch *Unnatural Selection – Choosing Boys over Girls and the Consequences of a World Full of Men* (siehe Hvistendahl, 2011) fehlen in Asien 160 Millionen Frauen. In China lautet das Verhältnis heutzutage 121 Männer zu 100 Frauen. In Indien ist die Situation noch etwas weniger deutlich ausgeprägt mit 112 zu 100. Normalerweise liegt es etwa bei 1 zu 1. Vor allem selektive Abtreibung, aber auch der gewaltsame Tod von weiblichen Neugeborenen sind dafür verantwortlich.

Was frühreife Kinder auf Intensivstationen durchmachen, ist unnatürlich, aber wo soll man die Grenze ziehen? Kann Eltern diese

Verantwortung übergeben werden? Wenn nicht den Eltern, wem dann? Der Kirche? Dem Staat? Wir spielen auch in diesem Falle mit der Evolution, und die Konsequenzen sind nicht abzuschätzen. Eine Beobachtung der möglichen Folgen von neonataler Intensivmedizin sollte das Mindeste sein.

Mangelzustand in utero – die Rechnung kommt Jahrzehnte später

Der früh noch in utero ablaufende Konflikt zwischen der Mutter und den Nachkommen mag dafür verantwortlich sein, dass eine Schwangerschaft für die Mutter gefährlich sein kann, obwohl dieses Bewusstsein in den westlichen Ländern glücklicherweise schon ziemlich verblasst ist. Dies steht im Gegensatz zu vielen Regionen auf der Welt, in denen Mütter- und Neugeborenensterblichkeit noch hoch sind.

Um auf Mangelzustände im Mutterleib zu reagieren, hat das Ungeborene zwei Möglichkeiten. Zum einen kann es gewissermaßen eigensinnig handeln und versuchen, mehr Nährstoffe von der Mutter zu extrahieren, wobei natürlich ein Zuviel für beide Seiten gefährlich sein kann. Zum anderen besteht die Möglichkeit einer intra-embryonalen Umverteilung. Dabei kommt es im Embryo zu einer Bevorzugung von Gehirn, Herz und Plazenta mit entsprechender Blutumverteilung und verringerter Durchblutung von Extremitäten, Nieren und anderen, weniger wichtigen Organsystemen. Beide Mechanismen sind für den langzeitigen Gesundheitszustand der Ungeborenen relevant. Ob Mozarts Symphonien oder Klavierkonzerte die körperliche und geistige Heranreifung des Embryos nachhaltig positiv beeinflussen können, sei dahingestellt. Reaktionen des Ungeborenen auf schwere Mangelzustände können sich zweifellos auch noch nach mehreren Jahrzehnten niederschlagen.

Der Fötus ist kein passiv heranwachsender Organismus, sondern muss auf veränderte Umgebungszustände reagieren. Er analysiert über das Blut der Mutter das allgemeine Nahrungsangebot und reagiert dementsprechend. Kommt es zum Beispiel zu einer

Kompression der Nabelschnur, werden die Bewegungen eingestellt und das Blut wird bevorzugt auf die für das Überleben absolut essenziellen Organe Gehirn, Herz und Plazenta verteilt. Hält ein derartiger Zustand länger an, kann es zu Wachstumsstörungen kommen. Diese Neugeborenen sind nicht nur kleiner, sondern haben zum Beispiel weniger Nierenkapazität und ein erhöhtes Risiko, später im Leben an Bluthochdruck zu erkranken. Bluthochdruck führt zu einer erhöhten Rate an Herzinfarkt, Hirnschlag und anderer Krankheiten, damit zu einer verkürzten Lebenszeit.

Notwendige Anpassungen im Mutterleib können somit für die Entwicklung einer Krankheit Jahrzehnte später mitverantwortlich sein. Das ist der entscheidende Zusammenhang. Durch das erst späte Auftreten dieser Probleme bestand für die Evolution keine Möglichkeit, dagegenzusteuern. Der Preis für akute Blutumverteilung bei schweren Mangelzuständen im Mutterleib liegt jahrzehnteweit in der Zukunft. Ein derartig spätes Auftreten von Problemen ist evolutionsneutral. Es gibt keine negative Selektion. Bluthochdruck mit fünfzig Jahren wird die Anzahl an Kindern nicht verringern, gesteigertes Überleben im Mutterleib jedoch schon. So kann man sich erklären, warum die Evolution diese Kompromisse eingeht. Höheres Überleben im jungen Alter oder sogar noch im Mutterleib wird immer positiv selektioniert werden und ist ein Preis, den die Evolution gerne zahlt, wenn die Rechnung erst nach der aktiven Reproduktionsphase zu begleichen ist.

Insofern im Jugend- und Erwachsenenalter ein übermäßiges Nahrungsangebot vorhanden ist und entsprechend überkonsumiert wird, besteht bei Menschen, die aufgrund eines Mangelzustandes während der Schwangerschaft klein geboren sind, mit anderen Worten bei Kindern, die sich in utero anpassen mussten, eine überdurchschnittliche Wahrscheinlichkeit, übergewichtig und zuckerkrank zu werden. Diese Zusammenhänge sind für die starken Wachstumsraten von Übergewicht und Zuckerkrankheit in sich wirtschaftlich rapide entwickelnden Ländern mitverantwortlich. Die letzte Generation hat mit Hunger gekämpft und die Kinder sind in utero darauf vorbereitet worden, dass es wenig zu essen gibt. Zum Glück hat sich die Situation jedoch geändert und es gibt keinen Nahrungsmittelmangel mehr; die im Mutterleib aber entsprechend eingestellten Körper können mit der Hyperkalorisierung, bedingt durch die rapide wirtschaftliche Entwicklung und leider vielfach gedankenlose Aneignung eines teilweise westlichen Lebensstiles, nicht umgehen. Krankheiten sind die Folge. Die Zahlen sind furchtbar (siehe auch Seite 201).

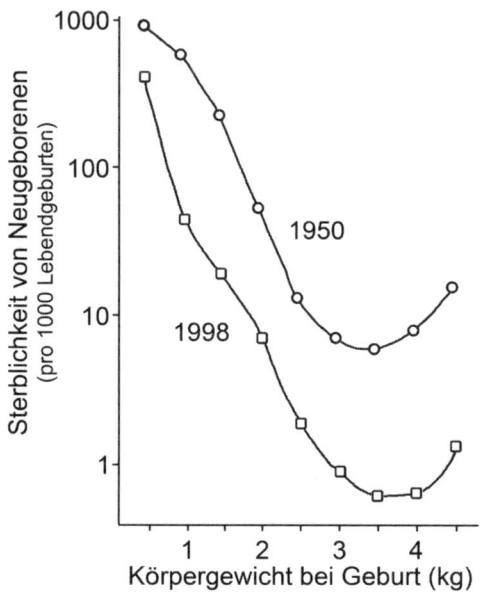

Abbildung 13: Sterblichkeit von Neugeborenen in Abhängigkeit vom Körpergewicht

Die Sterblichkeit von Neugeborenen in den ersten vier Lebenswochen ist abhängig vom Körpergewicht bei der Geburt. Die Daten sind aus den USA und damit einem entwickelten Land. Vergleichbare Grafiken mit Zahlen aus Afrika würden sich anders darstellen. Auffallend ist die etwa gleiche circa 10-fache Verringerung der Sterblichkeit durch Anstieg des Körpergewichts zwischen 1950 und 1998, mit der zu erwartenden Ausnahme der ganz niedriggewichtigen Geburten, bei denen ein stärkerer Abfall erkennbar ist (vgl. Wilcox, 2001: 1233–1241).

Im Allgemeinen sind beträchtlich kleinere – klein im Sinne von Körpergewicht – Neugeborene anfälliger für Infektionen und langsamer in ihrer geistigen Entwicklung und in ihrem Wachstum. Die in Afrika noch immer weitverbreiteten Mangelzustände in Sachen

Ernährung spielen bei der ökonomischen Entwicklung dieses Kontinents sicher eine Rolle. Durch bessere Ernährung könnten viele Infektionskrankheiten verhindert oder abgeschwächt werden. Die nebenstehende Abbildung 13 zeigt die Sterblichkeitsrate bei Neugeboren in Abhängigkeit von ihrem Körpergewicht.

Ein kleiner Exkurs: Der typische Konflikt zwischen Geschwistern, der vielfach die Nahrungsaufteilung oder auch eine angebliche Bevorzugung des jeweils anderen, etwa durch die Eltern, zum Anlass hat, könnte auf evolutionäre Selektion zurückgehen. Kinder müssen das Teilen von Essen erst erlernen. In vielen Fällen war ein möglichst hartnäckiges Weigern, nachzugeben, ein Evolutionsvorteil, weil der oder die „Geizige" in Zeiten von häufiger Nahrungsmittelknappheit einen Selektionsvorteil gehabt haben müsste. Ob sich dieser Konflikt heute noch am zivilisierten Esstisch in stark abgeschwächter Form wiederholt, ist zwar nicht erwiesen, aber durchaus möglich. Ähnliches gilt für einen vergangenen unbewussten Konflikt während der Schwangerschaft, auch dieser könnte sich in alltäglichen Auseinandersetzungen zwischen Müttern und Kindern während des Heranwachsens widerspiegeln, bewusst oder unbewusst. Diese Konfrontationen, hypothetisch bedingt durch Evolutionsnachwirkungen, werden auf unterschiedlichste Weise ausgetragen: Sanft, leise, mit leicht ausgehandelten Kompromissen bis hin zu verbalen und körperlichen Gewalt- und Machtdemonstrationen. Ob eine evolutionäre Sichtweise dieser Konflikte, die bereits vor der Geburt ihre Wurzeln haben könnten, beim Erziehungsprozess helfen kann, sei dahingestellt.

Nach diesen soziophilosophischen Gedanken möchte ich wieder auf den natürlichen Konflikt zwischen Mutter und Embryo zurückkommen. Gegen Ende der Schwangerschaft wird dieser intensiver und kann gravierende Auswirkungen auf beide Teile haben.

Der Kampf um die Blutversorgung

Blut wird in den mütterlichen Lungen mit Sauerstoff angereichert und von dort durch das Herz der Mutter geführt. Daran schließen sich zwei Versorgungskreisläufe an: Der eine führt durch die mütterlichen Organe, der anderen beliefert über die Plazenta das Ungeborene mit Sauerstoff und anderen Nährstoffen. Da beide Kreisläufe aus derselben Quelle versorgt werden, konkurrieren der Embryo und das mütterliche Organsystem in einem gewissen Sinn um die Versorgung mit dem nährenden Blut. Dabei korreliert die jeweilige Durchblutung wie beim elektrischen Strom mit dem Widerstand im jeweiligen Organsystem. Je höher der Widerstand, desto niedriger der Durchfluss. Durch den Ausstoß von Faktoren (Botenstoffen) seitens des Embryos oder der Plazenta kann der Widerstand des mütterlichen Organsystems (R_m) erhöht werden, woraufhin die Durchblutung der mütterlichen Organe sinkt und zugleich die der Plazenta und damit des Embryos steigt. Umgekehrt können auch mütterliche Faktoren freigesetzt werden, die R_m reduzieren oder den Widerstand im Plazenta-Embryo-Kreislauf (R_p) erhöhen. Tabelle 6 zeigt, welchen Anteil des Herzschlagvolumens die Gebärmutter während des Verlaufes einer Schwangerschaft bekommt.

Tabelle 6: Anteil der Durchblutung der Gebärmutter in Abhängigkeit von der Schwangerschaftswoche

Schwangerschaftswoche	Prozentanteil der Durchblutung
20	9 %
24	12 %
28	14 %
32	15 %
36–38	16 %

(Konje et al., 2001: 608–613)

Die Entwicklung dieses Anteils im Laufe der Schwangerschaft kann mit einem Anstieg von R_m oder einer Reduktion von R_p erklärt werden. Durch komplexe physiologische Gegebenheiten ist R_p als mehr oder weniger fixiert anzusehen. Daher dreht sich alles um die mögliche Manipulation von R_m, dem Widerstand im mütterlichen Organsystemkreislauf. Dieser Konflikt müsste sich im Verlauf der

Schwangerschaft steigern, weil das stetig wachsende Ungeborene gegen Ende der Tragzeit hin immer mehr Sauerstoff und Nährstoffe benötigt. Die Auseinandersetzung steigert sich wahrhaftig und die angespannte Situation wird quantifizierbar. Als Gegenreaktion der Mutter entwickelt sich bei bis zu 10% aller Schwangerschaften ein Bluthochdruck. Dieser soll dem mütterlichen Gewebe genügend Sauerstoff und Nährstoffe bereitstellen.

Präeklampsie ist das Anfangsstadium eines potenziell lebensbedrohlichen Symptomkomplexes während der Schwangerschaft, der durch Bluthochdruck und eine erhöhte Konzentration von Eiweißstoffen im Harn diagnostiziert wird. Kommt es zu mütterlichen epileptischen Anfällen, spricht man von Eklampsie, festzustellen bei immerhin 0,5–1% aller Geburten. Das wären weltweit circa 700.000 betroffene Mütter pro Jahr – die Mehrzahl davon in den weniger wohlhabenden Ländern – mit hoher Sterblichkeit für beide, Mutter und Kind. 70.000 Mütter sterben pro Jahr weltweit an dieser Krankheit (vgl. Trevanathan, Smith, McKenna, 2008: 217). Evolution ist nicht perfekt, aber es darf angenommen werden, dass ohne Entwicklung von Prä- oder Eklampsie der Preis noch höher wäre, da die Sterblichkeit von Ungeborenen ohne diese physiologischen Anpassungsversuche wahrscheinlich noch höherläge. Ob aktive genetische Selektion an einer Verbesserung auch heute noch „arbeitet", ist schwierig abzuschätzen. Es kann auch sein, dass sich der aktuelle Stand schon vor längerer Zeit einpendelt hat. Inwieweit therapeutische Ansätze in dieses Evolutionsspiel eingreifen, wird man erst in Jahrzehnten sagen können. Es kann zu einer Häufung von Eklampsie kommen, wenn die schweren, eventuell tödlichen Formen besser behandelt werden können. Genetische Faktoren spielen bei solchen Krankheiten oftmals eine wichtige Rolle.

Die Symptomatik wird durch reduzierte Durchblutung aufgrund von Blutgefäßverengungen am besten erklärt. Daher ist diese Krankheit für viele Wachstumsstörungen im Mutterleib verantwortlich. Präeklampsie ist eine mysteriöse Krankheit. Die verantwortlichen Faktoren konnten noch nicht eindeutig isoliert werden. Die erste Schwangerschaft mit einem Partner ist öfters betroffen und das Risiko ist erhöht, wenn man den Partner nicht länger als vier bis fünf Monate kennt. Eine Immunsystemanpassung zwischen Vater und Mutter in spe wird vermutet. Die Verwendung von Kondomen dürfte das Risiko erhöhen, in Übereinstimmung mit einem Gewöhnungseffekt zwischen Frau und Mann. Eine Implantationsstörung der Plazenta in die Gebärmutter ist auch ein möglicher Grund. Die wahre Ursache ist aber nicht bekannt.

Die Plazenta ist für das Krankheitsbild verantwortlich und eine rasche Geburt ist die einzige Maßnahme, die das Risiko für die Mutter entscheidend reduziert. Dies kann zu einem Dilemma führen, wenn die Krankheitssymptome vor dem errechneten Termin auftreten, weil eine Gefahr für das unreife Kind besteht. Für die Mutter ist Präeklampsie eine schlechte evolutionäre Adaptation, aber für den Fötus eine gute, vor allem für das Gehirn, welches in dieser Phase unglaubliche 60 % der von der Mutter zur Verfügung gestellten Nährstoffe konsumiert (vgl. Trevanathan, Smith, McKenna, 2008: 220). Durch Präeklampsie wird der Blutfluss für das Ungeborene gesteigert und eventuelle Durchblutungsdefizite können ausgeglichen werden. Der Embryo schraubt sozusagen am Gefäßwiderstand der mütterlichen Organe herum, um die optimale Sauerstoffversorgung für die Plazenta und damit für sich rauszuholen.

Natürlich ist das eine hochriskante Strategie des ungeborenen Kindes, die nur in seltenen Fällen derart extrem ausfällt. Wie nicht anders zu erwarten, ist die Rate von Präeklampsie bei Zwillingsschwangerschaften höher, da hier zwei Embryos um die Nährstoffe konkurrieren, ebenso bei Schwangerschaften in höheren Lagen mit geringem Sauerstoffanteil in der Luft.

Die Hypothese, Präeklampsie und Eklampsie als eine evolutionäre Adaptation anzusehen, hat eine schwache und eine starke Version. Die mütterlichen Gefäßverengungen erhöhen durch verstärkten Blutfluss durch die Plazenta die Überlebenschancen von Ungeborenen. Die Fähigkeit des Körpers, die Gefäßdurchblutung zu beeinflussen, wurde dadurch positiv selektioniert. Die schwache Version betrachtet die Präeklampsie als eine seltene Überreaktion, wobei eine Erhöhung des Blutdruckes in nicht präeklamptischen Schwangerschaften als normale Adaptation angesehen wird. Leider hat die evolutionäre Sichtweise in diesem Fall noch nicht geholfen, bessere Therapieansätze zu entwickeln, aber wer weiß, was noch geschieht.

Die oftmals nachgewiesene temporäre Zuckerkrankheit am Ende einer Schwangerschaft – also dann, wenn das Ungeborene am meisten Nährstoffe benötigt – könnte man auch über einen derartigen Konflikt erklären. Der Embryo versucht, möglichst viel Zucker für sein Wachstum zu bekommen, und induziert über nicht bekannte Mechanismen erhöhte Zuckerwerte im mütterlichen Blut. Dabei kann es sogar zu einer Unterzuckerung der Mutter kommen, falls der Embryo zu viel Zucker extrahiert. Dieser Zustand ist gehäuft in industrialisierten Ländern zu beobachten. Die Vermutung einer zu üppigen Nahrungszufuhr drängt sich auf, wobei Kinder dieser Mütter ein erhöhtes Risiko in sich tragen, Jahre später selbst Zuckerkrankheit zu entwickeln. Negative Auswirkungen des Hyperkonsums zeigen sich in Bereichen, in denen sie oft nicht vermutet werden.

Warum haben menschliche Babys einen so hohen Fettanteil?

Intelligenz wird zwar zu etwa 50 % genetisch vererbt, die Suche nach dem Intelligenzgen blieb bisher jedoch – wenig überraschend – erfolglos. Zwar wurden mit komplexen genetischen Methoden einige Gene, die einen entsprechenden Zusammenhang mit gesteigerter Intelligenz vermuten lassen, entdeckt, deren individueller Beitrag macht aber nicht über 1 % an der gesamt gemessenen Intelligenz aus (vgl. Zimmer, 2008: 52–59). Mit anderen Worten, wenn ein jedes Gen nur 1 % beiträgt, würde man 100 Gene benötigen, um die gemessene Intelligenz erklären zu können. Eine 100 %ige Rückführung auf genetische Faktoren wird man bei komplexen Personeneigenschaften (aber auch Krankheiten wie Schizophrenie, Autismus oder bipolare Depression) in den seltensten Fällen finden. Umwelteinflüsse, beginnend bereits vor der Geburt, und die besonders prägenden ersten zwei Lebensjahre entscheiden mit. Eine 50 %ige genetische Beteiligung ist ein guter Richtwert. Unter der Annahme, dass jedes gefundene Gen im Durchschnitt 1% beiträgt, sind allerdings noch immer 50 Gene zur Erklärung notwendig.

Dass höhere Intelligenz überhaupt einen Überlebensvorteil über Millionen von Jahren gnadenloser, brutaler, körperlich betonter Evolution gebracht habe soll, ist sehr zweifelhaft – bei dieser Zeitspanne ist die Selektion von Affen als unsere direkten Vorfahren miteingerechnet. Auch deshalb ist eine positive Erwartungshaltung, Intelligenzgene zu finden, nicht nachzuvollziehen, aber im Rückblick ist man immer klüger. Bei der Suche wurden durchschnittlich intelligente mit überintelligenten Menschen verglichen. Differenzialgleichungen oder Integrale mit Leichtigkeit zu lösen – dies sind durchaus Beispiele von höherer Intelligenz, wenngleich die Definition von Intelligenz, insbesondere von höherer, alles andere als einfach ist –, hilft beim Kampf mit einem Krieger des überaus kampfeslustigen Nachbarstammes oder einem hungrigen Löwen wenig. Trotzdem sind natürlich die sensorischen und intellektuellen Möglichkeiten von Menschen einzigartig, und genetische Selektion spielte bei der Weiterentwicklung unserer nichthominoiden Vorfahren eine entscheidende Rolle, ebenso wie die Größe des Gehirns relativ zum Körpergewicht.

Das Gehirn des Menschen ist im Vergleich zu anderen Primaten 2,5-fach schwerer als erwartet. Zudem konsumiert es beim Erwachsenen 20% des verfügbaren Sauerstoffs, beim Neugeborenen unglaubliche 85% und beim Säugling zwischen 2–24 Monaten noch immer im Durchschnitt 60%. Das Gehirn eines neugeborenen Schafes hingegen nur 3,5%. Bei Schimpansen liegen die Werte im Vergleich zum Menschen circa halb so hoch (vgl. Gluckman, Beedle, Hanson, 2010: 112). Wie wird dieser ungeheure Energiebedarf befriedigt und wie hat die Evolution dieses Problem gelöst?

Im Mutterleib steigt der Fettgehalt des Babys in den letzten 16 Wochen der Schwangerschaft von 0,1 auf 11,2% an, ein schier unglaublicher 100-facher Anstieg. Der Fettanteil am Körpergewicht steigert sich auch noch nach der Geburt bis zum Höchststand von etwa 25% bei sechs Monate alten Säuglingen, bevor er wieder zu sinken beginnt. Damit dürften wir im ganzen Tierreich die fettesten Säugetierbabys haben – und das mit Grund. Diese Akkumulation an verbrennbarer Energie schützt bei eventuellen Frühgeburten, aber sie muss auch eine wichtige Rolle in den ersten Wochen und Monaten nach der Geburt einnehmen. Die Hypothese, sie diene zur Kälteprotektion, ist eher zweifelhaft, sie stimmt mit geografischen Gegebenheiten nicht überein. Der hohe Fettgehalt dürfte für die rasche weitere Entwicklung, aber auch die kontinuierliche, verlässliche Versorgung des Gehirns vorteilhaft und damit selektioniert worden sein. Das Gehirn ist selbst ein sehr fettreiches Gewebe. Das starke Wachstum der Gehirnstrukturen nach der Geburt – im ersten Jahr geschieht dies mit dem gleichen enormen Tempo wie zuvor im Mutterleib – muss kompromisslos gewährleistet sein. Die großen Fettreserven können das als „Supernahrung" fürs Gehirn mit bewerkstelligen. Eine andere Hypothese besagt, dass das Fett das Risiko des Kindsmordes erniedrigen könnte, weil es durch seine äußerlich gut sichtbare Anlagerung der Mutter signalisiert, das Baby erfreue sich strahlender Gesundheit. Wer meint, Kindsmord spiele in unserer Welt keine Rolle mehr, weil sich der Mensch auf einer dafür zu hohen Entwicklungsstufe befinde, sollte sich beispielsweise mit den Auswirkungen des Ein-Kind-Passes in China oder mit Auswirkungen der Nachkommenspolitik in manchen Regionen Indiens auseinandersetzen. Marva Hvistendahls Buch, das sich mit diesen Themen beschäftigt, sei an dieser Stelle nochmals als Lektüre empfohlen (Hvistendahl, 2011).

Mit diesem kurzen Einblick in die Zusammenhänge von Gehirnwachstum und Fettanteil bei Babys ist der Abschnitt über die verschiedenen Aspekte der Reproduktion und der gegenseitigen Beeinflussung von Mutter und (ungeborenem) Kind abgeschlossen. Evolution ist nach wie vor aktiv, und durch jedes Handeln – oder Nichthandeln – unserer Gesellschaft entsteht ein Wechselspiel, das unser Lebensbuch direkt oder indirekt verändert. Die Konsequenzen werden erst in Jahrzehnten so richtig ans Tageslicht treten, und ich hoffe, dass die zukünftige Gesellschaft diesen Wandlungen nicht unvorbereitet gegenübersteht. Im nächsten Kapitel steht der Mann im Vordergrund und warum sexuelle Selektion einen relativ hohen Preis hat. Noch verlassen wir das große Gebiet der Reproduktion in Zusammenhang mit Evolution und Medizin nicht.

Sexuelle Selektion, Aggression und Depression

Dieses Kapitel scheint ein wenig abseits des Themenkreises Medizin und Evolution zu stehen, aber die Brücken können leicht geschlagen werden. Die Verbindung zur mentalen Gesundheit, die in unserer Zeit mit vielleicht ansteigenden Raten von verschiedenen Formen der Depression, Hyperaktivitätssyndrom und Aufmerksamkeitsdefizit, Neurotizismus, Narzissmusepidemien sowie Ernährungsaufnahmestörungen aller Art an Bedeutung gewinnt, rechtfertigt die nachfolgenden Betrachtungen ohne Zweifel. Dabei wird auch eine Erklärung für die niedrigere Lebenserwartung von Männern geliefert, wobei die Ursachen zum Teil verhindert werden könnten und die Auswirkungen einen starken Bezug zur Medizin und Evolution haben. Ob die Aggressivität der Männer zu genetischen Veränderungen führen könnte, wird diskutiert.

Darwin war einer der Ersten, der über sexuelle Selektion publizierte. Diese spezielle Art der Selektion besagt, dass die Wahrscheinlichkeit einer Paarung in einer bestimmten Population nicht zufällig erfolgt. Sie spielt eine wichtige Rolle in der Evolution, insbesondere, aber gewiss nicht nur bei der des Menschen. Neben der individuellen und der Verwandtschaftsselektion ist sie die dritte Säule unter den natürlichen Selektionsmöglichkeiten. Verwandtschaftsselektion beruht darauf, dass das Überleben oder genauer gesagt eine erhöhte Zahl an Nachkommen bei engen Familienmitgliedern gleichbedeutend ist mit dem Überleben eigener Gene. Dies meint auch der berühmte Spruch des Biologen und Genetikers J. B. S. Haldane: „Ich wäre bereit, mein Leben zu opfern für zwei Brüder oder acht Vettern." Artifizielle Selektion wäre eine mögliche vierte Säule. Genetische Veränderungen, induziert durch Gesellschaftsprozesse, könnte man als fünfte Säule bezeichnen, wobei diese in gewisser Hinsicht auch als natürlich interpretiert werden könnte. Eine klare Einordnung ist hier schwierig.

Die Mechanismen sexueller Selektion

Auch wenn sexuelle Selektion von den Beteiligten nicht unbedingt bewusst erlebt und gesteuert werden kann, ist die Wahrscheinlichkeit, einen Partner und Nachkommen zu haben, nicht für jede Menschen gleich. In der Folge kommt es zu einer Selektion von bestimmten äußerlichen Zügen und Charaktereigenschaften. Besonders zwei Faktoren werden hierbei von Evolutionsbiologen gerne differenziert. Einerseits die Macht des Stärkeren und andererseits die Macht des weiblichen Geschlechtes, sich Männer nach bestimmten Kriterien auszusuchen.

Konkurrenzverhalten zwischen männlichen Individuen ist im Tierreich weitverbreitet – und offensichtlich nicht nur dort – und führt dazu, dass die stärkeren Männchen sich das Recht auf Paarung erkämpfen. Gorillas pflegen eine haremsähnliche Sippenorganisation, in der der diktatorisch herrschende Leitgorilla alleinigen Zugang zu den Weibchen hat – oder dies zumindest glaubt. Die Ausbildung des in seinen Ausmaßen eher überflüssigen Geweihs bei Hirschen wird auch auf sexuelle Selektion zurückgeführt (vgl. Gluckman, Beedle, Hanson, 2010: 35).

Der Stärkere gewinnt, und damit kann man erklären, warum es bei vielen Spezies – es gibt nur wenige Ausnahmen – zum Dimorphismus zwischen Männchen und Weibchen kommt: Das Männchen ist größer als das Weibchen, das ist auch beim Menschen so. Eine Frau bringt durchschnittlich rund 80 % des Körpergewichtes eines Mannes auf die Waage. Beim Menschen versuchen die männlichen Exemplare auch mit anderen Mitteln, die Gunst der Weibchen zu erobern: Besondere Wichtigkeit kommt dabei der Präsentation wertvoller Gegenstände oder Besitztümer zu, deren konkrete Form zeit- und umgebungsabhängig ist. Das kann eine schützende Höhle sein, der erlegte Hirsch oder auch der neue Ferrari. Die Zeichen von Stärke und Macht wandeln sich aufgrund von sozialen und gesellschaftlichen Gegebenheiten. Früher war Stärke vermutlich gleichzusetzen mit der Fähigkeit, Nahrungsmittel zu besorgen und die Weibchen zu beschützen. Das Pendant in der heutigen Zeit ist natürlich Geld, und es ist daher nicht verwunderlich, dass jüngere Frauen auch immer

wieder ältere Männer mit entsprechenden finanziellen Mitteln als Lebenspartner wählen – andere Motive einmal nicht berücksichtigt.
Wenn nun der Stärkere den Schwächeren besiegt – in der Vorzeit war der Ausgang vor allem bestimmt durch Muskelmasse und damit -kraft – beziehungsweise der Schwächere sich ohne Kampf als Unterlegener freiwillig zurückzieht und in eine depressive Stimmungslage verfällt, weil ihm der Zugang zum weiblichen Geschlecht verwehrt bleibt, während der Stärkere sich mit den attraktivsten Weibchen vergnügt, werden Körpergröße und Muskelmasse der Männchen über Generationen stetig zunehmen, da der Stärkere einfach mehr Nachkommen zeugen kann und Muskelmasse und Körpergröße und -bau eine wichtige genetische Komponente in sich tragen. Diese spezielle, nach eher brachialen Kriterien funktionierende körperliche Selektion war beim Menschen über Abertausende von Jahren aktiv und hat genetische Veränderungen verursacht. In heutigen menschlichen Gesellschaften gibt es sie kaum mehr, sie kann aber in noch existierenden Jäger-und-Sammler-Gesellschaften sehr wohl eine Rolle spielen. Im Reich der Säugetiere existiert diese Art der Selektion schon seit Millionen von Jahren.

Depressive Individuen neigen zu Inaktivität. Es fehlt ihnen an der Bereitschaft, sich aufzuraffen und mehr Muskelmasse aufzubauen, um sich einem neuerlichen Kampf zu stellen. Dahinter steckt auch ein Schutzmechanismus. Wenn man in einigen Kämpfen gegen stärkere Konkurrenten verloren hat, ist es nicht sinnvoll, immer wieder zu kämpfen, weil eine Niederlage früher oder später auch tödliche Folgen haben könnte. Das Erkennen einer hoffnungslosen Situation kann einen Überlebensvorteil mit sich bringen nach dem Motto: Der Klügere gibt nach. Die Frage, ob der Anstieg von depressivem Verhalten und Symptomen in unserer Gesellschaft mit einer Art Aufgabe oder gesellschaftlicher Überforderung zu tun hat, liegt nahe – dem nachzugehen, würde uns aber in ein anderes Themenfeld führen.

Es gibt aber auch andere Wege, doch noch zum Erfolg zu kommen. Der Schwächere kann versuchen – so er sich aufraffen und den Mut dazu fassen kann –, durch Täuschen oder Hintergehen an das andere Geschlecht ranzukommen. Das weibliche Gegenüber muss dabei natürlich mitspielen und ungefährlich dürfte dieses Unternehmen für beide Beteiligten nicht sein. Auch dieses Verhaltensmuster ist weitverbreitet, natürlich auch beim Menschen. Wurde dadurch vielleicht nach besserer oder höherer Intelligenz selektioniert? Man könnte glauben, dass eine erfolgreiche Täuschung mehr Gehirnschmalz benötigt, als einfach zuzuschlagen, aber dieser Gedanke sei nur als Nahrung fürs Gehirn hinzugefügt. Stichwort Täuschung und Hintergehen: Inwieweit der Ursprung von korruptem Verhalten des Menschen im Tierreich zu suchen ist, sei dahingestellt, aber Evolution als Ausrede für die in der Menschenwelt weitverbreitete Korruption und Täuschung zu verwenden, fände ich zumindest originell, gerechtfertigt freilich nicht.

Korruption wird als eine der wichtigsten wirtschaftlichen Blockaden in weniger entwickelten Ländern angesehen und der Korruptionsindex korreliert wunderbar mit wirtschaftlichen Entwicklungsmöglichkeiten (vgl. Copenhagen Consensus Document, Rose-Ackerman, 2004). Die Weltbank schätzt, dass pro Jahr eine Billiarde US-Dollar an Bestechungsgeldern aufgewendet wird. Das sind 3 % des globalen nationalen Einkommens (GDP). Wenn Länder mit hoher Korruption diese auf britisches Niveau senken könnten, würden sich die GDPs um etwa 20 % erhöhen und 3 % mehr Geld für Investitionen in das Land fließen. Das sind beträchtliche Zahlen, und Korruption wird deshalb als ein großes Hindernis im globalen Wachstum angesehen und sexuelle Selektion oder Evolution ist daran vielleicht mit schuld.

Neben der Machovariante mit Anwendung brachialer Gewalt existiert eine weitere Ausprägung von sexueller Selektion, die im Tierreich vielfach erforscht wurde. Sie beruht auf der Selektion nach bestimmten attraktiven Merkmalen des Männchens durch das Weibchen. Der männliche Pfau trägt einen excessiven Schweif, der keine offensichtlichen Vorteile bringt. Aber der weibliche Pfau sieht darin Stärke und Gesundheit und wählt deshalb den Pfau mit dem schönsten und größten Hinterteil. Was in freier Wildbahn eher ein Handicap darstellt, könnte zugleich signalisieren, dass der betroffene Pfau umso bemerkenswertere Fähigkeiten mitbringt, da er überlebt hat, obwohl er für jeden Räuber weithin sichtbar ist und bei der Flucht einiges an Ballast mit sich rumzuschleppen hat. Dieser Schweif ist also ein Zeichen von Stärke und Gesundheit und gilt für das Weibchen damit als Garant für gute Gene.

Im Tierreich gibt es viele Beispiele für beide Mechanismen, für die Macht des Stärkeren sowie für Selektion durch das weibliche Geschlecht, und ganz trennen kann man sie nicht. Zum Beispiel könnte die stark ausgeprägte Muskulatur des Gorillas über beide Mechanismen selektioniert worden sein, als Vorteil im Kampf mit anderen Männchen und als positives Signal für weibliche Gorillas.

Es bietet sich natürlich an, bestimmte menschliche Verhaltensweisen auf derartige Selektionsmechanismen zurückzuführen. Dabei kommen aber natürlich seit Jahrtausenden andauernde Adaptionen mit aktuellen kulturellen Entwicklungen und sozialen Zwängen in Konflikt. Zeigt der Bodybuilder seine Muskeln im ärmellosen T-Shirt, weil er damit der Frau signalisieren will, dass er außergewöhnlich gesund und kräftig ist und die mögliche Nachkommenschaft beschützen kann? Hat das machohafte Zurschaustellen von schnellen Autos, Goldketten oder generell von Macht und Geld seinen Ursprung im Tierverhalten? Und welche Funktion üben Stöckelschuhe und roter Lippenstift aus und woher kommt das Verhalten ursprünglich?

Roy Baumeister und Kathleen Vohs haben das Paarungsverhalten rein ökonomisch, aber überaus unterhaltsam betrachtet und kamen zu dem Schluss, dass der Mann der Käufer und die Frau die Verkäuferin von Sex ist – und Sex muss in diesem Zusammenhang mit Nachkommenschaft und der Weitergabe von Genen gleichgesetzt werden (vgl. Baumeister, Vohs, 2004: 339–363).

Kapitalistisches Angebot-und-Nachfrage-Denken hat sich vielleicht aus dem Kampf um Nachkommenschaft, der sexuellen Selektion mit erhöhter Risikobereitschaft bei Mangel an Paarungsmöglichkeiten, entwickelt. Das würde erklären, warum sich Marxismus oder exzessiver Sozialismus nicht durchsetzen konnten. Sie waren zu anti-evolutionär und damit anti-natürlich. Einer der angesehensten Evolutionsbiologen, Edward O. Wilson, hat es so formuliert: „Karl Marx hatte recht, Sozialismus funktioniert, es ist nur, dass der Mensch die falsche Gattung dafür ist." (vgl. Kruger, 2010: 194–204) Durch die lange evolutionsbedingte Assoziation vom männlichen

Status und dem Erfolg beim Zeugen von Nachkommen sind Männer hinsichtlich ihrer Position in der sozialen Hierarchie und in empfundenen Bedrohungen ihres relativen Status überaus empfindlich. Sozialistische Utopien sind aufgrund der ihnen innewohnenden Unterdrückung von Statusdifferenzen a priori fragil und zum Scheitern verurteilt. Ob gesellschaftliche Weiterentwicklung diesen Zustand jemals hinter sich lassen kann, ist nicht zu beantworten. Ob die Welt ein besserer Platz wäre ohne das starke Nachwirken von sexueller Selektion, ist wiederum leicht zu beantworten. Denn die menschliche, genauer gesagt männliche Gewaltbereitschaft hat absolut etwas mit dieser Art von Selektion zu tun.

Sexuelle Selektion läuft schneller ab als klassische natürliche Selektion, weil es einer künstlichen Selektion nahekommt. Damit können genetische Veränderungen relativ rasch an Häufigkeit gewinnen. Es ist kein Zufall, dass die Kinder von Spitzenathleten vielfach wiederum ausgezeichnete Sportler werden, obwohl dabei natürlich auch viele andere Faktoren wie Motivation der Eltern und entsprechendes Umfeld eine wichtige Rolle spielen. Ähnlich verhält es sich beispielsweise auch bei Akademikerfamilien.

Ob es, wenn man dieses Gedankenexperiment weiterführen will, in einer Population mit entsprechend verbesserten und messbaren physiologischen und psychologischen Rahmenbedingungen zu einer Anreicherung bestimmter Gene kommen kann und wie weit sich eine solche Entwicklung aktiv „treiben" ließe, kann man nicht beantworten – und das ist gut so. Man bewegt sich da schon nahe an einer Eugenik-Diskussion, was jedoch auch nicht zu einem sofortigen absoluten Verstummen führen sollte. Selektion nach Muskelkraft beispielsweise ist vorstellbar, obschon man sich in Wirklichkeit gar nicht vorstellen kann, was dabei alles schiefgehen könnte. Testosteron beeinflusst zwar nicht alles im Leben eines Mannes, aber durch intensive Selektion über mehrere Generationen könnte es uns vielleicht tatsächlich gelingen, hypermuskulöse, testosteronvergiftete, hyperlibidinöse, hyperaggressive, vielleicht noch dazu geistig limitierte, machtbesessene, schon früh an Prostatakrebs erkrankende und herzinfarktgefährdete männliche Kreaturen heranzuzüchten. Herzliche Gratulation. Wahrscheinlich würden sich derartig gezüchtete

Männer bald nach der Pubertät gegenseitig zerfleischen! Abgesehen davon, wie würden die hervorgebrachten Frauen aussehen?

Die aktuell einzig mögliche positive künstliche Selektion ist die nach Geschlechtern, einfach indem man befruchtete Eizellen entsprechend aussortiert. Genau das wird heute leider auch bei artifizieller Befruchtung gemacht, obwohl es in vielen Ländern verboten oder nur dann erlaubt ist, wenn bereits mehrere weibliche Kinder geboren wurden und der Wunsch nach einem Sohn nachvollziehbar stark ist. Hoffentlich erfahren wir nie, wie derartige Zuchtversuche verlaufen. Bei Tieren gibt es genug Erfahrungen in diese Richtung, obwohl die dabei beobachteten negativen Folgen vielfach durch Inzucht mit verursacht werden. Im Kapitel „Gehirn, Gesellschaft und Evolution" (ab Seite 243) finden sich ähnliche Fragestellungen und Überlegungen hinsichtlich einer Selektion in diesem Bereich über geistige Selektion, wobei hierbei die Wahrscheinlichkeit, dass eine Anreicherung von Intelligenzgenen gelingen könnte, gleich null ist. Das amerikanische Ivy-League-Universitätsselektionssystem könnte eine legitime derartige Feldstudie darstellen.

Aus Sicht der Evolution ist rein äußerliche Attraktivität ein Zeichen von Genqualität und hohem Reproduktionswert. Um die Zusammenhänge besser durchdenken zu können, muss man sich allerdings ein paar Hundert oder Tausend Jahre zurückversetzen. Diese Mechanismen waren in einer Zeit ohne Kosmetikindustrie und ohne plastische Chirurgie sicher effektiver, obwohl es seit Menschengedenken Versuche gibt, den menschlichen Körper durch verschiedenste Maßnahmen und Tricks, das klassische Beispiel lautet Schminken, zu verschönern, man denke nur an die ägyptischen Hochkulturen. Die moderne Kosmetikindustrie war bis vor Kurzem noch auf die Frau fixiert, aber inzwischen werden auch Männer intensiv miteinbezogen. Im Kapitalismus müssen Wachstumschancen durch Bedürfnisinduktion geschaffen werden. Für Evolutionsbiologen ist die Existenz der Schönheitsindustrie mit all ihren Ablegern (zum Beispiel Stöckelschuhe, Diätwahn, am Computer perfektionierte Models, Suche nach dem nächsten Supermodel, Schönheitskuren etc.) nicht schwer zu erklären. Und daran schließen sich interessante Fragen an: Kommt es durch den „Schönheitswahn" in der heutigen Zeit in den reichen Ländern zur Selektion von bestimmten Merkmalen? Ist die Evolution auf diesem Gebiet im 21. Jahrhundert aktiv?

Ein Grundprinzip von sexueller Selektion ist die Suche nach attraktiven Partnern, dabei ist von einer universellen Schönheit oder Attraktivität auszugehen. Diese Annahme dürfte zutreffen, wie in einem spannenden Artikel von Judith Langlois und Koautoren ausführlich beschrieben wurde (vgl. Langlois et al., 2000: 390–423, Jokela, Website). Die Übereinstimmungen in der Beurteilung von Attraktivität innerhalb, aber auch zwischen Kulturen sind hoch. Zudem werden attraktive Menschen, Kinder und Erwachsene, in einer Gesellschaft bevorzugt und besser behandelt. Äußerliche Attraktivität hat einen wichtigen Einfluss auf die Akzeptanz in einer Gesellschaft. Schönheit liegt also nicht nur im Auge des Betrachters.

Damit drängt sich eine Hypothese auf, die jedoch selten untersucht wurde: Gibt es einen positiven Zusammenhang zwischen Attraktivität und Fertilität beziehungsweise der Anzahl an Kindern? Eine Studie an circa 2.000 Individuen in den USA stellt dafür einen schwach positiven Befund dar, betreffend sowohl Männer als auch Frauen. Die auf einer Vier-Punkte-Skala (sehr attraktiv, attraktiv, mäßig attraktiv und nicht attraktiv) als attraktiv eingestuften Frauen hatten um 16 % und die als sehr attraktiv eingestuften Frauen um 6 % mehr Kinder als die beiden anderen Kategorien (vgl. Jokela, 2009: 342–350). Bei den Männern spielte die positiv beurteilte Attraktivität, wie aus evolutionstechnischer Sicht auch zu erwarten ist, eine nicht so wichtige Rolle. Allerdings hatten die als nicht attraktiv eingestuften Männer um 13 % weniger Kinder. Attraktivität wird diesen Ergebnissen zufolge also schwach positiv selektioniert. Ob sich dieser Trend in Zukunft bestätigen und auf andere Kulturen und Gesellschaften übertragen lässt, ist offen. Würde die Selektionsstärke gleich bleiben, wäre ein Effekt in fünf bis zehn Generationen messbar (Jokela, Website). Wenn wir das Ausmaß der positiven Selektion auf die Körpergröße anwenden, würden wir in einer Generation um circa 0,2 cm größer werden, und damit wäre der Effekt auf die Attraktivität über Hunderte von Generationen beträchtlich. Dass eine ähnliche Selektion auch über die vergangenen Jahrhunderte oder Jahrtausende stattgefunden hat, liegt auf der Hand, aber nachweisen kann man das nicht mehr. Sexuelle Selektion ist auch im 21. Jahrhundert noch immer aktiv – und sie ist auch heute noch ein zweischneidiges Schwert, denn viele ihrer Auswirkungen sind für das Zusammenleben und Auskommen innerhalb der menschlichen Gesellschaft nicht wirklich förderlich.

Sexuelle Selektion als Ursprung männlicher Aggressivität und Gewalt

Warum könnte die sexuelle Selektion eine ganz entscheidende Rolle in der Menschheitsentwicklung spielen? Der ständige Konkurrenzkampf um das Vorrecht, sich zu paaren, und damit um die Möglichkeit, die eigenen Gene weiterzugeben, hat das Risikoprofil des männlichen Verhaltens entscheidend beeinflusst, wobei beim modernen Menschen die kulturelle und gesellschaftliche Einbettung eine mehr oder weniger starke Sublimierung oder Transformierung dieser Risikobereitschaft ermöglicht hat. Obwohl man glauben möchte, dass dieses zu Gewalt und Aggressivität neigende Verhalten heutzutage weitgehend verschwunden sei, zeigt es bei genauer Betrachtung auch in unseren Tagen eine Vielzahl an Auswirkungen – und ich spreche nicht nur von Welt- oder Bürgerkriegen oder auf Gewalt und Unterdrückung beruhenden Herrschaftsformen. Die erhöhte Risikobereitschaft tritt auch im normalen Alltag überaus deutlich in Erscheinung: bei Extremsportarten, bei Motorradfahren, Autounfällen, Drogen- und Alkoholkonsum, Selbstmordraten, sexuellem Verhalten und sogar bei einfachsten Handlungen wie dem Überqueren der Straße, um nur einige zu nennen. Dieses Verhalten ist universell und hat schwerwiegende Konsequenzen. Männer reagieren auf herausfordernde Umstände eher mit *fight or flight* (kämpfen oder flüchten), während sich das Verhalten von Frauen eher an der Devise *tend and befriend* (kümmern und behilflich sein) orientiert (vgl. Kruger, Nesse, 2004: 66–85). Durch den Versuch des Besänftigens wird Disstress (negativer, bedrohlicher Stress) ab- und Sicherheit aufgebaut. Das weibliche Fördern sozialer Vernetzung verstärkt diese Prozesse und kann die Wahrscheinlichkeit einer Gewalthandlung reduzieren.

Die gesellschaftliche Erwartungshaltung, laut der Männer „hart" sein müssen und Gefühle und Ängste nicht zeigen dürfen, könnte ihre Risikobereitschaft erhöhen. Wie stark sind diese Effekte? Sind sie im täglichen Leben messbar?

Die Zahl der Mordfälle in verschiedenen Bezirken von Chicago zwischen 1988 und 1993 unterscheidet sich zwischen den Geschlechtern um den Faktor 100 (vgl. Wilson, Daly, 1997: 1271–1274). Wenn man alle Ursachen miteinbezieht und über das ganz Leben betrachtet, ist die Sterblichkeit aufgrund externer Ursachen bei Männern immer höher als bei Frauen, wie auch aus Abbildung 14 ersichtlich ist.

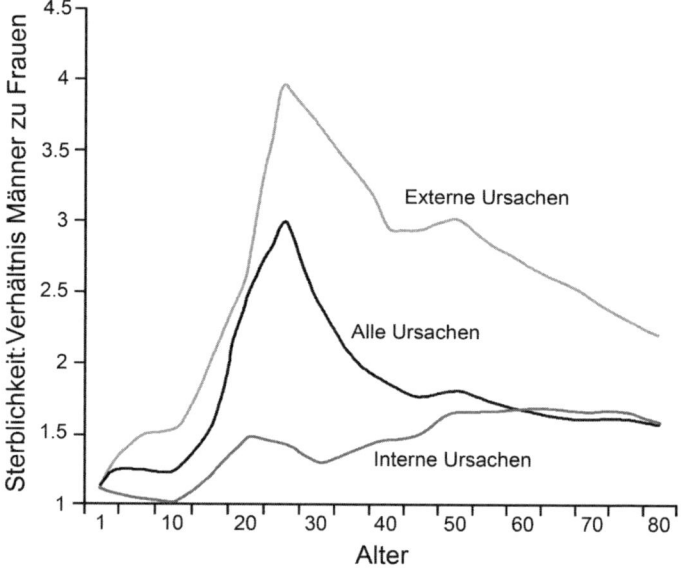

Abbildung 14: Verhältnis männlicher und weiblicher Sterblichkeit in den USA

Die Daten beziehen sich auf das Jahr 2000. Es gibt keinen Wert unter 1, was zeigt, dass Männer immer eine höhere Sterblichkeit zeigen als gleichaltrige Frauen. Besonders die Spitze um 25 Jahre ist leider beeindruckend. Externe Ursachen wie Selbstmord, (Auto-)Unfälle und Morde bauen diesen Gipfel. Dieses Bild wird von der sexuellen Selektion entscheidend mitgetragen, damit verbunden der Kampf um einen Sexualpartner beziehungsweise um das Recht auf Nachkommen. Interne Ursachen sind zum Beispiel Herz-Kreislauf-Erkrankungen, Leberzirrhose, Infektionskrankheiten oder Krebs (vgl. Kruger, Nesse, 2006: 74–97).

In beinahe identischer Weise konnten diese Kurvenformen in vielen Ländern mit den unterschiedlichsten Gesellschaftsformen und -normen beobachtet werden. Es ist ein Universalmechanismus mit der logischen Konsequenz einer signifikant geringeren Lebenserwartung von Männern gegenüber Frauen. Auf zehn Frauen, die unter fünfzig Jahren sterben, kommen 16 Männer mit dem gleichen Schicksal. Die folgende grafische Darstellung (Abbildung 15) präsentiert die wichtigsten Ursachen für die verkürzte Lebenszeit bei Männern.

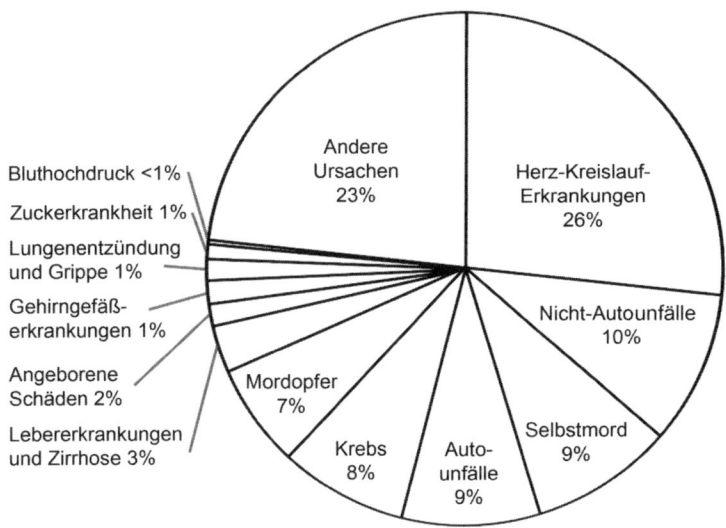

Abbildung 15: Die Ursachen der verlorenen Männerjahre in den USA

Den größten Beitrag zur erhöhten Männersterblichkeit leisten Herz-Kreislauf-Erkrankungen, eine Nebenwirkung des Testosterons. Nicht-Autounfälle, Autounfälle, Selbstmord und Mordopfer sind mit etwa je 10% beteiligt. Für zehn weibliche Todesfälle vor dem 50. Lebensjahr gibt es bei Männern 16. Der Effekt ist wahrhaftig nicht vernachlässigbar (vgl. Kruger, Nesse, 2004: 66–85).

Sexuelle Selektion mit ihrer begleitenden Gewalt- und Risikobereitschaft in Form von Unfällen, Rauchen, Alkoholkonsum, Mord und Selbstmord ist für mehr als 30% der frühzeitig aus dem Leben scheidenden Männer verantwortlich. Die Auswirkungen von Testosteron auf die generelle Gesundheit, vor allem in Form von Herz-Kreislauf-Erkrankungen, tragen ebenso entscheidend bei, wobei zu ergänzen ist, dass diese Zusammenhänge mit dem männlichen Geschlechtshormon sich bei detaillierter Analyse nicht ganz so direkt und linear darstellen. Der Vereinfachung wegen kann man diese Interpretation aber grundsätzlich gelten lassen.

Gefährliche konfrontative Konkurrenz unter männlichen Lebewesen einer Spezies gibt es nicht nur bei Menschen. Gewalttätige Konflikte innerhalb einer Spezies sind im Tierreich weitverbreitet und in den meisten Fällen eine Angelegenheit der männlichen Individuen. Obwohl man früher angenommen hat, Mord innerhalb einer Tierspezies gebe es nicht und sei als trauriges Privileg des Menschen anzusehen, weiß man heute, dem ist nicht so. Zum Beispiel hat man bei Auseinandersetzungen zwischen Schimpansengruppen tödliche Überfälle und Morde beobachtet. Wie kann aber Kampf mit Todesrisiko zu einer erhöhten Fitness beitragen – oder, anders formuliert, zu mehr Nachkommen führen? Denn nur so ist eine evolutionäre Selektion mit Veränderungen im genetischen Lebensbuch erklärbar.

Bei den meisten Tieren wird wie auch beim Menschen die männliche Fitness, gemessen an der Zahl der Nachkommen, durch Zugang zu fruchtbaren Weibchen limitiert. Dieser Satz ist fundamental, um Evolution zu verstehen. Bei den weiblichen Individuen sind es eher energetische Limitationen. Eine Schwangerschaft und das jahrelange Stillen benötigen viel Extraenergie, einen gewissen Schutz und entsprechende Lebensumstände. Wenn man strikt die Weitergabe der Gene berücksichtigt, haben Frauen von einer Mehrzahl an männlichen Partnern nicht viel Nutzen. Sie sind im Vergleich zu den Männchen daher eher wählerisch, um möglichst sicherzugehen, dass der ausgewählte Sexualpartner auch der Richtige ist – richtig in dem Sinn, dass er die notwendige Unterstützung über einen längeren Zeitraum bieten will und kann.

Obwohl diese Mechanismen uralt sind, zeigen heutige Untersuchungen an Frauen, dass sie Männer nach ganz ähnlichen Motivationsgründen aussuchen. Selektion über Abertausende von Jahren kann durch kulturell-soziale Entwicklungen nicht einfach aufgehoben, sondern nur transformiert und sublimiert werden. Ein männliches Lebewesen könnte seine Fitness zum Beispiel erhöhen, indem es einen Harem um sich hat. Wenn es die weiblichen Individuen erfolgreich versorgen und kontrollieren sowie exklusiven Zugang zu ihnen sicherstellen kann, werden seine Gene multipliziert. Ein extremes Beispiel hierfür ist die 8 %ige Häufigkeit einer bestimmten genetischen Buchseite bei den männlichen Bewohnern des ehemaligen Mongolischen Reiches, die alle von einem Mann, wahrscheinlich Dschingis Khan, abstammen. Dabei handelt sich um 16 Millionen Männer. Angeblich hatte Dschingis Khan um die 500 Frauen (vgl. Wade, 2007: 236). Polygyne Gesellschaftsformen, in denen ein Mann mehrere Frauen hat, sind zwar heute zurückgedrängt, aber in manchen Gegenden noch immer verbreitet. Die Blütezeit derartiger Lebensgemeinschaften ist vorüber. Im Säugetierreich stellt sie hingegen die häufigste Zeugungsform dar und steht in engem Zusammenhang mit harter Konkurrenz unter den Männchen, riskantem Verhalten und aufgrund sexueller Selektion größeren Körpermaßen der Männchen.

Beim Menschen stellen direkte körperliche Auseinandersetzungen im Zuge der sexuellen Selektion, wie sie bei Gorillas oder anderen Säugetieren üblich sind, die Ausnahme dar (obwohl diese Formen etwa bei Eifersuchtsdramen und Schlägereien um eine Frau durchaus noch auftreten und beispielsweise bei den früher in bestimmten Kreisen üblichen Duellen der kompetitive, körperliche Charakter augenscheinlich ist). Männer konkurrieren heute vorwiegend um Macht, Ansehen, Geld, Besitztümer und andere finanzielle Mittel, die als attraktiv und erstrebenswert gelten und mit denen sie zugleich die Chancen erhöhen wollen, eine Partnerin, oder auch mehrere, verbunden mit zahlreicher Nachkommenschaft zu erobern. All dies steht in Zusammenhang mit gesellschaftlichen Entwicklungen. Warum gibt es etwa in New York mehr attraktive Frauen als in anderen Teilen Amerikas (vgl. Harford, 2008: 73)? Es konnte gezeigt werden, dass je höher das Einkommen der Männer in einer Stadt ist, desto höher ist der Überschuss heiratswilliger Frauen (vgl. Harford, 2008: 73). Sexuelle Selektion ist, wo immer man hinsieht, auch heute noch aktiv, wobei nicht offensichtlich ist, welche genetischen Veränderungen daraus resultieren könnten. Eine Selektion nach mehr

Muskelkraft kann in unserer Zeit ausgeschlossen werden. Die Möglichkeit einer Selektion nach Gesundheit und Attraktivität würde ich hingegen nicht ausschließen. Eine Selektion nach Intelligenz ist unwahrscheinlich.

Natürlich konkurrieren auch Frauen um vielversprechende Männer, und in New York gibt es viele reiche, attraktive, alleinstehende Männer, die früher oder später eine Familie gründen wollen. Im Unterschied zu Männern spielt bei Frauen jedoch Gewalt oder sublimierte Gewalt nahezu keine Rolle. Aufgrund jahrtausendelanger sexueller Selektion, die bis auf unsere tierischen Vorfahren zurückgeht, neigen Männer zu mehr Gewalt, und diese reicht von Mord aus lächerlichsten Gründen über tödliche Konflikte zwischen benachbarten Familien oder Sippen bis hin zu Krieg und Völkermord. Im Prinzip gehen all diese Ausbrüche an Gewalttätigkeit – unabhängig von den konkreten, oftmals erschreckenden Ausmaßen – auf ein und dieselbe zugrunde liegende gemeinsame Veranlagung zurück. Die männliche Gewaltbereitschaft dient dem Gewinn von Macht und Überlegenheit, der Anhäufung von Mitteln wie Land, Öl oder Gas oder auch der Verteidigung einer Religion oder eines ideologischen Konzeptes.

Bei geistig kranken Individuen wie den Machthabern Hitler, Mao oder Stalin spielte nicht nur die individuelle wahnhafte Getriebenheit, sondern auch eine Kombination anderer Faktoren eine entscheidende Rolle, deren Ursprung und Motivation zu einem beträchtlichen Teil in der sexuellen Selektion liegen könnten. Bei den Kuwait-Kriegen war die Kontrolle über das Öl und damit über Macht und Geld ein wesentlicher Faktor. Wo liegt der grundsätzliche Unterschied zwischen gewalttätigen Kreuzzügen, die andere Religionen einschränken und Land erobern sollen, den Weltkriegen oder den vielen anderen gewaltsamen Konflikten? Es geht immer um das Gleiche: um Macht und Geld. Ob diese Verhaltensweisen Sublimationen eines generellen uralten Fitnessstrebens sind und als Substitution dienen, sei dahingestellt. Mit Macht und Geld kann man sich „Frauen kaufen" und damit seine Gene weitergeben. Jared Diamond, Professor für Geografie an der University of California in Los Angeles und bekannter Buchautor, beschreibt unsere Vorfahren als mörderische Genossen, bei denen sich die Männer zweier benachbarter Dörfer – trotz der vielen Gemeinsamkeiten und verwandter Gene – bei passendem Anlass einfach gegenseitig umbrachten (FAZ-Interview von Christian Schwägerl, Juli 2007). Davonlaufen als Alternative war nicht immer möglich. Höfliches Händeschütteln und vernünftiges Debattieren über vorhandene Uneinigkeiten zählten damals noch nicht zu den Gepflogenheiten. Wenn man sich allerdings die jüngere Geschichte anschaut, hat sich seither leider gar nicht so viel geändert. Oder, anders gesagt: Die schlechte Angewohnheit, Konfliktlösung weniger kooperativ als vorzugsweise mit geballter Faust in Angriff zu nehmen, hat der Mensch (der Mann) bis heute nicht ablegen können. Man denke an Afghanistan, Irak, den Gazastreifen, Teile von Indien, Südamerika, Ex-Jugoslawien, Tschetschenien, Syrien, Libyen oder viele andere sogenannte Konfliktherde auf unserem Planeten.

Ist es möglich, dass ein Gesellschaftssystem das beschriebene Gewaltpotenzial reduzieren kann, indem es einen stabilen Rahmen bildet, innerhalb dessen sich die hyperaggressiven, gewalttätigen Männer gegenseitig eliminieren, dadurch einer negativen Selektion unterliegen und über die Zeit aus dem Genpool verschwinden? Obwohl es noch viele kriegerische und gewalttätige Auseinandersetzungen auf beinahe allen Kontinenten gibt, könnte man als Optimist einige Zeichen erkennen, die für eine menschliche oder männliche Weiterentwicklung, eine mögliche Verdünnung des Aggressionspotenzials oder zumindest eine Sublimierung des Gewaltpotenzials sprechen. Im 20. Jahrhundert sind in der westlichen Welt circa 100 Millionen Menschen durch Auseinandersetzungen getötet worden. Es wären aber zwei Milliarden gewesen, hätten wir die entsprechende an der Bevölkerungszahl gemessene Todesrate vieler präindustrieller Gesellschaften beibehalten (vgl. Kruger, Nesse, 2004: 66–85). Ein Grund zu exzessivem Feiern ist das nicht, aber Globalisierung, Kontinente übergreifende Kultur- und Sportveranstaltungen, globale Institutionen, das World Wide Web natürlich, auch der Wohlstand versprechende Kapitalismus sollten dazu beitragen können, Gewaltbereitschaft zukünftig schon im Keim zu ersticken, obwohl gerade der Kapitalismus hierbei eine zweischneidige Angelegenheit darstellt.

Für Interessierte an psychoanalytischen Interpretationen möchte ich hier eine kurze entsprechende Darstellung anschließen. Dabei bin ich mir der Kritik an den Theorien Sigmund Freuds durchaus bewusst. Auch wenn diese Kritik in vielen Details ihre Berechtigung hat, sind viele von Freuds Überlegungen in ihren Grundzügen nach wie vor erhellend und höchst interessant. Da die nachfolgende Betrachtung auch stark vereinfacht ausfallen muss, kommt potenziell strittigen Details dabei keine sehr entscheidende Bedeutung zu.

Der grundlegende Gedanke lautet, dass zum einen die sexuelle Selektion den Liebestrieb (Eros) und damit die Weitergabe der mit diesem Trieb verbundenen Genvarianten hervorgerufen hat, und dass zum anderen dieser Eros seinerseits die sexuelle Selektion vorangetrieben hat. Gleichzeitig agiert der Eros auch eigensinnig, und um zu entsprechender Triebbefriedigung zu gelangen, verlangt er Aggression und Gewaltbereitschaft. Damit kommt der sogenannte Todes-, Aggressions- oder Destruktionstrieb (Thanatos) ins Spiel. Eros und Thanatos sind nicht voneinander trennbar. Sie sind ein klassisches Beispiel einer Gefühlsambivalenz, die in der psychoanalytischen Betrachtung einen wichtigen Platz besetzt. Aus Egoismus wird Altruismus, aus Grausamkeit Mitleid oder eben Liebe und Hass. Sexuelle Selektion mit ihren schrecklichen Folgen kann damit gut beschrieben werden.

Es sei betont, dass sexuelle Selektion mit den Augen des Eros' betrachtet wunderschöne Gefühle und Freuden mit sich bringt, Sinn für Schönheit und Ästhetik erlaubt und den Drang zu künstlerischem Schaffen induziert. Aber die negativen Auswirkungen sind ebenso unweigerlich vorhanden und gehen möglicherweise auf evolutionäre Mechanismen zurück, die uns hier am meisten interessieren. Freud glaubt, „dass es keine Aussicht hat, die aggressiven Neigungen der Menschen abschaffen zu wollen" (Freud, 1994: 173), und er hält die marxistische Denkweise, die Aggression durch Gleichheit unter den Teilnehmern an der Gemeinschaft zum Verschwinden zu bringen, für eine Illusion. Damit dürfte er recht behalten haben und es stimmt auch mit evolutionären Überlegungen überein. Die Selektion war zu dominant. Für Freud ist das Gleichgewicht der Ambivalenz zwischen Liebes- und Todestrieb entscheidend. Wenn Krieg und

Gewalttätigkeit generell Folgen des Thanatos sind, dann liegt unsere beste Chance auf ein friedliches Miteinander darin, Gefühlsbindungen und Liebesempfinden zu verstärken und möglichst universell zu verteilen (vgl. Freud, 1994: 174). Freud beendet seinen Brief an Albert Einstein mit: „Alles, was die Kulturentwicklung fördert, arbeitet auch gegen den Krieg." Bei diesen Überlegungen ist der vielfach kritisierte Begriffskomplex des Freud'schen Todestriebes aber gar nicht entscheidend. Er kann leicht ersetzt werden, indem man stattdessen ein Bestreben annimmt, das auf die Befriedigung einer uralten Aggression abzielt und sich auf sexuelle Selektion zurückführen lässt. Konrad Lorenz formuliert es so: „Ich glaube, (...) dass der heutige Zivilisierte überhaupt unter ungenügendem Abreagieren aggressiver Triebhandlungen leidet. Es ist mehr als wahrscheinlich, dass die bösen Auswirkungen der menschlichen Aggressionstriebe, für deren Erklärung Sigmund Freud einen besonderen Todestrieb annahm, ganz einfach darauf beruhen, dass die intra-spezifische Selektion dem Menschen in grauer Vorzeit ein Maß von Aggressionstrieb angezüchtet hat, für das er in seiner heutigen Gesellschaftsordnung kein adäquates Ventil findet." (Lorenz, 2007: 228–229).

Die entscheidende Frage lautet: Wie können die schrecklichen Konsequenzen verhindert werden? Passiv konsumierter oder – wahrscheinlich wesentlich effektiver – aktiver Sport könnte als aggressionsabführende Aktivitäten verstanden werden. Man stelle sich Südamerika oder Europa ohne Fußball oder Nordamerika ohne Baseball, American Football, Eishockey oder Basketball vor. Würde das Aggressionspotenzial in diesen Gesellschaften messbar ansteigen?

Bei der ersten Begegnung mit diesem Themenkreis habe ich naiv geglaubt, dass es über die Jahrtausende aufgrund der männlichen Gewaltbereitschaft und wie oben beschrieben durch die erhöhte Sterblichkeit im frühen Erwachsenenalter zu einer negativen Selektion von Genen kommen müsste, die für ein ausgeprägtes Gewaltpotenzial essenziell sind – denn ein einzelnes Gewaltgen gibt es sicher nicht. Die Wahrheit liegt aber darin, dass wir alle mehr oder weniger zu Gewalt fähig sind und diese Bereitschaft in unserem genetischen Buch schon lange fixiert wurde. Fixierung heißt hier, verkürzt ausgedrückt, dass die notwendigen genetischen Komponenten zur Gewaltbereitschaft im Lebensbuch quer durch alle Individuen niedergeschrieben sind und es dadurch zu nahezu keiner Selektion mehr kommen kann. Es gibt nur geringe genetische Variabilität. Zudem heißt früheres Sterben von Männern nicht unbedingt, weniger Nachkommen zeugen zu können. Auch Frauen haben diese Gene, allerdings verfügen sie, vereinfacht gesagt, nicht über die zugehörige Ausstattung an aktivierenden Hormonen und deshalb ist die Gewaltbereitschaft bei Frauen viel geringer ausgeprägt. Das Testosteron dürfte tatsächlich den entscheidenden Unterschied machen.

Natürlich spielen neben genetischen Eigenschaften auch Umweltfaktoren eine wichtige Rolle. Konrad Lorenz hielt es zumindest theoretisch für möglich, hat es aber als unratsam betrachtet – und dem kann man nur beipflichten –, den Aggressionstrieb durch gezielte Eugenik wegzüchten zu wollen. Es würde wahrscheinlich auch nicht gut funktionieren, weil man die Gene nicht kennt und weil auf ein solch komplexes Verhalten zu selektionieren nicht leicht machbar ist. Wie viele Menschen sollte man einbeziehen? Trotzdem, theoretisch könnte man nur wenig aggressiven Männern und Frauen Kinder erlauben, und dadurch nach mehreren Generationen weniger Gewaltbereitschaft zu züchten versuchen. Welche Menschen würden dabei entstehen? Womöglich Menschen, die emotional leer wären und mit geringer Begeisterungsfähigkeit, mangelndem Schaffensdrang, ohne Drang nach persönlicher Entwicklung und Perfektionismus und eventuell sogar ohne Liebesfähigkeit und ohne tiefe Gefühle, wenngleich natürlich auch mit geringer Aggression und Gewaltbereitschaft dahinvegetieren. Und das Ergebnis solcher Züchtungen beträfe natürlich beide Geschlechter. Männliche Sexualhormone haben gute Seiten und man kann sie im weiblichen Körper ebenso messen und sie wirken dort, allerdings nicht so stark wie bei Männern. Was bei derartigen Züchtungsversuchen jedoch tatsächlich herauskommen würde, wird die Menschheit hoffentlich nie erfahren.

Gewalt im großen Stil müsste sich aber sehr wohl verhindern lassen, weil sie nur von wenigen Menschen ausgeht und diese gilt es einzuschränken. Ein Teil des Problems ist, dass sich in menschlichen Gesellschaften Hierarchien bilden und dabei Führungsrollen zu besetzen sind. Dabei tritt immer wieder die Tendenz zu einem eher steilen Gefälle zwischen Spitze und breiter Masse zutage, sprich zu einem Führer, der mit starker Hand regiert und angebliche Missstände beseitigt – auch dabei handelt es sich um ein Relikt aus der frühen Evolution, welches bei Tieren, zum Beispiel Gorillas, fabelhaft beobachtet werden kann. Zu Unterwürfigkeit und Gefolgschaft bereite Individuen ergeben sich einer übermächtigen Instanz ganz von selbst. Internationale Organisationen wie die United Nations, aber auch wirtschaftliche Entwicklung oder generell die Globalisierung liefern positive Beiträge, derartige primitive Verhaltensmuster aus der frühen hominoiden Evolution abzubauen und zu überkommen. Statt utopische Ideen von einer unwahrscheinlichen, negativen genetischen Selektion zu spinnen, gilt es, in allen globalen Gesellschaften die verschiedenen Formen der Sublimierung, zum Beispiel durch Kultur oder Sport oder Konsum, zu fördern. Ja, Konsum könnte als aggressionsabbauendes Verhalten interpretiert werden. Die absurde Verharmlosung und exzessive Darstellung von Gewalt in der Filmwelt hilft hingegen nicht, die Gewaltbereitschaft in einer Gesellschaft zu senken oder erfolgreich zu sublimieren. Ein striktes Waffenverbot für die gesamte Bevölkerung könnte viele Menschenleben retten. Im Jahre 2005 wurden in den USA 53 % der Selbstmorde mit einer Waffe verübt. Das waren 40 % mehr Tote als durch Waffenmorde (vgl. Miller, Hemenway, 2008: 989–991).

Ebenso unverständlich ist, warum Autos verkauft werden, die weit über 200 km/h Höchstgeschwindigkeit fahren, wenn das gesetzlich erlaubte Limit nur 130 km/h oder weniger beträgt. Die Situation ist bei Motorrädern noch absurder. Dadurch werden angeborene Aggression, die Lust nach Herausforderung oder das Verspüren des Adrenalinkicks durch hohe Geschwindigkeit zur Todesfalle. Freud hätte in dem schwer nachvollziehbaren Fehlen von entschieden gegensteuernden Maßnahmen wohl das gesellschaftsweite Wirken des Todestriebes wiedererkannt. Erhöhte Geschwindigkeit spielt bei vielen Verkehrsunfällen eine bedeutende Rolle. Wenn man bedenkt, dass oftmals Männer unter 25 Jahren in tödliche Unfälle involviert sind und sich das Alter der ersten Vaterschaft zu späteren Jahren hin verschiebt, könnte es vielleicht zu einer gewissen Selektion nach weniger Aggressionstrieb kommen. Allerdings müssen dabei viele

Annahmen zutreffen und die Häufigkeit von tödlichen Verkehrsunfällen sinkt kontinuierlich in den letzten Jahren. Es dürfte eher ein Gedankenexperiment bleiben.

Konrad Lorenz beschrieb treffend, wie man die negativen Auswirkungen von sexueller Selektion vielleicht zähmen kann, und gibt damit einen optimistischen Ausklang für dieses Kapitel: „Wenn einer viele Werte kennt und sich kraft seiner Begeisterung für sie mit allen Menschen eins fühlt, die gleich ihm für Musik, Poesie, Naturschönheit, Wissenschaft und vieles andere begeistert sind, kann er mit ungehemmten Kampfreaktionen nur auf Menschen ansprechen, die an keiner dieser Gruppen teilhaben. Es gilt also, die Zahl solcher Identifizierungen zu vermehren, und das kann nur durch eine Hebung der allgemeinen Bildung der Jugend bewirkt werden. Liebevolle Beziehung zu Menschheitswerten hat Lernen und Erziehung in Schule und Elternhaus zur Voraussetzung. Sie allein machen den Menschen zum Menschen, und nicht ohne Grund nennt sich eine bestimmte Art von Bildung humanistisch: Werte, die von Lebenskampf und Politik himmelweit entfernt scheinen, können Rettung bringen." (Lorenz, 2007: 253).

Lifestyle, Ernährung und Hyperkonsum – die Evolution schlägt zurück

Warum Supermärkte keine gute Erfindung waren

Wenn ein humanistisch gesinntes Wesen menschliche Evolution steuern könnte, hätte es wohl ausgeprägte Probleme mit Supermärkten, weil sich diese Monumente des menschlichen Hyperkonsums als Metapher für die Wohlstandsgesellschaft auf eine mögliche und vor allem positive Entwicklung des Menschen stark negativ auswirken könnten. Das Wort „positiv" ist dabei nicht unproblematisch. Unser menschliches Denken neigt dazu, der Evolution stets nur eine Richtung zu unterstellen, nämlich eine positive, die eine im unserem Sinne begrüßenswerte Weiterentwicklung darstellt. Aber Evolution kennt diese Kriterien nicht. Darüber hinaus ist „positiv" ohnehin nicht leicht zu definieren.

Evolution denkt nicht, noch weniger in normativer Manier, dennoch erlaube ich mir, in Bezug auf Übergewicht und Ernährungsverhalten in den letzten Jahrzehnten von einer möglichen Verhaltensdegeneration zu sprechen. Die Frage allerdings, ob sich dieses Abweichen von vernünftigem menschlichem Verhalten auch in einer genetischen „De-Evolution" ausdrücken wird, durch die derartig agierende Menschen aus der Gesellschaft verschwinden würden, ist auf den ersten Blick eher zu verneinen. Die meisten negativen Auswirkungen eines exzessiven Hyperkonsums betreffen ohne Zweifel das fortgeschrittene Lebensalter und sind somit als evolutionsneutral zu bezeichnen. Das heißt, es kommt zu keinen Veränderungen des genetischen Buches. Aber so einfach verhält es sich mit der Evolutionsneutralität im Falle des Übergewichtes nicht. Der folgende Text erklärt die Zusammenhänge.

Durch Hundertausende von Evolutionsjahren hat sich der Mensch zu einem Alles(fr)esser entwickelt. Zum Beispiel wurden bestimmte Verdauungsenzyme von Affen übernommen, andere modifiziert, vermehrt oder andersartig verändert. Deshalb gibt es Völker, die vorwiegend von Fisch leben können, andere nur von Pflanzen. Und weder der einen noch der anderen Gesellschaft schadet diese Einseitigkeit. Entscheidend ist dabei, dass die Beschaffung von Nahrung immer mit viel Energieverbrauch verbunden war. Die Betonung liegt auf „war". Schlechte Zeiten mit negativer Energiebilanz, sprich Nahrungsmangel, waren häufig. Gründe waren schlechtes Wetter, Schädlinge, Tiere, Feinde oder dass die Ernte schlicht zu schnell verbraucht wurde oder verdarb. Zudem war die Ergiebigkeit verfügbarer Nahrungsquellen vergleichsweise gering. Die Grundbestandteile der Nahrung – Eiweiß, Zucker, Fett und Ballaststoffe – in ausreichenden Mengen aufzunehmen und zu extrahieren, war eine Herausforderung. Rohe Pflanzenfasern, wild wachsende Früchte oder ein in der freien Wildbahn um sein Leben kämpfendes Tier sind viel weniger nahrhaft, als wir es uns heute angesichts überzüchteter Hühner, dicker Steaks und überzuckerter Faschingskrapfen vorstellen können. Kurz gesagt: Der sich entwickelnde Mensch hat die Effizienz, Nahrungsmittel aus seiner Umwelt zu gewinnen, stark gesteigert. Hier sei nur das Braten über Feuer oder Kochen in heißem Wasser erwähnt, was beides auch noch den positiven Nebeneffekt hat, dass viele Bakterien abgetötet werden. Dadurch wurde das rapide Wachstum unseres Gehirns, die Migration aus Afrika und die Besiedelung von Landschaften mit geringerem Nahrungsmittelangebot überhaupt erst möglich (vgl. Stearns, Koella, 2008: 265). Der intelligente, gesunde, leistungsstarke und sportliche Mensch wurde durch diese Entwicklung ermöglicht – doch Supermärkte, behaupte ich, bedrohen nun dieses Ideal. Tabelle 7 zeigt einige Lebens- und Gesundheitscharakteristika von heute lebenden Jäger-und-Sammler-Gemeinschaften. Es ist nicht anzunehmen, dass es gravierende Unterschiede zu unseren Vorfahren gibt, aber umso mehr zu Menschen aus heutigen Wohlstandsgesellschaften.

Tabelle 7: Lebens- und Gesundheitscharakteristika zeitgenössischer Jäger und Sammler

Nahrung zu 50–80 % pflanzlichen Ursprungs
Nahrung mit hohem Gehalt an komplexen Zuckern
Wenig gesättigte Fette
Hohe körperliche Aktivität (Nahrungssuche, vorübergehende Schlafplätze)
Wenig Bluthochdruck
Wenig Herz-Kreislauf-Erkrankungen
Fast keine Krebserkrankungen
Wenig psychische und emotionale Leiden
Lebenserwartung: Ungefähr 8 % der Menschen werden über 60 Jahre alt.

(vgl. Trevanathan, Smith, McKenna, 2008: 3).

Diese Ernährungsgewohnheiten haben sich mit erschreckenden Konsequenzen verändert. Darüber hinaus kommt bei unseren Ahnen noch ein hoher Energieverbrauch dazu. Beide Faktoren, gesunde Ernährung und erhöhte körperliche Aktivität, können die geringeren Raten an Bluthochdruck und Herz-Kreislauf-Erkrankungen mit erklären. Bei diesen Überlegungen wurde auch die unterschiedliche Lebensdauer mitgedacht. Heutzutage leben Menschen in den industrialisierten Ländern in einer fettleibigkeitserzeugenden beziehungsweise zumindest -begünstigenden (engl.: *obesogenic*, zusammengesetzt aus *obesity*, Fettleibigkeit, und der Endung *-genic*, etwa hervorrufend) Umwelt – und leider ist eine weitere Ausbreitung über diese imaginären, vielfach willkürlich gesetzten geografischen Grenzen hinaus deutlich erkennbar, zum Beispiel zeigt Zuckerkrankheit in Indien und China hohe Wachstumsraten (die ökonomische Entwicklung dürfte diesen Preis immer verlangen beziehungsweise scheint eine Gegensteuerung zu kompliziert). Dieser Zusammenhang wurde bereits 1980 erkannt und passenderweise auch als *Diabesity* bezeichnet. Das Wort ist eine Fusion aus *Diabetes* (Zuckerkrankheit) und *Obesity* (Fettleibigkeit). Fettleibigkeit, Zuckerkrankheit, Bluthochdruck und Herz-Kreislauf-Erkrankungen finden sich bei vielen

Menschen gleichzeitig, wobei Fettleibigkeit oftmals als der entscheidende Auslöser von Zuckerkrankheit mit weiterer Entwicklung zu Bluthochdruck und tödlichen Herz-Kreislauf-Erkrankungen ist.

Die längere Lebenserwartung spielt vor allem bei der erhöhten Rate an Krebserkrankungen eine bedeutende Rolle, aber sie alleine kann die genannten Unterschiede zwischen Jäger-und-Sammler- und modernen Gesellschaften nicht erklären. Unsere Vorfahren haben ganz anders gelebt. Wir essen zu viel, das Falsche und bewegen uns einfach zu wenig. Wir sind Opfer unseres eigenen (Evolutions-)Erfolges und leiden mitunter fürchterlich an den Folgen. Das verursachte Leid tritt meist erst bei fortgeschrittener Krankheit in Erscheinung. Das sind oft Jahre bis mehrere Jahrzehnte, nachdem die auslösenden, falschen Verhaltensschritte gesetzt wurden und eine effektive Gegensteuerung noch relativ leicht möglich gewesen wäre. In dieser enormen Zeitverzögerung liegt ein großes Problem, weil nur die wenigsten Menschen in der Jetztzeit auf etwas verzichten wollen, dessen vielleicht schwerwiegende Auswirkungen sich erst nach vielen Jahren in ferner Zukunft zeigen werden. Beim Rauchen verhält es sich ganz ähnlich.

Fettleibigkeit führt zu Zuckerkrankheit und diese zu Blindheit, Beinamputationen, Impotenz, Herzinfarkten, Gehirnschlag und anderen Krankheiten. Diese Aufzählung könnte noch deutlich verlängert werden. Betroffene Menschen leiden stark an den mitunter beträchtlichen Einschränkungen der Lebensqualität – ebenso ihre Familienangehörigen.

Unsere Unfähigkeit, ein paar Jahre in die Zukunft zu schauen und unser Verhalten entsprechend anzupassen, ist faszinierend. Wir alle kennen den Raucher mit seiner Ausrede, der Großvater sei mit täglich drei Packungen Filterlosen auch über neunzig Jahre alt geworden. Vor Jahrtausenden waren diese vorausblickenden und vorausdenkenden Fähigkeiten nicht relevant. Der Fokus lag auf Nahrungsmittelbesorgung in den nächsten Tagen, vielleicht Wochen, und der Fortpflanzung. Möglichkeiten, Nahrungsmittel zu konservieren, gab es nur limitiert. Der Tod kam früh und ließ keinen Spielraum für langfristige Risikoplanung.

Unser exzessives Essverhalten führt zu hohen Kosten. Die Finanzierungsproblematik des Gesundheitssystems wäre relativ leicht zu verbessern, wobei man auch Faktoren wie Umverteilung und Arbeitsplatzgarantie berücksichtigen muss. Die aktuellen Aufwendungen sind jedoch kaum produktivitäts- und damit wachstumsfördernd. Das Geld könnte wohl besser in Wissenschaft, Bildung, Universitäten oder Wachstumstechnologien investiert werden anstatt in die medizinische Versorgung von hyperkonsumierenden Wohlstandsmenschen, die zu Tausenden an Zuckerkrankheit und deren Folgekrankheiten leiden. Warum der Staat nicht zu effektiveren Methoden greift, diesem gesundheitsschädlichen, selbstzerstörerischen Verhalten den Kampf anzusagen, liegt auf der Hand: Die Selbstbestimmung und Freiheit jedes Menschen bleibt oberstes Gebot. Wir wollen uns nur ungern vorschreiben lassen, wie wir unser Leben zu leben haben. Die Politik greift dieses heiße Eisen also gar nicht erst an. *„Meine lieben Mitbürgerinnen und Mitbürger! Es ist an der Zeit, euch zu sagen: Ihr fresst zu viel, ihr sauft zu viel, ihr bewegt euch zu wenig und ihr kostet unser Gesundheitssystem zu viel Geld ..."* – nein, das wird sicher nicht passieren. Die Diskussionen über das Rauchen oder Nichtrauchen an öffentlichen Plätzen haben sich über Jahrzehnte hingezogen, obwohl die Schädlichkeit des Rauchens schon in den 50er- und 60er-Jahren des letzten Jahrhunderts bekannt war. In Österreich kann sich ein Restaurant noch immer entscheiden, ob es Raucher- oder Nichtraucher-Status hat. Es ist absurd, aber beim Rauchen wird diese Problematik zusätzlich verkompliziert, da es natürlich auch eine Suchtkomponente hat. Ähnliches ließe sich aber auch über den Hyperkonsum von Zucker und Fett sagen – aber das sind ja Grundnahrungsmittel.

Energieverbrauch vom Krankenhauspatienten bis zum Tour-de-France-Radfahrer

Der metabolische Grundumsatz ist der Kalorienverbrauch pro Tag und variiert je nach Alter und Körpergewicht. Im Englischen wird er mit BMR *(basal metabolic rate)* abgekürzt. Das Wort „metabolisch" stammt aus dem Altgriechischen (μεταβολή, *metabolē*) und bedeutet wortwörtlich verändern oder umsetzen. Damit ist das Verarbeiten oder Verstoffwechseln von Nährstoffen in Energie gemeint. Vielfach entscheidend für die Entwicklung von Fettleibigkeit ist das gleichzeitige Fehlen von körperlicher Aktivität, im Englischen mit PAL *(physical activity level)* abgekürzt. Genetische Faktoren spielen freilich eine Rolle, aber die Schuld für die stark ansteigenden Zahlen in den letzten Jahrzehnten kann nicht so einfach auf Gene beziehungsweise die Erbanlagen der Eltern geschoben werden. Durch Multiplizieren der individuellen BMR mit dem PAL erhält man den totalen täglichen Energieverbrauch, die TDEE *(total daily energy expenditure)*. Natürlich hat die Umgebungstemperatur ebenfalls einen Einfluss auf den Energiehaushalt. Die Temperatur mit dem niedrigsten Energiebedarf, um die Körpertemperatur konstant zu halten, liegt bei 25–27 Grad Celsius. Dies sollten Frauen übrigens nicht als Argument verwenden, dem männlichen Partner derartige Zimmertemperaturen aufzuzwingen. Diese sind für Männer zu hoch – und mehr ausziehen kann man ab einer gewissen Minimalbekleidung einfach nicht mehr. Es sollte vielmehr ein Argument sein, 21 Grad Celsius als optimale Temperatur anzusehen, weil sie diätunterstützend wirkt und ideal für Arbeit und Schlaf ist. Tabelle 8 verschafft einen groben Überblick über den durchschnittlichen Energieverbrauch in Abhängigkeit verschiedener Aktivitäten und in bestimmten Berufen, normiert auf ein durchschnittliches Körpergewicht.

Beim Erwachsenen ohne Schwangerschaft gibt die TDEE die Energiemenge an, die aufgenommen werden muss, um eine neutrale Energiebilanz zu bewahren. Unter diesen Gegebenheiten sollte man weder zu- noch abnehmen. Während des Heranwachsens wird natürlich pro Kilogramm Körpergewicht mehr Nahrung benötigt. Eine Schwangere muss 285 kcal pro Tag zusätzlich einnehmen, beim Stillen sind es sogar 500 kcal zusätzlich pro Tag.

Wie aus Tabelle 8 abzulesen ist, brauchen wir viel weniger Energie als Menschen, die durch Landwirtschaft ohne Hilfe von Maschinen (als repräsentative Population unserer Vorfahren) ihren Unterhalt verdient haben. Wenn man zum Beispiel die Bevölkerungsgruppe „Landwirtschaft ohne Maschinen" auf das durchschnittliche Gewicht der Gruppe „Industrialisiert" hochrechnet, ergibt sich ein um circa 15–30 % geringerer Energiebedarf. Bei Männern liegt damit die positive

Energiebilanz bei circa 800 und bei Frauen bei 400 kcal. Ein Kilogramm Körpergewicht entspricht etwa 7.400 kcal. Bei einer positiven Kalorienbilanz von 800 kcal pro Tag würde man theoretisch in 10–14 Tagen etwa ein Kilogramm zunehmen. Natürlich steigert sich bei mehr Gewicht auch die TDEE, was diesen Effekt allmählich verringert.

Tabelle 8: Energieverbrauch in Abhängigkeit von physischer Aktivität

Bevölkerungsgruppe	Geschlecht	Gewicht	TDEE	BMR	PAL
Landwirtschaftlich ohne Maschinen	m	58	3.015	1.523	1,98
	f	51,6	2.294	1.260	1,82
Landwirtschaftlich ohne Maschinen – umgerechnet auf das Durchschnittsgewicht des industrialisiert lebenden Menschen*	m	70,1	3.644	1.840	1,98
	f	58,6	2.605	1.431	1,82
Industrialisiert	m	70,1	2.873	1.661	1,73
	f	58,6	2.234	1.299	1,72
Krankenhauspatienten	m		1.993		1,20
	f		1.559		1,20
Minimale Aktivität	m		2.325		1,40
	f		1.818		1,40
Büroarbeit	m		2.574		1,55
	f		2.026		1,56
Mittlere Belastung	m		2.956		1,78
	f		2.130		1,64
Arbeiter, Ernte ohne Maschinen	m		3.487		2,10
	f		2.364		1,82
Athleten, Tour-de-France-Radfahrer, Soldaten	m		4.152– 8.303		2,50– 5,00

TDEE = totaler Energieverbrauch, BMR = metabolischer Grundumsatz, PAL = körperliches Aktivitätslevel (modifiziert nach Stearns, Koella, 2008: 267–268).
* Die umgerechneten Werte dieser Zeile erhält man durch einfache Schlussrechnung, d. h. mittels Division durch die Zahlen 0,83 beziehungsweise 0,88, die sich aus dem Verhältnis der Körpergewichte ergeben.

Büroarbeit oder ähnliche Beschäftigungen – und diese minimale körperliche Tätigkeit dominiert in unserer Konsumgesellschaft – verbrauchen noch weniger und würden einen noch höheren Energieüberschuss ergeben. Stundenlang vor dem Fernseher oder Computer zu sitzen, verbraucht wahrscheinlich nicht mehr Energie, als im Krankenhausbett zu liegen, und ein derartiger Zustand wird von vielen Menschen in unserer Gesellschaft täglich stundenlang eingenommen. Ich nehme an, dass durch unsere enorme Bequemlichkeit und Passivität unser täglicher Energieverbrauch noch geringer ausfällt. All diese Berechnungen sind als überschlagsmäßig anzusehen, was ihre grundsätzliche Gültigkeit aber sicherlich nicht unterminiert. Ich nenne hier nur ein weiteres klassisches Beispiel für ein Verhalten, das für unsere der Passivität und dem Hyperkonsum verfallene Gesellschaft typisch ist, nämlich die absurde Angewohnheit, die paar Hundert Meter zum Bäcker mit dem Auto zu fahren. Fest steht also: Im Vergleich zu unseren Vorfahren verbrauchen wir weniger Energie. Im Grunde wäre das kein Problem, wenn wir entsprechend weniger essen würden, aber die Menge per se ist eben nur ein Teilaspekt des Problems.

Modernes (Fr)Essverhalten und die Nahrungsmittelverfettung

Im Gegensatz zu den meisten Säugetieren konnten unsere Vorfahren beinahe alles verdauen und waren damit in der Lage, die verschiedensten Ökosysteme zu besiedeln. Der Anteil von tierischen Produkten an der Ernährung variiert bei den unterschiedlichen Bevölkerungstypen wie Jägern und Sammlern, Gruppen mit Herdentieren oder mit mehr landwirtschaftlicher Tätigkeit zwischen 5 % und über 90 %. In den heutigen USA liegt der Anteil bei etwa 27 %, in England bei 31 %, in Frankreich bei 38 % und in Japan bei 20 %. Der Medianbereich von 229 kontemporären Sammlergesellschaften beträgt allerdings 56–65 %. (Der Median ist ein statistischer Faktor, der den Wert in der Mitte widerspiegelt. Bei 229 Werten, wie in unserem Falle, wäre dies der Mittelwert vom 114.-größten und 115.-größten Wert. Durch die Betrachtung des Medians verlieren Ausreißer, das sind vom Mittelwert stark abweichende Werte, ihren überproportionalen Einfluss.) Der Fleischkonsum dürfte also an unserer Gesellschaftsverfettung per se nicht schuld sein. Essen wir also einfach zu viel?

Basierend auf einer Studie aus dem Jahre 2000 nimmt ein mindestens 20-jähriger US-Amerikaner pro Tag 2.618 und eine US-Amerikanerin 1.877 kcal zu sich. Im Gegensatz zur verbreiteten Meinung dürften wir also doch nicht zu viel essen, obwohl die Portionsgrößen speziell in den USA teilweise erschreckend sind. Jedoch ist nicht zu vergessen, diese Zahlen sind Mittelwerte. Verglichen mit Tabelle 8 würden die Werte der US-Amerikaner etwa dem Kalorienverbrauch von Büroarbeit entsprechen und im Durchschnitt ist das halbwegs sinnvoll in einer Gesellschaft, die zu 70 % eine Servicegesellschaft ist.

Zudem wird in Amerika von doch relativ vielen Menschen regelmäßig Sport betrieben, etwas gehäuft vielleicht an der Westküste, und diese Gruppe kann die Statistiken durchaus beeinflussen und gegenläufige Tendenzen kaschieren. Übrigens führen die USA zwar noch in einigen Fettleibigkeitsstatistiken, aber Europa ist auf einem guten Wege, den Rückstand sehr bald aufzuholen, knapp dahinter liegen leider schon einige weniger wohlhabende Länder, die sich gegen den exzessiv ansteigenden Konsum nicht wehren können. Auch hier herrscht ein ökonomischer Globalisierungswettlauf, aber mit gravierenden Folgen für die Gesundheit. China, Indien und andere Länder mit rascher Wirtschaftsentwicklung sollten dem Beispiel Europa und USA in dieser Hinsicht nicht folgen. Diese Länder weisen auch schon hohe Wachstumsraten für Zuckerkrankheit auf. Eine bewusste Ablehnung von fettleibigkeitsfördernden und eine Bejahung eines nicht fettleibigkeitsfördernden Kapitalismus beziehungsweise eines in dieser Hinsicht maßvollen Konsums wären ideal, aber kann es so etwas geben?

Zucker ist nicht gleich Zucker! Darin liegt ein wichtiger Unterschied im Vergleich zur Nahrung unserer Vorfahren. Für die Menschen vor Tausenden von Jahren gab es keine sogenannten einfachen Zucker oder raffinierte Zucker zum Verspeisen. Auch aus diesem Grund nahmen sie relativ gesehen weniger Zucker zu sich als wir. Auch heute noch ist nicht alleine die absolute Menge, sondern die Art des Zuckers (mit-)entscheidend. Softdrinks oder Süßigkeiten führen zu einem schnellen Anstieg der Zuckerkonzentration im Blut und damit des Insulinspiegels. Ein damit verbundener kurzfristig stimulierender Effekt kann nicht geleugnet werden – warum sonst essen Kinder, und auch Erwachsene, so gerne stark gezuckerte Lebensmittel? Es ist nicht nur der Geschmack. Über Jahre gesehen kann es zu Insulinresistenz kommen und der Zucker im Blut kann nicht mehr effizient in das Gewebe aufgenommen werden. Diese Insulinresistenz ist mitverantwortlich für die Entwicklung von Zuckerkrankheit, Fettleibigkeit, Bluthochdruck und Herzkrankheiten.

Auch beim Fett ist nicht alleine die Menge, sondern die Zusammensetzung wichtig. Ein diesbezüglich sehr beunruhigender Trend, der vor etwa 200 Jahren begann, ist aus Abbildung 16 ersichtlich.

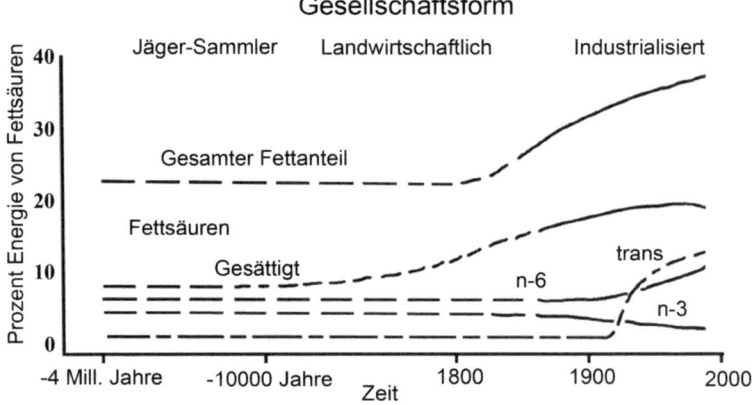

Abbildung 16: Wir essen nicht nur zu viel Fett, sondern auch zu viel vom falschen.

Konsum von verschiedenen Fettsäuren während der Geschichte der Menschheitsentwicklung in Abhängigkeit der dominanten Gesellschaftsform. *n-3* steht für Omega-3- und *n-6* für Omega-6-Fettsäuren, *trans* für künstlich hydrierte (Anlagerung von Wasserstoff) Fettsäuren; Evolution kann sich an diese dramatischen Änderungen der Ernährung nicht anpassen. Es gibt keinen Selektionsdruck. Der Preis sind Zuckerkrankheit, Bluthochdruck und Herz-Kreislauf-Erkrankungen (vgl. DeFilippis, Sperling, 2006: 564–570).

Der Fettanteil in unserer Ernährung ist in den letzten zweihundert Jahren stark angestiegen. Noch beunruhigender dürfte allerdings der

Anstieg der gesättigten Fettsäuren sein, die für den Körper nicht gut sind, zusammen mit den Trans-Fettsäuren, das sind künstlich modifizierte, aus Pflanzenöl hergestellte Fettsäuren. Unsere Vorfahren konsumierten Fleisch von Tieren, die frei umherliefen, frische Luft und reines Wasser genießen konnten, im Gegensatz zu den Tieren, die heute für den Verzehr geschlachtet werden, deren Fettgehalt generell höher ist und dabei speziell erhöhte Konzentrationen an gesättigten Fettsäuren aufweist. Fettreicheres Fleisch ist billigeres Fleisch, und mehr zu zahlen, um gesünder zu leben, ist eine Grundsatzentscheidung, aber auch eine Geldfrage. Ein Hamburger, Schinken, ein Steak aus der Lende des Rindes haben einen Fettanteil von circa 30 %. Bei frei lebenden Tieren wie Hase, Truthahn, Pferd oder Reh liegt der Fettanteil bei weniger als 10 % (vgl. Trevanathan, Smith, McKenna, 2008: 20).

Gesteigerter Konsum von gesättigten und Trans-Fettsäuren ist eindeutig mit einem erhöhten chronischen Krankheitsrisiko assoziiert (vgl. Stearns, Koella, 2008: 271). Verglichen mit dem durchschnittlichen US-Amerikaner konsumieren moderne Jäger-und-Sammler-Gesellschaften 55 % weniger Kalorien aus Fett (20 % versus 36 %), 600 % mehr Ballaststoffe – dies ist der dritte Affront nach zu viel Zucker und Fett – und haben dadurch 55 % weniger Körperfett (vgl. Trevanathan, Smith, McKenna, 2008: 65). Ballaststoffe können vom Körper nicht verdaut werden, erfüllen aber wichtige Funktionen. Sie sättigen und beschäftigen den Körper, der – vereinfacht gesagt – trotzdem versucht, die unverdaulichen Stoffe abzubauen. Ballaststoffe führen auch dazu, dass Zucker langsamer aufgenommen und Insulin langsamer freigesetzt wird, und sie erlauben einen besseren Stuhlgang. Der Anteil von Ballaststoffen kann nicht hoch genug sein. Derzeit ist er definitiv zu niedrig. In Fast Food findet man nicht viele unverdauliche Kalorien.

Der vierte Angriff gegen die Gesundheit durch die heutigen Ernährungsgewohnheiten liegt in einem höheren Verhältnis von sogenannten Omega-6- zu Omega-3-Fettsäuren, wobei letztere zu bevorzugen sind. Das Verhältnis lag in der guten alten Jäger-und-Sammler-Zeit zwischen 2 zu 1 und 3 zu 1. Heute liegt es bei etwa 10 zu 1. Gerade der Konsum von Omega-3-Fettsäuren wird als gesundheitsfördernd betrachtet und die Datenlage sieht relativ robust aus. Viele experimentelle Studien und Untersuchungen am Menschen zeigten einen positiven Einfluss auf unterschiedliche Körperfunktionen.

Die erschreckenden Folgen – aber kein Ende in Sicht?

Der geringere Energieverbrauch gepaart mit zu viel und falscher Ernährung hat dazu geführt, dass jeder zweite US-Amerikaner übergewichtig oder fettleibig ist. Europa holt schnell auf, weil seit Jahrzehnten eine eher unkritische Übernahme von vielen Aspekten des *American Way of Life* stattfindet. Auch wenn die Franzosen gerne ihre Immunität in dieser Hinsicht beteuern und darüber hinaus ihr kulinarisches Feinschmeckertum preisen: Der Konsum gewisser zusammengepresster Nahrungsmittel ist gerade dort sehr hoch. Von Resistenz leider keine Spur. Können wir den Amerikanern oder ihrem *Way of Life* Schuld daran geben? Nein, Schuld dürfen wir nur bei uns selbst suchen.

Der große Dichter Stefan Zweig hat es 1925 wunderbar in seinem genialen Artikel *Die Monotonisierung der Welt* dargestellt: „Alles wird gleichförmiger in den äußeren Lebensformen, alles nivelliert sich auf ein einheitliches kulturelles Schema. (…) die Menschen nach einem Schema tätig und lebendig, immer mehr die Städte einander äußerlich ähnlich. (…) nie war dieser Niedersturz in die Gleichförmigkeit der äußeren Lebensformen so rasch, so launenhaft wie in den letzten Jahren. Seien wir uns klar darüber! Es ist wahrscheinlich das brennendste, das entscheidendste Phänomen unserer Zeit." Was für eine Weitsicht! Mindestens ebenso traurig sind die starken Wachstumsraten von Übergewicht und Folgekrankheiten in den noch weniger wohlhabenden, aber aufstrebenden Ländern, wobei hier die Evolution an den Folgen des Hyperkonsums Mitschuld haben dürfte. Denn faszinierenderweise dürfte der Ernährungszustand der Mutter einen zwar vorhersehbaren, aber zugleich irgendwie paradoxen Effekt auf das Herz-Kreislauf-Erkrankungsrisiko der Nachkommen ausüben. Wenn die Mütter vor und während der Schwangerschaft zu dick und / oder zuckerkrank sind und einfach zu viel essen, haben die Nachkommen ein erhöhtes Risiko, fettleibig oder zuckerkrank zu werden. Das ist die einfache Variante und da können wir gegensteuern. Wenn man bedenkt, dass die Häufigkeit von Zuckerkrankheit im Steigen begriffen ist und zudem das Alter der Manifestation sich in jüngere Jahre verschiebt, also in Richtung des Lebensabschnitts, in dem Frauen noch Kinder bekommen (und das geschieht zudem immer später), kann man sich vorstellen, was auf uns zukommt. Es entsteht ein positiver Rückkopplungsprozess, bei dem mehr und mehr Menschen zuckerkrank werden (müssen). Dieser Teufelskreis muss unterbrochen werden. Ob wir uns dabei auf die Gesundheitspolitik verlassen können, wird sich herausstellen. Zu spät ist es nie, aber die Dimensionen des Problems sind bereits erschreckend.

Der paradoxe Effekt entsteht folgendermaßen: Speziell jene Kinder, die klein und mit geringem Körpergewicht geboren werden, was als Zeichen einer Unterernährung und einer Stresssituation der Mutter gewertet werden kann, zeigen im späteren Leben ein erhöhtes Risiko, Herz-Kreislauf-Erkrankungen zu entwickeln. Dieses Risiko ist allerdings nur dann überdurchschnittlich, wenn sie als Erwachsene zu viel Nahrung zu sich nehmen, mit anderen Worten hyperkonsumieren. Wenn diese Kinder als Erwachsene eine normale Menge an Nahrungsmitteln konsumieren, zeigen sie kein erhöhtes Erkrankungsrisiko. Der ungeborene Embryo wird durch den Ernährungs- und Stresszustand der Mutter ein Leben lang geprägt, und evolutionär betrachtet liegt der Sinn darin, sich auf die metabolischen Gegebenheiten der mütterlichen Umweltbedingungen einzustellen, mit der Annahme, diese ändern sich nicht.

Darin liegt das Problem in Ländern, in denen die Mütter über Generationen eher weniger zu essen gehabt haben. Innerhalb einer Generation hält die Konsumgesellschaft mit ihren Supermärkten Einzug und stellt ein Überangebot an Nahrungsmitteln bereit, was die Nachkommen dazu veranlasst, zu viel zu essen. Ihre Körper waren auf Nahrungsmittelmangel eingestellt und werden jetzt mit Kalorien bombardiert. Sie werden krank, zwar erst später im Leben, das ist aber nur ein schwacher Trost. Ohne den an sich positiven dafür verantwortlichen Entwicklungssprung wäre die Situation in solchen

Gebieten natürlich noch dramatischer. Trotzdem befinden sich immer mehr Kinder und Jugendliche auf dem besten Weg Richtung Zuckerkrankheit und die Konsequenzen sind furchtbar.

Es gibt unterschiedliche Wege, übergewichtig und zuckerkrank zu werden, aber Essverhalten und Bewegungsmangel sind die wichtigsten Angriffspunkte für Prävention und Therapie. Wieso fällt es dem Menschen so schwer, zu begreifen, welche Folgeerkrankungen drohen, und sein Verhalten frühzeitig anzupassen? Die gesundheitspolitischen Konsequenzen und Handlungsnotwendigkeiten sind offensichtlich, aber ich sehe sie so gut wie nirgends, und wenn, dann nur minimal praktiziert oder kommuniziert. Verhaltensänderungen sind schwer zu bewirken, aber müssen denn immer zuerst Katastrophen passieren, um den politischen Willen zum Handeln zu induzieren? Eine 30%ige Übergewichtsrate ist vielleicht noch keine richtige Katastrophe. Millionen von Zuckerkranken und stetig weiterwachsende Zahlen sind es aber ganz bestimmt.

Die Rate an Fettleibigkeit (Übergewicht und Fettleibigkeit sind genau definiert) hat sich in den USA zwischen 1960 und 2004 bei Männern verdreifacht und bei Frauen verdoppelt. Beide zusammengezählt ergeben etwa 30 % der Bevölkerung. Dieser Anstieg passierte innerhalb von nur zwei Generationen – da spielt Vererbung, Genetik oder Evolution keine Rolle, umgekehrt aber wird, wie später beschrieben, dieser Trend unser genetisches Lebensbuch ändern. Ein Plateau dürfte noch nicht erreicht sein, obwohl sich bei Frauen ein Abflachen des Anstieges abzeichnen könnte. Der Unterschied zu den Generationen vor uns ist dramatisch. Im Jahr 2006 waren nach Berechnungen der Weltgesundheitsorganisation (WHO) weltweit 400 Millionen Menschen fettleibig und 2015 sollen es 700 Millionen sein, beinahe eine Verdoppelung innerhalb von 10 Jahren. Und damit wären etwa 10 % der Erdbewohner fettleibig – was einhergeht mit enormen körperlichen, psychischen und, nicht zu vergessen, ökonomischen Kosten.

Fettleibigkeit per se wäre relativ harmlos, eine problematische Rolle mag die Ästhetik spielen, diese ist aber einem flexiblen Trend unterworfen. Fettleibigkeit ist jedoch die Initialzündung für wesentlich ernstere Konsequenzen. Vor allem der Bierbauch als markantes

Erkennungsmerkmal unserer Konsumgesellschaft gilt als Zeichen sogenannter zentraler Fettleibigkeit und dürfte besonders risikobehaftet und letzten Endes tödlich sein. Die Spätfolgen von schlechter Ernährung, Bewegungsmangel und Übergewicht werden als metabolisches Syndrom bezeichnet und inkludieren Zuckerkrankheit, Bluthochdruck und Dyslipidämien – ein etwas verkorkster Ausdruck für erhöhte oder falsche Blutfettwerte, vor allem erhöhtes LDL (das „schlechte" Cholesterin) und verringertes HDL (das „gute" Cholesterin). Ich bin mir durchaus bewusst, dass es eine lebhafte Diskussion gibt, wie schlecht LDL und wie gut HDL tatsächlich sind, hier sollen diese vereinfachten Charakterisierungen ausreichen.

Ein schlechtes Blutfettprofil bedeutet wiederum ein erhöhtes Risiko für Herzinfarkte und Schlaganfälle. Das Herz-Kreislauf-System nimmt durch Fettleibigkeit unweigerlich schwersten Schaden. Unser Körper ist entwicklungsgeschichtlich auf unseren heutigen Lebensstil und unsere falsche Ernährung nicht eingestellt. Zuckerkrankheit ist in traditionellen Jäger-und-Sammler- oder ähnlich lebenden Gesellschaften selten. Die Weltgesundheitsorganisation hat für das Jahr 2010 weltweit 221 Millionen Zuckerkranke geschätzt, ein fast 50%iger Anstieg in nur zehn Jahren. Im Jahre 2000 hatte fast eine Milliarde Menschen Bluthochdruck und bis 2025 wird eine 60%ige Erhöhung auf 1,5 Milliarden vorhergesagt. Auch wenn die Definition von Bluthochdruck nicht trivial ist und die Meinungen auseinander gehen – es ist egal, ob ein Drittel oder die Hälfte der Menschen mit Bluthochdruck diagnostiziert wird, es sind in jedem Fall viel zu viele. Bluthochdruck führt früher oder später zu Herzinfarkt, Schlaganfall und vielen anderen gesundheitlichen Problemen.

Der Anstieg in weniger wohlhabenden Ländern ist zum Teil von einer Landflucht getrieben, da, um die neuen Stadtbewohner ernähren zu können, mehr Supermärkte gebaut werden. Eine signifikante Korrelation zwischen der Rate an Fettleibigkeit und der Anzahl an Supermärkten sollte sich statistisch belegen lassen. Was bedeutet das nun für den heutigen Menschen und welche Auswirkungen könnten für die Zukunftsgenerationen durch diese schwerwiegenden gesundheitsbelastenden Veränderungen entstehen? Haben wir uns auch hier auf ein gewagtes Spiel mit der Evolution eingelassen, bei dem gesellschaftliche Prozesse genetische Modifikationen verursachen können?

Als spezielles Beispiel soll die Zuckerkrankheit (Diabetes) etwas näher beleuchtet werden. Wenn man Diabetes verhindern könnte, würde es viel weniger schwerwiegende Erkrankungen der Gefäße und damit des Herzens oder des Gehirns geben. Man kann diese Folgeerkrankungen gar nicht mehr isoliert betrachten. Eines ist aber offensichtlich. Wir müssen versuchen, diese fatale Entwicklung möglichst frühzeitig zu unterbinden, noch bevor Zuckerkrankheit und Bluthochdruck entstehen. Das wäre im Interesse des Einzelnen, der Gesellschaft und natürlich von Gesundheitsorganisationen wie Krankenkassen, weniger von der pharmazeutischen Industrie. Diese verdient eine Menge mit Medikamenten, die Bluthochdruck oder Zuckerkrankheit behandeln. Übergewicht wäre zu verhindern, aber diese Aufgabe wird selbst den größten Optimisten als (zu) schwierig erscheinen – andererseits war man auch beim Rauchen lange Zeit pessimistisch und hat nach jahrzehntelanger Wartezeit doch Erfolge gefeiert. Ein paar Prozentpunkte weniger würden schon viel Leid (und Geld) ersparen. Die richtige Einstellung der Politik wäre: *We can (and we dare)!*

Grundsätzlich unterscheidet man zwei Arten von Diabetes: Typ I und Typ II. Es gibt noch andere Formen, die zusammen circa 5 % ausmachen, hier aber nicht berücksichtigt werden. Der Typ-I-Diabetes (5 % aller diagnostizierten Zuckerkrankheiten) beginnt bereits in der Kindheit und wird durch einen autoimmun (von altgriech. αὐτός, *autos*, selbst) ablaufenden destruktiven Prozess verursacht. Das eigene Immunsystem zerstört aufgrund von noch nicht ganz verstandenen Mechanismen die Insulin produzierenden Zellen in der Bauchspeicheldrüse. In der Folge kann der Körper früher oder später den Zuckergehalt im Blut nicht mehr präzise regulieren. Es kommt zur Blutzuckerkrankheit. Das Risiko in der Bevölkerung, an Typ-I-Diabetes zu erkranken, liegt bei circa 0,1–0,4 %, wobei es in den letzten Jahrzehnten zu einem Anstieg dieser Häufigkeit gekommen sein dürfte. Die Gründe für diese Steigerung von Typ-I-Diabetes-Erkrankungen sind nicht bekannt, aber die schon beschriebene Hygiene-Hypothese dürfte auch bei der Zuckerkrankheit eine Rolle spielen. Vererbung spielt beim Typ-I-Diabetes eine wichtige Rolle. Der viel häufigere Typ-II-Diabetes, verantwortlich für 90% aller Fälle und früher als Alterszuckerkrankheit bezeichnet, entwickelt sich vielfach wegen falscher und unausgeglichener Lebensgewohnheiten. Übergewicht und Typ-II-Diabetes sind ein fatales Pärchen, obwohl glücklicherweise nur 5–10% der fettleibigen Menschen eine Zuckerkrankheit entwickeln. Genetische Faktoren spielen auch beim Typ-II-Diabetes eine Rolle und er tritt daher innerhalb von Familien mitunter gehäuft auf. Trotzdem sind Umweltfaktoren entscheidend für die Entwicklung. Das geht eindeutig aus den hohen Wachstumsraten in den letzten Jahrzehnten innerhalb einer oder zwei Generationen hervor. Kommt es durch die erhöhten Raten von Zuckerkrankheit zu genetischen Veränderungen in unserem Genom? Dieser Frage werden wir uns noch genauer widmen.

Die Bezeichnung Alterszuckerkrankheit ist deshalb nicht mehr adäquat, weil auch immer mehr Kinder und Jugendliche betroffen sind. Den Grund findet man in der Gewichtszunahme von Kindern und Jugendlichen in den letzten Jahrzehnten. Damit könnte die Zuckerkrankheit auch für die Evolution interessant werden. Im Besonderen, weil auch die Häufigkeit des Typ-I-Diabetes im Ansteigen ist. Für 2006 hat die Weltgesundheitsorganisation weltweit 20 Millionen Kinder unter fünf Jahren als übergewichtig eingestuft. In den industrialisierten Ländern schätzt man 15–30% der Kinder als übergewichtig ein, Tendenz steigend (vgl. Trevanathan, Smith, McKenna, 2008: 83). Das sind erschreckende Zahlen – und gleichzeitig gibt es Stimmen, die ernsthaft über die Abschaffung des Turnunterrichtes in Schulen diskutieren wollen.

Die Kosten für das Gesundheitsbudget sind unglaublich. Alleine in den USA werden im Jahre 2020 die inflationsbereinigten Kosten, Menschen mit Zuckerkrankheit zu behandeln, auf circa 200 Milliarden US-Dollar geschätzt, 132 Milliarden Dollar waren es 2002. Die psychologischen Kosten von verringerter Lebensqualität für direkt Betroffene und nahe Verwandte sind nicht quantifizierbar. Wenn ich bedenke, dass das Auftreten der Zuckerkrankheit durch wohlbekannte Maßnahmen stark reduziert oder gar verhindert werden könnte, fehlen mir die Worte. Aber die notwendigen

Verhaltensänderungen vorzunehmen, ist offenbar zu viel verlangt beziehungsweise dürfte der Preis noch nicht hoch genug sein – oder besser gesagt ist wohl das Bewusstsein oder Gewissen noch nicht ausreichend sensibilisiert. Beim Rauchen hat man den Preis von Zigaretten sukzessive erhöht, die Folgeerscheinungen wie Raucherbein, Herzinfarkt und Lungenkrebs mehr oder weniger deutlich kommuniziert und die Nichtraucher aktiviert, bis schließlich auch die lange Zeit inaktiven Politiker nicht mehr wegschauen konnten.

Es ist Zeit, gegen Diabetes mit ähnlichen Mitteln vorzugehen, obwohl es bei Übergewicht und falschen Ernährungsgewohnheiten viel schwerer sein dürfte, entsprechende Aktionen zu starten, selbst wenn der Nutzen für die Gesellschaft enorm wäre. Das Ziel muss sein, diese Zustände zu verhindern. Prävention muss in den Vordergrund rücken. Beim Zigarettenkonsum war dies etwas einfacher, denn der Raucher belastet nicht nur sich selbst, auch passives Rauchen hat Folgen. Zudem ist die drohende Krebserkrankung psychologisch viel erschreckender als ein erhöhter Blutzuckerwert. Noch dazu hat die pharmazeutische Industrie gute Medikamente zur Behandlung von Diabetes entwickelt, aber noch nicht wirklich gegen Krebs – auch wenn Teilerfolge in den letzten Jahren im Kampf gegen Krebs Hoffnung machen dürfen. Ist das Vorhandensein von guten Medikamenten gegen die Zuckerkrankheit ein *Moral Hazard*?

Haben Sie schon einmal einen dicken Löwen oder eine fette Antilope in der freien Natur gesehen? Dicke Tiere überleben nur in Tiergärten, nicht aber in der Wildnis. Über Millionen von Jahren hat unser Körper gelernt, mit wenig Nahrungsmitteln und unregelmäßiger Zufuhr zurechtzukommen. Wenn sich unsere Vorfahren so richtig an(fr)essen konnten – selten genug dürfte dies der Fall gewesen sein –, war es ein ungeheurer Überlebensvorteil, die überschüssige Energie sofort abzuspeichern. Vielleicht hat es dicke Menschen auch vor Tausenden von Jahren gegeben, aber die Zahl war gewiss sehr niedrig. Mit seiner Neigung zur Fettleibigkeit ist der Mensch eindeutig Opfer der Evolution, die alleinige Schuld dürfen wir ihr jedoch nicht geben, denn durch unser eigenes kräftiges Zutun wider besseres Wissen sind wir gleichzeitig Täter.

Durch die Anhäufung von genetischen Faktoren, die eine effiziente Fettspeicherung ermöglichen, kann man sich die epidemischen, leider bald pandemischen Ausmaße von Übergewicht, Zuckerkrankheit und Bluthochdruck erklären, die vielfach durch ungesunde, hyperkalorisierte Ernährung ohne jegliche Erholungspausen mit Kalorienrestriktion ausgelöst werden. Neben exzessiver Fettspeicherung ist die ebenso exzessive Unsportlichkeit und Bewegungsarmut durch Computer- und Fernsehkonsum oder einfach durch Bequemlichkeit maßgeblich an diesen Verhältnissen beteiligt. Unfassbar, wie viele Stunden Kinder, Jugendliche und Erwachsene täglich vor Bildschirmen verbringen. Was bedeutet der rasche Anstieg dieser Krankheiten für den Menschen? Wird es zu einer Selektion gegen genetische Faktoren kommen, die bei der Entwicklung der Fettleibigkeit oder Zuckerkrankheit eine positive Rolle spielen? Die kurze Antwort lautet nein, aber die etwas komplexere ist hochinteressant.

Obwohl sich die Lebenserwartung zum Beispiel bei Männern, die mit etwa vierzig Jahren als zuckerkrank diagnostiziert werden, um ein Jahrzehnt verringert, ist dieser Effekt evolutionsneutral. Ob man mit siebzig oder achtzig Jahren stirbt, spielt für die Evolution keine Rolle. Bei der stark ansteigenden Rate an Fettleibigkeit und Zuckerkrankheit bei Kindern und Jugendlichen sieht das jedoch anders aus, sie könnte sehr wohl einen evolutionären Effekt haben, insofern die Betroffenen tatsächlich weniger Nachkommen zeugen. Die geringere Lebenserwartung spielt dabei keine Rolle, weil diese Menschen nicht im jungen Alter sterben, aber es könnte zu Verschiebungen kommen.

Beim Typ-I-Diabetes, der zu erheblichen Teilen genetisch vererbt wird und in der Zeit vor der Insulinsubstitutionstherapie tödlich war, müsste es in der Population zu einer Häufung an Genen kommen, die mitverantwortlich für seine Entstehung sind. Der medizinische Fortschritt verändert unseren genetischen Code. Durch die Verabreichung von Insulin können Typ-I-Zuckerkranke ein fast normales Leben führen, obwohl die Spätschäden im höheren Alter nicht vollständig verhindert werden können. Damit ist mit einer Erhöhung von Typ-I-Diabetes-Fällen in den nächsten Jahrzehnten zu rechnen, weil sie dank moderner Medizin Kinder haben können und diese Kinder wiederum ein erhöhtes Risiko, zuckerkrank zu werden, vererbt bekommen. Bei der derzeitigen maximalen Rate von 0,4 % in der Bevölkerung sind in den USA, Europa und Japan ungefähr vier Millionen Menschen betroffen. Seit der Einführung von Insulin vor mehr als 80 Jahren hätte es eigentlich schon zu einem Anstieg kommen können, dieser mag noch zu klein und nicht messbar sein. Entsprechende Untersuchungen werden wohl durchgeführt, obwohl ich zwingende Konsequenzen durch einen möglichen Anstieg nicht unbedingt sehe. Das Gesundheitssystem wird mehr belastet werden, weil diese Menschen lebenslang therapeutische Hilfe benötigen. Das Einpflanzen von künstlichem, Insulin produzierendem Pankreasgewebe oder einer Bauchspeicheldrüse eines genetisch veränderten Schweins ist noch nicht möglich und es ist schwer abzuschätzen, wann dies der Fall sein könnte. Aber medizinischer Fortschritt kommt manchmal sprunghaft.

Wie erwähnt haben Wissenschafter einen starken Anstieg von Typ-I-Diabetes über die letzten drei Jahrzehnte gemessen, der über eine mögliche genetische Selektion nicht erklärt werden kann. Der Zeithorizont ist für einen derartig starken Anstieg viel zu kurz. Es wird vermutet, dass die schon beschriebene Hygiene-Hypothese (siehe Kapitel „Die Hygiene-Hypothese und ihre Bedeutung für Therapie und Prävention", ab Seite 95) eine Rolle spielt. Sie besagt, dass wir zu wenig Infektionen oder allgemein Exposition gegenüber Bakterien, Pilzen und Würmern haben und sich deshalb unser Immunsystem unterfordert fühlt. Diese Langeweile hat jedoch einen Preis: eine erhöhte Häufigkeit an Autoimmunerkrankungen und damit auch an Typ-I-Diabetes.

Wie Evolution gegen Fettleibigkeit vorgeht – die evolutionäre Geburtenkontrolle

Auch wenn die Evolution genügend Zeit hätte und sich ein Weg fände, die Gene für Fettleibigkeit aus dem Genpool wegzuselektionieren und die folgenden Generationen dadurch für ihr zügelloses Essverhalten nicht mehr (so heftig) bestraft werden würden, wäre zu hoffen, dass spätere Generationen vernünftiger im Umgang mit ihrer Gesundheit sind. Die Folgeerkrankungen von Fettleibigkeit stehen jedoch mit keinem Fitness-Nachteil in Zusammenhang, der sich über evolutionäre Selektion auswirken könnte, da sie allesamt erst im fortgeschrittenen Alter aktiv werden und die erhöhte Sterblichkeit durch Übergewicht selbst ebenso erst spät zum Tragen kommt. Auch Menschen, die sehr früh Übergewicht zeigen und an Diabetes erkranken, haben an sich genug Zeit, Nachkommen zu zeugen. Die entscheidende Frage, die wir nun genauer durchleuchten, lautet, ob Fettleibigkeit tatsächlich keinen Einfluss auf die Anzahl der Nachkommen hat. Das ist die beinahe einzig relevante Voraussetzung für das Wirken von Evolutionsprozessen. Reduzierte Überlebenschancen an sich sind nicht entscheidend, solange die gleiche Anzahl an Kindern gezeugt wird.

Menschen mit Übergewicht könnten aber möglicherweise weniger fruchtbar sein, weniger Lust auf Sex haben oder eine geringere Wahrscheinlichkeit aufweisen, einen Partner zu finden. Dadurch würden genetische Faktoren, die Fettleibigkeit und die daraus resultierenden Folgeerkrankungen mitbestimmen, negativ selektioniert werden. Diese genetischen Faktoren gibt es höchstwahrscheinlich. Metaphorisch betrachtet würde die Evolution zurückschlagen und sich gegen den starken Anstieg von Übergewicht in der Bevölkerung wehren. Diese „Rache" würde viel Zeit in Anspruch nehmen und mit genetischen Veränderungen einhergehen. Gibt es Daten, die diese Denkweise unterstützen?

Der Body-Mass-Index (BMI) oder deutsch die Körpermassezahl wird weltweit als ein Maß für Übergewicht beziehungsweise Untergewicht herangezogen. Dabei wird das Körpergewicht in Kilogramm durch das Quadrat der Körpergröße in Meter dividiert – das Quadrat der Körpergröße ist die Körpergröße multipliziert mit sich selbst. Bei einem Körpergewicht von 90 kg und einer Größe von 1,82 m hätte ein Mensch einen BMI von 27 [= 90 / (1,82 × 1,82)]. Als normalgewichtig wird ein BMI zwischen 18,5 und 24,9 angesehen, von 25–29,9 als übergewichtig und über 30 als dick oder fettleibig (*obese* im Englischen). Wer mich kennt, weiß, dass ich mit meinen 1,82 m und 90 kg trotz eines errechneten BMI von 27 nicht wirklich übergewichtig bin, und darin liegt auch der Kern der häufigsten Kritik am BMI. Die gesundheitlich höchst relevante Verteilung des Gewichts auf die verschiedenen Körperkompartimente bleibt dabei leider gänzlich unberücksichtigt. Muskeln und Knochen können auch bei an sich schlanken Menschen schwer genug sein, um den BMI in die Übergewichtskategorie zu heben. Als relatives Maß einer Bevölkerungsgruppe erfüllt er aber seinen Zweck und wegen seiner einfachen Bestimmbarkeit wird er häufig verwendet.

Die Rate an übergewichtigen Menschen mit einem BMI von über 30 hat sich in vielen Ländern in den letzten Jahrzehnten verdoppelt bis verdreifacht. Markus Jokela hat in Finnland den Zusammenhang zwischen BMI und der Anzahl an Kindern wissenschaftlich untersucht (vgl. Jokela et al., 2007: 599–606). Tabelle 9 zeigt, dass Männer und Frauen mit einem BMI von über 30 im Durchschnitt 32 % beziehungsweise 38 % weniger Kinder haben. Frauen haben deshalb mehr Kinder, weil sie in einem jüngeren Alter damit beginnen.

Tabelle 9: Durchschnittliche Anzahl an Kindern nach Body-Mass-Index (BMI)

Gewicht	Anzahl an Kindern		Relativ zu Normalgewicht	
	Frauen	Männer	Frauen	Männer
Untergewichtig (<18.5)	1,49	1,32	−16 %	−10 %
Normal (18.5 bis 24.9)	1,78	1,46		
Übergewichtig (25 bis 29.9)	1,64	1,40	−8 %	−4 %
Fettleibig (>30)	1,10	0,99	−38 %	−32 %

(vgl. Jokela et al., 2007: 599–606)

Beinahe 40 % weniger Kinder würden sich ohne Zweifel in der genetischen Zusammensetzung der Bevölkerung bemerkbar machen, wenn man bedenkt, dass in manchen Ländern 30 % der Bevölkerung einen BMI von mindestens 30 mit sich herumtragen und die Tendenz dieser Zahlen nach wie vor stark steigend ist. Mir ist kein Land bekannt, in dem der Bevölkerungs-BMI in den letzten Jahren gesunken wäre. Vorstellbar ist allerdings, dass in Ländern mit kriegerischen Auseinandersetzungen oder katastrophalen wirtschaftlichen Zuständen Derartiges eintritt, aber hier geht es um industrialisierte Wohlstandsländer. Vielleicht sollte man einen Wettbewerb zwischen diesen Ländern organisieren, bei dem der erste Preis an dasjenige Land geht, das in der Lage ist, den BMI seiner Bevölkerung signifikant zu senken. Der „*Obesity X-Prize*"!

Der Effekt von Untergewicht ist mit 16 % bei Frauen und 10 % bei Männern auch nicht zu vernachlässigen. Untergewicht und Fettleibigkeit erhöhen außerdem auch das Risiko von sexuellen und reproduktiven Funktionsstörungen. Positive Assoziation von Fettleibigkeit mit unregelmäßiger oder gar keiner Menstruation und Unterdrückung des Eisprunges sind ebenfalls gemessen worden (vgl. Trevanathan, Smith, McKenna, 2008: 171). Die Heiratswahrscheinlichkeit ist verringert. Auch die Evolution dürfte ein gewisses Schönheitsideal bevorzugen, Gedanken dazu wurden im Kapitel „Sexuelle Selektion, Aggression und Depression" (Seite 171) dargelegt. Das Urschönheitsbild der Evolution unterliegt keinen Trends, und starke Abweichungen davon werden offenbar mit geringerer Tauglichkeit – gleichzusetzen mit weniger Nachkommenschaft – quittiert.

Die Spermienqualität wird durch zu viele Wiener Schnitzel und Faschingskrapfen ebenfalls herabgesetzt, auch Erektionsstörungen können auftreten. Für diese hat natürlich die pharmazeutische Industrie schon ein „hochpotentes" Gegenmittel gefunden. Interessanterweise wurde Viagra – als erstes (Ur-)Beispiel von nunmehr einer Vielzahl derartiger Medikamente – bei einer klinischen Studie zur Behandlung von Bluthochdruck entdeckt – und viele der teilnehmenden Individuen waren sicherlich übergewichtig. Nach den Verkaufszahlen zu schließen, dürften Viagra und ihre Imitationen wirklich funktionieren. Ob es die Anzahl an Nachkommen erhöht, wage ich zu bezweifeln, weil das Durchschnittsalter der Anwender doch eher höher liegen sollte, aber Zahlen dazu habe ich keine. Wenn dem nicht so wäre, würde es umso mehr zum Nachdenken einladen.

Es ist kaum davon auszugehen, dass heutzutage mehr Sex und / oder mehr Spaß am Sex (in der westlichen Welt) mit einer größeren Anzahl an Kindern einhergehen. Ein Mehr an Geschlechtspartnern durch gesteigerte sexuelle Leistungsfähigkeit wird sich ebenso kaum in einer zahlreicheren Nachkommenschaft auswirken, obwohl dies in früheren Zeiten ohne effiziente Empfängnisverhütung durchaus denkbar war. Gewisse Energie und Flügel verleihende Drinks dürften da auch eher neutral sein, aber Untersuchungen sind nicht bekannt. Kann die hohe Akzeptanz von Viagra und ähnlichen Medikamenten oder diversen Energydrinks aber trotzdem durch das subjektive Gefühl, potenter zu sein, mehr Nachkommen zeugen zu können oder einfach mehr Chancen bei Frauen zu haben, erklärt werden? Werden dadurch evolutionäre Urinstinkte geweckt? Ein Viagra für Frauen gibt es noch nicht und Energydrinks werden sehr wahrscheinlich viel häufiger von Männern konsumiert. Der Bodybuilder, der seine Muskeln trainiert und zur Schau stellt, tut ja letzten Endes nichts anderes: Ich habe Muskeln, ich bin stark und kann einer Frau starke und gesunde Kinder schenken. Die damit konkurrierenden Signale des Über- oder Untergewichtigen sind sicherlich schwächer, aber welche Signale dabei konkret wie attraktiv sind und welche Rolle spielen, entzieht sich meiner Kenntnis. Abbildung 17 (Seite 209) zeigt den Einfluss der Körpermassezahl (BMI) zwischen 16 und 30 einerseits auf die Anzahl an Kindern und andererseits auf die Wahrscheinlichkeit, jemals mit einem Lebenspartner gelebt zu haben. Die Grafiken stammen von einer wissenschaftlichen Studie in Finnland, die mit 12-, 15- und 18-Jährigen begonnen und diese dann über 21 Jahre verfolgt hat.

Die gesundheitspolitisch absolut notwendigen Maßnahmen sind eindeutig. In allen Ländern, in denen die Raten an Übergewichtigen stark ansteigen oder schon sehr hoch sind, müssen Gegenmaßnahmen ergriffen werden. Vorbeugung wäre noch besser. Turnstunden in Schulen zu streichen, ist absurd. Die Kosten für das Gesundheitssystem sind hoch, die psychische Belastung von Übergewicht ist groß und das Leid, verursacht durch Folgeerkrankungen, nicht beschreibbar. Ein entsprechender Anteil der Bevölkerung sollte, auch wenn diese Forderung höchst unrealistisch ist, aus medizinisch gerechtfertigten Gründen auf eine kalorienreduzierte Ernährung eingestellt werden, bei der es übrigens ganz entscheidend ist, nicht zu hungern. Der Hungerzustand war für unsere Vorfahren nämlich der Normalzustand und dabei wird möglichst wenig Energie verbraucht. Ernährungspläne – das Wort „Diät" hat einen negativen Beigeschmack –, die dieselben Signale auslösen, können nur schwer funktionieren, weil der Körper in solchen Phasen bis zu 30 % an Energie einsparen kann.

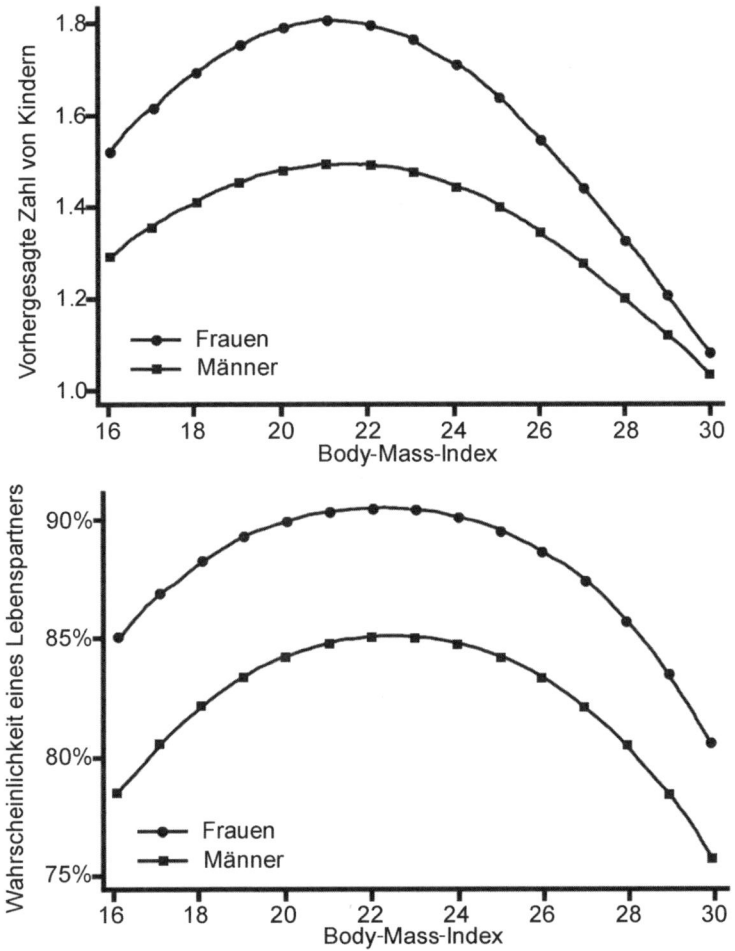

Abbildung 17: Lebensglück bei zu wenig und zu viel Körperfett

Die oberen Kurven zeigen den Zusammenhang von Body-Mass-Index (BMI) und Anzahl an Kindern. „Vorhergesagt" deshalb, weil ein Computermodell diese Kurven basierend auf realen Daten erstellt hat. Der untere Graph zeigt die Wahrscheinlichkeiten, jemals mit einem Partner gelebt zu haben, in Abhängigkeit vom BMI (vgl. Jokela et al., 2007: 599–606).

Diese effiziente Energienutzung wurde über Selektion schon bei den Tieren genetisch fixiert und wir Menschen haben diese Mechanismen übernommen. Wir konnten deshalb auch wochenlang dauernde Hungerzeiten überleben. Viele Schlankmacherprogramme schlagen jedoch genau das vor und deshalb sind die Erfolgsaussichten solcher (Extrem-)Diäten so schlecht. Man nimmt zwar kurzfristig ab, aber der Körper wartet nur darauf, wieder Energie speichern zu können, daher sind derartige Diäten früher oder später kontraproduktiv, jedes abgenommene Kilogramm wird umgehend wieder zugelegt.

Alle vier Kurven haben eine sogenannte verkehrte U-Form. Extreme BMI-Werte verringern die Anzahl an Kindern, wobei der Effekt bei Fettleibigkeit ausgeprägter ist. Auch die Wahrscheinlichkeit, jemals mit einem Partner gelebt zu haben, wird stark reduziert. Ein negativer Einfluss von Übergewicht, aber auch Untergewicht auf die Anzahl der Nachkommen war in dieser Studie eindeutig erkennbar. Markus Jokela hat diese Ergebnisse mit Langzeitdaten von US-amerikanischen Jugendlichen und jungen Erwachsenen verglichen und bestätigt (vgl. Jokela, Eloviainio, Kivimäki, 2008: 886–893). Auch andere Konsequenzen der Abweichungen vom Normalgewicht wurden gefunden. In der allgemeinen US-amerikanischen Bevölkerung erhöht ein BMI über 30 das Risiko, an einer schweren Depression, einer bipolaren Depression (einer Kombination aus Depression und manischem Verhalten), an Panikzuständen oder Angst vor offenen Flächen (sogenannte Agoraphobie) zu erkranken, während die Wahrscheinlichkeit eines Drogenkonsums interessanterweise reduziert wird (vgl. Simon et al., 2006: 824–830). Obwohl diese Effekte nicht sehr stark waren, sind sie durch die hohen Raten an Fettleibigkeit und Stimmungs- und Angststörungen doch relevant. Die Frage, was dabei wodurch verursacht wird, ist nicht geklärt und es gibt genug Argumente in beide Richtungen. Es erscheint eindeutig, dass sowohl zu geringes als zu hohes Körpergewicht einen negativen Effekt auf viele physiologische und psychologische Faktoren ausübt. Die biologischen Ursachen für die beschriebenen Effekte könnte man durch Annäherung an das Normalgewicht positiv beeinflussen. Soziale Komponenten wie Stigmatisierung von Übergewichtigen und die dadurch vielleicht mit bedingte erniedrigte Rate an Partnerschaften ließen sich dadurch ausgleichen. Je höher die Anzahl an Übergewichtigen, desto größer ist die Wahrscheinlichkeit, dass sich zwei aus dieser Gruppe finden. Denn bei Partnerschaften kommt oftmals Ähnliches mit Ähnlichem zusammen *(concordant mating)*, ein auf der Straße leicht zu beobachtendes und wissenschaftlich überprüftes Phänomen bei vielen Pärchen (vgl. Jokela, Eloviainio, Kivimäki, 2008: 886–893).

Bei Diäten ist es auch relativ unwichtig, wie die Zusammensetzung der Nahrung ist. Das mag vielleicht eine gewagte Aussage sein. Sie wird aber durch eine wissenschaftliche Arbeit im *New England Journal of Medicine*, dem renommiertesten klinisch orientierten Wissenschaftsmagazin für Medizin, gestützt. Dabei wurden 811 Übergewichtige auf vier Diätvarianten aufgeteilt (Tabelle 10). Alle Personen mussten mit einer Energiebilanz von täglich minus 750 kcal leben, was mittels täglicher, individueller Messungen kontrolliert und gewährleistet wurde. Die auf den Tagesbedarf fehlende Energie mussten die Teilnehmer natürlich mit ihrem angelagerten Fett decken.

Tabelle 10: Nur die Kalorien zählen – glücklicherweise

	Diät 1	Diät 2	Diät 3	Diät 4
Fett (%)	20	20	40	40
Eiweiß (%)	15	25	15	25
Zucker (%)	65	55	45	35
Diät	wenig Fett, Eiweiß durchschnittlich	wenig Fett, viel Eiweiß	viel Fett, Eiweiß durchschnittlich	viel Fett, viel Eiweiß

Gewichtsverlust nach 2 Jahren (kg)			
Diät 1 und 3*	3,00	Diät 3 und 4*	3,30
Diät 2 und 4*	3,60	Diät 1	2,90
Diät 1 und 2*	3,30	Diät 4	3,40
Personen, die die Studie beendeten (80 %)			4,00

* Kombinierte Gruppenanalyse (vgl. Sacks et al., 2009: 859–873).

Die Ergebnisse sind eindeutig, zumindest in dieser Studie: Die Art der Diät spielte keine Rolle. Alles entscheidend ist die Energiebilanz. Ein Kilogramm Körpergewicht entspricht circa 7.400 kcal. Mit einem täglichen Minus von etwa 500–700 kcal kann man daher innerhalb von zwei Wochen etwa ein Kilogramm abnehmen. Mehr abzunehmen sollte man auch nicht versuchen, denn nur durch eine langsame Anpassung des Körpers, und noch wichtiger des Geistes, kann sich ein neues, hoffentlich stabiles Gleichgewicht einstellen.

Die Teilnehmer der Studie hatten nach sechs Monaten etwa sechs Kilogramm abgenommen. Ein Kilogramm pro Monat entspricht einem idealen Tempo, aber wie man weiß, ist das Durchhalten das Problem. Zusätzliche Bewegungsaktivitäten sollten oder besser müssen jeden Abnehmversuch ergänzen. Vielleicht entdeckt man dabei sogar das Suchtpotenzial von Bewegung.

Tabelle 11 enthält unangenehme Zahlen. Zunehmen ist wesentlich leichter. Pro Tag nur 200–300 kcal mehr zu konsumieren, als der tägliche Energieverbrauch beträgt, würde innerhalb eines Jahr zu einer Zunahme von etwa 20 % des Körpergewichtes führen. Das sind beim männlichen beziehungsweise weiblichen Durchschnittsmenschen beinahe 15 kg beziehungsweise 11 kg. Wenn man schon etwas dicker ist, verschiebt sich diese Berechnung natürlich entsprechend. Leider sind 300 kcal sehr, sehr wenig, wie man aus Kalorientabellen leicht ablesen kann.

Tabelle 11: Schon 200–300 kcal zu viel pro Tag zeigen Wirkung

	Mann	Frau
Totaler Energieverbrauch pro Tag [1]	2.956	2.130
Totaler Energieverbrauch pro Jahr	1.078.940	777.450
10 % positive Energiebilanz in einem Jahr	107.894	77.745
Positive Energiebilanz pro Tag	296	213
Gewichtszunahme in einem Jahr (kg)	**14,7**	**10,6**
Durchschnittskörpergewicht [1]	70,1	58,6
% Gewichtszunahme	**21 %**	**18 %**

1 Zahlen aus Tabelle 8

Eine Rückkehr zu der Lebensweise von Jäger-und-Sammler-Gesellschaften wäre zwar für alternative Reiseveranstalter vielleicht eine Überlegung wert, aber ein bis zwei Wochen überzählige oder eigens gezüchtete Tiere zu jagen (speziell für die Männer) und Beeren und Pilze sammeln (speziell für die Frauen) und im nicht kälteisolierten, diätunterstützenden Zelt zu übernachten (für Männer und Frauen, auch zum energieverbrauchenden gegenseitigen Wärmen sehr geeignet) werden unser Problem nicht lösen. Die Rollen des Jägers und der Sammlerin dürfen natürlich getauscht werden.

Übergewichtige und zuckerkranke australische Ureinwohner (Aborigines haben leider relativ hohe Raten an Zuckerkrankheit und Übergewicht) wurden sieben Wochen wissenschaftlich begleitet, nachdem sie zu einem Jäger-und-Sammler-Lebensstil zurückgekehrt waren (vgl. Trevanathan, Smith, McKenna, 2008: 171). Neben signifikantem Gewichtsverlust wurden eine starke Verbesserung der Insulin-Sensitivität und der Insulin-Konzentration im nüchternen Zustand gemessen. Das sind Zeichen dafür, dass sich die Auswirkungen der Fettleibigkeit sowie die Voraussetzungen für Zuckerkrankheit verringert haben. Die schädlichen Einflüsse einer westlichen Lebensweise dürften reversibel sein, doch das gilt sicher nicht ohne Einschränkung. Wahrscheinlich gibt es mehrere *Points of No Return* (übersetzbar etwa mit: „Ab hier führt kein Weg mehr zurück"). Wenn beispielsweise einmal zu viele Gefäße durch Zuckerkrankheit und hohen Blutdruck zerstört sind, wird es wohl zu spät sein. Immerhin dauert die Zerstörung von Gefäßen viele Jahre, was zumindest theoretisch genug Zeit bietet, eine Abkehr von der schädlichen Lebensweise zu schaffen. Allerdings bedarf es dazu entsprechender Verhaltensänderungen und diese sind nicht trivial umzusetzen, wie wir alle wissen.

Falls vereinzelte Leser nun motiviert wurden, sich sportlich zu betätigen: Fangen Sie bitte ganz langsam an. Die Muskulatur, die Gelenke und auch der Kreislauf müssen sich erst daran gewöhnen. Der ungewohnte Zug auf Muskeln und Sehnen wird wahrscheinlich zu leichten Schmerzen führen. Das ist nicht beunruhigend und wird sich geben. Ein oder wahrscheinlich mehrere Muskelkater werden ebenso nicht zu vermeiden sein. Sport ist eine wunderschöne

Freizeitbeschäftigung, aber es braucht etwas Zeit und Geduld, bevor man die wirklich schönen Seiten körperlicher Aktivität spürt, abgesehen von Gewichtsabnahme und Verbesserung der Blutfettwerte. Man fühlt sich einfach besser. Dem Alter sind dabei keine Grenzen gesetzt und über die lebensverlängernde und lebensqualitätssteigernde Wirkung von sportlicher Aktivität bedarf es keiner Worte. Unzählige Studien beweisen die positive Wirkung auf den Körper und auf den Geist.

Ich persönlich bin überhaupt kein Freund von sogenannten Abnehmpillen, kein Freund von Tabletten im Allgemeinen, wenn sie nicht unbedingt notwendig sind. Unser Körper hat eine relativ gute Selbstheilungsfähigkeit, die leider in der heutigen Zeit gerne übersehen wird. Medikamentöse Abnehmhilfsmittel mussten aber einfach erfunden werden. Bei derartig hohen Zahlen an Übergewichtigen mit deutlich steigender Tendenz lässt sich eine Menge Geld verdienen. Angesichts des viele Milliarden schweren Marktes für eine Unzahl an *Wie-esse-ich-richtig-und-nehme-dabei-ab*-Lifestyle- und Ernährungsprodukten sowie der entsprechende Sensibilisierung und des schlechten Gewissens der Betroffenen konnte sich die stets hoch ethische pharmazeutische Industrie natürlich nicht lange bitten lassen. Zudem ist der Übergewichtige durch die Chronizität ein idealer Kunde. Er verspricht jahrelangen täglichen Medikamentenkonsum!

Die Wirksamkeit von Abnehmpillen ist genauso limitiert wie die von Diäten, und die Nebenwirkungen sind teilweise gravierend, sogar lebensgefährlich. Es ist ein Zeichen unserer Zeit, das Heil in kleinen und bunten Kapseln zu suchen. Dadurch erspart man sich vermeintlich jede Anstrengung und Überwindung, sprich jede aktive Änderung des eigenen Lebensstils – die menschliche Trägheit darf stattdessen weiter den Ton angeben. Und wenn es nicht funktioniert, kann man den Pillen die Schuld geben oder den Ärzten oder der pharmazeutischen Industrie. Wir machen es uns zu leicht, aber es wird zu einer Gegensteuerung kommen, erste Zeichen sind bereits sichtbar. Zum Beispiel werden neuerdings Firmen, die schlechte, weil zu fette Lebensmittel produzieren oder verkaufen, in den Medien zumindest vorsichtig kritisiert. In Dänemark werden bereits Extrasteuern auf fette Lebensmittel *(fat tax)* eingehoben. Fettleibige Kinder sollen ihre Eltern klagen können, weil diese für das Übergewicht verantwortlich sind und das Kind der falschen Ernährung mit all den Konsequenzen hilflos ausgeliefert wurde. An diesem noch theoretischen Beispiel finde ich durchaus Gefallen, weil derartige Ansätze die Gesellschaft endlich wachrütteln könnten und Eltern das Thema Ernährung bei sich selbst und ihren Kindern vielleicht endlich ernster nehmen würden. Wie nicht anders zu erwarten, stammt diese Idee aus den USA und wird in nicht so ferner Zukunft möglicherweise noch für intensive Debatten sorgen. Außer Frage steht, dass wir die wachsenden Gefahren von Übergewicht und Zuckerkrankheit entschärfen müssen, vorzugsweise bevor die Anzahl der Betroffenen und die damit verbundenen Kosten aus allen Nähten platzen.

Nach Lektüre dieses Kapitels ist möglicherweise der Eindruck entstanden, ich hätte Vorurteile gegenüber Menschen mit Übergewicht und würde sie verurteilen oder glauben, dass sie am Übergewicht selbst schuld sind. Von diesem Standpunkt möchte ich mich jedoch klar distanzieren. Es geht mir nicht darum, Menschen mit ein paar Kilogramm mehr Körpergewicht Schuld zuzuweisen, auch weil eine Schuldzuweisung oder Verurteilung unter keinen Umständen hilft, das Problem zu lösen, aber dass es ein ernst zu nehmendes Problem gibt, sollte nun deutlich sein. Bei stark übergewichtigen Personen können genetische Faktoren eine wichtige Rolle spielen und da ist jegliche Schuldzuweisung a priori absurd. Natürlich kann man auch diskutieren, wer als fettleibig gilt und wer nicht. Faktum ist, dass viele Menschen direkt und indirekt daran leiden und sogar verfrüht sterben müssen. Zudem kosten sie dem Gesundheitssystem viel Geld, das in anderen Bereichen bessere Verwendung finden könnte, zum Beispiel für die Erforschung oder Behandlung von Krankheiten, die man durch das Ändern von Lebensgewohnheiten überhaupt nicht beeinflussen kann.

Keinesfalls dürfen wir den bisherigen Weg einfach weitergehen. Aber adäquate und relevante Änderungen werden nur stattfinden, wenn es zu katastrophenähnlichen Zuständen kommt. Diese sind aus meiner Sicht zwar schon längst erreicht, nur ist das einer breiteren Öffentlichkeit noch nicht bewusst gemacht worden – daran scheitert unsere Gesellschaft bisher im großen Stil. Wann wird eine Krise als Krise erkannt? Beim Rauchen dauerte es mehrere Jahrzehnte, bis das Wissen um die schädlichen Auswirkungen in das Bewusstsein von Politikern vordringen konnte. Aber selbst beim Rauchen ist erst ein Anfang gesetzt. Ich hoffe, dass unsere Gesellschaft dieses Mal schneller reagiert und den beschriebenen falschen Ernährungsgewohnheiten und der mangelnden Bewegungslust den Kampf ansagt und proaktiv die Grundlagen entzieht. Überaus optimistisch bin ich allerdings nicht, weil die Anzeichen für eine Kehrtwende trotz der erschreckenden Aussichten noch minimal sind.

Übergewicht ist außerdem ein beträchtlicher Risikofaktor für die Entstehung einer Krebserkrankung (vgl. Anand et al. 2008). Die Entwicklung von Krebs wird nur zu 5–10 % durch vererbte genetische Veranlagung bestimmt. Der große Rest muss aus Einflüssen der Umgebung stammen. Von diesen 90–95 % fallen wiederum etwa 30–35 % auf die Ernährung (Diät) und etwa 10–20 % auf Übergewicht. Weshalb man hierbei Ernährung und Übergewicht voneinander trennt, ist nicht ganz nachvollziehbar, entscheidend ist aber, dass Übergewicht auch einen Risikofaktor für die Entstehung von Krebs darstellt. Wie groß dieser Risikofaktor im Einzelfall wirklich ist, sei dahingestellt. Das nächste Kapitel soll das Triangel Evolution, Krebs und Medizin näher durchleuchten.

Krebsbehandlung ohne Evolutionsverständnis ist undenkbar

„Ich schlage vor, von einem Ungeheuer zu sprechen, das unersättlicher ist als die Guillotine, zerstörerischer für das Leben und die Gesundheit als die mächtigste Armee, die jemals in die Schlacht gezogen ist; schreckenerregender als jede Plage, die jemals die Existenz der Menschheit bedroht hat. Das Ungeheuer, von dem ich spreche (…), hat gefressen und geschmaust am Fleisch und Blut und Gehirn und Knochen von Männern, Frauen und Kindern in jedem Land. Die Seufzer und Schluchzer und Schreie, die es von der dahinsterbenden Menschheit erzwungen hat, würden, wenn sie greifbare Dinge wären, einen ganzen Berg darstellen. Die Tränen, die es von den weinenden Frauen herausgepresst hat, würden einen Ozean füllen. Das Blut, das es vergossen hat, würde jede Welle, die auf den Meeren sich bewegt, rot erscheinen lassen. Der Name dieses verachtungswürdigen, tödlichen, unersättlichen Ungeheuers ist Krebs."

Senator Matthew Neely von West Virginia in Jahre 1928,
zit. nach Patterson, 1989: 88, Übers. d. Autors)

Krebs ist heute immer noch so gefürchtet wie vor mehr als achtzig Jahren, als Matthew Neely diese Beschreibung verfasst hat. Leider sind die Therapieerfolge im 20. und 21. Jahrhundert nicht befriedigend und das Festhalten an einem wahrscheinlich falschen, suboptimalen Wissenschaftsparadigma könnte eine wichtige Rolle spielen, wie ich auch in meinem Buch *Der Krebs lebt nur vom Blut allein – Chemotherapie am Ende* (siehe Böhm, 2008) detailliert dargelegt habe. Ein Paradigma beschreibt die kollektive Meinung in einer umgrenzten Wissenschaftsdisziplin. Das aktuelle Paradigma zum Beispiel über die Entstehung des Universums ist die Urknalltheorie *(The Big Bang Theory)*. Der mangelnde Therapieerfolg lässt sich auch in Zahlen fassen: Die Verlängerung der Lebenserwartung zwischen 1960 und 2000 haben wir zu rund 70 % der Verringerung von Herz-Kreislauf-Erkrankungen zu verdanken (4,8 Jahre), rund 20 % oder 1,4 Jahre gehen auf die geringere Sterblichkeit von Säuglingen zurück. Die Behandlung von Krebs hingegen brachte uns gerade mal 2,5 Monate der gewonnenen Lebenszeit ein (vgl. Cutler, 2006: 920–927).

Ärzte, vor allem Onkologen, und die pharmazeutische Industrie haben nicht das geringste Interesse, derartige Zahlen zu diskutieren, geschweige denn die offensichtlichen Schlüsse für ihre (Be-)Handlungsweise daraus zu ziehen. Nüchtern betrachtet ist der Krebspatient für beide Gruppen ein lukratives Geschäft. Aber es gibt Hoffnung, wenn sogar Steven Levitt und Stephen Dubner in ihrem Bestseller *SuperFreakonomics* der Chemotherapie ein paar Seiten zugestehen, denn auch darin wird die Effektivität nicht gerade positiv beurteilt und dieses nüchterne Wirtschaftsargument angeführt. Millionen von Lesern werden dadurch vielleicht zu Reaktion und Aktion angeregt, und das mag ein erster Schritt zu einer ehrlichen Diskussion und möglichen Kehrtwende sein. Aber wohin soll und kann es gehen?

Abbildung 18 zeigt eindrücklich, dass zwischen 1950 und 1994 therapeutische Interventionen bei Krebserkrankungen die Lebenserwartung nicht relevant verlängert haben, denn sonst müsste man ein Abfallen der Kurven erkennen, doch davon kann keine Rede sein. In Europa und anderen Teilen der Welt sehen diese Kurven nicht anders aus. Verbesserte Diagnose und ein damit einhergehendes Ansteigen von identifizierten Krebserkrankungen haben mögliche positive Behandlungserfolge hierbei nicht maskiert. Die Anstiege sind zu einem großen Teil durch Rauchen bedingt.

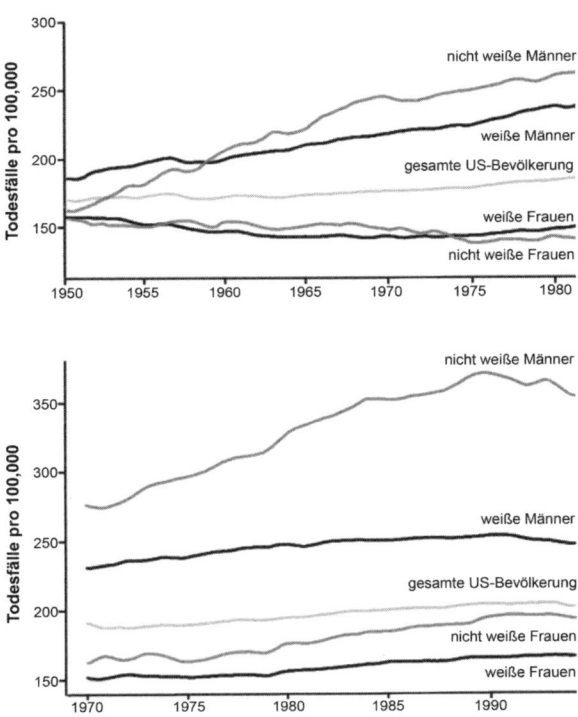

Abbildung 18: Den Kampf gegen Krebs haben wir noch lange nicht gewonnen

Dr. Bailar hat mit rund zehnjährigem Abstand zwei Artikel über das Auftreten und die verursachten Todesfälle verschiedener Krebsarten veröffentlicht. Ein dritter Artikel wird vorbereitet. Die Daten stammen aus den USA, aber die Situation in Europa ist ganz ähnlich. Der erste Artikel beschreibt die Periode von 1950–1982, der zweite jene von 1970–1994. Die beiden Abbildungen verdeutlichen, wie wenig Fortschritt wir im Kampf gegen Krebs gemacht haben. Die Krebstodesfälle haben sich in diesen fast fünf Jahrzehnten nicht verändert, trotz massiver Anwendung von Chemo- und Strahlentherapie und mehr als 400 Milliarden US-Dollar an Investitionen in die Krebsforschung. Zudem lassen sich die vereinzelt vorhandenen positiven Veränderungen auf vermindertes Auftreten und früheres Erkennen und nicht auf verbesserte Behandlung zurückzuführen. Darüber hinaus hört man von kritischer Seite immer öfter, dass eine nationale Fokussierung auf Prävention mit entsprechender finanzieller Unterstützung viel mehr erreichen würde (modifiziert nach Bailar, Smith, 1986: 1226–1232, Bailar, Gornik, 1997: 1569–1574).

Direkte Attacke und Vernichtung von Krebszellen – so lautet das dominante Paradigma in der Krebsforschung und -behandlung seit einem halben Jahrhundert. Leider ignoriert es fundamentale biologische Prinzipien und missachtet zugleich darwinistische Selektion, denn der Versuch, Krebszellen direkt zu töten, führt unweigerlich zur Selektion resistenter Tumorzellen, und damit liegt die gefährliche Konsequenz eines Therapieversagens nicht mehr fern. Die mitunter exzessive Anwendung von Antibiotika zur Behandlung von bakteriellen Infektionen über Jahrzehnte ist ein ähnliches Phänomen – allerdings mit dem signifikanten Unterschied, dass resistente Bakterien sich weltweit verbreitet haben – Details dazu finden Sie in meinem Buch *Die Resistenzfalle – Infektionskrankheiten auf den Vormarsch* (siehe Böhm, 2010).

Tumorzellen und die innerhalb einer Tumorzellpopulation ablaufenden Dynamiken sind in evolutionärer Hinsicht äußerst faszinierend. Bei der Entwicklung einer Tumorzelle kommt es zu mehreren klar definierbaren Entwicklungsschritten, die nichts anderes als ein *Survival of the Fittest* darstellen – die Selektion von genetisch veränderten Krebszellen über Jahre oder Jahrzehnte. Beginnend mit der ersten Krebszelle beziehungsweise ihrer Vorstufen kann es Jahrzehnte dauern, bis ein Mensch mit der Diagnose Krebs konfrontiert werden muss.

Die ersten Lebensjahre von Krebszellen

Es gibt viele Formen von Krebs und fast alle unterschiedlichen Zelltypen in unserem Körper können sich zu einer Krebszelle umwandeln. Gewebekrebsarten wie Lungen-, Brust-, Prostata- oder Dickdarmkrebs sind die Hauptypen beim Erwachsenen. Sogenannte Blutkrebsarten stellen nur einen kleinen Prozentsatz aller Krebsarten dar, ebenso Krebsarten im Kindes- oder Jugendalter. Wenn ich hier von Krebs spreche und keine Gruppe speziell betone, beziehe ich mich immer auf Gewebekrebsarten beim Erwachsenen.

Die Ursachen von Krebsentstehung können hier nur gestreift werden, es sei aber erwähnt, dass in den Zellen eines jeden Menschen Millionen von Mutationen (Veränderungen der genetischen

Buchstaben) vorhanden sind. Diese entstehen entweder intrinsisch – das bedeutet ohne Einfluss von außen, sondern einfach durch seltene Fehler in der Verdoppelung der genetischen Information während der Zellteilung oder auch durch Probleme bei der Reparaturaktivität von spontan auftretenden Veränderungen der Gensequenzen – oder extrinsisch, also ausgelöst durch externe Faktoren wie Chemikalien, Medikamente oder Strahlen. Rauchen gilt als wichtigster externer Einfluss, weil es für Millionen von Lungenkrebstoten verantwortlich ist und die mutagene (Mutationen hervorrufende) Wirkung von Substanzen im Zigarettenrauch direkt auf Zellen oder in Tiermodellen nachweisbar ist. Etwa 80% aller Lungenkrebserkrankungen gehen auf Rauchen zurück. Tabak tötet mehr Menschen als Aids, Medikamente, illegale Drogen, Autounfälle, Morde und Selbstmorde zusammen, aber es ist ein freiwilliger und schleichender Tod (vgl. Trevanathan, Smith, McKenna, 2008: 45). Die menschliche Psyche ist faszinierend selbstzerstörerisch. Exzessiver Alkoholkonsum folgt dem Rauchen in einer Schädlichkeitsskala mit etwas Abstand, wobei die krebsinduzierende Wirkung von Alkohol viel geringer ist. Selbstzerstörerisch ist Alkoholismus ohne Zweifel – oftmals geht daran die ganze Familie mit zugrunde. In manchen Bevölkerungen sind bis zu 10% der Menschen gefährdet, dem Alkohol mit allen schrecklichen Konsequenzen zu verfallen. Nun aber zurück zum Rauchen als Modellsystem zur Krebsentstehung.

Rauchinhaltsstoffe amplifizieren die natürliche Mutationsrate und beschleunigen so die Abfolgeschritte, die für die Entwicklung tödlicher Krebserkrankungen notwendig sind. Wie man weiß, dauert dieser Prozess auch bei Rauchern viele Jahre. Eine Krebserkrankung entsteht nicht zwangsweise, sondern nur bei einem gewissen Prozentsatz – das Risiko ist stark abhängig von der Anzahl der gerauchten Zigaretten, wobei man rund zwanzig Zigaretten pro Tag als Schwelle zum zwar in die Länge gezogenen, aber recht effektiven Selbstmordversuch betrachten kann. Jedoch können auch ein paar Zigaretten pro Tag schon zu viel des Schlechten sein. Das verzögerte Auftreten von Lungenkrebs bei Rauchern deutet schon darauf hin, dass Krebs – bildlich gesprochen – nicht über Nacht entsteht, sondern sich langsam entwickelt, möglicherweise mittels einer jahrelangen kontinuierlichen Selektion von Krebszellen. Gelingt es, sich diesem tödlichen Genuss des Rauchens wieder zu entziehen, fällt die Wahrscheinlichkeit einer Krebserkrankung auch bei ehemals starken Rauchern bald wieder auf Normalwerte.

Die ersten Entwicklungsschritte einer Krebszelle können sich über Jahre oder Jahrzehnte hinziehen. Es ist sehr wahrscheinlich, dass Krebs mit einer einzigen Zelle beginnt, die eines Tages die normalen Zellregeln nicht mehr befolgen will. Diese Zelle reagiert nicht mehr auf ihre Nachbarzellen und ignoriert die meisten Signale, die sie von außen erhält, zum Beispiel die Aufforderung, sich nicht mehr zu teilen. In der Zellbiologie spricht man von Kontaktinhibition, die von ganz bestimmten Molekülen gesteuert wird. Dabei geht es im Wesentlichen um nichts anderes, als in der gemeinsamen Wohnsiedlung die Nachbarn zu akzeptieren und die vereinbarten (räumlichen) Grenzen nicht zu überschreiten.

Dieses Stadium ist bereits der erste Selektionsschritt, den eine Krebszelle durchlaufen muss, und es ist nicht nur ein Schritt, sondern sicherlich eine Folge von mehreren Veränderungen. Die genetische Instabilität der Krebszellen spielt dabei eine wichtige Rolle, aber selbst diese Instabilität muss sich erst langsam entwickeln. Diese erlaubt eine gesteigerte Mutationsrate und in der Folge eine erhöhte Variabilität innerhalb der Krebszellenpopulation – und dieses Auftreten unterschiedlicher Zellvarianten ist eine Grundvoraussetzung für Evolution, denn nur beim Vorhandensein unterschiedlicher Varianten kann es zu einer Selektion kommen. Bei Blutkrebsarten kann dieses Stadium ein paar Monate oder wenige Jahre dauern, bei Gewebekrebsarten sogar Jahrzehnte. Prostatakrebs wächst sehr langsam und ist in vielen Fällen nicht tödlich. Viele Individuen mit nachgewiesenem Prostatakrebs sterben an anderen Krankheiten, was ein schwerwiegendes Dilemma bei Vorsorgeuntersuchungen darstellt, weil diagnostische und therapeutische Eingriffe nicht nur sinnlos sein, sondern Schaden verursachen könnten – von Problemen beim Harnablassen bis zur Potenzbeeinträchtigung. Die Sinnhaftigkeit der Bestimmung von PSA-Werten wird derzeit heftig diskutiert. PSA bedeutet *prostate specific antigen* und dieser Eiweißstoff kann bei Prostatakrebs in einer größeren Menge im Blut nachgewiesen werden. Eine Erhöhung ist aber nicht unbedingt ein Zeichen einer fortschreitenden bösartigen Krebserkrankung. Zwar sprechen die Daten gegen eine Bestimmung der PSA-Werte, was aber viele Ärzte trotzdem nicht davon abhält, kräftig weiter zu testen, zu diagnostizieren und therapieren, in vielen Fällen aber eben nutzloserweise (vgl. Garnick, 2012). Die Sterblichkeit kann dadurch nicht wirklich gesenkt werden. In den frühen Stadien ist die Anzahl der Krebszellen noch sehr limitiert und viele Krebszellen sterben während dieser Phase, aber die stärkeren und tauglichsten überleben. Krebszellen interagieren auch mit normalen Zellen, versuchen sie zu manipulieren und senden Signale, damit die normalen Zellen sie in ihrem zerstörerischen Entwicklungsweg unterstützen. Auf diese Art selektionieren und beeinflussen Krebszellen ihre Nachbarschaft. Ein bekanntes Beispiel dafür sind Endothelzellen, die Blutgefäße auskleiden, aber es gibt noch viele andere Zelltypen, die im tödlichen Krebsspiel eine unmittelbar wichtige Rolle spielen. Zu diesen zusätzlich involvierten Zellen zählt man Fibroblasten (ein sehr grundlegender und häufiger Zelltypus, der sich noch in andere Zellen umwandeln kann), glatte Muskelzellen (wie der Name erraten lässt, können sich diese Zellen oder besser Zellgruppen kontrahieren – sie spielen bei der Blutdruckregulation eine wichtige Rolle), Fettzellen (dienen hauptsächlich als Fettspeicher), Perizyten (Zellen, die sich um Blutgefäße im wahrsten Sinne des Wort herumwickeln), Fresszellen (Zellen des Immunsystems, die andere Zellen oder Krankheitserreger töten und dann auffressen, aber auch bei der allgemeinen körperlichen [Zell-] Müllentsorgung eine wichtige Rolle spielen) und einige andere Zellen des Immunsystems wie zum Beispiel T- oder B-Zellen, die unterschiedlich häufig und mit unterschiedlicher Dichte im Tumorgewebe vorzufinden sind. Der Bereich, der die Tumorzellen umgibt, wird allgemein als *Stroma* bezeichnet. Das Wort kommt aus dem Altgriechischen und bedeutet Bett oder Matratze. Tumorzellen können also verschiedenste Zelltypen aktivieren, um sich damit die besten Lebensbedingungen für Wachstum und Expansion zu schaffen. Dabei ist Evolution auf Zellebene am Werk. Krebszellen wachsen natürlich besser in einer Nachbarschaft, die weniger feindlich gegen sie eingestellt ist.

Das Fehlen des Selektionsdrucks

Die überwiegende Zahl an Krebserkrankungen wird erst nach dem 50. Lebensjahr diagnostiziert, also bei den meisten Menschen nach der aktiven Reproduktionsphase. Dieses späte Auftreten beziehungsweise die erhöhte Häufigkeit im Alter wird sehr wahrscheinlich auch durch evolutionäre Prozesse mit verursacht, weil nach der Reproduktionsphase kein Selektionsdruck der Entstehung von Krebs entgegenwirkt.

Das Alter per se spielt natürlich auch eine Rolle, weil mit zunehmendem Alter einfach die Wahrscheinlichkeit ansteigt, dass in den Zellen etwas schiefgeht. Dem betroffenen Körper bleibt das, vereinfacht gesagt, falsche Verhalten von Krebszellen nicht lange verborgen. Da Krebszellen aber von normalen Körperzellen abstammen, gibt es in vielen Fällen einfach keine effektiven Möglichkeiten, diese sich unkontrolliert teilenden und expandierenden Zellen zu eliminieren. Diese unmittelbare Verwandtschaft von Krebszellen mit den körpereigenen Zellen bedeutet einen großen Unterschied zu Viren und Bakterien und ist eines der unüberwindbaren Probleme der Immuntherapie, die versucht, Krebs durch Stimulierung des Immunsystems zu behandeln.

Durch die Häufung von Krebserkrankungen im fortgeschrittenen Lebensalter ist, wie erwähnt, eine natürliche Selektion von menschlichen Individuen, deren Körper Krebszellen eliminieren könnten, ausgeschlossen. Das folgende Gedankenexperiment spiegelt diese Situation: Wenn 10 % einer Gruppe von Menschen mit 16 Jahren Lungenkrebs entwickeln würden und dabei Gene eine wichtige Rolle spielen, würde die Gruppe bald ausgestorben sein, weil sie einfach keine oder nur sehr wenige Nachkommen zeugen könnte. Wenn es gute therapeutische Behandlungsmethoden gäbe, würden sich diese Gene aber vergleichsweise anreichern. Die Menschen hätten mehr Nachkommen durch die Therapie. Das Aussterben dieser 10 % könnte auch verhindert werden, wenn die Krebszellen in der weiteren Entwicklung blockiert würden. Und das hat die Evolution über Jahrmillionen gemacht. Wenige Krebserkrankungen treten in jungen Jahren auf. Krebs ist eine Krankheit des Alters.

Das Immunsystem hat über negative Selektion also niemals gelernt, Krebs, der im späteren Lebensalter auftritt, zu bekämpfen.

Eine Krebstherapie, die nun versucht, das Immunsystem mittels künstlicher Stimulierung dazu zu bringen, gegen Krebszellen effektiv vorzugehen, schickt sozusagen einen völlig untrainierten Gaul ins Rennen in der Hoffnung, er würde doch irgendwie das Rennen machen, wenn man ihn nur entschlossen genug voranpeitscht. Und genauso sehen leider auch die Resultate in der Praxis aus: Unzählige Versuche in den letzten Jahrzehnten blieben ohne den erhofften durchschlagenden Erfolg – mit einer einzigen möglichen Ausnahme, bei der zumindest ein Medikament beziehungsweise die entwickelte Methode, bei der modifizierte Zellen verabreicht werden, 2010 offiziell für die Behandlung von Krebspatienten zugelassen wurde (vgl. Dendreon Corp., Verschreibungsinformation, 2011). Sehr hohen Kosten steht dabei eine Lebensverlängerung von vielleicht vier Monaten gegenüber. Dementsprechend wurde bereits bald nach der Zulassung starke Kritik an der Wirksamkeit geübt (vgl. Begley, 2012). Dass Krebs im fortgeschrittenen Alter relativ gehäuft auftritt, lässt sich vielleicht auch durch Beteiligung einer inversen Selektion erklären. Das bedeutet einfach, dass Krebserkrankungen, die in der Jugend auftraten und durch genetische Ursachen mit verursacht waren, durch die Evolution wegselektioniert wurden.

Krebsdiagnosen im Kindesalter machen heute weniger als 1% aller Krebserkrankungen aus, was nicht überraschend ist, weil Kinder oder Jugendliche, die an Krebs sterben, keine Nachkommen haben können. Die zum Teil sehr erfolgreiche Behandlung von Tumoren im Kindesalter wird über Jahrhunderte zu einer Anreicherung von Krebsgenen in der Population führen. Es wird dadurch zu einer erhöhten Rate an Kindertumoren kommen, insofern man davon ausgeht, dass krebsüberlebende Kinder und Jugendliche als Erwachsene Nachkommen haben. Es gibt keine offensichtlichen Gründe, warum dem nicht so sein sollte, abgesehen davon, dass vielleicht gerade aus diesen Überlegungen heraus einige der Betroffenen vorziehen, keine Kinder zu zeugen. Durch Chemotherapie im Kindes- und Jugendalter verändern wir den genetischen Code unserer gesamten Population. Die ethischen Komponenten bei der Frage, ob man als Krebsüberlebender Kinder haben sollte, sind äußerst komplex, und jeder Betroffene muss diese Entscheidung selber treffen. An

Für-und-Wider-Argumenten mangelt es nicht. Streng rational lässt sich ein derartiger Entscheidungsprozess nicht bewältigen, obwohl es gewisse Rationalisierungsversuche geben muss, um das mitunter heftig Einspruch erhebende Freud'sche Über-Ich zu beruhigen. Wie sollen sich Eltern fühlen, die sich mit dieser Frage auseinandergesetzt und zu einem Kind entschlossen haben, wenn dieses Kind schon in jungen Jahren an Blutkrebs erkrankt und vielleicht sogar stirbt?

Der relativ schlechte Gesundheitszustand von Krebsüberlebenden nach erfolgreicher Chemotherapie in der Kindheit gegenüber einer entsprechenden gleichaltrigen Kontrollgruppe könnte die Anzahl der Nachkommen verringern und würde einer positiven Selektion von Krebs mit auslösenden Genen entgegensteuern (vgl. Oeffinger et al., 2006: 1572–1582). Das Risiko, eine schwere oder lebensbedrohliche Herzkrankheit oder eine Erkrankung der Herzkranzgefäße zu entwickeln, ist bei diesen Überlebenden 15- bzw. 10-fach erhöht. Das Risiko einer zweiten bösartigen Krebserkrankung steigt um das 15-fache. Bei Kindern und Jugendlichen, die mit Chemotherapie behandelt wurden, sind diese und viele andere Langzeitfolgen zu erwarten. Die Behandlungserfolge bei Kindern und Jugendlichen stehen aber außer Frage und es gibt auch keine Alternative. Bei Erwachsenen habe ich indes in vielen Fällen meine Zweifel, ob traditionelle Chemotherapie wirklich sinnvoll ist. Diese Langzeitfolgeerkrankungen haben nichts mit dem Krebs an sich zu tun, sondern sind nur durch die Behandlung verursacht. Es war eine (böse) Überraschung, dass Chemotherapie zu chronischen Veränderungen des menschlichen Körpers mit derartig schwerwiegenden Folgeerscheinungen führt.

Viele Krebserkrankungen bei Kindern und Jugendlichen werden durch genetische Komponenten ausgelöst oder zumindest stark beeinflusst, die durch das Überleben nach erfolgreicher Behandlung natürlich vererbt werden können. Dabei gilt es noch abzuwarten, ob diese „Krebsgene" nicht noch andere Krankheiten mit verursachen können. Denn vererbbare Krebserkrankungen stehen oftmals mit weiteren Symptomen in Zusammenhang, wenngleich natürlich der lebensbedrohliche Krebs im Vordergrund steht. Krebsgene sind normale Gene, die entweder mutiert sind oder eine starke oder schwache Aktivität im Vergleich zur normalen Zelle zeigen. Man spricht daher auch von Onkogenen, Gene die krebsfördernd sind, und von Tumorsuppressorgenen, Gene die bei normaler Aktivität krebshemmend wirken.

Auch wenn die unangenehme Aussicht lautet, dass die erfolgreiche Krebsbehandlung bei Kindern zu einer erhöhten Rate an Kinder- und Erwachsenentumoren führen wird, darf man eine solche Entwicklung nicht als De-Evolution bezeichnen. Evolution hat keine Richtung, Teleologie liegt ihr fern und normativ darf sie nicht betrachtet werden. Es ist eine bewusste (oder auch unbewusste) Selektion, die zu einer Anreicherung von Krebsgenen führen wird, wobei es im Moment einfach keinen alternativen Handlungsspielraum gibt. Nachgewiesenermaßen lebensrettende Therapien nicht anzuwenden, um mögliche Veränderungen der Genzusammensetzung in der Zukunft zu vermeiden, ist absurd und ethisch undenkbar. Den Betroffenen die möglichen Konsequenzen für ihre Nachkommen darzustellen und ihnen dann eine freie Entscheidungsmöglichkeit zu lassen, ist hingegen wünschenswert. Ein Schwangerschaftsabbruch wiederum darf unter diesen Umständen nicht verurteilt werden. Angesichts denkbarer medizinisch-wissenschaftlicher Fortschritte könnte es bald möglich sein, derartige krebsverursachende Veränderungen in Spermien und Eizellen zu korrigieren. Damit würde sich auch die ethische Ausgangssituation wesentlich modifizieren. Ethische Diskussionen und Entscheidungen müssen auch mit wissenschaftlichem Fortschritt übereinstimmen beziehungsweise abgestimmt werden, obwohl gerade diesbezüglich bei bestimmten moralisierenden, normativ denkenden, weltweit agierenden Institutionen ein großer Nachholbedarf besteht.

Immunüberwachung – die zweischneidige Rolle des Immunsystems

Das Immunsystem kann in den sehr frühen Phasen der Krebsentstehung eine Rolle spielen. Durch die genetische Instabilität zeigen sich Krebszellen gegenüber normalen Zellen verändert, das Immunsystem kann einige dieser Veränderungen erkennen und versucht, diese frühen Krebszellen zu eliminieren. Dabei kommt es auch zu einer unausweichlichen darwinistischen Selektion von Krebszellen, die vom Immunsystem nicht erkannt werden, die somit am tauglichsten sind, dem Immunsystem zu entkommen. Der Angriff des Immunsystems verändert also die genetische Zusammensetzung von Krebszellen beziehungsweise von Zellen, die als Krebsvorstufen einzuordnen sind. Bei diesem Versteckspiel werden für das Immunsystem erkennbare Veränderungen bei und auf Tumorzellen maskiert, denn nur so kann das Untertauchen gelingen. In der Fachwelt gibt es seit Langem eine hitzige Diskussion, ob uns das Immunsystem nun vor Krebs schützen kann – oder eben nicht. Das stärkste Argument für Immunüberwachung (dabei versucht das Immunsystem, das Wachstum von Krebszellen zu limitieren, und nur wenn ein paar dieser Zellen lernen, das Immunsystem zu unterminieren, können sich reife Krebszellen entwickeln) ist die erhöhte Frequenz von bestimmten Lymphomen – eine Art von Blutkrebs – in immungeschwächten Personen. Allerdings gibt es kein erhöhtes Auftreten von den häufigsten Tumorarten wie Lunge, Brust oder Dickdarm in immungeschwächten Individuen. Aber exakt das wäre zu erwarten, wenn Immunüberwachung bei der Krebsentwicklung aktiv ist.

Ist Immunüberwachung nur in der Kontrolle von Lymphomen involviert, aber nicht bei allen anderen Formen von Krebs? Es ist verdächtig, dass in den meisten immungeschwächten Individuen nur Lymphome beobachtet werden, weil bekannt ist, dass der Körper auf bestimmte Viren wie den Epstein-Barr-Virus (EBV, Auslöser des Pfeiffer'schen Drüsenfiebers, EBV schlummert im Körper der meisten Menschen über Jahrzehnte), aber auch auf gewisse therapeutische Substanzen mit einer verstärkten Teilungsrate von Immunzellen antworten kann, die dem Lymphom sehr ähnlich sind (vgl. Shu et al., 1997: 1972–1981). „Mit Ausnahme dieser Tumore (viral induzierte Lymphome) sind die Indikationen, dass das Immunsystem eine Hauptfunktion bei der Aufrechterhaltung des Schlafzustandes von Krebszellen hat, nicht überzeugend. Zum Beispiel nach Organtransplantation und Immunsuppression oder Unterdrückung kommt es nur zu einem schwachen Anstieg im Wiederauftreten von Brustkrebs, wenn der primäre Krebs vor mehr als zwei Jahren entfernt wurde." (Shu et al., 1997: 1972–1981). Der Begriff des „Schlafzustandes" (im

Fachjargon *tumor dormancy*) bedeutet eine Anhäufung von aktiven Krebszellen im Körper, die nachweisbar sind, aber nicht expandieren und sich zu keinem tödlichen Krebs – oder nur nach Jahren oder sogar Jahrzehnten – entwickeln können. Diese aktiven, lebenden Krebszellen liegen in einem Dornröschenschlaf, und keiner weiß, wie und, noch wichtiger, wann diese Zellen aufwachen werden.

Vor allem bei Experimenten mit Mäusen konnte klar gezeigt werden, dass das Immunsystem eine Rolle bei der Krebsentwicklung spielt, aber die Extrapolierbarkeit von der Maus zum Menschen ist nicht ohne Weiteres möglich. Zusätzlich zeigen Patienten mit sehr ausgeprägten Immunschwächen eine erhöhte Wahrscheinlichkeit, Krebsarten zu entwickeln, die keine bekannte virale Entstehungsursache besitzen (vgl. Dunn et al., 2002: 991–998). In den letzten Jahren mehrten sich auch die Hinweise, dass das Immunsystem durchaus Krebszellen eliminieren kann, aber es dabei zu einer Selektion von Tumorzellen kommt, die nicht mehr vom Immunsystem erkannt werden und damit paradoxerweise ein Krebswachstums fördern könnte. Der Begriff Immunüberwachung sollte ersetzt werden durch die „Drei E's": die Elimination (Vernichtung) von Krebszellvorstufen, das Equilibrium (Gleichgewicht) und das Entkommen. Elimination bedeutet einfach, die Krebszellen zu töten und die Anzahl an Krebszellen zu verkleinern. Equilibrium ist der Zustand, in dem die positiven und negativen Einflüsse sich ausgleichen und es zu keinem Wachstum kommt. Entkommen bedarf keiner Erläuterung. In diesem Stadium sind Krebszellen resistent, selektioniert und adaptiert und können vom Immunsystem nicht mehr erkannt werden. In den meisten Fällen ist Krebs zum Zeitpunkt der Diagnose mindestens 1 cm^3 groß und enthält circa eine Milliarde Krebszellen – eine Milliarde, die via Selektion dem Immunsystem entkommen ist. Das ist Evolution innerhalb des Körpers mit vielfach tödlichen Konsequenzen. Das genetische Lebensbuch von Krebszellen verändert sich im Laufe dieser Entwicklung und wird immer chaotischer. Allerdings gibt es bei bestimmten Krebsarten auch durchaus stabile Veränderungen, die nun für therapeutische Zwecke ausgenützt werden sollen.

Wenn Immunüberwachung existiert, ist dies ambivalent zu sehen, weil durch das Eliminieren von Krebszellen, die erkannt werden, diejenigen, die nicht erkannt werden, gnadenlos selektioniert werden. Deshalb sind sich Wissenschafter uneinig, ob sie gut oder schlecht ist: „Aus diesen Gründen ist es unmöglich, zu diesem Zeitpunkt zu entscheiden, ob Immunüberwachung Immuntherapie unterstützt oder behindert." (Boon, van Baren, 2003: 252-254). Das Faktum, dass Millionen von Menschen mit einem normal funktionierenden Immunsystem Krebs entwickeln, bedeutet doch eindeutig, dass Immunüberwachung nicht wirklich funktioniert und Tumorzellen sehr einfach entkommen können. Die künstliche Stimulierung des Immunsystems zur Immuntherapie von Milliarden Krebszellen kann in der Folge nur zum Scheitern verurteilt sein, weil die zu attackierenden Krebszellen bereits dahingehend selektioniert worden sind, vom Immunsystem gar nicht erst erkannt zu werden. Freilich ist das Immunsystem deswegen nicht gänzlich untätig und eine Schlacht mit den frühen Krebszellen könnte durchaus sehr lebhaft ablaufen, am Ende gibt es zurzeit jedoch nur einen Gewinner. Krebszellen sind wahre Meister, das Immunsystem durch Evolution zu überlisten. Sie verlieren gewisse Faktoren an der Oberfläche oder blockieren den Transport von Eiweißmolekülen zu ihren Außenschichten und entgehen damit einer Erkennung durch das Immunsystem. Parasiten und Viren verwenden ähnliche Tricks, den Soldaten des Immunsystems zu entkommen. Das Grundprinzip ist identisch, aber die spezifischen Tricks sind einzigartig für eine bestimmte Umgebung. Das Endresultat sind Krebszellen oder Mikroorganismen mit veränderter genetischer Information, die vom Immunsystem mehr schlecht als recht als feindlich identifiziert werden. Auf eine mögliche therapeutische Stimulierung des Immunsystems würde ich mich als Krebspatient deswegen nicht verlassen und auch nicht einlassen. Eine gleichzeitige Stimulierung des Krebswachstums kann nämlich nicht ausgeschlossen werden.

Expansives Krebswachstum durch Gefäßneubildung

Nach diesem Ausflug in die Interaktionen von Krebszellen mit dem Immunsystem möchte ich wieder zu den Grundlagen der

Krebsentstehung zurückkehren. Ein paar Krebszellen sind entstanden über Aktivierung von Onkogenen (krebsfördernden Genen) beziehungsweise Inaktivierung von Tumorsuppressorgenen (krebsunterdrückenden Genen), dann aber passiert in vielen Fällen vorläufig nichts mehr. Die Krebszellen sind aktiv, teilen sich, können allerdings nicht weiterwachsen. Sie bleiben lokal begrenzt und unbemerkt. Ohne Expansionsbestrebungen bleiben auch schwerere lokale Schäden aus und es kommt zu keiner ferneren Verbreitung von Tochterzellen, gleichzusetzen mit der vielfach tödlichen Metastasierung. Wenn ein Individuum mit Metastasen diagnostiziert wird, liegt die Chance, die nächsten fünf Jahre zu überleben, oftmals unter 10 %. In diesem Fall ist eine Operation vielfach nur mehr ein palliativer Eingriff. Das bedeutet, dass dem Patienten das Leben mit der Krankheit erleichtert wird, von einer Heilung ist man weit entfernt. Gerade Chemotherapie und Bestrahlung sind in vielen Fällen nicht mehr effektiv, trotzdem werden dem Patienten die Nebenwirkungen nicht erspart. Ein äußerst komplexes Thema!

Ein besseres Verstehen dieses Krebsruhezustands – eines der bedeutendsten Phänomene der Krebsbiologie – ist von außerordentlichem Interesse. Es zeigt, dass nicht ausschließlich die kontinuierliche Zellteilungsaktivität Krebswachstum kontrolliert. Die Zellteilung von Tumorzellen ist notwendig, jedoch nicht ausreichend. Irgendwo im Körper hat jeder von uns Tumorzellen. In Organen wie zum Beispiel der Schilddrüse, der Prostata oder dem weiblichen Brustdrüsengewebe konnten in Autopsien von Individuen, die nicht an Krebs gestorben sind, überraschend oft Zellen nachgewiesen werden, die von Tumorzellen nicht zu unterscheiden waren (vgl. Black, Welch, 1993: 1237–1243). Diese Krebszellen müssen aber aus dem Dornröschenschlaf erweckt werden, bevor sie tödlich expandieren können. Hierbei kommt es ganz offensichtlich abermals zu einer genetischen Selektion von Tumorzellen mit ganz bestimmten Eigenschaften.

Welche Faktoren oder Umstände das Aufwecken kontrollieren, ist nicht bekannt, aber früher oder später kommt es zur Induktion von neuen Blutgefäßen, die der Krebs unbedingt braucht, um rapide zu expandieren. Das explosive Wachstum von Krebs wird über die sogenannte (Neo-)Angiogenese (griechisch für Gefäßneubildung) kontrolliert. Ein wichtiger Aspekt bei der Stimulierung der Gefäßneubildung ist die vorhandene Sauerstoffarmut im Krebsgewebe, die sogenannte Hypoxie. Diese entsteht durch den zu hohen Abstand (größer als 200 Mikrometer, das sind 0,2 mm) von Krebszellen zu nährenden Blutgefäßen. Das betrifft nicht nur den Mangel an Sauerstoff, sondern auch andere wichtige Nährstoffe. Dieser Zustand übt einen enormen Selektionsdruck auf Zellen aus, die Bildung neuer Gefäße zu induzieren. Früher oder später wird es einigen dieser Zellen gelingen, Angiogenese-Stimulatoren in ausreichender Menge freizusetzen, woraufhin sich aus einem nahen Blutgefäß eine Kapillare in Richtung der hypoxischen Tumorzellen auszustülpen beginnt. Dies ist der sogenannte angiogenetische Übergang. Von diesem Zeitpunkt an sind der tödlichen Expansion des Tumors keine Grenzen mehr gesetzt. Diejenigen Krebszellen, die sich in nächster Nähe dieser neuen Kapillare befinden, bekommen wieder genug Nährstoffe und werden sich durchsetzen. Tumorzellen, die sich mit frischem Blut versorgen können, haben einen großen Selektions- und damit Überlebensvorteil.

Das ist darwinistische Selektion par excellence, mit der die tödliche Gefahr für den betroffenen Menschen leider entscheidend ansteigt, weil dank der neuen Gefäße sind Krebszellen bestens versorgt und können sich uneingeschränkt teilen, rapide expandieren und schließlich in andere Organe metastasieren, und erst dieser letzte Schritt macht Krebs tödlich. Über Jahrzehnte war nur die Krebszelle das Ziel für therapeutische Intervention. Diese einseitige Denkweise ist nach wie vor weitverbreitet, hat sich in den letzten Jahren aber etwas relativiert.

Das Grundprinzip der traditionellen Krebstherapie

Aus guten Gründen ist die Attacke des primären Tumors mit dem Messer des Chirurgen der beste Ansatz gegen Krebs. Gelingt es, alle Krebszellen aus dem Körper zu eliminieren, ist die Gefahr gebannt, aber leider wird Krebs in vielen Fällen einfach zu spät diagnostiziert und eine vollständige Entfernung des primären Tumors ist entweder wegen der Größe und des Ortes problematisch – im schlimmsten Fall ist eine Operation nur mehr unterstützend oder palliativ anzusehen, weil sich Tochtergeschwülste bereits in anderen Bereichen des Körpers angesiedelt haben. Bei beinahe 50 % aller Patienten ist die chirurgische Entfernung nicht als Heilung zu betrachten, weil zu diesem Zeitpunkt eine Metastasierung bereits stattgefunden hat (vgl. Verweij, de Jonge, 2000: 1479–1487).

Das Hauptziel von Onkologie und Wissenschaft war in den letzten 50 Jahren, Wege zu finden, die Zellteilung von Krebszellen zu blockieren und dabei die Verbreitung, Invasion und Zerstörung von Organen zu verhindern. Die Vermehrung von Krebszellen zu unterbinden wird als das wichtigste Ziel für eine erfolgreiche Krebstherapie angesehen und fast alle traditionellen Chemotherapeutika funktionieren auf diesem Prinzip. Die direkte Attacke wurde propagiert mit der Hoffnung, alle Krebszellen zu vernichten. Das zugrunde liegende Prinzip lautet, möglichst viele Krebszellen zu töten, ohne dabei die Gesundheit des Patienten allzu schwer zu beeinträchtigen. Diese Strategie wird als das Prinzip der *maximal tolerierten Dosierung* (MTD) bezeichnet.

Die Behandlung mittels Chemotherapie erfolgt in den meisten Fällen über eine intravenöse Infusion über mehrere Stunden. Wegen der extremen Nebenwirkungen benötigen die Patienten danach mindestens zwei bis vier Wochen Pause, bevor die nächste Infusion gegeben werden kann. Das ist seit langer Zeit die Standardmethode, Krebs zu behandeln. Viele Behandlungsprotokolle mit Chemotherapie sind lebensgefährlich, weil sie das Immunsystem und das Knochenmark stark beeinträchtigen, Blutarmut induzieren und zu schwerem Durchfall und Erbrechen führen. Der therapeutische Nutzen ist vielfach limitiert. Wie erwähnt hat sich die durchschnittliche Überlebensdauer von Krebspatienten über Jahrzehnte nicht oder nur marginal verbessert (vgl. Brenner, Hakulinen, 2001: 367–371).

Zudem kommt es natürlich zu einem starken Selektionsdruck, gegen Chemotherapeutika resistent zu werden, und genau das passiert. Krebszellen mit verändertem genetischem Material überleben die Anwendung von Chemotherapeutika und können sich trotz

Therapie weiterteilen. Dabei spricht man von sekundärer Resistenz. Primäre Resistenz bedeutet, dass Krebs auf Chemotherapeutika überhaupt nicht anspricht, was bei vielen Krebsarten gar nicht so selten der Fall ist. Tabelle 12 gibt einen vereinfachten Überblick über die Effektivität von traditioneller Chemotherapie, wobei Effektivität sehr unterschiedlich interpretiert wird und nicht Heilung bedeuten muss.

Tabelle 12: Effektivität von Chemotherapie im Überblick

Kategorie	Beispiele
Oft heilend (hierunter fallen nur circa 1 % aller Krebsfälle)	Akute lymphoblastische und myeloide Leukämie (v.a. bei Kindern und Jugendlichen), Chorionkarzinom bei Frauen, Hodgkin'sche Krankheit, Hodenkrebs, embryonales Rhabdomyosarkom bei Kindern und Jugendlichen, hochgradiges Lymphom (insbes. das Burkitt-Lymphom), Wilms-Tumor
Mehr als 30% zeigen eine Antwort *	Brustkrebs, kleinzelliger Lungenkrebs, Penis- und Blasenkrebs, chronische myeloide und lymphatische Leukämie, multiples Myelom, niedriggradiges Lymphom, Kopf- und Nackenkrebs
Normalerweise **äußerst resistent** **	Plattenepithelkrebs der Lunge, Adenokarzinom der Lunge, Dickdarm- und Rektum-, Schilddrüsen-, Nieren-, Leberzellkrebs, bösartiges Melanom

* „Antwort" bedeutet, dass sich die Tumorgröße um einen bestimmten Prozentsatz (oftmals 30 %) verringert; es bedeutet nicht, dass der Patient geheilt ist oder sich die Lebenserwartung signifikant verlängert.
** Hochgradig resistente Tumore, Ärzte hoffen auf ein Wunder der Chemotherapie. (Vgl. Oxford Textbook of Oncology, 1995: 451, Übers. d. Autors. Auch wenn diese Referenz schon etwas älter ist, es hat sich nicht viel verändert – mit Ausnahmen natürlich.)

Wie aus der Tabelle hervorgeht, sind die Effekte von traditioneller Chemotherapie auf das Choriokarzinom, die Hodgkin'sche Krankheit, die Nicht-Hodgkin'schen Lymphome, den Hodenkrebs, einige Eierstockkrebsarten sowie mehrere andere Tumorarten, die vor allem in der Kindheit und Jugend diagnostiziert werden, aufsehenerregend positiv und das Risiko-Nutzen-Verhältnis liegt eindeutig auf der Nutzenseite. Es ist dabei nicht so wichtig, die Namen und Besonderheiten der genannten Krebsarten zu verstehen. Viel entscheidender ist, dass all diese Tumortypen für leider nur circa 1 % aller Krebsfälle verantwortlich sind.

Die wahrscheinlichste Erklärung, warum Tumore im Kindesalter und einige bösartige Lymphome mit Chemotherapie relativ effizient zu behandeln sind, ist eine viel höhere Zellteilungsrate im Vergleich zu den meisten Gewebegeschwülsten. Noch dazu sind Blutkrebszellen wesentlich leichter zu erreichen. Sie verweilen entweder direkt im Blut oder im Knochenmark. Messungen haben gezeigt, dass sich bis zu 30 % der Tumorzellen bei diesen Krebstypen teilen. Bei Gewebekrebsarten wie Brust-, Lungen- oder Leberkrebs liegt diese Zahl bei nur 2–8 %. Unverständlicherweise wird trotzdem ohne viel Zögern seit Jahrzehnten klassische Chemotherapie verwendet, die aber nur auf sich teilende Zellen wirken kann.

Eine Zelle, die sich nicht teilt, kann durch Chemotherapie nicht getötet werden. Das bedeutet für die genannten Gewebekrebsarten, dass in einer Chemotherapierunde nicht mehr als 2–8 % der Zellen vernichtet werden können – und das nur dann, wenn das Chemotherapeutikum 100 %igen Zugang zu den Krebszellen hat, was aber sehr unrealistisch ist. In den notwendigen Pausen zwischen den Behandlungen erholen sich nicht nur die Patienten, sondern leider auch die Tumorzellpopulation. Nach einigen Runden ist somit bestenfalls eine Dezimierung der Krebszellen um vielleicht 10 % möglich, und das kann leider keine nennenswerte Wirkung auf die Überlebenschancen des Patienten haben.

Wie ebenfalls aus der vorigen Tabelle ersichtlich ist, reagieren viele Krebsarten auf Chemotherapie wenig oder gar nicht. Folgendes Zitat stammt aus einem Standardlehrbuch der Onkologie: „Für viele

Typen von Krebs konnte ein möglicher Nutzen von Chemotherapie in adäquat kontrollierten Studien nicht gezeigt werden. Die Behandlungsergebnisse wurden oftmals ausgedrückt als Ansprechraten ohne Berücksichtigung der Nebenwirkungen, der Lebensqualität oder einer Erhöhung in der generellen Überlebensrate oder Überlebensrate ohne Krankheitssymptome. Die Effekte von unterstützender Chemotherapie an der Überlebenswahrscheinlichkeit können klein sein oder fraglich. Es ist daher wichtig, die Chemotherapie nur in Zusammenhang mit kontrollierten klinischen Untersuchungen zu praktizieren." (Oxford Textbook of Oncology, 1995: 451). Wenn man die Dosierung erhöhen könnte, wären vielleicht bessere Erfolge zu erzielen, aber das ist wegen der lebensbedrohlichen Nebenwirkungen nicht möglich. „Einen höheren therapeutischen Index aufrechtzuerhalten, wenn man die bemerkenswerte Fähigkeit von Krebszellen bedenkt, genetische und metabolische Veränderungen zu durchlaufen, die zur Resistenz gegen fast alle therapeutischen Strategien führen, wird sehr schwer sein." (Tannock, 1998: 9–16)

Der therapeutische Index ist ein Maß für die Menge eines Medikamentes, das noch mit akzeptierbaren Nebenwirkungen gegeben werden kann. Strikt genommen ist dieser Index der Quotient aus Behandlungsnutzen und Nebenwirkungen, beide Werte sind jedoch sehr subjektiv und lassen sich nicht vernünftig quantifizieren. „Trotz des spektakulären Fortschritts in den Ergebnissen mit Chemotherapie bei einigen Tumortypen während der letzten 20 Jahre, die Mehrheit der häufigen Krebsarten reagiert nicht auf die Behandlung. Es besteht eine dringende Notwendigkeit für bessere, effektivere und weniger toxische Chemotherapeutika." (Oxford Textbook of Oncology, 1995: 452, Übers. d. Autors). Diese besteht noch immer, und die Forschung ist ratlos, wie derartige Chemotherapeutika beschaffen sein sollen, wenn sie den gleichen Wirkmechanismus benützen und damit die gleichen Nebenwirkungen haben müssen.

Die verschiedenen Gründe, warum Chemotherapie eigentlich nicht funktionieren kann, habe ich auch in meinem bereits erwähnten Buch *Der Krebs lebt nur vom Blut allein – Chemotherapie am Ende* (siehe Böhm, 2008) allgemein verständlich und detailliert beschrieben und erklärt. Ein zentrales Problem ist, dass die Chemotherapie grundlegende evolutionäre Prozesse ignoriert. Ein anderes Therapiekonzept – lange Zeit nicht ernst genommen und auf das Abstellgleis gedrängt – versucht, einen ganz anderen Weg zu gehen und dabei auf die erbarmungslosen Evolutionsprozesse Rücksicht zu nehmen – und mit diesem Konzept werden wir uns nachfolgend genauer beschäftigen.

Das bessere Krebstherapiekonzept

Beim Entstehen und dem Festhalten an der althergebrachten Strategie, Tumorzellen möglichst radikal und direkt zu attackieren und zu töten, spielen möglicherweise Aggressionen gegen und die Angst des Menschen vor Krebs und Krebszellen eine nicht unwesentliche Rolle. Ich würde der Evolution beziehungsweise präziser gesagt der sexuellen Selektion für dieses Verhalten durchaus eine Teilschuld geben.

Wenn man von einem Bären oder vom Stammesnachbarn in prähistorischer Zeit attackiert wurde, waren sanfte Verhandlungstechniken eher wenig erfolgreich. Davonzulaufen oder sich von Bären generell fernzuhalten, wäre zwar eine alternative Strategie – sich aber immerzu nur zu verstecken, ist auf Dauer nicht möglich. Bei den häufigen Auseinandersetzungen oder im harten Alltagsleben überlebten – wie im Kapitel „Sexuelle Selektion, Aggression und Depression" (ab Seite 165) beschrieben – nur oder bevorzugt die starken und aggressiven Männer. Zudem wurden sie verstärkt vom weiblichen Geschlecht begehrt, weil sie Versorgung und Schutz boten. Vielleicht kann man aus diesen Zusammenhängen das aggressive Vorgehen gegen Krebs mit erklären.

Obwohl beispielsweise Prostatakrebs oftmals mehrere Jahrzehnte bedarf, um gefährlich zu werden – insofern das dieser Krebsart überhaupt gelingt –, kann Krebs speziell aus der männlich-aggressiven Perspektive nicht als chronische Krankheit angesehen werden. Männer sind in ihren grundlegenden Denkmustern entsprechend selektioniert worden – und Frauen waren vor mehreren Jahrzehnten in der Medizin und in der frühen Phase der Entwicklung von Chemotherapie nur selten anzutreffen. Das direkte Töten von Bakterien mit Antibiotika, viel erfolgreicher als der Kampf gegen Krebs, hat sicherlich dazu beigetragen, die direkte Vernichtung der Krebszellen zu favorisieren. Wenn wir Krebs schon vor Jahrzehnten als chronische Erkrankung, wie zum Beispiel Zuckerkrankheit oder Bluthochdruck, betrachtet hätten, wäre vielleicht ein weniger aggressives Behandlungskonzept schon früher in den Vordergrund getreten, nämlich die Blockade der (Neo-)Angiogenese.

Eine komplett andere Sichtweise auf das Krebs-Körper-Problem liegt den Konzepten zugrunde, die Judah Folkman in Grundsätzen bereits in den 60er-Jahren des letzten Jahrhunderts entwickelt hat. Darauf basierend werden heutzutage viele klinische Studien mit Medikamenten durchgeführt, die nicht mehr darauf abzielen, Tumorzellen direkt zu töten – bisher jedoch nur mit langsamen Fortschritten (vgl. Ebos, Kerbel, 2011: 210). Wenn es aber ein Konzept gibt, das Krebs jemals zu einer chronischen (nicht mehr tödlichen) Krankheit konvertieren kann – und nur ein derartiges Konzept kann langfristig erfolgreich sein – dann ist es die Angiogenese-Hemmung. Ich bin davon überzeugt, auch deshalb, weil es die Grundprinzipien von Evolution mitberücksichtigt.

Judah Folkman und andere „gläubige" Wissenschafter haben gezeigt, dass ein Krebsgewebe erst durch die Induktion von neuen Blutgefäßen – als Grundlage für die ausreichende Versorgung mit Sauerstoff und Nährstoffen – sich vergrößern, ganze Organsysteme schädigen und zuletzt den Menschen töten kann.

Die Kapillaren, sehr kleine Blutgefäße, können mit einem Straßennetzwerk verglichen werden, das die Anlieferung von vielen Produkten, aber auch den Abtransport des daraus resultierenden Mülls ermöglicht. Effizienter, kontinuierlicher und regelmäßiger An- und Abtransport sind von grundlegender Bedeutung. Wenn ein Schneesturm die Straßen blockiert, werden die entsprechenden Bezirke isoliert und früher oder später, wenn alle Vorräte verbraucht sind, kommt es zu Mangelerscheinungen. Einer der stärksten und wichtigsten natürlichen Stimuli für die Gefäßneubildung ist ein relativer Mangel an Sauerstoff und Nährstoffen. Wenn man die Stadtmetapher weiter verwendet, könnten die SOS-Rufe vielleicht folgendermaßen übersetzt werden: „Unsere (Krebs-)Stadt wächst zu schnell und wir haben einen Mangel an Nahrungsmittel. Wir brauchen bessere und schnellere Anlieferung von Grundnahrungsstoffen und keiner kümmert sich um die Abfallprodukte. Wir ersticken im Müll. Wir brauchen mehr Straßen." Diese Nachricht stammt üblicherweise von normalen Körperzellen, kann aber auch von Krebszellen stammen. Während der embryonalen Entwicklung hat der Körper keine andere Option, als über Angiogenese den wachsenden Organismus mit seinen komplexen Organsystemen mit fundamentalen Nährstoffen zu versorgen. Milliarden von Muskel-, Leber- oder noch wichtiger Gehirnzellen können nur über ein ausgezeichnet funktionierendes Gefäßnetzwerk versorgen werden. Das gleiche gilt für Krebszellen mit verheerenden Konsequenzen, wenn es zugelassen wird.

Der Übergang zu Krebszellen mit Angiogenese (Angiogenetischer Übergang) ist ein absolut kritisches Ereignis in der Lebensgeschichte eines Tumors. Ohne diesen Schritt wäre Krebs harmlos. Wir würden Krebs nicht so nennen, weil wir gar nichts von seiner Existenz wüssten. Ohne Gefäßnetzwerk ist eine solche Zellformation nicht fähig, sich über 200 Kubikmikrometer auszudehnen – das ist 5-fach unter der Größe von Tumoren, die mit derzeitigen Diagnoseverfahren verlässlich entdeckt werden können. Patienten würden keine Patienten sein.

Effiziente Blockade des Angiogenetischen Übergangs oder der Gefäßneubildung würde Krebszellen harmlos machen. Das hat Judah Folkman bereits im Jahr 1971 postuliert (vgl. Folkman, 1971: 1182–1186).

Der erste für die Krebsbehandlung zugelassene Angiogenese-Hemmer heißt Avastin und hat eine Revolution beziehungsweise einen Paradigmenwechsel eingeleitet. Die Zulassung erfolgte 2004. Dieses Medikament blockiert einen Wachstumsfaktor für Blutgefäße, als VEGF bezeichnet, der vor allem von Tumorzellen freigesetzt wird. Avastin in Kombination mit Chemotherapie war der alleinigen Chemotherapie überlegen und konnte die Lebenserwartung von Patienten signifikant verlängern. Avastin hat absolut keinen Effekt auf Tumorzellen. Daher zeigt eine Behandlung mit Avastin weniger Nebenwirkungen im Vergleich zu traditioneller Chemotherapie, aber, und das muss offen dargelegt werden, es ist nicht ohne Nebenwirkungen und einige können schwerwiegend sein (vgl. Flanagan, 2006;

Genentech USA Inc., Verschreibungsinformation, 2013). Avastin ist das erste Medikament seit Jahrzehnten, welches die Überlebensdauer von Dickdarmkrebspatienten signifikant verlängern konnte. Es hat jedoch eine wichtige Schwachstelle. Tumorzellen können andere Faktoren verwenden und damit kommt es bei der Blockade durch Avastin zu einer Selektion von Krebszellen, die VEGF nicht unbedingt benötigen, und damit zur Resistenz gegenüber Avastin. Das ist sicherlich ein Hauptgrund, warum die Therapieerfolge mit Avastin nicht besser sind (vgl. Ferrara, Kerbel, 2005: 967–974, Carmeliet, 2005: 932–936). Die herstellende Firma verdient trotzdem mehrere Milliarden pro Jahr damit und verwendet hoffentlich einen Großteil des Gewinns, um bessere Angiogenese-Inhibitoren zu entwickeln. Avastin ist auch für die Behandlung von anderen Krebsarten zugelassen.

In den letzten Jahren sind weitere Hemmer der Angiogenese für die Behandlung von Patienten mit unterschiedlichen Krebsarten zugelassen worden. Diese Medikamente bestätigen beeindruckend das Grundprinzip der Angiogenese-Inhibierung. Sie ignorieren die Tumorzellen. Neue Medikamente für die Behandlung von Krebs mit viel geringerem Selektionsdruck auf die instabilen, teilweise labilen Krebszellen sind zu erwarten.

Die Schlacht – und noch weniger der Krieg – ist noch lange nicht vorbei, und wir müssen immer damit rechnen, dass Krebszellen einen Weg finden, diese Inhibitoren zu zerstören oder andersartig zu inaktivieren und gleichzeitig die Gefäßneubildung zu hyperstimulieren. Das ist Evolution auf zellulärer Ebene und wird durch Therapie induziert. Im Gegensatz zu Viren oder Bakterien führen diese genetischen, durch Menschenhand geschaffenen Mutationen bei Krebszellen nicht zu einer Gefahr für andere Menschen. Krebszellen sind nicht ansteckend und diese Art der Evolution schadet nur einem einzigen betroffenen Körper. Auf der psychischen Ebene sieht es natürlich anders aus.

Resistenzentwicklung gegen Avastin-ähnliche Angiogenese-Hemmer ist ein ernstes Problem in der Behandlung von Krebspatienten, aber durch die gleichzeitige Anwendung von mehreren Medikamenten sollten weitere klinisch relevante Fortschritte in der Krebstherapie erzielt werden können. Warum Judah Folkman mit seiner Idee der Angiogenese-Hemmung jahrzehntelang nicht ernst genommen wurde, ist unerklärbar und hat vielen Patienten das Leben gekostet, weil es die Entwicklung von Angiogenese-blockierenden Medikamenten lange verzögert hat. Avastin hätte mindestens fünf Jahre früher zur Behandlung von Patienten zugelassen werden können. Leider war die Wut gegen Krebszellen offenbar übermächtig und verhinderte lange Zeit den Durchbruch einer anderen vielversprechenden Sicht- und Denkweise, die in ihren Behandlungskonzepten fundamentale evolutionäre Mechanismen mitberücksichtigt.

Charles Darwin, der geniale Visionär, sagte: „Obwohl ich von der Wahrheit der Ansichten in diesem Buch überzeugt bin, (…) erwarte ich in keiner Weise, die erfahrenen Naturalisten zu überzeugen, deren Geister gefüllt sind mit einer Vielzahl an Fakten, alle gesammelt während vieler Jahre, mit einem Gesichtspunkt genau gegenteilig zu meinem (…), aber ich schaue mit Zuversicht in die Zukunft, zu jungen und aufsteigenden Naturalisten, die imstande sein werden, beide Seiten der Frage mit Unvoreingenommenheit zu betrachten." (zit. nach Kuhn, 1970: 150, Übers. d. Autors)

Gehirn, Gesellschaft und Evolution

Um die Faszination, die vom menschlichen Gehirn ausgeht, zu beschreiben, reichen Worte nicht aus. Lange Zeit galt es als absolut un(er)fassbar, diese Annahme ist jedoch heute nicht mehr haltbar. Letzten Endes ist auch unser Gehirn zu einem gewissen Grad erschließbar und beschreibbar – auch wenn es mitunter so wirkt, als wolle es sich aktiv dagegen wehren, seine Geheimnisse preiszugeben, indem es das Denken des forschenden Geistes angesichts der (eigenen) ungeheuren Komplexität vor Ehrfurcht erstarren lässt beziehungsweise in tiefe Verzweiflung stürzt. In den letzten 20 Jahren aber wurde der Mantel dieser vermeintlichen *Black Box* allmählich durchdringbar und Einsichten in die tiefen und nahezu unendlichen Schichten der neuronalen Strukturen wurden möglich. Einzelne Neuronen, zumindest bei Tieren, konnten bei ihrer spezifischen Arbeit beobachtet werden – dieser extreme Reduktionismus ist manchmal der einzige Weg, schließlich größere Strukturen und Zusammenhänge zu verstehen, und das gelingt heutzutage tatsächlich immer besser und besser.

Dieses Organ-Wunder wiegt etwa 1,4 kg, das entspricht ungefähr 2 % des Körpergewichtes und verschlingt beim Erwachsenen dennoch etwa 20 % der bereitgestellten Energie. Andere Primaten kommen hierbei auf etwa 8–10 %, während nicht den Primaten zugehörige Säugetiere zwischen 3 % und 5 % für den Gehirnstoffwechsel zur Verfügung stellen. In den ersten Lebenswochen eines menschlichen Kindes werden unglaubliche 70–80 % der aufgenommenen Energie vom Gehirn in Anspruch genommen. Nicht verwunderlich, dass Unterernährung und akute und, noch ausgeprägter, chronische Infektionskrankheiten gerade in den ersten Lebenswochen und -monaten oft verheerende Auswirkungen auf die Gesamtintegrität des Geistes und Körpers haben. Millionen von Kindern sind täglich davon betroffen.

Schon aus diesen Zahlen lässt sich erkennen, wie wichtig dieses Organ während der Evolution vom Affen zum Menschen gewesen sein muss, denn einen derartigen Energieverbrauch muss sich der

Körper erst einmal leisten wollen – und können. Betrachtet man die unbeschreiblichen und vielschichtigen Fähigkeiten unserer Nervenzellen in ihrer konzertierten Gesamtheit, welche erst in den letzten Jahrhunderten, vielleicht präziser formuliert Jahrzehnten – ohne die großartigen Leistungen früher lebender Menschen herabsetzen zu wollen – durch die rasante Entwicklung in den Bereichen Kunst, Kultur, Wissenschaft und Technologie entsprechend herausgefordert und ans Tageslicht gefördert wurde, ist jede Verwunderung darüber, dass die Evolution bereit war, einen derart hohen Preis zu zahlen, zu relativieren. Unser Gehirn wurde gewiss nicht selektioniert, aus Marmor einen David zu zaubern oder Mahler in seinen Symphonien zu einem Kompositionsrausch zu verlocken. Aber es hat genug Plastizität, um bei entsprechender Stimulation und Provokation diese Höchstleistungen zu vollbringen. Das wäre auch vor Jahrtausenden schon möglich gewesen, aber da gab es die entsprechenden sozialen und kulturellen Rahmenbedingungen nicht. Genetisch kann sich in ein paar Jahrhunderten ohne künstliche Selektion nicht viel verändern. Zwar kann es durch Selektion über Infektionskrankheiten durchaus zu relativ raschen genetischen Veränderungen in einer Population kommen, zum Beispiel wenn dieser Krankheit 5 % einer Bevölkerung oder noch mehr zum Opfer fallen, aber eine effektive Selektion nach Gehirnleistungen verbunden mit mehr oder weniger Nachkommen ist innerhalb einiger Jahrhunderte kaum vorstellbar.

Die unausweichliche Expansion des menschlichen Schädels

Einer unserer näheren Verwandten, der Homo habilis, lebte vor etwa zwei Millionen Jahren und dürfte der erste unserer Vorfahren gewesen sein, der Werkzeuge zum Modifizieren und zum Manipulieren von Gegenständen verwendete. Höchstwahrscheinlich nicht zufällig hat sich das Gehirnvolumen etwa zur selben Zeit absolut und relativ zur Körpergröße ausgedehnt. In Abbildung 19 erkennt man das Wachstum des Gehirnvolumens im Vergleich zu den anderen großen Menschenaffen oder den Australopitheci, die auch zu unseren

Vorfahren zählen und vor etwa 2–4 Millionen Jahren lebten. Die evolutionäre Abspaltung des Menschen von den Affen, im Speziellen von den Schimpansen, hat vor 5–6 Millionen Jahren stattgefunden. Etwas Fundamentales muss mit dem Gehirn zwischen Homo habilis und Homo sapiens passiert sein, um eine derartige Veränderung erklären zu können, obwohl damals nur sehr wenige Hominiden in Afrika lebten. Dadurch führt ein Überlebensvorteil mit höherer Nachwuchszahl viel schneller zu signifikanter Selektion. Zudem hat die Natur einige Hunderttausend Jahre Zeit für diesen Entwicklungssprung gebraucht. Das Ausgangsniveau dürfte ebenfalls bescheiden gewesen sein und damit sind entsprechende positive Veränderungen leichter zu erreichen.

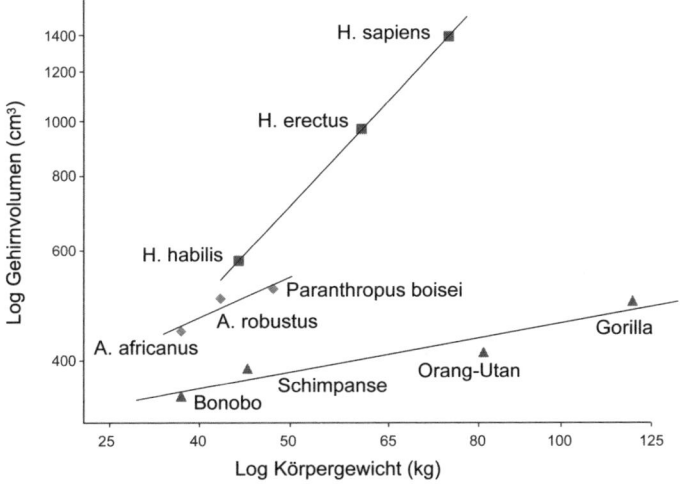

Abbildung 19: Das Gehirnvolumen im Verhältnis zum Körpergewicht

Mit modernen Technologien können Wissenschafter aus dem Kopfskelett präzise das Volumen der Gehirnmasse bestimmen. Im Vergleich zu unseren nahen Evolutionsvorfahren, deren Gehirnvolumen ebenfalls angestiegen ist, erkennt man bei der menschlichen Homo-Linie den überproportional raschen Anstieg des Gehirnvolumens bezogen auf das Körpergewicht. A bedeutet Australopitheci; H steht für Homo und Log für Logarithmus. (vgl. z. B. Bonner, 2006, Gluckman, Beedle, Hanson, 2009: 131; dieser Darstellung zugrundeliegende Zahlen: Wikipedia: „Human evolution", „Cranial capacity"; Smithsonian National Museum of Natural History)

Das Gehirnvolumen an und für sich ist kein Garant eines Evolutionserfolges. Bakterien sind evolutionstechnisch äußerst erfolgreich ohne eine einzige Nervenzelle. Die Neandertaler hatten nicht nur mehr Muskeln, sondern auch mehr Gehirnmasse als wir, was sie vor dem Aussterben dennoch nicht bewahrt hat. Die Dinosaurier herrschten trotz eines kleinen Gehirns relativ zur Körpergröße lange Zeit auf unserer Erde. Gegen die Extinktion durch Asteroiden hätte auch ein noch so großes und leistungsfähiges Gehirn nicht geholfen.

Anzunehmen ist, dass sich in naher und ferner Zukunft das menschliche Gehirn auf natürlichem Wege nicht mehr weiter verändert. Eine natürliche Selektion mit Veränderungen des genetischen Buches nach höherer Intelligenz gibt es heute mit Sicherheit nicht mehr, sehr wohl aber bewirkt gesellschaftliches Handeln – bewusst oder unbewusst und mit oder ohne vorhersehbare Auswirkungen – eine gewisse künstliche Selektion, die sich auch auf Funktionen des Gehirns auswirkt und Veränderungen des genetisches Lebensbuches zur Folge haben kann. Trotzdem besteht kein Zweifel, dass es eine Phase außergewöhnlich raschen Gehirnwachstums gegeben hat, was die Frage aufdrängt: Warum haben wir bezogen auf das Körpergewicht das umfangreichste Kopfinnere?

Wissenschafter argumentieren hauptsächlich für bzw. gegen zwei nicht unbedingt unabhängige, aber ausreichend differenzierbare Hypothesen: Entweder diente das zusätzliche „Gehirnschmalz" der Werkzeugherstellung und einem signifikant verbesserten Jagdverhalten und wurde durch Erfolge bei der Nahrungsbeschaffung und zugleich verstärkt durch sexuelle Selektion gefördert – oder es half entscheidend bei sozialen Interaktionen innerhalb der Gruppe oder der kleinen Sippe und generierte dadurch einen entscheidenden Fitness-Vorteil. Es ist offensichtlich, dass letztere Hypothese eher all-inclusive ist. Vielleicht wird sie deshalb als Ursache für die Selektion eines großen Schädels bevorzugt.

Die Entwicklung von Jagdstrategien und die Werkzeugentwicklung und -herstellung sollte in einer Gruppe mit entsprechender Kommunikationsdynamik und Feedbackmechanismen ebenso wesentlich effektiver funktionieren als beim vergleichsweise nahezu einsiedlerisch lebenden Jäger und vielleicht auch Sammler. Der moderne

Mensch ist ein soziales Lebewesen und die Wurzeln dieser Sozialisierung wurden vor einigen Millionen Jahren gelegt. Angefangen hat es allerdings schon viel früher, als unsere Vorfahren noch zu den Tieren zählten. Wie kann man sich einen derartigen Selektionsprozess konkret vorstellen?

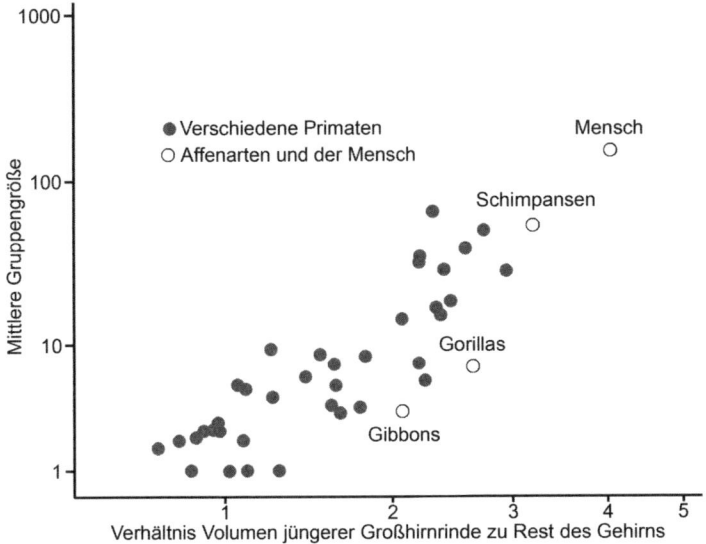

Abbildung 20: Soziale Gruppengröße korreliert mit jüngerem Großhirnrindenvolumen

Die mittlere soziale Gruppengröße des Menschen von etwa 150 Individuen wurde über die Daten von Primaten und Affen errechnet. Diesen Wert findet man in vielen historischen, aber auch heutigen menschlichen Organisationen (Tabelle 13) und wird zu Ehren des Entdeckers auch Dunbar-Zahl *(Dunbar's number)* genannt (vgl. Dunbar, 2008: 15–17).

Soziale Gruppengröße und Gehirnvolumen korrelieren stark. Abbildung 20 zeigt den Zusammenhang von mittlerer Gruppengröße und dem Wachstum des Großhirnrindenvolumens. Die jüngere Großhirnrinde ist für die höheren Funktionen des Gehirns entscheidend verantwortlich und damit ein Maß für höhere Intelligenz. Diese Strukturen haben sich erst bei unseren näheren Vorfahren entwickelt, im Gegensatz zu vielen in evolutionärer Hinsicht deutlich älteren Teilen des Gehirns, die man auch schon bei unzähligen Tierarten findet. Wir sind mit allen Lebewesen verwandt, die jemals auf unserer Erde gelebt haben oder aktuell den Planeten bevölkern – vom einzelligen Bakterium bis zum Dinosaurier. Vielleicht ist uns diese Verwandtschaft nicht immer bewusst oder recht und wird verleugnet, aber diese Tatsache steht außer Zweifel.

Die Korrelation in Abbildung 20 ist statistisch hoch signifikant. Faszinierenderweise tritt die Dunbar-Zahl von etwa 150, die eigentlich über Tierdaten rechnerisch vorhergesagt wurde, in vielen (menschlichen) sozialen Organisationen über einen Jahrtausende reichenden Zeitraum immer wieder in Erscheinung. Tabelle 13 nennt einige Beispiele aus sehr differenzierten Lebensbereichen.

Tabelle 13: Menschliche soziale Gruppenbildungsgrößen

Gruppenbeschreibung	Gruppengröße
Siedlung im Mittleren Osten vor circa 7.000 Jahren	150–200
Römische Militäreinheit (Manipel) vor 2.000 Jahren	120–130
Englisches Dorf vor etwa 1.000 Jahren	150
Englisches Dorf im 18. Jahrhundert	160
Mittlere Größe von Stammesgesellschaften	148
Jäger-und-Sammler-Gesellschaften	165
Landwirtschaftgemeinschaften von Hutterern in Kanada	107
Kirchengemeinden der Amisch-Gläubigen in Nebraska	113
Im Jahr 1974 empfohlene ideale Größe von Kirchenversammlungen	200
Ländliche Berggemeinschaft in Osttennessee, USA	197
Soziale Netzwerkgröße	134
Größe einer Bekleidungsfabrikseinheit	150
Militärkompanie im Zweiten Weltkrieg (Mittelwert von 10 Armeen)	180
Weihnachtskartenverteilerliste	154

(modifiziert nach Dunbar, 2008: 15–17)

Der einzige substanzielle Unterschied zwischen modernen postindustriellen sozialen Netzwerken und denen vor dieser Zeit, vom englischen Dorf im 18. Jahrhundert bis zurück zu den Jäger-und-Sammler-Gesellschaften vor Tausenden von Jahren, dürfte die Fragmentierung der Gruppen in der gegenwärtigen Zeit sein. Meine sozialen Netzwerke werden kaum Überlappung mit denen der Leser zeigen. Die Mitglieder einer Kirchengemeinde werden mit dem Tennisnetzwerk nicht unbedingt übereinstimmen und manche unserer Netzwerke werden nur mehr über das Internet geformt und gepflegt.

Mit den Personen innerhalb eines Netzwerkes verbindet uns ein Gefühl der Vertrautheit oder auch Verbindlichkeit, und es gibt wiederum hierarchische Zirkel, die über die Häufigkeit der Interaktionen und die Stärke der Intimität gebildet werden. Die Größe der Zirkelmitglieder wird etwa über die Zahlenreihe 5, 15, 50, 150 usw., also mit dem Multiplikationsfaktor 3 als ungefähre Schrittweite, skaliert. Robin Dunbar postuliert, dass aufgrund der guten Korrelation von Gehirnvolumen und Gruppengröße ein kognitives Intelligenzlimit vorhanden sein könnte. Hätten wir ein größeres Gehirnvolumen mit erweiterter Ausdehnung in den jüngeren Nervenschichten, wären wir auch zu umfangreicheren Gruppengrößen fähig, weil wir die gesteigerte soziale Komplexität wiederum meistern könnten. Wo liegt nun dieses Limit?

Theoretische Lücken in der evolutionären Gehirnexpansionsgeschichte, die die Entwicklung des Homo sapiens vom Höhlenbewohner zum theoretischen Physiker überhaupt erst ermöglicht haben, können sich durch die sogenannte *Theory of Mind* („native Theorie" oder „Theorie der Mentalisierung") und den damit verbundenen *Orders of Intentionality*, in etwa „Ebenen der Intentionalität", (siehe Dennett, 1996) schließen lassen. Die *Theory of Mind* entspringt einer alten philosophischen Diskussion und befasst sich mit der Erforschung von sozialen Interaktionen höherer Lebewesen, im Besonderen mit der Frage, wie Verhalten und Gedanken von einem selbst und von anderen als solche erkannt und interpretiert werden. Und diese soziale Interaktionskompetenz verlangt ausgeprägte Interpretationsmöglichkeiten, um mit der einhergehenden Komplexität umzugehen. Dazu braucht man ausreichende geistige Aufnahmefähigkeit. Es geht dabei nicht nur um Kommunikation, sondern auch um Reflexion und Interpretation. Wenn man reflektieren kann, was ein anderes Individuum denkt, bewegt man sich auf Ebene 2 der Intentionalität. Die verschiedenen Ebenen der Intentionalität erlauben nun, diese Interaktionen zu beschreiben und damit schließlich besser zu verstehen. Tabelle 14 beschreibt die ersten fünf Ebenen.

Tabelle 14: Die Theorie der Mentalisierung – Ebenen der Intentionalität

Ebene 0:	Zum Beispiel Pflanzen, kein Bewusstsein.
Ebene 1:	Ich bin mir meiner Gedanken bewusst.
Ebene 2:	Ich denke, ich weiß, was du denkst.
Ebene 3:	Ich denke, ich weiß, was du über mich denkst.
Ebene 4:	Ich denke, ich weiß, was du denkst, was ich denke.
Ebene 5:	... und ich denke, ich weiß, was geschehen wird, wenn du nicht so antwortest, wie ich erwarte, dass du antwortest ...

(modifiziert nach Gluckman, Beedle, Hanson, 2010: 132)

Die meisten Erwachsenen kommen mit 5–6 Ebenen zurecht, bevor die Verwirrung unerträglich wird. Für nicht menschliche Primaten ist spätestens ab Ebene 3 Sendepause, vielfach früher. Bei Schimpansen oder Bonobos konnte Täuschung und Manipulation anderer Gruppenmitglieder, natürlich nur zum eigenen Vorteil, beobachtet werden. Skrupelloses Machiavelli'sches Verhalten war, wie nicht anders zu erwarten, vor allem bei sexuellen Angelegenheiten und manchmal beim Zugang zu Nahrungsmitteln ausgeprägt (vgl. Gluckman, Beedle, Hanson, 2010: 236). Wir mögen dieses Verhalten als die Geburtsstunde von Korruption betrachten und dieser eine Millionen Jahre alte Tradition zugestehen. Eine weltweite Verbreitung und die mögliche positive Selektion von Individuen mit korrupten Verhaltensweisen konnten offenbar nicht aufgehalten werden. Das Gehirn wurde dabei aber auch größer. Ob sich korrupte Menschen durch das Bewusstsein der möglichen tierischen Herkunft von Korruption zum

Besseren besinnen, darf bezweifelt werden. Der weltweite wirtschaftliche und soziale Schaden von Korruption ist jedenfalls enorm.

Der die Fitness erhöhende Effekt von sozialen Interaktionen liegt in der Etablierung und Aufrechterhaltung von stabilen sozialen Allianzen, die die Fortpflanzungsmöglichkeiten fördern und die Wahrscheinlichkeit, Papa oder Mama zu werden, signifikant erhöhen. Der soziale Druck steigt dadurch und es entwickelt sich ein positiver Rückkopplungsprozess, der immer höhere Intelligenz verlangt, um die unterschiedlichsten sozial komplexen Kniffligkeiten meistern zu können und bei der Reproduktion entsprechend erfolgreich zu sein. Asoziales Verhalten wurde damals wie heute vielfach von Kinderlosigkeit begleitet und ist damit eine Endstation im Evolutionsspiel. Durch immer stärkere soziale Gefüge war die Entwicklung von Sprache und wesentlich später auch anderer höherer Kommunikationsebenen (Kunst, Musik, Wissenschaft und Religion) möglich. Sprachfähigkeiten waren für die Etablierung und Stabilisierung der Dunbar'schen Gruppengröße möglicherweise essenziell.

Wenn sich jedes Gruppenmitglied egoistisch verhält, wird sich keine adäquate Stabilität einpendeln, weil Vertrauen nur sehr schwer aufgebaut werden kann. Kooperation, das Befolgen von Regeln und Traditionen und Altruismus mussten sich konsequenterweise entwickeln und genetisch abgespeichert werden, um weitervererbt zu werden. *Freerider* und Schummler müssen entsprechend öffentlich bestraft werden. Diese Verhaltensmuster, Altruismus und Bestrafung von asozialen Individuen, lassen sich bereits bei höheren Primaten beobachten. Schlechtes Gewissen und die Angst vor Bestrafung versuchen Verhaltensaberrationen vorzubeugen.

Die Entwicklung des Altruismus hat Evolutionsbiologen zu schaffen gemacht, weil Altruismus nicht unbedingt zu der eigensinnigen Natur von Evolutionsprozessen passt. Aber die Lösung ließ nicht lange auf sich warten. Wenn ich meinen mehr oder weniger nahen Verwandten helfe, die zum Teil meine eigenen Gene tragen, erhöhe ich damit ja auch meine eigene Fitness. Wissenschafter sprechen von inklusiver Fitness, die immer gleich oder größer als die eigene Fitness sein muss. Altruistisches Verhalten kann man auch außerhalb der Verwandtschaft beobachten. Dazu gibt es zahlreiche Literatur (siehe

Nowak, 2012, Fehr, Fischbacher, 2003: 785–791). Altruismus wurde wahrscheinlich bereits vor Jahrtausenden im Genom fixiert und es kommt heute nicht mehr zu einer weiteren Selektion nach noch altruistischerem Verhalten. Bei einem wünschenswerten Weg zu mehr Altruismus und gegenseitiger Kooperation wird uns die Evolution nicht helfen. Das müssen wir selbst regeln.

Durch das rasche Wachstum des Gehirns und damit natürlich verbunden auch der äußeren Dimensionen des Kopfes ergab sich ein Problem bei der Geburt. Die Lösung durch Mutter Natur lag in der Etablierung der Frühgeburt. Im Vergleich zum Entwicklungsstand anderer Primaten kommen wir Menschen etwa 12 Monate zu früh auf die Welt. Wenn die Mutter das Kind innigst versorgen muss, um das Überleben zu garantieren, muss sich der Vater um die Ernährung und den Schutz kümmern. Die harmonische und glücklich-monogame Ehe war geboren. Damit wird auch der relativ geringe Größenunterschied zwischen Mann und Frau im Vergleich zum Beispiel zu den Gorillas erklärt. Bei Gorillas herrscht eine starke hierarchische Struktur und der Dominante beziehungsweise Stärkste eines Rudels hat alleinigen Zugang zu den Weibchen. Das Ergebnis ist von einem monogamen Kopulationsverhalten weit entfernt. Wilde und brutale Kämpfe um die Herrschaft und damit Zugang zu den Gorillafrauen führten zu einer Selektion nach mehr Muskelmasse und -kraft, Körpergröße und Aggressivität. Selektion nach ausgeprägter Intelligenz dürfte unter diesen Umständen nicht wirklich stattgefunden haben, aber ausschließen sollte man es nicht. Bereits den nur etwas Schwächeren unter den Stärkeren bleibt der legale Zugang zum weiblichen Geschlecht verwehrt, und sie konnten nur durch geschicktes Hintergehen Kopulationsgelegenheiten erschummeln. Dafür galt es, effektive Strategien zu entwickeln, um den Rudelführer auszutricksen und dabei nicht erwischt zu werden oder zumindest erst nach erfolgreicher Weitergabe der eigenen Gene. Jedenfalls nicht gerade ungefährlich, denn wenn man von einem Gorillarudelführer im Akt erwischt wird, kann dies fatale Folgen haben. Ein Kampf mit tödlichem Ausgang kann bei Gorillas durchaus die drastische Konsequenz einer aufgeflogenen Unterminierung der hierarchischen Ordnung sein. Die Schwachen hatten aber kaum eine andere Chance, ihre Gene weiterzugeben. Derartige Verhaltensmuster kommen bei Menschen angeblich auch vor. Ob Machiavelli'sches Verhalten Selektion nach höherer Intelligenz fördert, kann nur als Gedankenanstoß in den Raum gestellt werden.

Nach dem Versuch, die beträchtliche Gehirnvolumenexpansion im Laufe der Evolution vom Affen zum Menschen mit einhergehender Erhöhung der Intelligenz zu begründen, müssen wir uns jetzt auf die Suche nach dem genetischen Korrelat dieses höheren Denkvermögens begeben. Denn nur dann können wir überlegen, ob es weitere Veränderungen des genetischen Codes durch unsere heutigen Gesellschaftszustände und -wandlungen geben kann. Können Menschen, die zum Beispiel sechs oder sieben Ebenen von Intentionalität und Gruppengrößen von mehreren Hundert Mitgliedern meistern, über Genanalysen identifiziert werden, weil sie besonders intelligent sein müssen? Haben diese Menschen einen Evolutionsvorteil (gehabt)? War durch diese Fähigkeiten der Zugang zu Geschlechtspartnern und die Zahl an Nachkommen erhöht, was letzten Endes für die erfolgreiche Selektion entscheidend ist? Kann der oder die soziale Intellektuelle überhaupt einen Selektionsvorteil durch seine oder ihre geistigen Fähigkeiten erzielen?

Die Suche nach dem nicht existenten Intelligenzgen

Zum Thema Intelligenz existiert eine Fülle an Büchern, die sich ausführlich mit der Frage beschäftigen, was Intelligenz ist und was nicht. Einige evolutionsrelevante Aspekte möchte ich etwas näher betrachten, denn dieses Thema war, ist und wird in alle Ewigkeit Grund für Kontroversen und hyperemotionale Diskussionen sein. Es ist äußerst tabuisiert, weil es stark unter die Haut geht. Man denke nur an das hoch kontroversielle Buch *The Bell Curve* von Richard Herrnstein und Charles Murray (Herrnstein, Murray, 1996). Trotzdem könnte ein besseres Verständnis von geistigen Leistungen für unsere Gesellschaft von entscheidender Bedeutung und großem Nutzen sein, wenn gleichzeitig eine Möglichkeit der Einflussnahme in eine positive

Richtung gegeben ist, was das Vermindern von negativen Effekten natürlich inkludiert. Man denke nur an die Komplexität von vielen Hochtechnologien, die ohne „Gehirnschmalz" nicht mehr zu verstehen sind, und die damit assoziierten Probleme, die es zu lösen gilt. Es verwundert nicht, dass die Intelligenz von zum Beispiel Physikern, Chemikern oder Computerfachleuten über dem Allgemeinniveau liegt, ja liegen muss, damit sie ihren Beruf zufriedenstellend ausüben können (Herrnstein, Murray, 1996: 46). Die Entwicklung von Innovationen, angeblich die Antriebsmotoren moderner Wissensgesellschaften, benötigen sicher mehr als nur Gehirnmuskeln – aber ohne geht es nicht unbedingt leichter.

Intelligenz, gemessen im Kindesalter, erlaubt gute Vorhersagen über die schulischen Erfolge und wie das Individuum am Arbeitsplatz bestehen wird. Zu erreichendes Bildungsniveau lässt sich nicht unbedingt am Individuum, aber an einer größeren Gruppe vorhersagen. Daten aus den USA belegen, dass der mittlere Intelligenzquotient von allen Collegeabsolventen etwa eine Standardabweichung über dem Durchschnittswert der Gesamtbevölkerung liegt. Das ist ein relativ großer Unterschied (vgl. Herrnstein, Murray, 1996: 46). Könnten Lern- und Schulsysteme entwickelt und praktisch umgesetzt werden, die die durchschnittliche Intelligenz einer Bevölkerung um ein paar wenige Punkte erhöhen, wären überaus positive Konsequenzen zu erwarten. Herrnstein und Murray haben in *The Bell Curve* ein derartiges Szenario für die US-amerikanische Bevölkerung durchgerechnet, in Abbildung 21 sind nur ein paar Parameter dargestellt, aber die Liste könnte um zusätzliche Faktoren verlängert werden.

Trotz vieler Kritikpunkte an dem zitierten Buch gab es über diesen Aspekt, die Auswirkungen von Intelligenzveränderungen in einer Gesellschaft, keine öffentlichen Zerwürfnisse. Malcolm Gladwells großartiger, 2007 im *New Yorker* erschienenen Artikel *None of the Above* ist ein Muss für Leser, die tiefer in diese faszinierende Thematik eintauchen wollen (vgl. Gladwell, 2007: 92–96). Wenn dieses Modell von Herrnstein und Murray korrekt ist, sind die Konsequenzen einer Veränderung des Intelligenzniveaus von drei Punkten für eine Gesellschaft mehr oder weniger gravierend. Abbildung 21 zeigt nur wenige Elemente, die sich auf sozialer Ebene verändern würden, und es wäre nur ein Teilaspekt aller zu erwartenden positiven oder negativen Konsequenzen. Offene und öffentliche Diskussionen über diese Thematik gibt es viel zu wenige, die Diskurse über die PISA-Ergebnisse in Europa sind das Gewagteste, was unsere Gesellschaft zum jetzigen Moment verkraften dürfte. Der Politik ist dieses Thema ebenso zu heiß – doch Passivität hilft eben nicht, eine Gesellschaft weiterzuentwickeln oder zumindest den Status quo zu sichern. Wir verlangen immer bessere Computer, Fernseher, Autos und Smartphones, aber bei uns selbst wird das Bedürfnis nach Verbesserung und Entwicklung totgeschwiegen. Ein großes Menschheitsthema.

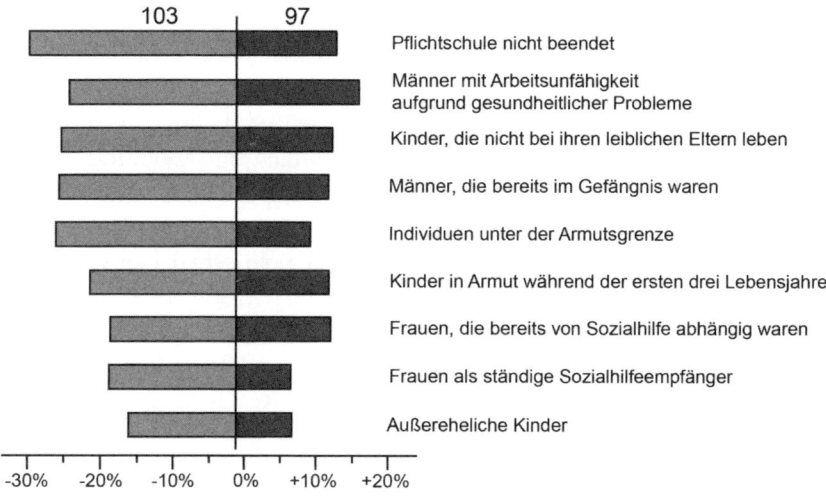

Abbildung 21: Auswirkungen von Änderungen des IQs auf soziale Parameter

Herrnstein und Murray haben den Einfluss von Intelligenz auf soziale Faktoren in der US-amerikanischen Gesellschaft intensiv untersucht. Aus den gefundenen statistischen Zusammenhängen konnten sie berechnen, was passieren würde, wenn sich die mittlere Intelligenz um drei Punkte nach unten oder oben verschiebt. Falls dieser Effekt in der Praxis zu erreichen wäre, könnten dadurch viele soziale Probleme erheblich abgeschwächt werden. Obwohl es dazu keine Berechnungen gibt, würde ich davon ausgehen, dass der messbare Nutzen, ohne den nicht quantifizierbaren Teil miteinzubeziehen, die Kosten mit Leichtigkeit rechtfertigt. IQ = Intelligenzquotient (vgl. Herrnstein, Murray, 1996: 386).

Obwohl Fundamentalisten unter den Intelligenzforschern behaupten, dass der Intelligenzquotient eines Individuums stabil sei, gibt es überzeugende Hinweise, dass dem nicht so ist. James Flynn, einer der führenden Denker auf diesem Gebiet, vergleicht den Geist mit einem Muskel, der kognitives Training benötigt, wodurch sich die Leistungsfähigkeit unter geeigneten Umweltfaktoren verbessern kann (vgl. Gladwell, 2007: 92–96). Die Messung von Intelligenz erfasst nicht nur festgeschriebene genetische Möglichkeiten, sondern auch die Umgebungsbedingungen, in denen diese Fähigkeiten genährt, gepflegt oder ausgehungert und vernachlässigt werden. Die Diskussion um PISA sollte in eine Richtung gelenkt werden, bei der es darum geht, im Kindergarten, in der Schule, in der Lehre und auch auf den Universitäten Rahmenbedingungen zu schaffen, die für eine Entfaltung der kognitiven Fähigkeiten optimal sind, wobei es nicht relevant ist, ob die PISA-Punkte ansteigen, sondern ob die Jugendlichen reale Probleme besser verstehen können und dadurch eventuelle Lösungsvorschläge zu ersinnen und umzusetzen imstande sind. Das ist besonders wichtig, wenn es wahrhaftige Probleme gibt und wenn diese Probleme auch eine Lösung haben können. Viele Probleme haben eine Lösung, aber es mangelt an der politischen Umsetzung. Ob da höhere Intelligenz helfen kann?

Wissenschafter, die intensiv auf diesem Gebiet forschen, sind sich über die folgenden zwei Punkte einig: Intelligenz kann relativ leicht gemessen werden und reflektiert etwas Reales. Damit können entscheidende und vor allem evolutionsrelevante Fragen gestellt werden: Wird Intelligenz vererbt, und wenn ja, gibt es ein oder das Intelligenzgen? Kommt es in der heutigen Zeit zu Veränderungen des genetischen Codes und damit zu einer Selektion nach erhöhter oder reduzierter Intelligenz?

Es besteht kein Zweifel, dass Intelligenz vererbt wird. Unzählige wissenschaftliche Arbeiten kommen zu ähnlichen Ergebnissen, wobei die Rate der Vererbung irgendwo um die 50% ± 20% liegen dürfte. Damit wird etwa die Hälfte der messbaren Intelligenz von den Eltern an ihre Kinder weitergegeben und die andere Hälfte durch gute und schlechte Umgebungseinflüsse bestimmt. Damit war die Suche nach dem genetischen Intelligenzgral eröffnet, gefunden hat man allerdings sehr wenig. Diese Entdeckungsreise war erfreulicherweise nicht erfolgreich, denn das bedeutet, das Intelligenzgen gibt es sehr wahrscheinlich nicht, man hätte es schon längst finden müssen. Aber es gibt Gene, die einen – meist überschaubaren – Beitrag zur Intelligenzausprägung leisten können. Bei einer besonders ambitionierten Intelligenzgen-Suchexpedition wurden sechs Gene gefunden, die aus wissenschaftlichen Gründen verdächtigt wurden, einen Beitrag bei der Intelligenzvererbung zu leisten (vgl. Zimmer, 2008: 52–59). Der Teufel liegt wie oft in den Details und von den sechs identifizierten Genen bestand nur ein einziges die rigorosen statistischen Kontrollen. Ist damit das Intelligenzgen identifiziert worden?

Zum Glück nicht, weil dieses Gen nur 0,4 % der Variabilität bei Intelligenztests beiträgt und das ist mehr oder weniger nichts. 99,6 % müssen durch den Einfluss von anderen Genen erklärt werden, um den gesamten genetischen Einfluss von etwa 50 % abzudecken. Es sind höchstwahrscheinlich Hunderte Gene am Phänomen Intelligenz beteiligt. Hochintelligente Designerbabys, also Geniekinder durch Genmanipulation künstlich herzustellen, war bereits vor diesen Arbeiten im Reich der Science-Fiction anzusiedeln, und so ist es geblieben und wird noch lange bleiben.

Wir sind weit davon entfernt, relativ einfache monogenetische Krankheiten, bei denen nur ein Gen bei der Krankheitsentwicklung eine Rolle spielt, durch Genmanipulation positiv beeinflussen zu können. Eine Realitätsverdrängung kombiniert mit möglichem Realitätsverlust mag für anderslautende surreal-futuristische Visionen in unserer Gesellschaft verantwortlich sein. Patienten hat es mit einigen wenigen Ausnahmen nicht geholfen. Inwieweit unsere hypercomputerisierte Welt zur Realitätsverzerrung beiträgt, ist nur schwer abzuschätzen. Aber die dargestellte Scheinwelt in den heutigen Printmedien, Computer- und in der Fernsehkultur leistet wohl einen beträchtlichen Beitrag zu diesen absurden Allmachtsvisionen.

Warum sollte es eigentlich zu einer Selektion von noch höherer Intelligenz nach der Etablierung einer grundlegenden Basisintelligenz kommen? Diese Grundintelligenz könnte sich wie beschrieben über die Ebenen der Intentionalität entwickelt haben. Soziales Verhalten von Schimpansen und Menschen unterscheidet sich nicht in allen

Bereichen, aber doch vielfach fundamental. Bei der Entwicklung dieser Differenzierung könnte die Gehirnexpansion entscheidend gewesen sein. Aber nach Erreichen einer gewissen Komplexität – und Ebene 5 der Intentionalität ist nicht mehr trivial – war Selektion nach kognitiven Fähigkeiten unter den gegebenen Umweltbedingungen eventuell am Ende angelangt. Abgesehen von den letzten Jahrtausenden lebten wir und unsere näheren Vorfahren als Jäger und Sammler in mehr oder weniger großen Gruppen. Damals gab es keine Automobile, Smartphones, Computer oder Integral- und Differenzialrechnung, das Leben drehte sich um Nahrungsmittelbesorgung, Fortpflanzung, rudimentäre Integration in das soziale Umfeld und darum, sich selbst, seine Verwandten und die Gruppe vor aggressiven Angriffen von wilden Tieren und wilden Menschen zu schützen. Umgekehrt war es ebenfalls Teil des Lebens, selbst aggressiv zu sein. Wie man aus der jüngeren Geschichte ablesen kann, ist Gewaltbereitschaft beim Menschen bis heute nicht wegselektioniert worden. Würde dies gelingen: Der Nutzen für die Menschheit wäre enorm, aber der Verlust in manchen Bereichen gewiss auch nicht zu vernachlässigen.

Warum sollte es bei Jägern und Sammlern zu einer Selektion nach höherer Intelligenz kommen? Muskeln und Aggressivität haben sicher mehr geholfen, bei der Jagd erfolgreich zu sein und befeindete Gruppen abzuwehren, als zum Beispiel über den Sinn des Seins philosophieren zu können. Benötigt man viel Klugheit, um den Gegner mit einer Axt erschlagen zu können, wo es doch ausreicht, zu wissen, was eine Axt ist, wie man sie herstellt und wie man mit ihr umgeht? Eine Grundintelligenz wurde definitiv selektioniert inklusive der Fähigkeit einer sprachlichen Kommunikation. Die heutigen Unterschiede in der Intelligenz gab es schon vor 10.000 Jahren. Welchen Nutzen, im Sinne von Nachkommen zu zeugen, zu ernähren und zu beschützen, sollte höhere Intelligenz gebracht haben? Dem oder der Intellektuellen sind weder vor 10.000 Jahren die Frauen oder Männer zugelaufen noch tun sie dies heute. Er oder sie konnte seine oder ihre Gene nicht vermehrt weitergeben. Überdurchschnittlich intelligente Menschen hat es damals auch gegeben, aber es geht ausschließlich um die Weitergabe von Genen. Wenn Dschingis Khan mit seinen

Millionen von Nachkommen überdurchschnittlich intelligent gewesen wäre, was möglich ist, hätte seine Kopulationspolitik oder, vielleicht treffender, sein Kopulationswahnsinn vielleicht zu einer Anreicherung von Intelligenzgenen führen können. Obwohl er angeblich mit etwa 500 Frauen verkehrte, könnte die Verdünnung aber zu hoch sein, um noch einen Effekt messen zu können. Diese Unmöglichkeit der Selektion nach Intelligenz ab Erreichen eines Basiswertes könnte der Grund sein, warum das Intelligenzgen nicht gefunden werden kann, weil es nach Ausbildung einer Basisintelligenz keine direkte spezielle Selektion von Genen gegeben hat und gibt.

Natürlich würde sich ein Gen, das zu einem besseren Immunsystem führt, auch in der Intelligenz niederschlagen, weil schwere chronische Infektionskrankheiten im Kindesalter mit einem Mangelzustand an essenziellen Nährstoffen einhergehen können und damit zu einer verringerten geistigen Entwicklung führen müssen. Wenn ein Neugeborenes beziehungsweise ein Kleinkind über Monate oder sogar Jahre Durchfall hat, chronisch unterernährt ist, zu wenig Kalorien in Form von ausgewogener Ernährung bekommt und wenig Gewicht zunimmt, wird auch die geistige Entwicklung nicht normal ablaufen können. Derartige Gene gibt es viele, und nach diesen wurde stark selektioniert, aber das sind nicht diejenigen Gene, die direkt mit Intelligenz zusammenhängen. Auf dem Weg zum modernen Menschen sind wir möglicherweise über Tausende von Jahren intelligenter geworden, aber der Mechanismus war mehr indirekt als direkt.

Gegenwärtig kann es daher auch keine natürliche direkte Selektion nach höherer Intelligenz mehr geben. Nachdem es Unterschiede in den kognitiven Fähigkeiten in unserer Gesellschaft gibt, wäre artifizielle oder kulturelle Selektion in die eine oder andere Richtung aber durchaus denkbar. Wenn es in einer Gesellschaft Subpopulationen mit bestimmten kognitiven Fähigkeiten geben sollte, die mehr oder weniger Nachkommen über mehrere Generationen zeugen sollten, wird es zu Veränderungen im genetischen Code und im Intelligenzspektrum dieser Gesellschaft kommen müssen. Je nach Größe dieser Gruppen werden die Effekte leicht oder schwer messbar sein und mehr oder weniger Folgeerscheinungen mit sich bringen. Ignorieren sollten wir mögliche Verschiebungen nicht. Eine höhere

Sensibilisierung für die potenziell verantwortlichen Prozesse kann ein guter Anfang sein.

Kindermangel bei Karrierefrauen und -männern und die Konsequenzen

In der Intelligenzforschung gilt es als unumstritten, dass Bildung mit kognitiven Fähigkeiten positiv korreliert. Im Durchschnitt lässt sich ein Individuum mit Universitätsabschluss von jemandem mit Pflichtschulabschluss durch kognitive Tests mit einer gewissen Wahrscheinlichkeit unterscheiden. Zum Hochschulabschluss gehört Motivation, Mut, Selbstwertgefühl, Determinismus, Glück, Familienunterstützung – nicht nur finanzieller Natur –, eine gewisse finanzielle Freiheit und weitere Faktoren. Nicht nur die kognitiven Fähigkeiten werden vererbt, auch Charaktereigenschaften wie Motivation oder Selbstwertgefühl.

Wenn nun Frauen und Männer mit Pflichtschulabschluss signifikant mehr Kinder über einen längeren Zeitraum, also mehrere Generationen, als Individuen mit höherer Bildung zeugen, dann werden gewisse kognitive Fähigkeiten oder Eigenschaften, die vielfach vererbbar sind, auf genetischer und damit evolutionärer Ebene in einer Gesellschaft verdünnt. Der genetische Code wird unausweichlich verändert. Man könnte von einer Art negativer Selektion sprechen, obwohl ich mich von dieser Wortwahl distanzieren möchte. Evolution kennt weder eine positive noch eine negative Richtung. Eine Gesellschaft muss definieren, was sie als negativ oder positiv erachtet, und ich bin mir nicht sicher, wie unsere mitteleuropäische Gesellschaft dahingehend urteilt. Der Begriff Dysgenik ist noch ungeeigneter und fällt in die gleiche Kategorie wie Eugenik, beide historisch äußerst befleckte Wörter, aber ein besserer Terminus wird nicht angeboten. Wenn eine Gesellschaft oder die Politiker ein höheres Bildungsniveau der Bevölkerung nicht schätzen oder glauben, nicht zu benötigen, oder sogar überzeugt sind, es wirkt störend, dann würde eine Verringerung der Individuen mit höherem Schulabschluss kein Problem darstellen und dann wäre negative Selektion die falsche Bezeichnung.

Eine Gesellschaft muss wissen, wohin sie gehen will. Ob die herrschenden politischen Systeme dazu geeignet sind, diese Fragen in der Öffentlichkeit zu diskutieren, muss offenbleiben. Nachdem wir uns in den entwickelten Ländern mit der Bezeichnung Wissensgesellschaften schmücken wollen, scheint es mir aber, gemessen an diesem Wunschbild, berechtigt, von einer negativen Selektion zu sprechen.

Tabelle 15 zeigt kürzlich erhobene Daten aus Österreich, und der Trend in die soeben skizzierte Richtung ist leider klar erkennbar. Eine öffentliche Diskussion darüber dürfte nicht stattgefunden haben.

Tabelle 15: Anzahl der Kinder sinkt mit dem Bildungsniveau

Bildungsniveau	Kinderzahl	% ohne Kinder	% mit ≥ 3 Kindern	Alter bei Erstgeburt
	Frauen			
Pflichtschule	2,2	14 %	36 %	21
Matura	1,6	21 %	17 %	26
Hochschulabschluss	1,3	27 %	10 %	28
	Männer			
Pflichtschule	1,5	36 %	27 %	25
Matura	1,6	21 %	16 %	29
Hochschulabschluss	1,4	23 %	7 %	32

(vgl. Generations and Gender Survey, 2008/2009)

Frauen mit Pflichtschulabschluss haben durchschnittlich 2,2 Kinder, während diejenigen mit Hochschulabschluss nur 1,3 Kinder mit ihren Partnern zeugen können oder wollen. Bei Frauen ist der Effekt wesentlich stärker ausgeprägt und auch eindeutig, die Männerdaten stellen sich etwas komplizierter dar. Nicht nur die Anzahl der Kinder ist wichtig, sondern ferner das Alter der Mutter bei der Geburt, weil unterschiedliches Alter den Effekt verstärkt. Wenn in einer Gruppe alle Frauen ihre Kinder immer mit 20 Jahren bekommen, in der anderen Gruppe aber erst mit 30, dann wird eine Gruppe mehr Generationen als die andere in die Welt setzen, in diesem Rechenbeispiel in einem Verhältnis von 3 zu 2. In der Tabelle beträgt der Altersunterschied bei der Erstgeburt zwischen Pflichtschul- und Hochschulabschluss bereits 7 Jahre.

Die Trends von Tabelle 15 sieht man nicht nur in Österrreich, sondern in vielen anderen Ländern, und nicht erst seit ein paar Jahren. Publikationen mit diesen Gedankengängen gibt es, seit Intelligenzmessung verwendet wird (vgl. Herrnstein, Murray, 1996: 341–368). Allerdings sollten nicht nur die kognitiven Fähigkeiten berücksichtigt werden, zu einem Universitätsabschluss gehört wesentlich mehr. In den USA konnte man mehrere Male in der jüngeren Geschichte intensive Diskussionen über diese Thematik verfolgen, denn dort ist vermutlich eine größere Offenheit und Bereitschaft zur Debatte gegeben. Europa verweigert offene Diskussionen in diese Richtung. Europa dürfte mit PISA- und Finanzkrisen genug beschäftigt sein.

Von Zeit zu Zeit wird in den Medien vom Braindrain gesprochen. Laut Wörterbuch ist der Braindrain eine verstärkte Auswanderung von Wissenschaftern, bis vor Kurzem vor allem nach Nordamerika, aber es sollte nicht nur auf diese beschränkt sein. Mir ist keine Publikation bekannt, die einen Versuch unternommen hat zu berechnen, ob es dabei zu einer Änderung der genetischen Zusammensetzung einer Population und damit Evolution kommen kann. Der Prozentsatz an Personen, die das Land verlassen und nicht wiederkehren, könnte zu gering sein. Die Dauer eines Braindrains könnte nur auf wenige Generationen beschränkt sein und damit hätte eine mögliche Auswirkung zu wenig Zeit, um merk- und messbar zu werden. Viele Computerfachleute aus Europa, Indien und China sind in den letzten Jahrzehnten nach Silicon Valley oder Boston gezogen, um dort Firmen zu gründen, zu forschen und zu unterrichten. Durch die rasche wirtschaftliche Entwicklung in diesen Ländern sind auch einige wieder in ihre Heimat zurückgekehrt. Ein Teil des Braindrains wird in einen Braingain umgewandelt. Gain bedeutet in dem Fall Gewinn oder Zurückwanderung. Ein Geldgain ist ohnehin gegeben, weil Geld von Emigranten häufig zurück in die Heimat transferiert wird.

Bei den Untersuchungen zur Fertilität, nur ein kleiner Teil ist in Tabelle 15 dargestellt, zeigte sich außerdem, dass der Wunsch nach

Kindern bei den gebildeteren Frauen wesentlich höher ist, als die Realität zeigt. Das ist ein Alarmsignal für die Sozialpolitik. Bedenkt man jedoch die Kurzlebigkeit und Kurzsichtigkeit von Politik, ist es unwahrscheinlich, dass angemessene Maßnahmen mit adäquaten Mitteln initiiert werden. Die Konsequenzen für die Zukunft sind offensichtlich. Anreize zum früheren Kinderbekommen, zum Beispiel durch ganztägige Kinderbetreuung, höheres Kindergeld während des Studiums oder unter 30 Jahren, flexible Karenzzeiten, mehr Männerbeteiligung bei der Kindererziehung (etwa Anreiz und Unterstützung für das Besuchen von Erziehungsseminaren zu adäquatem männlichem Verhalten während und nach einer Schwangerschaft), Arbeitgeberrestriktionen usw., wären wünschenswert. Es darf weder dazu kommen, dass motivierte Frauen wegen ihres Kinderwunsches auf höhere Ausbildung verzichten müssen, noch, dass sie wegen ihrer beruflichen Karriere ihren Kinderwunsch verdrängen müssen – im Optimalfall sollten sie durch Erleichterungen ihrer Doppelbelastung zu beidem motiviert werden.

Untersuchungen haben gezeigt, dass Frauen noch immer den Hauptanteil der Kinderbetreuung leisten müssen. Gleichzeitig dazu ein Studium zu absolvieren und nachher einen verantwortungsvollen und anstrengenden Job zu meistern, ist eine ungeheure und kaum zumutbare Belastung. Wir Männer müssen unsere evolutionären Wurzeln durch entsprechend kultivierte neuzeitlich-moderne Verhaltensweisen verdrängen oder transformieren und einen äquivalenten Beitrag beim Erziehen unserer Kinder leisten. Nur dann kann diese Tendenz vielleicht rückgängig gemacht werden.

Nordamerika hat schon vor Jahrzehnten einen sehr interessanten, aber wahrscheinlich nicht zu kopierenden Weg eingeschlagen, der im nächsten Abschnitt beleuchtet werden soll. Der genetische Code einer Subpopulation der US-amerikanischen Gesellschaft wird durch das herrschende Schul- und Selektionssystem in den USA sehr wahrscheinlich verändert. Die USA spielen mit der Evolution von Intelligenz.

Nordamerikas Experiment mit der Intelligenz – Heranzüchten einer kognitiven Elite

Die regelmäßig publizierten Listen der besten Universitäten der Welt werden von den US-amerikanischen vielfach privaten (Elite-)Universitäten dominiert. Auch wenn es ausreichend Kritik an diesen Rankings gibt, könnte die folgende Beschreibung Einsicht vermitteln, warum solche Listen etwas Reales darstellen.

Um in den USA auf einem sehr guten College akzeptiert zu werden, muss der sogenannte SAT-Testwert hoch genug sein. SAT steht für *Scholastic Aptitude Test* und ist eine Art Intelligenztest, aufgeteilt in einen verbalen und mathematischen Teil. Wenn man im Jahre 1990 die besten zehn Hochschulen in den USA über die SAT-Ergebnisse auswählt, findet man dort 31 % jener amerikanischen Studenten, die einen verbalen SAT-Wert von über 700 erreichten (vgl. Herrnstein, Murray, 1996: 341–368). Diese Schulen haben aber nur 18.000 von über 1,2 Millionen Studenten aufgenommen. Das sind etwa 1,5 % aller Studenten. Damit ergibt sich eine etwa 30-fache Konzentration von Studenten mit einem SAT-Wert im verbalen Teil von über 700. Die Universitäten Harvard und Yale haben nur 2.900 Studenten akzeptiert, das sind 0,24 % aller US-Studenten. In dieser überschaubaren Menge finden sich aber gleich 10 % jener Jugendlichen, die über 700 Punkte erreichen. Der Häufungsfaktor in Harvard und Yale beträgt also das 46-fache. Um in Nordamerika auf ein Elitecollege zugelassen zu werden, wird knochenharte Selektion betrieben. An den Wiener Universitäten dagegen gibt es keine Selektion, was auch Vorteile mit sich bringen kann. Allerdings wird niemand bezweifeln, dass etwa sportliche Höchstleistungen nur über rigorose Selektion erreicht werden können.

Die besten Fußballklubs demonstrieren diese Selektion par excellence und die Stammspieler von einigen europäischen Topmannschaften bestehen überwiegend aus nichtheimischen Spielern. Wie hoch dieser Selektionsfaktor nach den weltbesten Fußballern ist, ist zwar kaum abzuschätzen, ein Genuss ist es allemal, diese großartigen

Fußballer in den letzten Runden der Champions League zu beobachten. Österreich betreibt ein ähnliches Selektionssystem rund um das Sportgymnasium in Stams, für das die besten Wintersportler aus ganz Österreich rekrutiert werden. Nur über diese Selektion können die Erfolge der österreichischen Skifahrer und Skispringer in den letzten Jahrzehnten erklärt werden. In den ehemaligen Ostblockländern wurden sportliche Spitzenleistungen über ein ähnliches Prinzip erzwungen.

Ein leistungsorientiertes System auf universitär-kognitiver Ebene aufzubauen, wäre in manchen europäischen Ländern hingegen tendenziell undenkbar, obwohl praktisch durchaus umsetzbar. Der Nutzen von proaktiver kognitiver Selektion ist schwer quantifizierbar, wohl aber gegeben, wenn man zum Beispiel bedenkt, wie viele Hochtechnologiefirmen in den USA dank dieser Eliteuniversitäten entstanden sind. In Mitteleuropa kann der politische Apparat Derartiges nicht vorantreiben und eine ausreichende potente und engagierte Privatwirtschaft ist vielfach nicht vorhanden, nicht so in Nordamerika mit den vielen privaten Universitäten.

Diese enorme Selektion von US-amerikanischen Jugendlichen und die Verteilung auf wenige Eliteschulen werden nicht ohne Folgen bleiben. Die US-Dominanz in vielen Hochtechnologiebereichen lässt sich – neben anderen Gründen – auch durch diese Anhäufung von intelligenten, motivierten Studenten auf den dortigen Hochschulen erklären. Die Professoren sind ebenfalls hoch selektioniert. Viele Firmen in der Biotechnologie oder Computerindustrie wurden und werden seit Jahrzehnten auf diesen Eliteuniversitäten „gesät". Denken Sie an Microsoft, Yahoo, Facebook oder Google; ebenso verhält es sich mit Topjobs in der amerikanischen Finanz- und Businesswelt. Was aber hat das mit Evolution und einer möglichen Veränderung des genetischen Buches zu tun?

Wenn man auf diesen Eliteunis ab einem Alter von 18 Jahren viele Jahre verbringt, ist die Wahrscheinlichkeit, dass man einen Partner aus dem gleichen Kreis heiratet und Kinder in die Welt setzt, relativ hoch – *Assortative Mating*, frei übersetzt mit „Ähnliches sucht Ähnliches". Wenn man sich nun die Vererbbarkeit kognitiver Fähigkeiten vor Augen hält, wird deutlich, dass die Kinder von Absolventen dieses hohe Niveau zumindest behalten sollten. Ob es nun tatsächlich zu einer Steigerung der Intelligenz durch dieses artifizielle, schon über Jahrzehnte dauernde Intelligenzzüchtungsexperiment kommt, ist noch nicht belegt. Das Niveau dieser Individuen ist seit Jahrzehnten derartig hoch, dass eine weitere Steigerung vielleicht nicht mehr möglich ist, eine Verdünnung wird sicherlich vermieden. Herrstein und Murray haben beschrieben, dass der durchschnittliche Intelligenzquotient der Kinder von den Mitgliedern der Harvard-Klasse von 1964 etwa 124 beträgt (vgl. Herrnstein, Murray, 1996: 341–368). Das ist unglaublich hoch und könnte bei späteren Jahrgängen noch höher liegen. Solche Daten erreichen nur sehr selten die Öffentlichkeit. Ob es beispielsweise auch eine erhöhte Rate an Suiziden oder allgemein psychischen Krankheiten gibt – denn hochbegabte Menschen leiden an erhöhten Raten von psychischen Aberrationen (vgl. Ludwig, 2002) – ist mir nicht bekannt. Ich hatte das Privileg, einige Jahre in einem derartigen Umfeld zu verbringen, und es war höchst beeindruckend, wie diese Studenten denken, kreativ und motiviert, aber auch, wie aggressiv sie agieren. Die Umgebung ist toll, stimulierend, und es wundert mich nicht, dass diesem fruchtbaren Boden Unternehmen wie Microsoft oder Google entsprangen.

Auch wenn die Zahl der involvierten Menschen im Vergleich zur Gesamtbevölkerung gering ist, dürfte der Einfluss auf die US-amerikanische Gesellschaft und die herrschenden globalen Machtverhältnisse dieser wenigen Personen überproportional hoch sein, denn sie besetzen die einflussreichsten Jobs in vielen privaten und öffentlichen Institutionen und von denen gibt es nur wenige. Eine Veränderung des genetischen Codes findet auf diesen Eliteuniversitäten möglicherweise statt, aber der Effekt ist auf eine Minderheit der Gesamtbevölkerung beschränkt. Die Bezeichnung „legalisierte künstliche Selektion" drängt sich auf. In Frankreich, England, Japan und Indien mit dem Indian Institute of Technology (ITT) sowie einigen anderen Ländern finden ähnliche Selektionsprozesse statt. Schönreden oder bagatellisieren darf man diese Systeme jedoch keinesfalls. Zum Beispiel ist der Konkurrenzkampf unter den Studenten gnadenlos. Der Druck auf die Jugendlichen, bei diesen Tests exzellent abzuschneiden, ist immens und für einige Studenten sicher nur sehr schwer zu ertragen. Der Kostenaufwand für derartige Ausbildungen ist enorm und trägt ebenfalls zu einer gewissen gesellschaftlichen Absonderung und Abgehobenheit bei.

In einer Wissensgesellschaft liegen die Vorteile gewisser Selektionseinrichtungen dennoch auf der Hand. Inwieweit die Selektion von Jugendlichen getrieben werden sollte, muss diskutiert werden. Selektion nach Kreativität sollte nicht vergessen werden, aber es mangelt möglicherweise an einer verlässlichen Methode, kreative Personen herauszufiltern. Bei körperlichen Fähigkeiten wird eine Aussortierung ohne Bedenken weltweit akzeptiert, aber bei geistigen sind wir noch nicht so weit, und das könnte mit einer allgemeinen Tabuisierung des Geistes im Unterschied zum Körper zusammenhängen. Es ist möglicherweise leichter zu ertragen, kein guter Sportler zu sein, als geistig nur zum Durchschnitt zu gehören. Über psychische Probleme oder Krankheiten zu sprechen, ist auch wesentlich schwerer als zum Beispiel über den erhöhten Cholesterinwert, Bluthochdruck oder einen Bandscheibenvorfall. Im folgenden, zugleich letzten Kapitel dieses Buches, in dem ich über psychische Krankheiten in Verbindung mit Evolution nachdenke, wird u. a. die Frage gestellt, ob es dabei ebenfalls zu einem Evolutionsspiel kommt. Wird der genetische Code bei psychisch Kranken bewusst oder unbewusst verändert? Welche Rollen könnten effektive Therapieansätze im Spiel mit der Evolution einnehmen?

Verhaltensmuster abseits der gesellschaftlichen Norm(-alität) – die ultimativen Geißeln der Menschheit

Menschen sind im Laufe der Evolution zu einer kompetitiven, aber auch emotionalen und sozialen Spezies geformt worden. Die resultierenden Vorteile für das Überleben waren groß, und extremes Isolationsstreben, das zum Beispiel bei psychischen Veränderungen wie entwickeltem Autismus oder im Rahmen eines autistischen Symptomenkomplexes sowie bei Schizophrenie auftritt, wird im Allgemeinen als „nicht normal" angesehen. Die noch von unseren tierischen Vorfahren herrührenden, aber weiterentwickelten Verhaltensgrundmuster sind innerhalb gewisser Grenzen flexibel, um sich an unsere soziale Rolle und Umgebung anzupassen. Gerade in den letzten Jahrhunderten waren die notwendigen Adaptationsschritte substanziell.

Liegt der Anstieg von Verhaltensauffälligkeiten in unseren Genen?

Viele Jäger-und-Sammler-Gesellschaften haben in kleinen Gruppen gelebt, in denen jeder jeden kannte und eine gewisse Vertraulichkeit gegeben war. Im Laufe der jüngsten Geschichte war eine Anpassung an stinkende, hektische und lärmende Millionenstädte notwendig, obwohl es noch genügend Menschen gibt, die das friedliche, dörfliche Milieu der Stadt vorziehen würden. Diese Sehnsucht ist vielleicht ein Relikt aus der Vergangenheit. Wie man allerdings am Beispiel von China, Indien und anderen sich rapide entwickelnden Schwellenländern beobachten kann, ist eine industrielle oder allgemein ökonomische Entwicklung mit Flucht in die Stadt eng verkoppelt.

Millionen glauben, in den Städten das Paradies zu finden. Evolution hat den Menschen auf die Folgen von Entwurzelungsgefühlen nicht vorbereitet. Obwohl eine Quantifizierung des Schadens auf psychischer und physischer Ebene schwer ist, lässt bereits die Tatsache, dass viele Menschen, die in Großstädten leben, am Land Urlaub machen wollen, auf ein allgemeines Unwohlsein oder sogar einen gewissen Leidensdruck schließen. Es besteht wenig Zweifel, dass die psychische Belastung, in einer Millionenstadt zu leben, größer ist als am Land. Warum das so ist, dazu müssen einige Fragen gestellt werden: Inwieweit kann der Mensch – geformt und geprägt von seiner Evolutionsgeschichte über Tausende von Jahren – mit den veränderten, modernen, hektischen Großstadtlebensbedingungen umgehen? Und wenn nicht, was sind die Folgen?

Sind die erhöhten Diagnose- und Therapieraten im psychischen Bereich in den letzten Jahrzehnten ein Zeichen dafür, dass uns diese Anpassung schwerfällt? Ist die Diagnosefähigkeit oder -bereitschaft von Ärzten und der Gesellschaft angestiegen oder steckt die pharmazeutische Industrie dahinter, die bisher versteckte Märkte aufstöbern oder noch bedrohlicher aus dem Nichts heraus erzeugen will? Kommt es durch eine erhöhte psychische Belastung durch das Stadtleben – für sich oder in Kombination mit eventuellen therapeutischen Interventionen – zu einem Zusammenspiel mit der Evolution? Und: Verändert sich dadurch unser genetischer Code?

Zur möglichen Überforderung unserer Psyche durch die vielfach radikalen Gesellschaftsveränderungen ist bereits eine Menge gesagt und geschrieben worden. Aber man findet kaum eine gesicherte Antwort auf die Frage, ob es eine grundlegende Inkompatibilität gibt zwischen unserer evolutionsgeschichtlich festgelegten psychischen Verfasstheit und der von uns erschaffenen sozialen Umwelt und ob dies zwangsläufig zu Belastung und Stress führt und sogar Krankheiten (mit) verursacht. Auch wenn wir unsere Umgebung selbst erschaffen und gestalten, muss diese nicht a priori als zuträglich und vorteilhaft betrachtet werden. Ich persönlich tendiere eher zur Antwort: Ja, es könnte durchaus eine solche Inkompatibilität geben (vgl. Gluckman, Beedle, Hanson, 2010: 252).

Burn-out-Syndrome, Erkrankungen mit depressiven Symptomen, selbstzerstörerisches Suchtverhalten mit legalen (Alkoholismus, Rauchen) und illegalen Drogen, Workaholismus, Schlafstörungen, gestörtes Körperbewusstsein, Essstörungen, unkontrollierte Kalorienaufnahme, die sich sicherlich epidemisch, beinahe schon pandemisch in einer gesellschaftlichen Körperverfettung manifestiert, Anorexie oder Bulimie und auch Selbstmorde haben allesamt in ihrer Häufigkeit in den letzten Jahrzehnten zugenommen. Diese Zunahme könnte durchaus auf eine Diskrepanz zwischen kognitiv-emotionaler Flexibilität und den gesellschaftlichen Herausforderungen beruhen.

Auch wenn die Idee von einer perfekten Gesellschaft Utopie bleibt (postdemokratische Ansätze dazu, zum Beispiel eine hyperrationale Gesellschaftsvariante, sollten nicht ausgeschlossen werden), sollten wir nach sozialen Verbesserungen streben. Eine Reduktion der Frequenz von „auffälligen" Verhaltensmustern aus der obigen Liste würde zweifellos zu einer Verbesserung der Lebensqualität für Individuum und Gesellschaft führen.

Verhaltensauffälligkeiten – was ist das eigentlich und warum gibt es sie?

Wie expressiv und kreativ wären die schaffenden Kräfte in Literatur, Musik oder den bildenden und darstellenden Künsten ohne psychische Verhaltensabweichungen von der Normalität? Mache ich mich mit dieser Frage bereits eines gewissen Vorurteils schuldig? Sollte man wirklich von Krankheiten sprechen? Wie viel und welche Art von Kunst bliebe übrig, wenn wir alle Kunstwerke von Menschen wegsperren würden, die laut dem derzeitigen „Ärztekrankheitsdiagnosevorschriftenkatalog" als psychisch krank oder nicht der Norm entsprechend eingestuft werden? Und wie verarmt wäre unsere Kulturlandschaft und damit ein wichtiger Teil der modernen Gesellschaft, könnten wir alle künstlerisch tätigen Menschen effektiv behandeln und von ihren psychischen Geißeln befreien? Auch die Effektivität der Behandlung psychischer Krankheiten verlangt eine ausführliche Diskussion, denn die Erfolge von medikamentöser Behandlung bei vielen psychischen Krankheiten fallen nicht wirklich überzeugend aus. Kurzfristig vielleicht schon, doch was passiert nach einigen Jahren?

Sollten sich Künstler überhaupt medizinisch behandeln lassen? Würde gerade durch Intervention nicht ihre Schöpfungskraft, ihre Außergewöhnlichkeit manipuliert und gefährdet – oder vielleicht sogar verloren gehen? Und die eigentliche Kernfrage: Gibt es überhaupt psychische Krankheiten – oder anders formuliert: Warum gibt es sie (noch) und warum treten sie aktuell gehäuft auf? Wenn es sie gibt, hat der mögliche Anstieg in den letzten Jahrzehnten genetische Folgen? Wird unser genetisches Lebensbuch durch ein erhöhtes Auftreten und womöglich verbesserte Behandlungsmöglichkeiten verändert? Spielen wir auch in diesem Fall mit der Evolution?

Die Antwort auf die Frage nach der Existenz von psychischen Krankheiten ist davon abhängig, welche Verhaltensnormen man definiert. Ein Mensch mit ausgeprägter Schizophrenie passt nicht unbedingt in das heutige Bild eines funktionierenden Individuums, obwohl er oder sie – wahrscheinlicher ist es ein Er – in anderen (früheren) Kulturen als Oberschamane ausgewählt worden wäre und damit eine sehr hohe gesellschaftliche Stellung eingenommen hätte. Es wäre insofern auch nicht verwunderlich, erhöhte Schizophrenieraten etwa bei Sektenführern zu finden.

Warum gibt es überhaupt noch schwere psychische Krankheiten in der jüngeren Menschheitsgeschichte? Wenn schizophrene, depressive oder allgemein psychisch kranke Menschen generell weniger Kinder haben – und das ist tatsächlich vielfach der Fall –, müssten die mitverantwortlichen Gene – auch die genetische Beteiligung steht bei vielen dieser Krankheiten außer Zweifel – ausradiert oder zumindest reduziert worden sein. Aber die Realität sieht anders aus. Von einer Extinktion psychisch auffälliger Verhaltensvariationen kann im 21. Jahrhundert keine Rede sein. Eher das Gegenteil scheint zuzutreffen und zwar eher gehäuft in Großstädten. Damit schließt sich dieser Gedankenkreis und wir sind zur Eingangsbeobachtung zurückgekehrt.

Warum haben nun etwa 1 % aller Menschen Schizophrenie und noch wesentlich mehr depressive Symptome? Wie so oft in der Psychologie oder Psychiatrie schwanken erhobene Häufigkeitszahlen relativ stark, was möglicherweise auf ein intrinsisch hohes Rauschen bei dem Versuch der Normierung von psychologischem Verhalten zurückzuführen ist. Bevor wir uns näher mit der eigentlichen Frage, warum es Psychopathologien noch immer gibt und welche Auswirkungen diese auf unsere genetische Zusammensetzung haben könnten, befassen, sollten wir uns die Belastung der Gesellschaft durch psychische Krankheiten und die damit verbundenen Kosten bewusst machen. Denn nur so lässt sich die Notwendigkeit zum Umdenken und proaktivem Handeln eindringlich und nachhaltig vor Augen führen.

Notwendiger Zwischengedanke betreffend die Bereitschaft umzudenken: Bei so manchem superindividualistischen, hyperkonsumierenden, narzisstischen Egomenschen scheint jedes gesamtgesellschaftliche Verantwortungsbewusstsein längst verkümmert zu sein. Der durch ihre Scheuklappen eingeengte Blick verhindert jede Wahrnehmung der gesellschaftlichen Zustände mit ihren guten und schlechten Seiten, und die Notwendigkeit einer Auseinandersetzung damit wird für diese Menschen niemals Thema sein. Ganz nach dem Motto: Das Kollektiv ist unbedeutend und es lebe der Narzissmus! Dabei wäre eine produktive Koexistenz von narzisstisch-sozialistisch und kollektiv-kapitalistisch denkenden Individuen sehr erfrischend und eine Verschmelzung dieser beiden Denkweisen sicherlich erstrebenswert. Die Kreation eines solchen geistigen Hybrids ist leider unwahrscheinlich und utopisch. Man müsste wohl schizophren sein, um Derartiges in einem Körper bzw. in einem Geiste zu vereinen. Einen progressiven Sozialismus mit einem verantwortungsvollen Kapitalismus oder Neoliberalismus zu verbinden, ist aber nicht ausgeschlossen. Die Protestaktionen im Zuge der Finanz- und Schuldenkrisen erzwingen vielleicht eine solches Umdenken auf Basis der Erkenntnis, dass der Mensch aufgrund seiner jahrtausendelangen Evolution ein soziales Wesen ist und das Ignorieren dieser Tatsache durch 1 % sich die anderen 99 % nicht auf die Dauer gefallen lassen.

Eine verantwortungsvolle Koexistenz ist also wünschenswert, und es darf freilich nicht vergessen werden, dass viele Verhaltensweisen des Kapitalismus kongruent mit denen der sexuellen Selektion sind. Das evolutionäre Machoverhalten der Alpha-Tiere spiegelt sich in den Vorstandsebenen der Alpha-Menschen wider. Mit anderen Worten, der Konflikt Sozialismus versus Kapitalismus basiert, vereinfacht betrachtet, auf den beiden gegenläufigen Seiten der Evolution – einerseits die soziale, kooperative, andererseits die aggressive, kompetitive Seite. Das wurde in unseren Genen vor Jahrtausenden fixiert und diesen Konflikt wird es immer geben. Zweiparteiensysteme dominieren seit Jahrzehnten die Politik in den USA und in vielen Teilen Europas. Erst seit Kurzem kommt etwas Leben in die Politiklandschaft. Diese Zustände reflektieren die Polarität in der Evolution zwischen sozialem und kompetitivem Verhalten. Eine Alternative wäre eine Partei des (hyper-)rationalen Menschen, der Entscheidungen auf objektiver, wissenschaftlicher Basis trifft. Aber auch das bleibt wohl Utopie.

Die Kosten mentaler Variabilität

DALY steht für *disability-adjusted life years* („behinderungsbereinigte Lebensjahre") und ist ein Maß für die effektive Lebenszeit, die also übrig bleibt, wenn man von der tatsächlichen Lebenszeit jene Jahre abzieht, die aufgrund verschiedenster Ursachen wie Krankheiten oder Unfälle als „verloren" gelten müssen. Diese verlorenen Jahre sind zugleich ein Maß für den gesellschaftlichen Schaden diverser Verursacher. Dieser DALY-Verlust ergibt sich durch Addition von jenen Lebensjahren, die durch einen verfrühten Tod verloren gehen (basierend auf durchschnittlichen Lebenserwartungstabellen), und jenen Jahren, die durch Krankheit oder Behinderung gezeichnet und somit durch eingeschränkte Arbeitsfähigkeit und herabgesetzte Lebensqualität charakterisiert sind. Es mag im Einzelfall ein beträchtlicher Unterschied sein, ob man mit 50 Jahren an Herzinfarkt stirbt oder ob man 30 Jahre lang im Rollstuhl sitzen muss. Das DALY-Konzept versucht beide Komponenten zu vereinen.

In westlichen Ländern kommen auf 1.000 Jahre Lebenszeit im Schnitt 117 DALY-Verlustjahre. Mit anderen Worten, etwa 12 % der aktuellen Lebenserwartung von 80 Jahren bei Männern und 82,5 Jahren bei Frauen gehen durch vorzeitigen Tod oder durch schwere Leiden beeinträchtigte Lebensjahre verloren. In einigen Ländern kann dieser Wert auf 600 DALY-Verlustjahre ansteigen. Aids bzw. Tuberkulose verursachen 2,2 % bzw. 3,4 % aller DALY-Verluste weltweit. Die getätigten Wissenschaftsinvestitionen und allgemeine Förderungsmaßnahmen sowie das generelle Aufmerksamkeitsniveau sind zwischen Aids und Tuberkulose, gemessen an diesen DALY-Werten, absolut unverhältnismäßig verteilt. Während Milliarden in die Aids-Forschung gesteckt werden, fristet Tuberkulose in Forschung und Medien vergleichsweise ein Nischendasein. Sollte das Verhältnis von Wissenschaftsgeld nicht ungefähr entsprechend der weltweit berechneten DALYs aufgeteilt sein? Der Verlierer wäre eindeutig die Krebsforschung, die seit Jahrzehnten 50 % aller Wissenschaftsressourcen verbraucht, aber in der DALY-Tabelle der reichen Länder nur an achter Stelle zu finden ist. Zudem ist Lungenkrebs in entwickelten Ländern zu mehr als 70 % durch Rauchen verursacht und daher vermeidbar.

Die Weltgesundheitsorganisation (WHO) hat für das Jahr 2002 berechnet, dass weltweit 4,5 % aller durch Krankheiten induzierten Belastungen auf Depression zurückzuführen sind. Dieser Wert ist seither noch gewachsen. Wenn man nur die nicht tödlichen Krankheiten berücksichtigt – zum Beispiel werden bei dieser Berechnung Krebs oder Herzinfarkt ausgeschlossen – sind Depressionen für 12 % der verlorenen Lebensjahre verantwortlich. Laut WHO ist die überdurchschnittlich häufige Paarung von Depressionen mit Asthma (Atemnot), Angina Pectoris (Herzbeschwerden), Gelenkserkrankungen oder Zuckerkrankheit für erhebliches zusätzliches Leid verantwortlich. Es ist unklar, ob diese Leute depressiv sind, weil sie krank sind, oder ob die Depression den Schweregrad dieser Krankheiten verstärkt oder vielleicht deren Ausbrechen sogar induziert (vgl. Mathers, Loncar, 2006: 2011–2030). Tabelle 16 (siehe nächste Seite) zeigt die Häufigkeit von Depression gegenüber anderen Krankheiten anhand Top-10-Listen der entsprechenden DALY-Werte.

Tabelle 16: Die zehn Hauptursachen für den Verlust effektiver Lebenszeit

Länder mit hohem Einkommen

	Krankheit oder Verletzung	% aller DALY-Verluste
1	UNIPOLARE DEPRESSION	9,8
2	Ischämische Herzkrankheit	5,9
3	Alzheimer und andere Demenzen	5,8
4	Alkoholmissbrauch	4,7
5	Zuckerkrankheit	4,5
6	Gehirngefäßerkrankungen	4,5
7	Hörverlust im Erwachsenenalter	4,1
8	Lungenkrebs inklusive Luftwege	3,0
9	Knochengelenksentzündungen	2,9
10	COPD	2,5

Länder mit mittlerem Einkommen

	Krankheit oder Verletzung	% aller DALY-Verluste
1	HIV / Aids	9,8
2	UNIPOLARE DEPRESSION	6,7
3	Gehirngefäßerkrankungen	6,0
4	Ischämische Herzkrankheit	4,7
5	COPD	4,7
6	**Verkehrsunfälle**	4,0
7	**Gewalttätigkeit**	2,9
8	**Seherkrankungen, altersbedingt**	2,9
9	Hörverlust im Erwachsenenalter	2,9
10	Zuckerkrankheit	2,6

Länder mit niedrigem Einkommen

Krankheit oder Verletzung	% aller DALY-Verluste
1 HIV / Aids	14,6
2 Perinatale Konditionen	5,8
3 UNIPOLARE DEPRESSION	4,7
4 **Verkehrsunfälle**	4,6
5 Ischämische Herzkrankheit	4,5
6 *Infektionen der unteren Atemwege*	4,4
7 *Durchfallerkrankungen*	2,8
8 Gehirngefäßerkrankungen	2,8
9 *Katarakt*	2,8
10 *Malaria*	2,5

DALYs = *disability adjusted life years;* COPD = chronisch obstruktive Lungenerkrankung. Durch Fettdruck (mittleres Drittel der Tabelle) bzw. Fett- und Kursivsetzung (unteres Drittel der Tabelle) sind jene Ursachen hervorgehoben, die nur in einem oder zwei der drei Drittel vorkommen. Unipolare Depression ist als einziger Eintrag in allen drei Dritteln vertreten. (vgl. Mathers, Loncar, 2006: 2011–2030)

Als *Food for Thought* vielleicht folgende Frage: Wie viele von diesen DALY-Verlusten könnten durch Selbstreflexion, Selbstkontrolle und Vorbeugung verhindert werden? Ratgeber in Buchform gäbe es genug, wenn auch wenig gute. Leider widerstrebt Veränderung dem Menschen prinzipiell, Trägheit könnte einen evolutionären Vorteil gehabt haben – ein Nachweis dessen würde uns aber zu weit vom Thema wegbringen. Vor allem in den Ländern mit hohem Einkommen wäre ein gesünderer Lebenswandel durchaus dazu angetan, die DALY-Verluste zu verringern, aber wir sind lieber zu faul und zu träge. In den Ländern mit niedrigem Einkommen könnte Gleiches mit therapeutischen Interventionen erreicht werden, die gibt es dort aber nur vereinzelt.

Die WHO hat 2002 globale DALY-Verluste von etwa 1,5 Milliarden Lebensjahren berechnet und je nach Land entfallen davon etwa 5–10 % auf unipolare Depression. Bei einer bipolaren Depression kommen manische Zustände dazu. Andere psychische Krankheiten und schwere Persönlichkeitsstörungen würden diese Zahlen noch weiter erhöhen. Die psychischen indirekten Kosten, Leid der betroffenen Menschen und des Verwandten- und Freundeskreises, sind nicht einfach zu quantifizieren, die rein materiellen Kosten (Arbeitsunfähigkeit, Therapiekosten etc.) hingegen leicht: Sie sind exorbitant, alleine die Behandlungskosten von depressiven Symptomen bewegen sich im Bereich von mehreren Hundert Milliarden Euro pro Jahr.

Wird der Depression adäquate Aufmerksamkeit geschenkt? Wie effektiv können eigentlich medikamentöse und psychoanalytische, -dynamische und -therapeutische Interventionen sein, wenn in den reichen Ländern um die 10% der verlorenen Lebenszeit durch Depressionen oder andere angeblich behandelbare psychische Krankheiten verursacht werden? Sind die mit Depression assoziierten DALY-Einbußen in den letzten Jahrzehnten seit Einführen von medikamentöser Therapie signifikant reduziert worden? Zu diesen Fragen gibt es ein höchst interessantes Buch über psychische Krankheiten, auf das ich später noch einige Male verweisen werde: Robert Whitakers *Anatomy of an Epidemic: Magic Bullets, Psychiatric Drugs and the Astonishing Rise of Mental Illness in America* (vgl. Whitaker, 2010). Wie später beschrieben treffen diese Fragen absolut ins Schwarze, denn durch die Behandlung von psychischen Krankheiten spielen wir mit evolutionären Prinzipien und es könnte zu genetischen Veränderungen kommen.

Wenn man auch noch Suchtverhalten in allen Ausprägungen als psychisches Problem in diese Überlegungen miteinbeziehen will, muss man nicht nur die DALY-Verluste mit einberechnen, die infolge von Alkoholmissbrauch passieren (an 4. Stelle in den reichen Ländern), sondern auch einen signifikanten Teil der ischämischen Herz- und Gehirngefäßerkrankungen sowie viele Fälle von Lungenkrebs und chronisch obstruktive Lungenerkrankungen (COPD) miteinbeziehen, bei deren Entwicklung Rauchen – geringfügig auch in seiner passiven Form – eine entscheidende Rolle spielt. Persönlichkeitsstörungen und andere psychiatrische Krankheiten, nicht nur die Schizophrenie, spielen bei diesen nicht durchgeführten Berechnungen ebenso eine Rolle. Der Schluss ist also eindeutig: Die materiellen und sozialen Kosten der durch psychische Verhaltensvariationen verursachten Folgeerscheinungen sind enorm.

Die Wurzel des Übels – Emotionen als Spielwiese von Verhaltensauffälligkeiten

Emotionen wurden über evolutionäre Selektion geformt, um auf das Eintreten bestimmter Lebensumstände adäquat reagieren zu können: Wir empfinden Angst, Panik, Traurigkeit oder Liebe, wobei Liebe nicht unbedingt abzukoppeln ist von der sexuellen Lust. Alle Menschen auf der Erde kennen und fühlen diese Zustände in mehr oder weniger starker Ausprägung. Eine binäre genetische Variabilität ist nicht mehr gegeben, da die verantwortlichen Gene im Genom fixiert sind. Deswegen haben alle Menschen die genetischen Anlagen für Emotionen, nur der Ausprägungsgrad wird von den Elterngenen und natürlich der Umwelt bestimmt.

Diese Zusammenhänge sind für das Verständnis von Evolution wichtig. Genetisch veranlagte, stark fitnessfördernde Eigenschaften werden im genetischen Lebensbuch der Menschen fixiert. Auch deshalb ist die prozentuelle Variabilität in den einzelnen Buchstaben des Genoms zwischen den Menschen relativ gering. Wir sind genetisch zu 99,5 % gleich und nur die Variabilität in den restlichen 0,5 % macht den Unterschied (vgl. Gluckman, Beedle, Hanson, 2010: 51).

Angst hat eine eindeutige Schutzfunktion, sie steigert vielfach die Überlebenschancen, wenn auch heute offensichtlich weniger als noch vor Tausenden Jahren. Die hoffentlich noch eintretende Angstinduktion, zum Beispiel bei zu schnellem Auto- oder Motorradfahren, ist ein Relikt aus unserer Vergangenheit – bei vielen jungen Erwachsenen oftmals leider zu schwach ausgeprägt, vor allem wenn sie von Testosteron getrieben kein Risiko mehr scheuen. Über den Fitnessnutzen von Liebe und eines gesteigerten Kopulationstriebes muss nicht geschrieben werden. Traurigkeit oder andere depressive Symptome sind eine normale Reaktion auf fitnessreduzierende Ereignisse, sei es der Verlust eines Kindes, des Partners oder des Arbeitsplatzes. Mit der Evolutionsbrille betrachtet, bedeutet Jobverlust einen Fitnessnachteil, weil entsprechende materielle Mittel eingeschränkt oder gar nicht mehr vorhanden sind. Das kann zu einem beträchtlichen Nachteil bei der Partnerfindung führen oder das Überleben der Familie gefährden. Das Pendant zum Jobverlust in der Zeit unserer

Vorfahren könnte eine Verletzung oder Krankheit gewesen sein, die die Möglichkeit einer erfolgreichen Jagd und anderer Wege der Nahrungsmittelbesorgung stark eingeschränkt oder gar verunmöglicht hat. Kurz andauernde depressive Symptome schützen möglicherweise vor unüberlegten Aktivitäten und sollen Zurückhaltung, ein Überdenken der Lage und mitunter nützliche, natürliche Selbstreflexion induzieren. Damit einher geht eine eventuelle soziale Signalfunktion. Problematisch wird Depression erst, wenn sich die Zeitdauer der Symptomatik übermäßig ausdehnt und die Symptomatik in einen chronischen Zustand übergeht.

Psychische Krankheiten – Widerspruch und Unmöglichkeit?

Emotionale und mentale Abweichungen bewegen sich entlang eines Kontinuums. Der depressive und der manische Zustand sind zwei gegensätzliche Pole, in deren Mitte der Normalzustand liegt. Die Problematik besteht in der Grenzziehung. Ab wann sind zum Beispiel Traurigkeit, Angstzustände oder Narzissmus – die exzessive Ichbezogenheit und Selbstliebe – nicht mehr normal? Ab wann sind depressive Symptome nicht mehr als adäquate Reaktion auf gegebene Umstände anzusehen? Wo ist die Grenze von einer normalen zu einer kranken Persönlichkeit? Ist der Schizophrene krank oder will ihn unsere Gesellschaft krank sehen, weil er nicht in das aktuelle Normalbild passt? Nur durch klare und zeitlich stabile Definitionen sind solche Gesellschaftstrends über längere Zeiträume sinnvoll zu erfassen. Wenn Definitionskriterien – zum Beispiel für Depressionen – alle paar Jahre verändert werden, können wir den Umgebungseinfluss oder die Wirksamkeit von therapeutischer Intervention auf depressive Symptome nicht leicht oder gar nicht mehr verfolgen.

Für einen Evolutionsverfechter wäre eine mögliche Definition, ob ein Verhalten normal ist oder nicht, über einen messbaren Fitnessnachteil zu erreichen. Die Normalität wird dann verlassen, wenn sich die Fertilität, also die Zahl der Nachkommen, verringert. In der realen Welt ist dieser Gedanke allerdings ein absurdes Hirnkonstrukt.

Die mentale Gesundheit ist definitiv beeinträchtigt, wenn das Gehirn soziale Emotionen nicht mehr fühlen und wenn Realität nicht mehr begriffen werden kann, analog zur Pumpfunktion des Herzens oder zur Sauerstoffaufnahme der Lunge. Ein objektives Erfassen wird aber schwer zu erreichen sein.

Eine Erfassung quantitativer Unterschiede bei psychischen Verhaltensstörungen durch definierte Diagnosekriterien wäre besonders dann relevant, wenn es um die Vermutung geht, dass bestimmte Krankheitsbilder in den letzten Jahrzehnten gehäuft aufgetreten sind. Insofern diese Beobachtung stimmt – und vieles spricht dafür –, könnte man nämlich genetische Ursachen ausschließen und dem psychosozialen Umfeld die Verantwortung zuschreiben. Eine derartige „Schuldzuweisung" hat immense Konsequenzen, sollte sie zumindest haben, weil die Manipulation von Genen bei mentalen Krankheiten wahrscheinlich niemals möglich sein wird. Aber ein soziokulturelles Umfeld kann sehr wohl mentalhygienisch analysiert, manipuliert und gestaltet werden. Ich behaupte nicht, dass sich Veränderungen der psychohygienischen Bedingungen so einfach umsetzen lassen, das Gegenteil ist wohl der Fall, aber es wäre zumindest denk- und vorstellbar. Könnte man den Anstieg von psychiatrischen Krankheiten während der letzten Jahrzehnte einwandfrei nachweisen, stünde auch eine grundlegende Diskrepanz zwischen unserer evolutionär erworbenen psychischen Anpassungsfähigkeit und den Anforderungen und Belastungen des modernen, urbanen Lebens außer Zweifel. Bei diesen Überlegungen spielt die Wahl der Diagnosekriterien eine entscheidende Rolle und da greift man leider ins Leere, denn von einer weltweiten oder – bescheidener – kontinentalen Einheitlichkeit bei der Diagnose kann bisher leider keine Rede sein, weder geografisch gesehen über Staatsgrenzen hinweg noch temporal über die vergangenen Jahrzehnte. Ob die psychischen Belastungen im 20. und 21. Jahrhundert im alltäglichen Leben – Kriege und Hungersnöte daher ausgenommen – höher sind als zum Beispiel vor 100 Jahren, ist also kaum zu beantworten. Ich meine aber, dass es uns im Durchschnitt jetzt viel besser geht als vor 100 Jahren. Hypersensibilisierung kann bei gleicher Belastung natürlich trotzdem Symptome hervorrufen. Verlässliche Aussagen über mögliche natürliche oder durch therapeutische Maßnahmen beeinflusste Langzeittrends werden aber nur dann möglich sein, wenn wir Fertilitätsmessungen durchführen und uns auf stabile Definitionen einigen. Bleibt zu hoffen, dass ein Umdenken eintritt, solange etwaige gesellschaftliche Trends noch reversibel sind.

Drei Hypothesen, aber nur eine stimmt!

Die Definition, Diagnose und Klassifizierung von psychiatrischen Krankheiten wird ein Dilemma bleiben. Eine adäquate Lösung ist allerdings nur quantitativ, aber nicht qualitativ relevant. Die Belastungen für die Gesellschaft sind enorm, unabhängig davon, ob zum Beispiel 5 % oder 15 % der Menschen schwere depressive Symptome zeigen. Laut Schätzungen leiden in industrialisierten Ländern der Welt etwa 4 % an schweren mentalen Störungen und etwa 10-mal so viele erfüllen die Kriterien von weniger schweren Veränderungen zumindest einmal im Leben (vgl. Keller, Miller, 2006: 385–452).

Die für dieses Buch relevante Frage lautet, warum psychiatrische Krankheiten im Laufe der Evolution nicht wegselektioniert wurden, wo sie doch einen erwiesenen Fitnessnachteil mit sich bringen. Wie ich etwa später noch im Detail zeigen werde, ist bei vielen mentalen Krankheiten die Fertilität tatsächlich stark verringert und bewegt sich irgendwo zwischen 25 % und 90 % im Vergleich zum Gesunden (vgl. Keller, Miller, 2006: 385–452). Dieser ohne Übertreibung als gigantisch zu bezeichnende Fitnessnachteil ergibt sich weniger durch eine verkürzte Lebensdauer, sondern eher über mangelnden Erfolg oder fehlenden Willen beim Werben eines Partners. Die Heiratsraten sind stark verringert. Die Anzahl an Kindern ist hingegen für die starken Unterschiede nicht ausschlaggebend. Eine Fertilitätsrate von 50 % bedeutet, dass psychisch kranke Menschen nur halb so viele Kinder haben wie gesunde Menschen. Nachdem die meisten psychischen Krankheiten zu einem beträchtlichen Prozentsatz, der meist zwischen 20 % und 80 % liegt, über Gene vererbt werden, dürfte es diese Abweichungen nicht mehr geben. Ein 5 %iger Selektionsnachteil ist aus Sicht der Evolution bereits extrem hoch und in weniger als 20–30 Generationen würde die Menschheit von derart unvorteilhaften Genen nahezu vollständig befreit sein. Wieso ist das aber bei psychischen Erkrankungen nicht der Fall?

Die Korrelation von schweren psychiatrischen Störungen und verringerter Fertilität ist ein Faktum. Der jedoch ausbleibende Selektionsnachteil sollte evolutionstechnisch auf genetischer Ebene erklärbar sein. Wissenschafter diskutieren vor allem drei Hypothesen, die die ungewöhnliche Häufigkeit von psychischen Krankheiten erklären sollen (vgl. Keller, Miller, 2006: 385–452). Nachdem psychische Normabweichungen vererbt werden – im Mittel lässt sich sagen, etwa zu 50% –, gibt es im Genom Bereiche, die für diese Vererbung verantwortlich zeichnen. Diese genetischen Abschnitte werden als Empfänglichkeitsallele bezeichnet. Allele sind Genabschnitte mit einer bestimmten Buchstabenreihenfolge, deren konkrete Form entscheidet, in welcher der möglichen Ausprägungen die damit verbundene Eigenschaft tatsächlich auftritt. Im Fachjargon werden unterschiedliche Allele als Phänotypen bezeichnet, wobei *phäno* (φαίνω, altgriechisch) erscheinen, sich zeigen bedeutet. Empfänglichkeit heißt, dass das Vorhandensein dieses Abschnittes die Wahrscheinlichkeit erhöht, eine bestimmte Krankheit oder einen Phänotypus zu entwickeln.

Bei der zystischen Fibrose ist bereits die Vererbung eines Allels von nur einem Elternteil ausreichend, um die Krankheit zu bekommen, wobei der Schweregrad der Krankheit wiederum noch von ganz anderen Allelen mitbestimmt wird. Bei psychiatrischen Auffälligkeiten ist es komplizierter und es spielen wahrscheinlich Dutzende oder Hunderte Allele eine Rolle. Das ist auch der Grund, warum ich nicht glaube, dass es uns jemals möglich sein wird – ganz abgesehen davon, ob wir das wollen oder überhaupt sollten –, psychische Erkrankungen über Genmanipulation gezielt zu beeinflussen. Eine weitere Frage drängt sich auf: Wenn Dutzende oder Hunderte Gene eine Rolle bei psychischen Krankheiten spielen, wie sollen dann Medikamente, die gegen ein einziges Eiweißmolekül gerichtet sind, funktionieren? Müsste man nicht viele Medikamente verwenden, um einen entsprechenden therapeutischen Erfolg zu erzielen?

Hypothese I

Der erste Erklärungsversuch für Häufigkeit psychischer Krankheiten postuliert, dass unsere stressbeladene soziale Umwelt diese Empfänglichkeitsallele aktiviert, und erst durch die Entwicklung moderner Lebensformen und heutiger Gesellschaftsstrukturen verbunden mit einer höheren psychischen Belastung kommt es dabei zur Induktion dieser Krankheitsbilder. Die verantwortlichen Empfänglichkeitsallele waren nach dieser Theorie bei unseren Vorfahren neutral und es gab keine positive oder negative Selektion. Durch die heutigen sozialen Zustände werden diese Allele sozusagen aus dem Dornröschenschlaf geweckt und verursachen psychische Probleme.

Vor allem zwei Fragen können durch diese Hypothese nicht beantwortet werden. Erstens, wie kommt die für diese Überlegungen aber zu niedrige Häufigkeit von mentalen Krankheiten zustande? Denn neutrale Gene werden im Laufe der Evolution entweder fixiert (100 % Häufigkeit) oder gehen aus dem Genom verloren (100 % Extinktion) – etwas dazwischen gibt es üblicherweise nicht oder nur selten. Zweitens wird diese Hypothese in Zweifel gezogen, weil sie mit den niedrigen Fertilitäts- und damit Fitnessraten von vielen psychischen Zuständen nicht vereinbar ist. Es ist unwahrscheinlich, dass diese Empfänglichkeitsallele keinen Effekt auf die Fitness unserer Vorfahren gehabt haben, wenn man bedenkt, wie stark der Effekt heute ist. Die Neutralität der Allele wäre äußerst präzise und der Faktor des Selektionsnachteils oder -vorteils müsste kleiner als 0,000025 sein und das ist unwahrscheinlich. So hochgradig stressgequält im Vergleich zu unseren Vorfahren sind wir in der heutigen Zeit dann auch wieder nicht, dass das einen Anstieg auf das etwa Zwanzigtausendfache erklären könnte. Diese Zahl ergibt sich, um von 0,000025 auf 0,5 (für eine 50 %ige Fertilitätsrate) zu kommen.

Hypothese II

Die zweite Theorie versucht, die relativ hohe Häufigkeit von mentalen Aberrationen über balancierende Selektion zu erklären. Dabei sollen die sich unter bestimmten Umständen auf die Fertilität negativ auswirkenden Empfänglichkeitsallele durch einen positiven Effekt in anderen Situationen ausgleichen. Der aus beiden Kräften resultierende Fitnesseffekt ist neutral oder null. Malaria und Sichelzellblutarmut sind das berühmteste Pärchen, aber viele derartig erfolgreiche „Freundschaften" hat man bisher nicht entdeckt – trotz intensiver Suche. Bei den gefundenen Paaren spielen fast immer Infektionskrankheiten eine essenzielle Rolle. Die Gene, die verantwortlich für die Sichelzellblutarmut sind, schützen vor Malaria. Dieser Schutzeffekt führt zu einer balancierenden Selektion, die die negative Selektion der Sichelzellblutarmut kompensiert.

Der Preis für erhöhte Kreativität wird nach dieser Theorie mit gelegentlicher Schizophrenie oder dem Auftreten einer manisch-depressiven Erkrankung bezahlt – doch das kann die Datenlage nicht bestätigen. Hochkreative Personen haben keine erhöhte Rate an mentalen Krankheiten (vgl. Keller, Miller, 2006: 385–452). Diese Theorie hinkt auch deswegen stark, weil die positiven Effekte, die dabei den psychiatrischen Normabweichungen innewohnen müssen, nicht glaubwürdig dargestellt werden können. Diese müssten aber „riesengroß" sein, um die negativen Fertilitäts- und Fitnessraten von psychisch Kranken ausgleichen zu können. Moderne genetische Methoden hätten diese stark fitnessfördernden Allele längst finden müssen, weil sie nach dieser Hypothese auch sehr häufig sein sollten.

The winner is: Hypothese III

Die dritte Hypothese ist die – und bitte vor dem Begriff nicht erschrecken – polygenetische Mutationselektionsbalance. Sie ist am sinnvollsten, weil sie die vorhandenen Daten und Krankheitsmerkmale bei Weitem am besten erklären kann. Monogenetische Krankheiten – nur ein Gen ist krankheitsverursachend – sind selten, und die Häufigkeiten, vielfach weniger als ein Fall pro 100.000 Individuen, können leicht über Mutationen und Selektion erklärt werden. Mentale Krankheiten zeigen sich hundert- bis mehrtausendfach häufiger. Es kann daher ausgeschlossen werden, dass nur ein Gen oder wenige Gene für diese Krankheiten wichtig sind. Polygenetisch bedeutet die Involvierung von vielen Dutzenden oder Hunderten, vielleicht

Tausenden Genen. Wenn bei der Ausprägung von psychischen Krankheiten viele Gene eine wichtige Rolle spielen – wovon man ausgehen kann –, würde die negative Selektion von Mutationen sehr lange dauern. Diese Mutationen sind in einem einzelnen Individuum selten, aber häufig in einer Population. Einzelne oder wenige Mutationen können signifikante pathologische Krankheiten hervorrufen. In dem großartigen Artikel von Keller und Miller wird das Stromgebiet eines Flusses als Modell verwendet. Viele kleine Bäche laufen über mehrere Flüsse schließlich zu einem großen Strom zusammen. Durch genetische Veränderungen in den Verästelungen kann die Ausprägung oder ultimativ die Fitness des finalen Zustandes entsprechend geprägt werden, wobei alte und neue Mutationen zusammenspielen müssen. Bei 100 Milliarden (10^{11}) Nervenzellen, dazu etwa 1.000-mal mehr Verbindungen (10^{14}) zwischen den einzelnen Nervenzellen und den vielen Genen, die im Gehirn aktiviert werden, ist die Verästelungskomplexität enorm. Es ergibt sich viel Raum für schädliche Mutationen. Das durchschnittliche Gehirn könnte durch mindestens 500 leicht schädliche vor allem alte, über viele Generationen vererbte Mutationen beeinträchtigt sein (vgl. Keller, Miller, 2006: 385–425). Außerdem ist wissenschaftlich gezeigt worden, dass viele genetische Bereiche – sogenannte *Loci* (der Plural von lateinisch *locus*), das sind Orte im Genbuch, an denen die Empfänglichkeitsallele zu finden sind – für die Ausprägung von psychiatrischen Krankheiten verantwortlich sind. Damit sind alle Teile des Rätsels zusammengesetzt. Nachfolgend werden noch einige Überlegungen beschrieben, die diese Hypothese zusätzlich unterstützen:

Um die zuvor beschriebene Hypothese II von der balancierenden Selektion zu prüfen, wurde eine große Studie an 11.000 schizophrenen Menschen und deren 24.000 Brüdern und Schwestern durchgeführt. Gemäß balancierender Selektion müssten die nicht betroffenen Geschwister eine im Vergleich zur allgemeinen Population überdurchschnittliche Fitness beziehungsweise Nachkommenschaft aufweisen, denn nur dann kann die postulierte Ausbalancierung stattfinden. Aber laut dieser Studie ist das nicht der Fall.

Das Alter des Vaters erhöht nicht nur das Risiko von genetischen Abnormitäten, sondern auch von mentalen Krankheiten. 15–25 % aller

Schizophrenie-Erkrankungen könnten möglicherweise auf ein höheres Alter des Vaters zurückgeführt werden (vgl. Keller, Miller, 2006: 385–425). Die Samenzellen, Vorläufer der Samen, teilen sich kontinuierlich und bei jeder Verdoppelung besteht eine gewisse Wahrscheinlichkeit von neuen Mutationen. Mit 15 Jahren haben die Samenzellen etwa 35 Replikationen hinter sich, mit 30 etwa 380 und mit 50 um die 840. Die Häufigkeit von Abnormitäten steigt proportional mit dem Alter des Vaters und akkumulierende Mutationen könnten dafür verantwortlich sein. Dieser paternale Effekt steht in Widerspruch zu der neutralen und der balancierenden Selektionshypothese, aber im perfekten Einklang mit der polygenetischen Mutationsselektionsbalance, laut der zusätzliche Schäden durch Mutationen das System zum Kippen bringen können.

Ein weiteres Argument für die Richtigkeit der polygenetischen Mutationsselektionsbalance ist die erhöhte Rate von schweren psychischen Krankheiten durch Inzucht. Bei Allelen muss man zwischen rezessiven und dominanten unterscheiden. Bei rezessiven Allelen müssen zwei mutierte Kopien, eines vom Vater und eines von der Mutter, vorhanden sein, um zur Krankheit zu führen. Hingegen reicht bei dominanten Allelen eine Kopie entweder von der Mutter oder vom Vater. Schädliche dominante Allele, die auch die Fertilität stören, werden deswegen auch schneller durch Selektion aus einer Population entfernt. Wenn nun Inzucht „getrieben" wird, erhöht sich die Wahrscheinlichkeit, dass zwei rezessive Allele in einem Individuum vorhanden sind, und damit auch das relative Risiko, sogenannte rezessive Krankheiten zu entwickeln. Die erhöhte Rate von mentalen Störungen bei Inzucht kann so ganz einfach erklärt werden. Die neutralen und balancierenden Selektionshypothesen scheitern bei der Inzucht mit ihren Erklärungsversuchen kläglich.

Als weiteres Argument für die Mutationsselektion-Hypothese kann die nachgewiesene Komorbidität herangezogen werden. Spezifische schwere mentale Störungen kommen nicht isoliert, sondern oft gebündelt vor. Komorbidität bedeutet, dass es hohe positive Assoziationen oder Korrelationen zum Beispiel zwischen unipolarer Depression und Angstzuständen oder bipolarer Depression und Schizophrenie gibt. Symptome von zwei oder mehreren psychischen Krankheiten sind im gleichen Patienten vorhanden. Das trägt übrigens auch zu den oben beschriebenen Schwierigkeiten bei, psychische Krankheiten exakt zu definieren und deren Häufigkeit zu bestimmen, weil sich oft viele Symptome vermischen. Mentale Krankheiten findet man auch vermehrt in Kombination mit vererbbarem Asthma oder Bluthochdruck. Nur die Mutationshypothese kann diese Zusammenhänge befriedigend erklären.

Das letzte Argument, das ich hier für die polygenetische Mutationsselektionsbalance anführe, basiert schließlich auf dem (mangelnden) Erfolg von Genetikern, einzelne Gene zu finden, die bei der Vererbung von schweren mentalen Krankheiten eine entscheidende Rolle spielen. Trotz jahrzehntelanger intellektuell und monetär intensiver Jagd nach solchen Genen ist die Ausbeute äußerst bescheiden. Diesen Ausgang würde man nicht erwarten, wenn balancierende Selektion eine Rolle spielte. Laut Mutationsselektionsbalance hingegen ist nichts anderes als dieser Misserfolg zu erwarten.

Die leider sehr hohe Häufigkeit von mentalen Aberrationen kann also nur durch multiple Mutationen zufriedenstellend erklärt werden. Das Gehirn und die komplexen molekularen Prozesse, die seine ungeheure Leistungsfähigkeit ermöglichen, bieten zugleich viele Angriffspunkte für schädliche genetische Veränderungen. Durch die multikausalen Zusammenhänge und die Vielfalt an alten und frischen genetischen Mutationen, zum Beispiel in den Spermien von älteren Männern, gelingt es der Selektion trotz gegebener Fertilitätsherabsetzung nicht oder nur sehr langsam und ineffizient, die in der gesamten Population verstreuten schädlichen Allele auszuradieren. Individuen mit einer besonders hohen Belastung an Mutationen, die sich störend auf spezielle Gehirnaktivitäten auswirken, und die vielleicht zudem noch mit einem schwierigen sozialen Umfeld konfrontiert sind, werden zu auffälligen Handlungen neigen, die eine entsprechende soziale Stigmatisierung oder in schwereren Fällen auch psychiatrische Kategorisierung provozieren und erzwingen. Jeder Mensch hat Gehirnabnormitäten und damit ist jeder zumindest ein wenig mental benachteiligt, emotional instabil, depressiv, manisch und schizophren, schizoid oder autistisch. Dieser Gedankengang kann ebenso für andere Eigenschaften des Menschen wie Gesundheit, Schönheit, Athletik oder Persönlichkeit herangezogen werden. Wir sind sicher keine perfekte Version von Platons Idealmenschen, und das ist gut so.

Fruchtbarkeit von psychisch Kranken

Wird nun durch Therapie von mentalen Verhaltensauffälligkeiten die Fertilität und damit die darwinistische Fitness der Betroffenen erhöht? Lautet die Antwort Ja, müsste es zu einer Häufung dieser Krankheiten in zukünftigen Generationen kommen, weil psychische Krankheiten genetisch determiniert sind. Für die Realisierung dieses Szenarios müssen drei Voraussetzungen erfüllt sein:

Erstens muss die Fertilität von Menschen mit psychischen Verhaltenseigenheiten im Vergleich zum Durchschnittsmenschen reduziert sein. Dadurch besteht ein Fitnessnachteil, gleichzusetzen mit weniger Nachkommen, der über effektive Therapie abgeschwächt werden könnte und zu einer erhöhten Anzahl an Kindern führen würde. Zweitens müssen diese Krankheiten vererbbar sein. Das ist wissenschaftlich ohne Zweifel abgesichert. Die Vererbbarkeit liegt irgendwo zwischen 20 % und 80 %. Und drittens muss die Therapie nicht im Sinne einer Reduktion der klinischen Symptome erfolgreich sein, sondern sie muss „nur" zu einer Erhöhung der Fertilität von psychisch Kranken während des reproduktiven Alters führen. Natürlich ist zu erwarten, dass eine Reduktion der klinischen Symptome auch mit einer Normalisierung der Fertilität einhergehen könnte, aber für das hier untersuchte Szenario ist nur Letzteres tatsächlich notwendig.

Wenn auf Basis dieser Voraussetzungen nun zum Beispiel depressive Menschen durch therapeutische Interventionen eine erhöhte Fertilität (zurück-)erlangen, werden diese und ähnliche psychische Krankheitsbilder unweigerlich akkumulieren. Das würde auch für jede andere psychische Verhaltensauffälligkeit zutreffen. Diese Hypothese mag schockieren, sie ist aber wissenschaftlich plausibel und rational und sie ist die logische Konsequenz der genetischen Daten von vielen Studien in Kombination mit Fertilitätsdaten von Menschen, die mit ihrem psychischen Verhalten nicht den „Normfisch" darstellen, sondern kräftig gegen den Strom schwimmen.

Die folgende Tabelle stellt den Selektionsnachteil oder die verringerte Fertilitätsrate von unterschiedlichen mentalen Krankheiten detaillierter dar. Dieses Gemisch an psychischen Störungen zeigt erwartungsgemäß einen differenzierten Effekt auf die Fitness. Obwohl Schizophrenie immer schon und noch immer als die schwerwiegendste mentale Krankheit mit relativ schlechter Langzeitprognose angesehen wird, sind Depressionen, Panikstörungen, Drogen- und Alkoholabhängigkeit, zwanghafte Persönlichkeitsstörungen oder sexuelle Abweichungen ebenso mit stark reduzierter Fitness oder, praktischer formuliert, mit weniger Nachwuchs assoziiert. Die Fertilität von mehr als 35.000 Menschen wurde in 17 wissenschaftlichen Studien analysiert und in Tabelle 17 zusammengefasst.

Tabelle 17: Extrem verringerte Fertilität bei mentalen Krankheiten

Verringerte Fertilität bei mentalen Krankheiten	∅ Männer	∅ Frauen
Psychotische Störungen (Schizophrenie und Psychosen)	30 %	52 %
Stimmungsstörungen (schwere Depression, bipolare Depression mit Psychosen, Manien, Manien mit Psychosen und Depression mit Psychosen)	56 %	71 %
Entwicklungsstörungen (IQ unter 70 bzw. unter 85; mentale Retardation und Psychosen durch Trauma)	69 %	77 %
Andere Störungen (zwanghafte Persönlichkeitsstörungen, Neurosen und gemischte Formen: Panikstörungen, Drogen- und Alkoholabhängigkeit, sexuelle Abweichungen, Persönlichkeitsstörungen)	53 %	55 %
Gesamtdurchschnitt	45 %	60 %

(modifiziert nach Keller, Miller, 2006: 385–452)

Der einfache, nicht gewichtete Durchschnitt, über alle Studien gerechnet, lag im Vergleich zu einer Kontrollgruppe bei 45 % für Männer und 60 % für Frauen. Warum schneiden Männer schlechter ab? Schon wieder Testosteron? Die Fertilitätsraten wurden in einem Zeitraum zwischen 1960 und 2005 herangezogen. Evolution würde bei einer im Durchschnitt 50 %igen Fertilitätsrate die mitverantwortlichen Gene schnell ausradieren, wenn es nur einzelne Genabschnitte wären.

Die entscheidende Frage in dem Zusammenhang lautet: Hat nun der Mensch Einfluss auf die Fertilitätsrate von psychischen Krankheiten? Haben therapeutische Maßnahmen diese Fruchtbarkeitsraten sogar schon gesteigert, weil medikamentöse Intervention erfolgreich ist? Es könnte auch sein, dass die Fertilitätsraten durch Therapie herabgesetzt wurden. Denn die Annahme einer Effektivität von Behandlung ist genau das: eine Annahme. Noch einmal: Diese Fertilitätsnachteile sind enorm hoch. In der Evolutionsbiologie spricht man schon bei wenigen Prozentpunkten von einem ausgeprägten Selektionsvorteil oder -nachteil.

Nachfolgend wird vor allem auf zwei große Krankheitsbilder näher eingegangen: Schizophrenie und Depression. Bei letzterer werden alle Krankheitsformen (uni- und bipolar) mit depressiver Symptomatik eingeschlossen. Diese Auswahl und Vereinfachung ist notwendig, weil entsprechende hochqualitative Literatur über die Wirksamkeit von Interventionen, medikamentös oder psychotherapeutisch / -dynamisch, für andere psychische Krankheitsbilder nicht ausreichend vorhanden ist. Robert Whitaker hat ein empfehlenswertes Buch geschrieben, in dem die therapeutischen Erfolge von medikamentöser Behandlung von Depressionen und Schizophrenie im Besonderen, aber nicht nur, über einen längeren Zeitraum detailliert dargestellt sind (vgl. Whitaker, 2010).

Erfolg und Misserfolg therapeutischer Intervention

Depressive Symptome stellen die wichtigste und größte Gruppe an mentalen Problemen dar. Üblicherweise wird versucht, den

Betroffenen mit antidepressiv wirksamen Medikamenten zu helfen. Schizophrene Menschen werden vor allem mit Antipsychotika behandelt, um ihre Wahnvorstellungen und den Realitätsverlust zu reduzieren. Diese Art von Psychopharmaka wird aber auch bei bipolarer Depression eingesetzt, um die manischen Symptome dieser Menschen zu unterdrücken. Manische Episoden sind ebenfalls durch einen gewissen Realitätsverlust gekennzeichnet. Bipolare Patienten bekommen daher Antidepressiva und Antipsychotika. Antidepressiva wiederum können psychotische Episoden auslösen. Antidepressiva sollen die Stimmung erhöhen, und bei einigen Individuen ist diese aktivierende Wirkung so stark, dass es zu Realitätsverlust kommt. Die Komplexität der Situation wird evident. Das bedeutet also, dass eine Behandlung mit Antidepressiva zu manischen Zuständen und Psychosen führen kann und damit ist der Betroffene plötzlich in die Gruppe der Bipolaren aufgerückt, deswegen wird unter Umständen noch ein Antipsychotikum „daraufgelegt". Dass Antidepressiva psychotische Episoden verursachen könnten, wurde lange Zeit ignoriert. Im Jahr 2007 wurden in den USA 25 Milliarden US-Dollar für Antidepressiva und Antipsychotika ausgegeben, obwohl die Wirksamkeit mitunter zweifelhaft ist. 2008 kassierte die Pharmaindustrie für alle Psychopharmaka allein in den USA satte 40 Milliarden US-Dollar (vgl. Whitaker, 2010: 3, 320). Diese Zahlen können vermutlich verdoppelt werden, wenn man Europa, Japan und den Rest der Welt dazurechnet.

Es besteht mehr oder weniger Übereinstimmung, dass Menschen, die aufgrund von akuten mentalen Problemen Hilfe suchen, innerhalb der ersten Wochen medikamentös, psychoanalytisch, psychodynamisch (eine kürzere, weniger intensive Form der Psychoanalyse) und über andere nicht medikamentöse Techniken wie kognitives Verhaltenstraining therapeutisch geholfen werden kann. Viele psychiatrische Medikamente wurden von den Medikamentenzulassungsbehörden, FDA in Amerika und EMA in Europa, auf der Basis wissenschaftlicher Studien, die betroffene Menschen über ein paar Wochen auf ihren Symptomenverlauf hin beobachteten, sowie nach Prüfung der Sicherheit und Effektivität für den Verkauf und die Vermarktung zugelassen. Die Patientenselektion und das Design der Studien waren allerdings bei einigen dieser Zulassungsstudien auf Wirksamkeit hin ausgerichtet und eine Extrapolation auf alle Patientengruppen mag nicht gerechtfertigt sein (vgl. Fournier et al., 2010: 47–53).

Die große Unbekannte ist für gewöhnlich die langfristige Wirksamkeit über mehrere Jahre. Es wird zumeist einfach angenommen, dass eine kurzfristige Verbesserung der klinischen Symptomatik auch einen Langzeittherapieerfolg nach sich ziehen müsse. Denn Langzeiteffektivität kann nicht wirklich geprüft werden, weil die klinischen Studien fünf, zehn oder noch mehr Jahre dauern würden, und das ist weder ethisch noch wirtschaftlich vertretbar. Es gäbe natürlich Möglichkeiten, die Langzeitwirkung durch die entsprechenden Behörden laufend prüfen zu lassen, aber eine praktische Umsetzung ist unrealistisch. Diese aktuelle Situation ist zum Nachteil von Patienten und zum Vorteil der pharmazeutischen Industrie.

Falk Leichsenring hat zwei Übersichtsartikel über die kurz- und langfristige Wirksamkeit von psychodynamischer Psychotherapie bei den unterschiedlichsten Krankheitsbildern, vor allem Depression, Angstzuständen und ausgeprägten Persönlichkeitsstörungen, veröffentlicht (vgl. Leichsenring, Rabung, Leibing, 2004: 1208–1216, Leichsenring, Rabung, 2008: 1551–1565). Diese besagen, dass Psychotherapie effektiv ist, da die statistische Analyse ergab, dass Patienten mit psychodynamischer Psychotherapie tatsächlich relevante Unterschiede gegenüber entsprechenden Kontrollgruppen aufweisen – wobei sich auch hier die Frage stellt, was „effektiv" genau bedeutet.

Neben psychotherapeutischen Ansätzen spielen aber medikamentöse Interventionen bei der Behandlung von Verhaltensabweichungen wie akuten und chronischen Angstzuständen oder ausgeprägten Persönlichkeitsstörungen die größere, und weiter wachsende, Rolle. In den USA erreicht alleinige medikamentöse Therapie außerhalb von Krankenhäusern bald 60 %, alleinige Psychotherapie liegt bei etwa 10 %, Tendenz sinkend, obwohl laut Leichsenring psychotherapeutische Behandlungen effektiv sind (Leichsenring, Rabung, Leibing, 2004: 1208–1216, Leichsenring, Rabung, 2008: 1551–1565, Olfson, 2010: 1456–1463). Medikamente sind sicher günstiger – wenn auch keineswegs billig –, leicht verfügbar und nicht unbedingt stigmatisiert im Vergleich zu psychotherapeutischer Behandlung, die schwerer zu verheimlichen ist. Wie wirksam sind nun Medikamente bei der Behandlung von Schizophrenie und depressiven Symptomen über einen längeren Zeitraum betrachtet? Wenn man bedenkt, wie viel Geld die pharmazeutische Industrie mit diesen Medikamenten verdient, sollte man annehmen, dass diese auch langfristig wirken. Würden denn Ärzte Medikamente mit Nebenwirkungen verschreiben, wenn sie nicht effektiv wären? Und Nebenwirkungen haben Psychopharmaka auch, manchmal sogar ziemlich starke.

Der bereits erwähnte Autor Robert Whitaker beschäftigt sich seit Jahren mit psychiatrischen Krankheiten und hat sich große Expertise in diesem Gebiet erarbeitet. Dabei hat er entdeckt, dass in den USA seit der Einführung von medikamentöser Therapie für mentale Störungen, die mit staatlicher Unterstützung finanziert wird, die Anzahl an behandelten Personen – es sind vorwiegend Erwachsene, aber leider mehr und mehr Kinder betroffen – um ein Vielfaches angestiegen ist. Bei Erwachsenen hat sich die Rate an Rezipienten innerhalb von 20 Jahren verdoppelt und seit 1955 versechsfacht. Die Behandlungsrate bei Kindern ist von 1990 bis 2007 sagenhafterweise um das 35-fache angestiegen (vgl. Whitaker, 2010: 7,8). Diese Zahlen, vor allem bei den Kindern, sind absurd. Ist die psychische Belastung von Kindern derartig gestiegen? Haben die Ärzte in den letzten Jahrzehnten eine Diagnosemanie entwickelt? Andere Methoden, die Anzahl mental auffälliger Individuen über die Jahre zu erfassen, ergaben konkordante Ergebnisse. Zumindest in den USA dürfte die Häufigkeit von mentalen Krankheiten stark angestiegen sein. Wie effektiv werden diese Menschen nun behandelt?

Das erste Psychopharmakon wurde 1955 auf die Menschheit losgelassen und sowohl damals als auch bei vielen späteren Medikamenten für psychiatrische Krankheiten wurde in der Presse von einem neuen Wundermittel gesprochen. Wie ist dann aber dieser Anstieg an mentalen Krankheiten zu erklären, wenn immer neue Medikamente auf den Markt kommen, die immer noch besser sein sollen? Und da die Rate an psychisch Kranken immer weiter steigt, obwohl effektive Medikamente zum massenhaften Einsatz kommen, fragt man sich staunend, wie hoch die eigentliche Zahl an Betroffenen sein muss, bei der noch auch alle durch die effektiven Tabletten bereits geheilten Menschen hinzuzurechnen sind! Die Annahme muss freilich sein, dass die Psychiatrie ungeheure wissenschaftlich fundierte Fortschritte in der Behandlung von Schizophrenie und bipolarer Depression gemacht hat – aber nochmals: Wie soll man sich dann diese Zahlen erklären?

Dieser Anstieg kann mehrere Ursachen haben. Die soziohygienische Belastung könnte sich in den letzten Jahren stark erhöht haben und das Leben in den USA ist jetzt viel stressiger als noch vor ein paar Jahrzehnten. Ist das in einem der reichsten Länder wie den USA glaubwürdig? Whitaker ging einen Schritt weiter und studierte wissenschaftliche Studien, interviewte viele Experten und Patienten. Die Ergebnisse und seine Schlussfolgerungen, basierend auf diesen Daten sind überaus beunruhigend. Ich möchte hierzu zwei Abbildungen zur Harrow-Studie präsentieren, die für mich eine zentrale Aussage von Whitakers Buch repräsentieren – dabei muss betont werden, dass Whitaker nicht nur die Harrow-Studie herangezogen hat, sondern viele andere Arbeiten und Daten mit ähnlichen Ergebnissen.

Antipsychotika-Behandlung von Schizophrenie

Abbildung 22 (siehe Seite 297) vergleicht die Genesung von Schizophrenie-Patienten mit und ohne medikamentöse Therapie über einen Zeitraum von 15 Jahren.

Der Unterschied in den Genesungsraten von etwa 35 % ist dramatisch. Von 100 ursprünglich als schizophren diagnostizierten Individuen würden ohne medikamentöse Therapie 40 als genesen eingestuft werden, während dies mit medikamentöser Therapie nur auf 10 Menschen zutrifft. Genesung bedeutet zwar nicht, ein ganz normales Leben im herkömmlichen Sinne zu führen, aber diese Menschen können arbeiten und sozial aktiv sein. Martin Harrow, der die ursprüngliche Studie veröffentlicht hat, versuchte diese Daten über ein „stärkeres inneres Gefühl von sich selbst" zu erklären, das diesen Patienten die Kraft gegeben habe, sowohl auf Medikamente zu verzichten als auch einen Selbstheilungsprozess zu durchlaufen. Robert Whitaker macht hingegen die Psychopharmaka mitverantwortlich, die die Situation über eine längere Therapiedauer betrachtet einfach verschlechtern. Er listet viele unterstützende Ergebnisse und Überlegungen. Seine rationale und wissenschaftliche Interpretation von unzähligen Studien in den letzten Jahrzehnten führt zu dem Ergebnis, dass Antipsychotika auf mehrere Jahre betrachtet das soziale Schicksal der Menschen, die sie einnehmen, verschlechtern können. Die *Cochrane Collaboration*, eine internationale Gruppe von Wissenschaftern und Ärzten, die kein Geld von der pharmazeutischen Industrie akzeptiert und deshalb einen guten Ruf genießt, hat 2007 gröbere Zweifel an der Effektivität eines wichtigen Antipsychotikums innerhalb der ersten Wochen nach einer Krankheitsepisode erhoben (vgl. Whitaker, 2010: 98). Viele Psychopharmaka beruhen auf einem ganz ähnlichen Wirkmechanismus. Sind diese Medikamente auf kurze und lange Sicht nicht effektiv? Über die, teilweise ernsten, Nebenwirkungen von Psychopharmaka besteht Einigkeit. Eine öffentliche Diskussion blieb und bleibt aus – psychisch Kranke sieht und hört man nicht. Womöglich wird „effektiv" so definiert, dass schizophrene Patienten antriebslos gemacht werden, damit sie nichts anstellen können. Dieser Gedanke lässt an den Film *Einer flog über das Kuckucksnest* denken.

Zum Wirkmechanismus dieser Medikamente meint Whitaker, dass die primären Hypothesen, warum diese Medikamente funktionieren sollen, über Jahrzehnte nicht bestätigt werden konnten. David Healy, ein für das „Establishment" unbequemer Experte für Depressionen und mentale Krankheiten, schreibt über die reduktionistische, simplifizierende Hypothese, dass Depressionen durch ein Ungleichgewicht im Serotoninstoffwechsel verursacht werden: „Die Serotonintheorie über Depression ist vergleichbar zur Masturbationstheorie von Wahnsinn." (Whitaker, 2010: 75, Übers. d. Autors). Die gängige Theorie zur Verursachung von Schizophrenie, dass es sich um eine Störung im Dopaminstoffwechsel handelt, konnte ebenso wenig bestätigt werden (vgl. Whitaker, 2010: 77).

Außerdem induzieren Psychopharmaka bei längerer Einnahme teilweise irreversible Veränderungen im Gehirn, die für

Verschlechterungen im Vergleich zur nicht behandelten Gruppe mitverantwortlich sein könnten. Der Neurowissenschafter Barry Jacobs sagt: „Diese Medikamente verschaffen kein Gleichgewicht der Botenstoffe im Gehirn, sondern verändern die Balance ins Pathologische." (Whitaker, 2010: 82, Übers. d. Autors). Sie verursachen also Krankheit, anstatt sie erfolgreich zu behandeln.

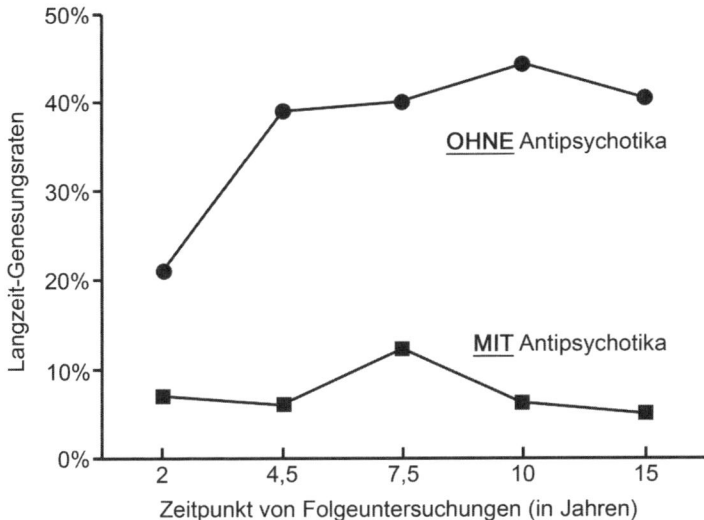

Abbildung 22: Schizophrene Patienten genesen wahrscheinlicher ohne Medikamente

Die Harrow-Studie verfolgt schon seit mehr als 15 Jahren 64 Patienten mit Schizophrenie. Die Ergebnisse sind diametral zum konventionellen Glauben, dass medikamentöse Behandlung von psychotischen Patienten über einen längeren Zeitraum effektiv ist (vgl. Harrow, 2007: 406–414).

Depression als therapeutische Herausforderung

Martin Harrow hat neben den 64 Schizophrenie-Patienten auch noch 81 Patienten mit anderen psychiatrischen Auffälligkeiten über viele Jahre beobachtet. 37 Patienten wurden mit bipolarer und 28 mit unipolarer Depression diagnostiziert. Die restlichen litten unter milden psychotischen Krankheiten mit, salopp formuliert, leichten Anzeichen von Realitätsverlust. Abbildung 23 zeigt den Verlauf einer Verhaltensbeurteilung aller vier Gruppen über 15 Jahre. Die dabei angewandte globale Beurteilungsskala basiert auf Fragen über die spezifisch diagnostizierte Krankheit und allgemein über den mentalen Gesundheitszustand. Je mehr Punkte erreicht werden, desto schlechter der psychische Zustand.

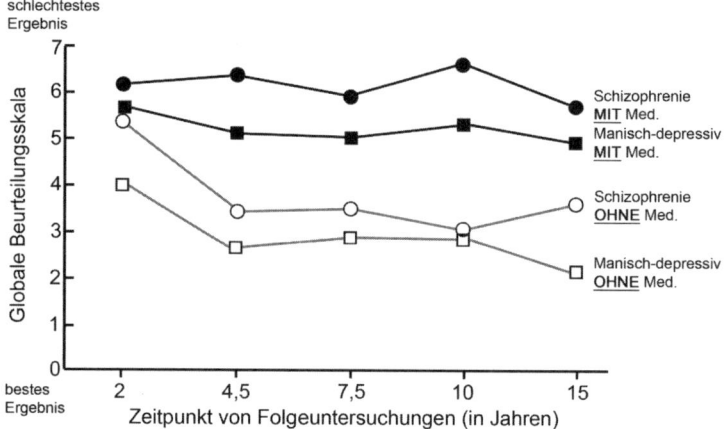

Abbildung 23: Ergebnisse nach 15 Jahren mit oder ohne medikamentöse Therapie

81 manisch-depressive und 64 schizophrene Patienten wurden über 15 Jahre beobachtet und das alltägliche Funktionieren über eine globale Beurteilungsskala ermittelt. Ein Wert von 1 oder 2 bedeutet genesen und mehr oder weniger symptomfrei. Werte von 5 oder 6 bedeuten kontinuierliche lebensstörende Stimmungsschwankungen und mitunter Abhängigkeit von andauernder Betreuung. Med. bedeutet Medikamente und bezieht sich auf Psychopharmaka, vor allem Antipsychotika, aber auch Antidepressiva (modifiziert nach Harrow, 2007: 406–414).

Die Menschen in beiden Gruppen mit teilweise schweren mentalen Störungen hatten eine viel bessere Langzeitprognose, wenn sie keine Medikamente einnahmen.

Noch erschreckender als diese Abbildung ist die schon erwähnte steigende Zahl an Kindern und Jugendlichen, die medikamentös behandelt werden. Von 1987–2007 ist die Anzahl an Minderjährigen, die staatliche Unterstützung für eine schwere mentale Krankheit bezieht, sage und schreibe um das 35-fache angestiegen. Diese werden mit den gleichen Medikamenten mit den gleichen Nebenwirkungen wie die Erwachsenen behandelt.

Zudem beginnt die Verabreichung von Medikamenten immer früher, teilweise schon im Vorschulalter. Wenn man liest, welche drastischen Auswirkungen diese Medikamente auf die Psyche von Kindern und Jugendlichen haben können, deren Gehirn noch mitten in der Entwicklung steckt, kommen einem die Tränen. Es ist erschütternd. Kinder mit Psychopharmaka zu behandeln, die – wenn überhaupt – nicht besonders effektiv sind, die den Gesundheitszustand sogar verschlechtern können, die dramatische Veränderungen im Gehirn induzieren und die mitunter schwerste Nebenwirkungen hervorrufen, ist ein Skandal. In Europa dürfte diese absurde Praxis noch die Ausnahme sein.

Zweifel über die Wirksamkeit von Antidepressiva gibt es seit mehreren Jahrzehnten, eigentlich seit ihrer ersten Verwendung. Nach Analyse von vielen wissenschaftlichen Studien dürften nur diejenigen Individuen einen Nutzen von medikamentöser Therapie mittels Antidepressiva haben, die schwer depressiv und funktional beträchtlich eingeschränkt sind, und selbst das nur innerhalb der ersten Wochen. Viele Medikamente sind für Menschen mit milden, moderaten oder mittelschweren Depressionen – und das ist die große Mehrzahl der depressiven Personen, die Hilfe suchen – nicht besser als Placebo- oder Zuckerpillen. Nachdem es einfacher ist, eine Pille zu schlucken, als psychotherapeutische Hilfe zu beanspruchen, ist die Rate an konservativer Behandlung zwischen 1996 und 2005 von 32 % auf 20 % gesunken (vgl. Olfson, Marcus, 2010: 1456–1463). Neben den Zitaten in Whitakers Buch verweise ich noch auf kürzlich erschienene Publikationen von Fournier (2010) und Pigott (vgl. Pigott et al., 2010: 267–279), die sich ebenfalls mit Unwirksamkeit von Medikamenten beschäftigen. Robert DeRubeis, der Hauptautor einer weiteren Studie über die mangelnde Wirksamkeit von Antidepressiva bei milden und moderaten Symptomen, fasst die Situation so zusammen: „Die Nachricht für Patienten mit milder bis moderater Depression ist: Medikamente sind immer eine Option, aber es gibt wenig Hinweise, dass sie einen zusätzlichen Nutzen zu anderen Maßnahmen zeigen, und die wären: sportliche Aktivität, zum Arzt gehen, über die Krankheit lesen oder sich einer Psychotherapie unterziehen." (Carey, 2010, Übers. d. Autors). Warum sollen sie eine Option sein, wenn sie nicht effektiv sind, aber sicherlich Nebenwirkungen hervorrufen? Offenbar wollte DeRubeis seine Zunft nicht ganz verleugnen, nachdem diese Medikamente seit Jahrzehnten bei allen Schweregraden von Depressionen eingesetzt werden. Ein Umdenken in den Behandlungsrichtlinien ist unabdingbar.

Robert Whitaker geht in seinem Buch noch einen Schritt weiter. In einer Studie aus den frühen 80er-Jahren konnte der positive Effekt von Antidepressiva für sehr schwere Depressionen nach 16 Wochen nachgewiesen werden, 18 Monate nach Therapiebeginn war jedoch kein Effekt mehr vorhanden. Zu diesem Zeitpunkt war die kognitive Verhaltenstherapie am effektivsten (vgl. Whitaker, 2005: 30). Patienten unter medikamentöser Antidepressiva-Therapie wiesen die höchste Rückfallquote auf und zeigten in den Nachfolgeuntersuchungen die wenigsten Wochen mit reduzierten oder minimalen Symptomen. Das sind, im Vergleich zu den anderen Behandlungen ohne Medikamente, Anzeichen einer Verschlechterung der Krankheit (vgl. Whitaker, 2005: 30). Whitaker zitiert noch weitere Arbeiten mit übereinstimmenden Ergebnissen (vgl. Whitaker, 2010: 151–158). Die Datenlage ist erdrückend.

Die sogenannte SSRI-Klasse (selektive Serotonin-Wiederaufnahme-Inhibitoren) der Antidepressiva, mit Prozac als prominentestem Vertreter, zeigt eine interessante Eigenschaft mit folgeschweren Konsequenzen. Es ist bekannt, dass Antipsychotika, Antidepressiva (vor allem die Gruppe der trizyklischen und der SSRI-Klasse), Benzodiazepine (als Schlafmittel oft verwendet, aber auch zur Behandlung von Angstzuständen) und Stimulantien für das Aufmerksamkeitsdefizit-Hyperaktivitätssyndrom (ADHD) bei einem signifikanten Prozentsatz von Patienten neue und schwere psychiatrische Symptome, vielfach manische Zustände, induzieren können. Die SSRI-Klasse ist hierbei deshalb so interessant, weil sie bei depressiven Symptomen, die bei bis zu einem Zehntel der Bevölkerung auftreten können, häufig verschrieben wird. Bei der Verabreichung von SSRIs besteht ein 5- bis 10%iges Risiko, manische oder psychotische Episoden auszulösen. Robert Whitaker hat berechnet, dass dadurch im Jahr 2001 – das Jahr, in dem die Zahlen erhoben wurden – etwa 860.000 US-Amerikaner diese Nebenwirkungen erleiden mussten. Wenn man als depressiver Patient nun manische Symptome zeigt, wird man als bipolar-depressiver Mensch eingestuft und bekommt zusätzlich zu den Antidepressiva auch Antipsychotika verschrieben, die den Zustand aber womöglich weiter verschlechtern. Damit ist der Teufelskreis perfekt (vgl. Whitaker, 2005). Whitaker sieht darin seine *Anatomy of an Epidemic* (Anatomie einer Epidemie), mit der sich der starke Anstieg an arbeitsunfähigen, mental kranken Individuen in den letzten Jahrzehnten in den USA zumindest teilweise erklären lässt.

Zwei Studien von James Blumenthal und Michael Babyak seien noch erwähnt. Blumenthal und Babyak haben Patienten mit Depressionen entweder nur mit Medikamenten, mit einer Kombination aus Medikamenten und sportlicher Aktivität oder nur mit sportlicher Aktivität behandelt. Die Ergebnisse sind in Tabelle 18 zusammengefasst.

Tabelle 18: Sportliche Aktivität ist Medikamenten klar überlegen

Behandlung während der ersten 4 Monate	Pat. in Remission nach 4 Monaten	Genesene Pat. mit Rückfall innerhalb 6 Monaten	Pat. depressiv nach 10 Monaten
Zoloft*	69%	38%	52%
Zoloft + sportl. Aktivität	66%	31%	55%
Nur sportliche Aktivität	60%	8%	30%

*Gehört zur Klasse der SSRIs; Pat.=Patienten (modifiziert nach Blumenthal, 1999: 2349–2356, Babyak et al., 2000: 633–638).

Andere Studien belegen ebenfalls den eindrucksvollen Effekt von sportlicher Aktivität. Sportliche Aktivität bedeutete in diesen Studien dreimal in der Woche 30 Minuten gehen oder leichtes Laufen mit 10-minütiger Aufwärm- und 5-minütiger Abkühlphase. Das ist kein großer Aufwand, obwohl depressive Menschen natürlich ein anderes

Aktivitätsniveau zeigen und sie extra motiviert werden müssen. Diese vollkommen natürliche Maßnahme wirkt einfach am besten und wird von vermeintlich unterstützenden Medikamenten, nicht ganz überraschenderweise, nur blockiert. Zoloft lässt den positiven Effekt von körperlicher Aktivität nicht zu. In manchen Ländern verschreiben Ärzte vernünftigerweise seit geraumer Zeit für Menschen mit leichten bis moderaten depressiven Symptomen Sport statt Medikamente. Und er hilft nicht nur gegen den „Blues", sondern auch gegen Zuckerkrankheit, Bluthochdruck, Knochenschwund, Übergewicht, mangelndes Selbstwertgefühl, geringe Muskelkraft, sexuelle Funktionsstörungen, nicht zufriedenstellende geistige Leistungsfähigkeit und gegen viele andere Missstände. Bewegung ist ein Wundermittel, kämpft aber gegen drei beinahe unüberwindbare Gegner: die Trägheit des Menschen, die Inaktivität des Staates und die Macht der pharmazeutischen Industrie.

Benzos – die vermeintlichen Wundermedikamente

Valium war zwischen 1968 und 1981 das meistverkaufte Medikament weltweit. Es gehört zur Klasse der Benzodiazepine, und Vertreter dieser Klasse wurden als Wundermedikamente vermarktet. Ihr Einsatzgebiet liegt besonders in der Behandlung von Schlaflosigkeit und im Kampf gegen Angstzustände. Das Problem mit diesen „Benzos" liegt in ihrem Suchtpotenzial, und Menschen, die versuchen diese Pillen abzusetzen, leiden vielfach unter starken Entzugserscheinungen. Dieses Faktum hindert Ärzte aber nicht daran, noch immer Millionen von Verschreibungen auszustellen, die vielfach für kurze Zeit vorgesehen sind, aber über Jahre verwendet werden (vgl. Manthey et al, 2011: 263–272). Bereits vor 30 Jahren lautete die Empfehlung vieler staatlicher Behörden, Benzos nicht auf längere Zeit zu verschreiben – wie jedoch soll das überprüft oder kontrolliert werden? Diese Behörden haben keine Marketingmaschinerien mit Milliardenbudgets zur Verfügung.

Die Entzugssymptome quälen Menschen als schreckliche Schlaflosigkeit, verstärkte Angstzustände, Zittern und Kopfschmerzen. Das sind vielfach Symptome, die Benzos behandeln sollten. Millionen wurden Benzo-süchtig und die Kosten kann man sich vorstellen (vgl. Whitaker, 2010: 126–138). Sind die Benzos zumindest kurz- und langfristig wirksam? Die Effektivität dürfte über die ersten vier Wochen gegeben sein, damit sind sie die brauchbarsten Medikamente zur Behandlung von akuten Angstzuständen oder Schlaflosigkeit.

Die Langzeitwirksamkeit hingegen lässt zu wünschen übrig und die Angstzustände werden nach dem Absetzen der Pillen sogar verschlimmert. Ärzte sprechen von *Rebound-Angst,* einem erhöhten Angstzustand im Vergleich zum Ausgangswert. Aber auch unabhängig von der Sucht- und Entzugsproblematik geht es denjenigen Menschen, die mit Benzos behandelt werden, auf lange Sicht gesehen im Vergleich zur Kontrollgruppe ohne Medikamente einfach schlechter. Déjà-vu? Zum Beispiel führt die Langzeitbehandlung mit Benzos zu einer 4-fach erhöhten Rate an Depressionen. Diesen Menschen muss der Arzt mit medikamentöser Antidepressiva-Therapie helfen, die wiederum manische Zustände induzieren könnte … – damit sind auch diese Individuen im Teufelskreis der Psychopharmaka gefangen. Von einer Heilung oder Linderung der Grundkrankheit, zum Beispiel Schlaflosigkeit oder Angstzuständen, ist der Patient dann weit entfernt. Darüber hinaus gibt es einige Hinweise darauf, dass die geistige Leistungsfähigkeit von Benzo-Langzeitverwendern beeinträchtigt wird (Whitaker, 2010: 137).

Eine Ärztin fasst die Auswirkungen von einer Langzeitanwendung wie folgt zusammen: Benzos führen zu „Schwäche, schlechter Gesundheit und erhöhten Werten von Neurotizismus" und sind beteiligt an „Arbeitsverlust, Arbeitslosigkeit und Verlust an Arbeitsfähigkeit durch Krankheit" (Whitaker, 2010: 138). Wunderbare Medikamente! Es bedarf keiner weiteren Ausführungen, außer dass durch ihre Einnahme die darwinistische Fitness oder Fertilität wohl weniger verbessert als vielmehr verringert wird. Insofern könnten Benzos eher dazu beitragen, Angstgene aus der Gesellschaft zu eliminieren. Angstgene hat man bis jetzt zwar noch nicht gefunden, aber zu einem gewissen Prozentsatz werden Angstzustände ohne Zweifel genetisch vererbt.

Szenarien mit unterschiedlichen Folgen

Kommen wir nun auf die Frage zurück, wie sich die Behandlung psychischer Krankheiten auf unsere genetische Zusammensetzung auswirkt.

Fakt ist, dass mentale Krankheiten die Fertilität reduzieren und damit die darwinistische Fitness. Die Anzahl der Nachkommen von „psychisch Kranken" im Vergleich zur „Normalbevölkerung" liegt bei etwa 45–60 %. Fakt ist auch, dass mentale Krankheiten genetisch vererbt werden. Sie werden im Mittel zu etwa 50 % an die Kinder weitergegeben. Wenn nun Psychopharmaka den Gesundheitszustand von Menschen verbessern oder verschlechtern und damit die Fertilität erhöhen oder reduzieren, werden sie einen Einfluss auf die genetische Zusammensetzung in den nächsten Generationen haben.

Psychotherapie mit den unterschiedlichsten Variationen dürfte besser funktionieren als medikamentöse Behandlung, tritt aber immer mehr in den Hintergrund, wahrscheinlich vor allem aus Zeit- und Kostengründen (vgl. Leichsenring, Rabung, Liebing, 2004: 1208–1216, Shedler, 2010: 98–109). Durch die wachsende Dominanz von Tabletten in der Behandlung von mentalen Krankheiten lassen wir zur Vereinfachung die psychotherapeutische Schiene bei den folgenden Überlegungen beiseite, ebenso einen möglichen Effekt der steigenden Behandlung von Kindern, obwohl gerade dieser einen beträchtlichen Einfluss haben könnte, aber es gibt Anlass zur Hoffnung, dass die Verschreibung von Psychopharmaka für Kinder bald wieder zurückgeht.

Aus der möglichen therapeutischen Wirkung von Psychopharmaka (effektiv, nicht effektiv oder Verschlechterung des Gesundheitszustandes) und deren Einfluss auf die Fertilität (steigt, bleibt gleich oder verschlechtert sich) lassen sich verschiedene Auswirkungen auf die Genetik psychischer Krankheiten ableiten. Die folgende Tabelle fasst die möglichen Kombinationen zusammen.

Tabelle 19: Genetische Veränderungen durch Psychopharmaka

	Szenario 1	Szenario 2	Szenario 3
Wirkung von Psychopharmaka[1]	Effektiv	Nicht effektiv	Verschlechterung
Konsequenzen[2]	F steigt	F bleibt gleich	F sinkt weiter
Einfluss auf die Genetik[3]	Genanreicherung	Keine Veränderung	Genverdünnung

[1] Positiver Effekt von Psychopharmaka bewirkt per definitionem Fertilitätserhöhung.
[2] Die Fertilität von „psychisch Kranken" im Vergleich zur „Normalbevölkerung" beträgt nur 45–60 %.
[3] Die Beteiligung von Genen bei der Entwicklung von psychischen Krankheiten wird mit etwa 50 % angesetzt.

Falls therapeutische Interventionen erfolgreich wären, müsste es zu einer Anreicherung der Gene in unserer Gesellschaft über mehrere Generationen kommen. Aber dieses Szenario 1 trifft nur zu, wenn der Therapieerfolg auch tatsächlich eine Erhöhung der Fertilität mit sich bringt, nur dann würden diese betroffenen Menschen (wieder) mehr Kinder zeugen und damit ihre Veranlagung zu mentalen Auffälligkeiten weitergeben. Steigt der allgemeine Gesundheitszustand, sehe ich keine Gründe, warum sich die Fertilität nicht auch verbessern sollte. Eine derartige Entkopplung scheint eher unwahrscheinlich. Züchten wir uns durch wachsende medikamentöse Behandlung von Individuen mit psychischen Krankheiten also gerade eine hyperneurotische (hn), hyper-psychotische (hp) Gesellschaft? Können wir bereits nach wenigen Generationen, die mit Psychopharmaka behandelt wurden, genetische Veränderungen im Genombuch unseres Körpers nachweisen?

Andererseits dürfte, wie wir vorangehend festgestellt haben, die Effektivität der medikamentösen Behandlungsansätze nicht besonders hoch sein. Damit könnten zwei alternative Szenarien eintreten. Entweder bleibt die Rate an diesen psychischen Auffälligkeiten stabil, weil sich auch die Fertilität nicht verändert (Szenario 2), oder die Rate nimmt ab, weil die medikamentöse Therapie sogar zu einer Verschlechterung des Zustandes führt, was – das ist zwar (noch) nicht nachgewiesen, aber absolut denkbar – zu einer weiteren Senkung der Fertilität führen würde (Szenario 3). Auch hier hielte ich eine Entkoppelung für unwahrscheinlich, denn wenn sich der allgemeine Gesundheitszustand verschlechtert, warum sollte dann die Fertilität gleich bleiben?

Viele Menschen werden mit Psychopharmaka vollgepumpt, obwohl die therapeutische Effektivität in vielen Bereichen angezweifelt wird und zudem nicht ausgeschlossen werden kann, dass Psychopharmaka den Gesundheitszustand von Patienten verschlechtern und damit möglicherweise die Fertilität weiter herabsetzen. Ich konnte aber keine Zahlen finden, ob sich die Fertilität von Patienten aufgrund von psychotherapeutischer oder medikamentöser Therapie in den letzten Jahrzehnten schon signifikant verändert hat. Diese Untersuchungen sollten durchgeführt werden.

Robert Whitaker macht Psychopharmaka für den Anstieg der Krankheitssymptome in den letzten Jahrzehnten verantwortlich, und wenn er recht hat, müsste es zu einer weiteren Reduktion der Fertilität bei diesen Menschen kommen und über längere Zeit zu einer Verringerung der Häufigkeit von diesen Geißeln der Menschheit – dies entspricht Szenario 3. Doch auch wenn er unrecht hat, könnte Ähnliches eintreten, wenn nämlich durch den Anstieg an psychischen Krankheiten – und dieser dürfte real sein, was auch immer die Ursache ist – die Fertilität weiter sinken sollte. Es ist aber auch möglich, dass die Anzahl an Nachkommen nicht mehr zurückgeht, weil bereits ein Tiefpunkt dieses Trends erreicht ist.

Pointiert gesagt: Die pharmazeutische Industrie konnte zwar keine guten Medikamente gegen mentale Störungen entwickeln (ich möchte sie da etwas in Schutz nehmen, weil diese Krankheitsbilder sehr komplex und schwierig medikamentös zu manipulieren sind; psychotherapeutisch sind sie vielfach besser zugänglich), aber durch eine Langzeitverschlechterung der Symptome könnte es über mehrere Generationen zu einer Verringerung der Anzahl an leidenden Menschen kommen, weil diese Medikamente die Fertilität herabsetzen und es damit zu einer Genverdünnung kommt (Szenario 3). Die Gesellschaft könnte also doch noch von diesen Pillen profitieren, auch wenn sie dem Individuum gar nicht helfen, obwohl es etwas Zeit in Anspruch nehmen dürfte. Der Preis ist allerdings absurd hoch. Wie viele „normale" Menschen nehmen eigentlich diese Medikamente? Kommt es bei ihnen auch zu einer Herabsetzung der Fertilität durch Wirkung und Nebenwirkung der Tabletten? Rezepte für Antidepressiva bei milden Depressionen oder nur Gemütsverstimmungen werden häufig verschrieben. Die Pille wird's schon richten!

Könnten wir als Gesellschaft diese mentalen Krankheiten effektiv behandeln, mit einem gleichzeitigen Anstieg der Fruchtbarkeit, würden sich die Gene für diese mentalen Krankheiten unweigerlich anreichern (Szenario 1). Wir würden möglicherweise eine hn-hp-Gesellschaft heranzüchten. Dies wäre aber in dem Sinn egal, dass es keine unmittelbaren Auswirkungen gäbe, weil effiziente therapeutische Möglichkeiten mit wenigen Nebenwirkungen vorhanden sind. Sowohl von der hn-hp-angereicherten Gesellschaft als auch von effizienten Psychopharmaka mit wenigen Nebenwirkungen sind wir aber noch weit entfernt. Die hn-hp-Gesellschaft hat aktuell aber bessere Chancen auf Verwirklichung.

Suchtverhalten als evolutionäres Geschenk

Angesichts des eklatanten Fehlens jedes proaktiven Handelns muss man die Frage stellen: Hat unsere globale Gesellschaft überhaupt ein Interesse daran, Millionen von Menschen vor den schrecklichen Auswirkungen von Rauchen, Alkohol, Drogenmissbrauch oder kalorischem Hyperkonsum zu bewahren und die Betroffenen von ihrer Sucht zu befreien? Das Essverhalten in den wohlhabenden Ländern würde ich durchaus als Suchtverhalten bezeichnen, denn die gleichen Suchtentstehungs- und Abhängigkeitsmechanismen wie bei einer „klassischen" Drogensucht dürften im Gehirn am Werk sein (vgl. Heber, Carpenter, 2011: 160–165). Manfred Spitzer rechnet in seinem Buch *Digitale Demenz* (Spitzer, 2012) übermäßiges Fernsehen und das Spielen mit Computer oder Konsole ohne Zögern hinzu.

Abgesehen davon, ob politische Maßnahmen effektiv sind oder nicht, warum findet man auf Alkoholflaschen keine Warnungen wie: *Trinken und Leberkrebs – darauf ist Verlass; Trinken während der Schwangerschaft verursacht Missbildungen bei Ihrem Baby; Trinken reduziert Ihre Lebenserwartung?* Wer denkt darüber nach, warum die Rate an Rauchern, Drogen- und Alkoholkonsumenten bei den relativ ärmeren Bevölkerungsschichten höher ist als bei den Wohlhabenden? Konsum von Alkohol und Drogen kann psychische und körperliche Schmerzen abschwächen und den Anschein der Erträglichkeit des Lebens erwecken, aber bei lange anhaltendem Missbrauch ist der Weg in Richtung körperlicher und geistiger Verfall vorgezeichnet. Zu den gesundheitlichen Problemen gesellen sich Beeinträchtigungen von Partnerschaft und Familie, es droht Jobverlust bis hin zu Arbeitsunfähigkeit. Der daraus resultierende erhöhte Stress führt zu einer weiteren Intensivierung des Suchtverhaltens. Diese Zusammenhänge sind ein Beispiel eines klassischen, sich selbst verstärkenden Rückkopplungsprozesses beziehungsweise eines Circulus vitiosus, eines Teufelskreises, aus dem es kaum ein Entrinnen gibt.

Die Opfer zu verurteilen liegt mir grundsätzlich fern, aber nicht ganz ohne Wenn und Aber. Eine Verurteilung ist sicher fehl am Platz, wenn die soziale und ökonomische Situation schwer belastend und mitverantwortlich ist, was vielfach der Fall zu sein scheint. Drogen- und Alkoholmissbrauch ist aber auch in reichen Ländern weitverbreitet und dabei kann von sozialer Härte oftmals nicht die Rede sein. Bewusstes Leben und ernsthafte Reflexion über das eigene Verhalten können entwickelt und gefördert werden und man kann einen erwachsenen Menschen nicht von jeglicher Selbstverantwortung entbinden – und darin liegt meine leise Kritik am Opfer. Aber dabei muss die Gesellschaft natürlich mitspielen, denn sie legt die Rahmenbedingungen fest. Die größere und gröbere Kritik übe ich deswegen definitiv an der Gesellschaft. Die Verantwortlichen in der Politik handeln fahrlässig, aber sie kommen damit bei den Wählern durch. Vielleicht auch, weil Drogensüchtige nur einen kleinen Teil der Bevölkerung ausmachen und diese Zielgruppe ohnehin uninteressant ist. Und über die Volksdrogen Alkohol oder Zigaretten darf ohnehin nicht geredet werden, über Übergewicht und Bewegungsarmut noch weniger. Das sind eindeutig Tabuthemen.

Warum rauchen und trinken Menschen, die regelmäßig sportlich aktiv sind, deutlich weniger? Können sie die Wirkung von Suchtmitteln durch das regelmäßige Spüren des eigenen Körpers ersetzen? Der erschreckenden Übermacht geschäftlicher Interessen und kapitalistischer Vermarktung müsste durch verantwortungsvolles politisches Handeln entgegengetreten werden. Könnte vielleicht eine Jahresprämie für gesundes, bewusstes Leben einen positiven Effekt erzielen? Sollten Raucher eine erhöhte Krankenversicherung zahlen müssen, die auf den zu erwartenden sozialen und medizinischen Kosten basiert, die ihr Verhalten hervorruft? Gleichen die Steuereinnahmen diese Kosten aus? Viele unbeantwortete Fragen, jedoch zugleich viele Möglichkeiten zu handeln, aber die Politik ist leider willen- und machtlos. Und darüber hinaus: Wer kann die psychischen Kosten quantifizieren?

Genug der Moralpredigt und zurück zur Evolution! Woher kommt die menschliche Neigung zu Suchtverhalten? Liegt sie in unseren Genen? Ist sie ein Geschenk unserer animalischen Vorfahren und damit des Evolutionsprozesses? Verändern wir durch gesteigertes Suchtverhalten unser genetisches Buch? Was sind die möglichen Auswirkungen, falls der genetische Code verändert werden sollte? Bevor diese Fragen näher beleuchtet werden, möchte ich noch ein paar Zahlen zum Ausmaß dieses Problemkreises liefern.

Monetäre und soziale Kosten

Die Dimensionen sind gigantisch und ein Bewusstsein dafür vielleicht nicht ausgebildet. Die rein materiellen Kosten und das körperliche und unquantifizierbare psychische Leid übersteigen jede reale Vorstellungskraft und vielleicht liegt gerade darin die Ursache der Inaktivität. Zur Bewusstmachung und Induktion von proaktivem Handeln muss ein Problem erfassbar und, bildlich gesprochen, möglichst greifbar sein.

Laut WHO liegt die Rate an Rauchern – definiert durch täglichen Zigarettenkonsum – weltweit je nach Region zwischen 10 und 30 %. Das wären im Mittel um die 1,4 Milliarden Menschen, die täglich Tabak konsumieren (vgl. Li, Burmeister, 2009: 225–231). Etwa 6,4 Millionen Menschen werden im Jahr 2015 an durch Rauchen induzierten Krankheiten sterben und damit ist das Rauchen weltweit für

10% aller Todesfälle verantwortlich. Im gesamten 20. Jahrhundert hat die Zigarette mehrere hundert Millionen Menschen getötet, das sind deutlich mehr als durch alle kriegerischen Auseinandersetzungen zusammen ums Leben kamen. In den entwickelten Ländern verursacht Tabakkonsum etwa 30% aller Krebstodesfälle, 13% aller Herzkranzgefäßerkrankungen und 80% der chronischen Entzündungen in Lunge und Atemwegen. Die wohlverdiente Pension könnte man ohne diese Krankheitsbilder wesentlich besser genießen. Am Ende einer derartigen Lungenveränderung steht entweder eine Lungentransplantation oder frühes Ableben. Die Lebensqualität ist dabei sehr bald stark eingeschränkt. Und rein ökonomisch betrachtet, könnte in einer rauchfreien Welt enorm viel Geld gespart und sinnvoller eingesetzt werden!

Gibt es überhaupt positive Aspekte von Zigarettenkonsum? Steuereinnahmen! Arbeitsplätze! Sozialeres Verhalten durch leichtere Kontaktaufnahme! Haben Sie Feuer? Oder Verdauungserleichterung durch Zigarettenkonsum! Stimmt, diesen einzigen positiven Effekt auf die körperliche Gesundheit bringt Nikotin mit sich. Doch nicht nur das Rauchen ist für ganze Berge an Leichen verantwortlich.

In den USA hat Alkohol im Jahre 2000 konservativ geschätzt 85.000 Menschen das Leben gekostet (vgl. Mokdad et al., 2000: 1238–1245). Weltweit, mit starken regionalen Unterschieden, ist Alkohol für 3,8% (6,3% bei Männern und 1,1% bei Frauen) aller Todesfälle mitverantwortlich und verursacht 4,6% aller DALY-Verluste, wobei Alkoholkonsum 7,6% der DALYs beim „starken" Geschlecht und „nur" 1,4% bei Frauen verursacht (vgl. Rehm et al., 2009: 2223–2233). Die WHO schätzt, dass es auf unserem Planeten etwa 2 Milliarden Alkohol konsumierende Menschen gibt. Die durch Alkoholkonsum verursachten Kosten verbrauchen etwa 1% vom nationalen Einkommen in Ländern mit hohem und mittlerem Einkommensstatus. Der gesamte Preis, den eine Gesellschaft durch exzessiven Alkoholkonsum bezahlt, ist natürlich wesentlich höher. Aber wie soll man die Kosten von misshandelten Kindern und geschlagenen Frauen quantifizieren? Wie wäre das psychische Leid von Tausenden von Eltern gegenzurechnen, deren Söhne und Töchter bei Autounfällen ums Leben kommen oder verkrüppelt und verstümmelt aus dem Krankenhaus entlassen werden?

Gemäßigter Alkoholkonsum senkt übrigens das Risiko, an kardiovaskulären Krankheiten zu sterben (bei Männern um 2 %, bei Frauen immerhin um beachtliche 10 %) und Zuckerkrankheit zu entwickeln. Die Daten für diesen positiven Einfluss wurden vielfach bestätigt, aber kann das Triebwesen Mensch das Ausmaß seines Alkoholkonsums wirklich kontrollieren?

Gesetzliche Verordnungen über eingeschränkten Alkoholkonsum dürften nur am 1. April publizierbar sein. Derartiges geht weder im Kommunismus noch in Demokratien oder Diktaturen, sondern nur in surrealen Utopien. Beim Tabakkonsum sieht das inzwischen vielleicht eine Spur besser aus, hier zeichnet sich nach langem Kampf doch ein zaghaftes Umdenken ab. In Russland dürfte Alkohol für sagenhafte 50 % aller Todesfälle zwischen 15 und 54 Jahren mitverantwortlich sein und damit ist er die Hauptursache für die relativ niedrige Lebenserwartung vor allem von Männern im Vergleich zu anderen Ländern.

Im Jahr 2000 war der negative Effekt von Alkohol auf die Gesundheit weltweit betrachtet etwa mit dem Effekt von Rauchen gleichzusetzen. Inzwischen dürfte der Schaden größer sein, weil der Alkoholkonsum ansteigt, vielfach getrieben von verantwortungslosen Marketingaktivitäten in wirtschaftlich sich entwickelnden Ländern. In Thailand zum Beispiel ist der Alkoholkonsum von 1961 bis 2001 von 0,26 auf 8,47 Liter pro Person und Jahr mehr als 30-fach angestiegen (vgl. Casswell, Thamarangsi, 2009: 2247–2257). Effektive Programme, den Schaden zu reduzieren, sind bekannt, aber es fehlt am Willen, sie auch umzusetzen (vgl. Casswell, Thamarangsi, 2009: 2247–2257, Anderson, Chisholm, Fuhr, 2009: 2234–2246).

Die Kosten und der negative Gesundheitseffekt von illegalem Drogenkonsum sind im Vergleich zu Rauchen und Alkohol marginal, aber nicht außer Acht zu lassen. Weltweit 185 Millionen Konsumenten von illegalen Drogen ist keine vernachlässigbare Zahl. Der Kampf gegen diese Drogen wird, gemessen am potenziellen Schaden, allerdings überproportional intensiv geführt, aber das liegt vor allem am illegalen Status und am kleinen Prozentsatz der betroffenen Bevölkerung. Wie viele Politiker sprechen sich öffentlich gegen Rauchen und übertriebenen Alkoholkonsum aus? Beim

Rauchen sind es inzwischen erste Vorreiter und die Zahl wird aus offensichtlichen Gründen weitersteigen. Nichtraucher sind eine große sensibilisierte Gruppe, die weiterwachsen wird. Ich habe aber noch nie gehört, dass ein Politiker oder, wahrscheinlicher, eine Politikerin ein schlechtes Wort über Alkohol verloren hätte. Nicht einmal die Grünen wagen es.

Kalorischen Hyperkonsum könnte man ebenfalls in der Schublade Suchtverhalten platzieren. Dauerhafte kurzfristige Befriedigung mit vielfach stark zucker- und fetthaltigen Nahrungsmitteln und Getränken, gepaart mit größten Schwierigkeiten, dieses Verhalten zu reflektieren und kontrollieren, hat ohne Zweifel Ähnlichkeiten mit Suchtverhalten. Im Gehirn passieren vergleichbare Vorgänge, wobei der Lustgewinn bei der Nahrungsaufnahme in seinen Wurzeln zweckmäßig ist. Die beteiligten Gehirnstrukturen sind uralt. In Wohlstandsgesellschaften ist das Angebot zu üppig und der Mensch ist in vielen Fällen zur adäquaten mentalen Kontrolle, einfach gesagt, zu schwach. Das hat nichts mit Vererbung zu tun, obwohl die Tendenz zu Suchtverhalten bezüglich illegaler Drogen, Alkohol und Rauchen zu 30–70 % vererbt wird (vgl. Li, Burmeister, 2009: 225–231).

Sich nahezu systematisch zu über(fr-)essen, ist ein Phänomen der letzten Jahrzehnte und ein kulturelles Abfall-, nein: Nebenprodukt des Wohlstandes. Übergewicht und die Steigerungsstufe Fettleibigkeit, mitverursacht durch schlechte Ernährungsgewohnheiten und Bewegungsverarmung, gelten als wichtige Elemente in der Entstehung von kardio- und zerebrovaskulären Erkrankungen, Zuckerkrankheit, Bluthochdruck und sekundär vielen anderen pathologischen Zuständen. Im Kapitel „Lifestyle, Ernährung und Hyperkonsum – die Evolution schlägt zurück" habe ich diese Thematik ausführlich behandelt. Tabelle 20 vergleicht die unmittelbaren und die zum Teil zugrunde liegenden eigentlichen Ursachen von Todesfällen in den USA im Jahr 2000. Die Zahlen für Europa würden nicht viel anders aussehen.

Tabelle 20: Ursachen von Todesfällen in den USA im Jahr 2000

Unmittelbare Ursachen von Todesfällen	Anzahl an Todesfällen	Rate pro 100.000 E*
Herzerkrankungen	710.760	258
Bösartiger Krebs	553.091	201
Zerebrovaskuläre Erkrankungen	167.661	61
Chronische Erkrankungen der unteren Atemwege	122.009	44
Gesamt (nur die vier häufigsten sind gelistet)	**2.400.000**	**873**
Eigentliche Ursachen von Todesfällen	Anzahl an Todesfällen	Rate pro 100.000 E*
Tabakkonsum	435.000	158
Falsche Ernährung und physische Inaktivität	400.000	145
Alkoholkonsum	85.000	31
Gesamt (nur die drei häufigsten sind gelistet)	**835.000**	**304**

*E = Einwohner (modifiziert nach Mokdad et al., 2004: 1238–1245).

Aus diesen Zahlen ist ersichtlich, dass Suchtverhalten indirekt einen entscheidenden Beitrag zu den unmittelbaren Ursachen für Todesfälle leistet. Einschränkungen der Lebensqualität durch Suchterkrankung sind in dieser Tabelle nicht direkt abgebildet, aber sicherlich proportional und sehr belastend. Ich habe derartige Zahlen noch nie in Tageszeitungen oder anderen medialen Formaten gesehen. Eine wirksame „Anti-Suchtverhalten-Pille" würde dem in den Medien allgegenwärtigen Thema des Überalterns unserer Gesellschaft aber sicher heftige Konkurrenz machen. Wir würden schlagartig länger und gesünder leben!

Wie kann ein Gesundheitsministerium (oder auch das Wissenschaftsministerium) politisiert werden? Wer macht die bessere oder schlechtere Gesundheitspolitik, die Sozialisten oder die Konservativen, die Sozial- oder die Volksparteien? Oder sollten Entscheidungen in diesen Ressorts gar anhand objektiver Kriterien getroffen werden? Kann effektive Gesundheitsvorsorge, die sich über Jahrzehnte spannen soll, überhaupt zielführend geplant und gesteuert werden, wenn sich alle paar Jahre die Machtverhältnisse verändern?

Im Jahre 2001 waren laut WHO 1,2 Milliarden Menschen Nikotinkonsumenten, 70 Millionen alkoholabhängig, wesentlich mehr

Alkoholkonsumenten, und 5 Millionen, das entspricht kaum 1 % aller Raucher, konnten sich der regelmäßigen Verlockung illegaler Drogen nicht entziehen und müssen als süchtig eingestuft werden. Nicht alle Menschen, die als nach illegalen Drogen süchtig einzustufen sind, sind Raucher, aber wahrscheinlich die Mehrheit. Die Zahl der Menschen, die (unregelmäßig) illegale Drogen konsumieren, ist nochmals wesentlich höher.

Warum neigt ein beträchtlicher Prozentsatz der Menschheit zu schädigendem und selbstzerstörerischem Verhalten? Die Vererbung spielt eine wichtige Rolle. Man hat viele Gene gefunden, aber sich in die zugrunde liegende Genetik zu vertiefen, würde hier zu weit führen, die Zusammenhänge sind komplex. Folgende Zahlen sollen ausreichen:

Alkoholabhängigkeit und -missbrauch werden zu 50–70 % vererbt; mit dem Rauchen anzufangen zu etwa 50 %, Nikotinabhängigkeit zu 59 %, illegaler Drogenkonsum und / oder Abhängigkeit je nach Drogentypus (Stimulanzien, Beruhigungsmittel, Heroin) zu etwa 30–50 %. Tabak- und Alkoholmissbrauch sowie illegaler Drogenkonsum werden demnach genetisch weitervererbt. Eine positive Familiengeschichte erhöht das Risiko signifikant, aber die Suchtgenese wird von sozialen Umständen mitbestimmt.

Ein wichtiger, vielleicht unterschätzter Faktor für diese universelle Verbreitung des Suchtverhaltens liegt in der technologischen Entwicklung. Durch kontrollierte Destillation, Fermentation und chemische Synthese in den letzten Jahrzehnten wurde es möglich, psychoaktive Substanzen in reiner Form und in beliebig großen Mengen billig herzustellen. An bereitwilligen Geschäftsleuten mangelt es auch nicht, wenn nur der Rubel rollt. Zigaretten und Alkohol sind, mit Ausnahme von einigen Ländern, fast überall verfügbar. Psychoaktive Pflanzenextrakte oder fermentierte Früchte wurden schon vor Jahrtausenden konsumiert, aber die Mengen waren geringer und der Konsum seltener. Dadurch entstand eine Fehlanpassung zwischen Evolution und Kultur. Der Körper kann mit diesen vielfach neurotoxischen (nervenschädigenden) Substanzen nicht adäquat umgehen und die Folgen erleben wir unmittelbar. Die Evolution hatte nicht genug Zeit, sich auf den Drogenkonsum einzustellen, sofern dies überhaupt möglich wäre.

Für Evolutionsbiologen liegt in der nervenschädigenden Wirkung schon die Lösung für das Rätsel Suchtverhalten. Diese Substanzen umgehen grundsätzliche Mechanismen von emotionaler Verhaltenskontrolle und wirken direkt auf das Gehirn oder genauer gesagt auf uralte Anhäufungen von Nervenzellen, die vielfach mit dem Neurotransmitter Dopamin arbeiten. Ein Neurotransmitter hilft bei der Kommunikation zwischen den Milliarden von Nervenzellen. Bei ausgeprägter Sucht kommt ein weiterer Neurotransmitter, das Glutamat hinzu. Dopamin steht bei der Erforschung von Suchtverhalten aktuell im Zentrum der Aufmerksamkeit. Einzelne Komponenten dieser Dopamin-abhängigen neuronalen Kommunikationskanäle sind schon mehrere hundert Millionen Jahre alt, also wesentlich älter als der Homo sapiens (vgl. Li, Burmeister, 2009: 225–231, Nesse, Berridge, 1997: 63–66).

Emotionen und Verhaltensmuster wurden durch Evolution geformt. Sie erlauben uns, auf Gewinnsituationen oder -möglichkeiten (positive Besetzung) adäquat zu reagieren, aber viel ausgeprägter und häufiger helfen sie uns, Bedrohung und Verlust (negative Umstände) zu vermeiden. Manipulationen und Störungen einer sicherlich flexiblen, aber offensichtlich verwundbaren emotionalen Ausgeglichenheit verschlechtern die darwinistische Fitness. Der Tribut von Drogenkonsum ist dahingehend eindeutig. Die Fertilität von Rauchern, Alkoholsüchtigen oder Drogenkonsumenten ist signifikant verringert. Die Ähnlichkeiten zwischen der kurzfristigen Wirksamkeit von Psychopharmaka – einige manipulieren den Dopamin-Signalweg – und Drogenkonsum beziehungsweise Suchtverhalten – Dopamin spielt dabei unumstritten eine wichtige Rolle –, aber auch bei dem Wirkungsrückgang nach der Langzeiteinnahme in beiden Fällen sind auffällig, könnten jedoch Zufall sein – oder auch nicht.

Suchtmittel signalisieren dem Gehirn einen Fitnessvorteil, wo keiner gegeben ist. Nachdem unser Gehirn rücksichtslos auf erhöhte Fitness adaptiert wurde, sind derartige Signale nur schwer abzulehnen und auf lange Zeit schädigend bis fatal, weil sie den normalen Ablauf von Gehirnfunktionen unterminieren. Durch den zu Beginn positiven Effekt kommt es zu einer erhöhten Konsumfrequenz und normales Verhalten wird verdrängt. Das ist nicht nur der Fall bei offensichtlichen Suchtmitteln. Nahrungsmittel mit hohem Gehalt an Fett, Salz und Zucker gewinnen die Oberhand im Vergleich zu komplexeren Lebensmitteln wie Obst, Gemüse oder Müsli. Durch den im Blut sehr rasch ansteigenden Zuckerspiegel wird Insulin rasch ausgeschüttet und – vereinfacht gesagt – stimuliert sofort das Gehirn. Ohne Zweifel erhellt der Traubenzucker beim Sport den müden Geist, und fette Nahrung schmeckt einfach besser. Früher war das kein Problem, weil der Fettgehalt des täglichen Brots gering war, auch deshalb, weil es vielfach tatsächlich nur Brot gab. Videospiele ersetzen das Tennisspiel mit Freunden oder das soziale Fußballspiel am Dorfplatz (vgl. Nesse, Berridge, 1997: 63–66). Die moderne Gesellschaft hat ein Umfeld geschaffen, das Suchtverhalten fördert, wobei wir zwar nicht vollständig, aber viel zu leicht den hohen dafür zu bezahlenden Preis außer Acht lassen.

Auch wenn der Genussfaktor nicht mehr gegeben ist, will das Gehirn weiterhin die Droge. In der Neurowissenschaft wird zwischen dem hedonistischen Vergnügen beim Erhalten einer Belohnung – „Ich genieße etwas" – und der antreibenden Motivation, die Belohnung zu bekommen – „Ich will etwas" –, klar unterschieden. Am Anfang spielt das Mögen und der Vergnügungs- und Lustfaktor eine wichtige Rolle, aber das gierige Verlangen übernimmt auf längere Sicht die Kontrolle mit erheblichen negativen Konsequenzen für die körperliche und geistige Gesundheit. Eine vorübergehende Erleichterung von psychischen oder körperlichen Schmerzen durch Suchtmittel darf nicht vernachlässigt werden. Alkohol kann wunderbar die verkrampfte Körpermuskulatur und das unausgeglichene Gehirn entspannen.

Der Lustgewinn spielt bei ausgeprägtem chronischem Suchtverhalten vielfach eine untergeordnete Rolle. Exzessives Verlangen wird dominant und das selbstzerstörerische, anti-darwinistische – weil fitnessschädigende – Verhalten, das bei Drogensüchtigen mit entsprechenden Kollateralschäden einhergeht, wird offensichtlich. Beim Tabak- oder Alkoholkonsum ist dieses Bewusstsein viel weniger, leider zu wenig ausgebildet und es wäre dringend an der Zeit, eine entsprechende Bewusstmachung voranzutreiben. Nur dann könnte es zu einem Umdenken kommen. Die physiologischen oder besser pathologischen Veränderungen im Gehirn während der Entwicklung einer Drogenabhängigkeit sind teilweise erforscht (vgl. Kalivas, Volkow, 2005). Es soll erwähnt werden, dass es zu ausgeprägten, messbaren Gehirnstrukturveränderungen kommt, die therapeutische Interventionen äußerst schwer bis unmöglich machen, weil eben diese Strukturverschiebungen rückgängig gemacht werden müssten. Das Gehirn verfügt erfreulicherweise zwar über eine gewisse, teilweise unterschätzte Plastizität, beliebig manipulierbar sind die Kommunikationswege der Nervenzellen aber nicht. Einmaliger Wiederkonsum kann nach jahrelanger Abstinenz zum Rückfall führen. Erfolgreiche therapeutische Interventionen sind nicht unmögich, aber das Hauptaugenmerk sollte auf Prävention und sehr früher Therapie liegen. Die Behandlung sollte zu einem Zeitpunkt einsetzen, bis zu dem das Gehirn noch keine strukturellen Anpassungen vorgenommen hat.

Leider gibt es keine wirksame evolutionäre Selektion gegen ausgeprägtes, schweres Suchtverhalten, weil Tabak- oder Alkoholkonsum in den meisten Fällen erst nach der Reproduktionszeit schwere Folgen zeitigen, und dann ist es der Evolution schlicht egal, ob der Mensch stirbt oder nicht. Würde erhöhter Alkoholkonsum bereits im jungen Alter zu schweren körperlichen Schäden führen, wäre eine negative Selektion vorhanden, das ist jedoch die seltene Ausnahme. Die einzig entscheidende Fertilität wird zwar durch Rauchen und Alkoholkonsum im Durchschnitt etwas eingeschränkt, der Effekt könnte jedoch zu klein sein, um „Gegenselektion" zu bewirken.

Wissenschaftlich und sozialpolitisch wäre es interessant, die Fertilitätsrate von unterschiedlichen Graden des Alkohol- und Tabakkonsums in einer großen Populationsstudie zu untersuchen. Dabei müsste man viele Tausende von Menschen über mindestens 20 Jahre beobachten und Erhebungen über die Anzahl an Kindern und den Tabak- und Alkoholkonsum durchführen. Falls sich eine Dosisabhängigkeit zwischen Alkohol- oder Tabakkonsum und der Anzahl der Nachkommen herauskristallisiert und statistisch signifikant zeigt, müssten sich die für das Suchtverhalten mitverantwortlichen Gene aus der menschlichen Population theoretisch ausdünnen. Eine Beteiligung der Gene steht bei Sucht außer Frage. Ein derartiger Verdünnungseffekt würde aber sehr lange benötigen, um die Gesellschaft von Suchtgenen und den Folgeschäden zu befreien. Wenn es ein oder zwei hauptverantwortliche Genvarianten für ausgeprägtes Suchtverhalten geben würde, wäre eine derartige Selektion relativ schnell messbar, aber es sind sicher viele Gene beim Suchtverhalten beteiligt. In diesem Wechselspiel zwischen unserem Verhalten und der Evolution wäre eine solche Selektion aber wahrscheinlich sogar begrüßenswert, obwohl „Suchtgene" möglicherweise auch ihre guten Seiten haben.

Bei Drogenkonsum ist der negative Effekt auf die Fruchtbarkeit viel ausgeprägter und die Auswirkungen treten in früheren Lebensjahren auf. Eine familiär-genetische Vererbung wurde oftmals gezeigt, aber wie immer sind die sozialen Umstände mitentscheidend. Durch die genetische Mitbeteiligung in der Entwicklung von schwerem illegalem Drogenkonsum und Abhängigkeit könnte es zu einer negativen Selektion dieser Genvarianten kommen und damit zu einer Verringerung in den kommenden Generationen, aber darauf würde ich mich nicht verlassen. Falls eine Verdünnung stattfindet, würde es lange dauern.

Genetische Überlegungen zur Alkoholsucht

Die Definition von Alkoholismus erschwert das Abschätzen der Zahl an Betroffenen in unterschiedlichen Ländern. In Ostasien scheint die Rate von Alkoholkonsum und Alkoholismus, die zumeist Hand in Hand gehen, niedriger zu sein als in anderen Teilen der Welt. In Ostasien, aber auch anderen Regionen gibt es genetische Variationen, die teilweise vor Alkoholismus schützen (vgl. Stearns, Koella, 2008: 59–62). Dafür dürften Gene verantwortlich sein, die den vollständigen Abbau von Alkohol regulieren. Es sind aber keine „Gehirngene", sondern „Lebergene". Alkohol wird in Acetaldehyd und dann in Essigsäure verwandelt, Letztere ist vollkommen harmlos. Diese Transformationen werden schnell von bestimmten Eiweißstoffen erledigt. Bei nicht optimaler Aktivität stockt die Weiterverarbeitung zu Essigsäure und es kommt zu einer Anreicherung von Acetaldehyd. Das Resultat ist Alkoholunverträglichkeit. Bis zu 30 % der Menschen in Ostasien besitzen eine solche weniger aktive Kopie des zuständigen Enzyms, Acetaldehyd reichert sich im Körper an und diese Chemikalie ist erbarmungslos toxisch. Bei einer zweiten Gruppe von

Genen, die vor Alkoholsucht schützen, kommt es ebenso zu einer Anreicherung von schädlichem Acetaldehyd und zu überaus unangenehmen Symptomen bei Alkoholkonsum. Aber in diesem Fall wird die Erhöhung der Acetaldehyd-Konzentration durch eine stark gesteigerte Enzymaktivität verursacht. In der Folge ist der Konsum von Alkohol in Gegenden, in denen solche Unverträglichkeiten häufiger auftreten, negativ besetzt, was sein Suchtpotenzial signifikant herabsetzt. In der Millionen Jahre alten Evolutionsgeschichte sind diese Enzyme entstanden, um Alkohol, der in überreifen Früchten und natürlich fermentierten Säften vorkommt, komplett abzubauen. Warum es diese Variationen in den Alkohol abbauenden Enzymen gibt, ist nicht wirklich geklärt. Natürliche Selektion wird vermutet, aber wie der Prozess abgelaufen sein soll, ist nicht offensichtlich. Bei den Experten findet man nicht einmal Hypothesen, und das ist selten, denn in der Wissenschaft darf und soll immer spekuliert werden – allerdings muss früher oder später Spekulation durch Wissen ersetzt werden.

Eine radikale Therapieform versucht diese Zusammenhänge auszunutzen und blockiert ein Alkohol abbauendes Enzym, um diese negative Besetzung nachzuahmen. Menschen, die diese Tabletten schlucken, vertragen keinen Alkohol. Dieser Therapieansatz ist nicht ungefährlich für die Gesundheit, und dieser Entwöhnung zu entkommen, indem das Medikament einfach nicht mehr geschluckt wird, ist zu einfach. Die Effektivität ist dementsprechend gering und es wird nur selten verwendet. Die möglichen Nebenwirkungen von Übelkeit, Herzrasen, Blutdruckabfall bis zu einem Herzinfarkt sind unverantwortbar. Falls es einmal möglich sein sollte, Gene in Spermien und Eizellen gezielt zu verändern, wäre eine Manipulation von Alkohol abbauenden Enzymen eine interessante Möglichkeit, dieses Problem anzugehen. Die ethischen Gesichtspunkte eines derartigen Eingreifens ins menschliche Genom sollen an dieser Stelle nicht weiter diskutiert werden. Die oben beschriebene natürliche negative Selektion dürfte lange dauern. Was dabei sonst noch an Fähigkeiten oder Verhalten verloren gehen könnte, ist nicht leicht abschätzbar.

Es gibt aber noch weitere interessante genetische Hintergründe zum menschlichen Alkoholkonsum. Es ist nicht überraschend, dass man Speisen meidet, die einem nicht bekommen. Das ist ein normaler evolutionärer Schutzmechanismus, der auf physischer und psychischer Ebene ausgeprägt ist. Menschen, die man nicht mag, meidet man auch, wenn möglich. Alkoholkonsum und -abhängigkeit stehen nämlich mit der Fähigkeit im Zusammenhang, bittere Substanzen zu schmecken. Individuen mit zwei besonderen Genvarianten empfinden Alkohol als bitter und brennend, während die anderen eine süße Empfindung beschreiben. Die erste Gruppe meidet Alkohol (vgl. Stearns, Koella, 2008: 62). Könnte es sein, dass gerade deshalb Frauen weniger Alkohol trinken? Eine Vorliebe für süßere Getränke kann nicht von der Hand gewiesen werden. Ob sich durch erhöhten Alkoholkonsum in den letzten Jahrzehnten und noch weit in die Zukunft hinein diese bitteren Geschmacksgenvarianten anhäufen, weil diese Menschen weniger Alkohol trinken und dadurch den negativen Auswirkungen von Alkoholkonsum geringer ausgesetzt sind, ist unklar, aber denkbar.

Die Natur hat in Pflanzen Nikotin, Morphium und Kokain als Schutz vor Herbivoren (Pflanzenfresser) hervorgebracht. Diese drei Substanzen sind schwere Nervengifte. Es ist allein unsere Verantwortung, mit der Natur und uns achtsam umzugehen. In unserer Zeit ist leider zu beobachten, dass das menschliche Gleichgewicht, wie auch das der Natur, aus der Balance gerät, und vielleicht ist dieser Verlust der Homöostase in beiden Systemen nicht unbedingt ein Zufall. Das ist kein Aufruf à la „Zurück auf die Bäume", sondern eine für mich notwendige Rückbesinnung, die die Welt und das Leben noch schöner machen soll. Die Evolution wird uns dabei leider nicht helfen können. Weitverbreitetes Suchtverhalten ist ein Phänomen der letzten hundert Jahre. Es ist wahrscheinlich ein unabwendbarer Preis, den wir für den Fortschritt bezahlen müssen, weil wir uns meiner Meinung nach unbewusst und ohne Reflexion von technologischer Entwicklung und kapitalistischer Denkweise überrumpeln lassen. Beides hat seinen Platz, aber die Menge macht das Gift. Manchmal müssen Staat und Politik korrigierend eingreifen, sonst gerät das System aus dem Gleichgewicht. Von proaktivem Eingreifen kann aber bisher leider keine Rede sein – eher von chronischen Lähmungserscheinungen.

Ein kritisches Schlusswort

Die Mehrheit der Menschen in Europa, noch zutreffender in Österreich oder Deutschland, in der Schweiz sowieso, lebt im Paradies. Nur dürfte das Bewusstsein für dieses Privileg, zu den wenigen irdischen Edenbewohnern zu gehören, vielfach verloren gegangen sein. Jedes Jammern von uns Reichen und Privilegierten ist verwerflich angesichts der Menschen, die tatsächlich mit existenziellen Problemen leben müssen. Die Zahl ist in den deutschsprachigen Ländern zwar relativ gering, aber diese Menschen gibt es durchaus und vergessen dürfen wir sie nicht. Die globale Finanzkrise wird bald vorüber sein. Es ist ein ewiger Zyklus von Auf und Ab, wobei dessen mediale Allgegenwart auch kritisch gesehen werden kann. Sie induziert einen beschränkten, monotonen Blick auf das kapitalistische System. Aber es gibt Wichtigeres und Sinnvolleres im Leben. Menschen in Afghanistan, Haiti oder anderen Regionen, heimgesucht von extremen politischen Bedingungen oder schweren Naturkatastrophen, hätten wesentlich mehr Anrecht, ihr Schicksal zu beklagen. Krisen müssen als Herausforderungen angesehen werden, Probleme ehrlich und ernsthaft zu analysieren und proaktive Lösungen zu erarbeiten, aber dafür muss es zumindest eine Voraussetzung geben: Die Krise muss als solche erkannt werden und im Bewusstsein verankert sein. Sonst kommt die bewusste psychische Auseinandersetzung erst im Nachhinein, wenn es zu spät ist, und dann ist es vielfach nur ein Aufschrei. Prävention und Prophylaxe sind schöne Worte, aber nur in den seltensten Fällen umgesetzt. Wo sind die prophylaktischen Maßnahmen gegen das Rauchen, das Trinken, das schnelle Auto- und Motorradfahren, Hyperkonsum etc.? Sie existieren nicht.

In bestimmten Gesundheitssphären gibt es Entwicklungen, für die der Begriff Krise durchaus nicht unpassend wäre. Die Definition einer Krise gibt es nicht, kann es nicht geben. Wann beginnt sie und wo hört sie auf? Warum hat sie begonnen und wie kann man sie beenden, wenn sie nicht selbstlimitierend ist? Mit ein Grund für das Entstehen von Problemzuständen in der Medizin liegt in der mangelnden Auseinandersetzung mit evolutionären Grundgedanken und Prinzipien. Mangelnde Aktivität von Chemotherapie bei vielen Krebsarten, hyperresistente Bakterien, die durch rücksichtslose Verwendung von Antibiotika entstanden und heute teilweise nicht mehr zu behandeln sind, hypermutierte Viren, Psychopharmaka mit geringer therapeutischer Aktivität, nicht zu kontrollierendes Suchtverhalten, künstliche Befruchtung und immer älter werdende Eltern oder der sich mit schrecklichen Folgen ausbreitende kalorische Hyperkonsum mit Diabetesinduktion und die begleitende körperliche Inaktivität wurden allesamt beschrieben. Wir induzieren genetische Veränderungen bei uns selbst, in Krebszellen, Viren und Bakterien, und die Folgen für uns selbst, aber wichtiger für die nächsten Generationen sind oftmals jetzt schon mess- und spürbar. Der Mensch ist die größte Evolutionsmaschine – Verursacher, Täter und Opfer zugleich. Das Spiel mit der Evolution aber hat einen Preis. Wie hoch er ist oder sein wird, können wir selbst mitbestimmen.

Ich hoffe, dieses Buch hat geholfen und motiviert, einige dieser Themenbereiche stärker ins Bewusstsein zu bringen, denn noch werden sie beinahe flächendeckend totgeschwiegen, ignoriert oder einfach noch nicht als Krise erkannt. Wenige sprechen in der Krebstherapie von einer Krise oder bezüglich Hyperkonsum von Volksverfettung, obwohl sich bei letzterem erstmals etwas tut. Langsam, aber doch.

Die Voraussetzungen zur Entwicklung eines gesellschaftlichen Bewusstseins sind nicht gegeben und werden vielfach durch kapitalistische oder narzisstische Interessen abgewürgt. Folgende Beispiele mögen als Demonstration genügen, von wem das soziale Bewusstsein hypnotisiert wird: Chemotherapie und Antibiotikaverschreibung (pharmazeutische Industrie, vielfach auch Ärzte), Suchtverhalten (wenige riesige Firmen kontrollieren den Alkoholmarkt; von den wenigen Zigarettenherstellern hört man in letzter Zeit sehr wenig), Hyperkonsum (Nahrungsmittelherstellung für Supermärkte, kontrolliert von ein paar Megafirmen) oder systemimmanente Kritik- und Kritikannahme-Unfähigkeit (beinahe die gesamte Gesellschaft). Die in der westlichen Gesellschaft dominanten Medienfirmen fügen sich in ein kümmerliches Dasein, das einzig dem frohen Verkünden hohler Parolen und leerer Versprechen dient: *Alle sind happy! Das Leben ist geil! Wir haben alles, was du brauchst, die neuesten Must-haves, die besten Partys und die hottesten Glamour-Society-News!* Ich habe überhaupt keine Abneigung gegen gute Partys und Tanzen. Ich bin selbst bis Anfang 40 sehr gerne in „coole Clubs" tanzen gegangen, um mich durch und durch zu spüren – aber auch hier macht die Dosis das Gift, und aktuell ist eine exzessiv uniforme Einseitigkeit drauf und dran, das gesamte global verfügbare Terrain für sich zu erobern.

Kritikfähigkeit und das Bedürfnis, die Gesellschaft oder die Welt zu verbessern, sind verkümmert und werden ausgehungert. Es gibt keine Foren mehr für Leute, die Derartiges sogar als Lebensziel oder zumindest als wichtige persönliche Motivation ansehen, und früher oder später gibt man auf. Hat es diese Möglichkeiten jemals gegeben? Theater und bildende Kunst sind auch vielfach kritik- und zahnlos. Vielleicht ist jede Gesellschaft zur ehrlichen Selbstreflexion unfähig. In diesen Worten steckt nur sehr wenig Selbstmitleid, Enttäuschung über Politik, Demokratie und Medien sehr wohl.

Ich kann und will es einfach nicht glauben, dass den Menschen diese Themen egal sind, wenn sie wirklich wüssten, wie sehr sie Körper und Geist durch übermäßigen Alkoholkonsum oder Rauchen oder durch kalorischen Hyperkonsum quälen und letztendlich schädigen und welch hohen Preis sie zahlen müssen. Evolutionstechnisch sind wir sicher nicht großzügig mit der Fähigkeit ausgestattet, Jahrzehnte vorauszuschauen, aber unser kognitives Potenzial sollte es durchaus ermöglichen, ein weitsichtiges, in die Zukunft gerichtetes Verhalten zu entwickeln.

Es wird Zeit, die gesellschaftlichen Krisenherde endlich ins politische Bewusstsein zu bringen, aber ein tatsächliches Momentum ist nicht wirklich spürbar und wird durch die Übermacht des Geldes in der Realisierung immer unwahrscheinlicher. Colin Crouch beschreibt die kranken Zusammenhänge zwischen Demokratie und Kapitalismus eindrücklich (vgl. Crouch, 2008).

Der Schaden von unmäßigem Alkoholkonsum steht der Zerstörung durch Zigaretten um nichts nach. Allein aus dem Grund, und es gibt noch viele mehr, müssten mehr Frauen in die Politik und auf Machtpositionen zugelassen werden.

Der Mensch wird sich weiterentwickeln, wobei die Richtung vielfach nicht abzuschätzen ist. Weiter muss nicht höher, schöner, besser oder smarter bedeuten, auch das Gegenteil ist möglich. Den Evolutionskräften sind Richtungen fremd, Ziele noch mehr. Ich habe versucht, möglichst nur solche Bereiche aus dem großen Gebiet von Medizin und Evolution herauszugreifen, in denen genetische Veränderungen nachgewiesen oder wahrscheinlich sind. Zukünftige Erdenbewohner werden mit verändertem genetischem Material zurechtkommen müssen, bestimmte Krankheiten werden vermehrt auftreten, weil die Medizin noch mehr therapeutische Möglichkeiten entwickeln wird, Fertilität trotz Erkrankung zu gewährleisten.

Wenige Krebsarten, Zuckerkrankheit und Krankheiten mit anderen genetischen Veränderungen werden ansteigen, was an sich kein Problem darstellt, wenn man rechtzeitig entsprechende Voraussetzungen schafft, wie zum Beispiel frühe Diagnosemöglichkeiten und verbesserte Behandlungen. Künstliche Befruchtung trägt ebenfalls zu einer Veränderung des genetischen Buchstabencodes bei. Inwieweit durch die genetischen Alterationen – wir sprechen hier von vielfach schädlichen Mutationen – noch andere Körperorgane betroffen sind, wird sich zeigen. Die Belastung oder vielleicht sogar Bereicherung durch psychische Verhaltensauffälligkeiten könnte durch Selektion ansteigen, wobei die komplexen Zusammenhänge von fragwürdigen Therapieerfolgen und dessen Auswirkungen auf Fitness und Fertilität noch zu wenig verstanden werden, um die Richtung des Nettoeffekts abzuschätzen.

Ist es vermessen, unmoralisch oder unbedingt unethisch zu hoffen, dass Suchtgene aus dem Genom entfernt werden? Dies könnte durchaus der Fall sein, wenn die negativen Folgen des Suchtverhaltens noch früher auftreten und die Fruchtbarkeit stärker herabsetzen. Nur wenn Süchtige weniger Kinder haben, kann es zu einer Verdünnung der Vererbbarkeit kommen. Wenn man aber bedenkt, wie viele Gene beim Suchtverhalten eine Rolle spielen, könnte eine negative Selektion sehr lange dauern. Noch kann man auch hier keine glaubwürdigen Berechnungen anstellen.

Darwin hat seinen Platz als Wissenschaftsgigant ohne Einschränkung verdient. Es liegt an uns, seine Erkenntnisse und die Beiträge der vielen Wissenschafter nach ihm über Evolution und Medizin adäquat für das Wohl der Menschheit einzusetzen. Das ist für mich der springende Punkt. Geht es nicht darum, das Wohl der Menschen zu erhöhen? Es sollte nicht allzu schwer sein, sich über eine Definition von Wohlbefinden zu einigen und auf dieses Ziel hinzuarbeiten. Die Menschenrechte versuchen nichts anderes, aber die Umsetzung dürfte zu schwer sein. Das ist auch das tägliche Brot der Weltgesundheitsorganisation.

Das Buch begann mit dem Zitat: „Nichts in der Biologie/Medizin hat Sinn außer aus dem Blickwinkel der Evolution." Auch wenn diese Phrase übertrieben ist, in vielen Bereichen der Medizin wäre ein besseres Verständnis evolutionärer Mechanismen für das Wohl von Patienten, für Menschen allgemein und die Gesellschaft insgesamt ohne Zweifel von erheblichem Vorteil. Dem Aufruf von Evolutionsexperten, das Wissen in das Curriculum des Medizinstudiums einfließen zu lassen, kann ich nur kräftig unterstützen (vgl. Nesse et al., 2010: 1800–1807). Heutzutage lehrt noch keine medizinische Fakultät Evolutionsbiologie oder Evolutionsmedizin und die Autoren des Aufrufs schreiben: „Die Situation wäre ähnlich, wenn Technikstudenten niemals über Physik unterrichtet werden würden." Ob dieser Vergleich passend ist oder nicht, sei dahingestellt.

Ich hoffe, die Lektüre hat einen Beitrag zu einem besseren Verständnis von Evolution, Medizin und Mensch geleistet. Noch mehr würde es mich freuen, wenn die teilweise sehr deutliche Kritik zu einem Überdenken des eigenen Verhaltens und Lebensstils und einem Umdenken im größeren Maßstab beitragen kann. Medikamente (zum Beispiel Antibiotika und Chemotherapeutika) sollten nur dann eingesetzt werden, wenn sie wirklich effektiv sind und dieser Nutzen durch ausreichende, hochqualitative wissenschaftliche Daten gesichert ist. Die evidenzbasierte Medizin ist zwar inzwischen populär, wird aber in der Praxis von Ärzten leider viel zu wenig angewendet. Wir sollten dahingehend mehr Druck auf die Ärzteschaft ausüben.

Die wachsende Kluft im Lebensstil, vor allem bei Ernährung und Bewegung, zwischen dem der heute lebenden Menschen und dem unserer Vorfahren, muss wieder kleiner werden, denn unser extremes Verhalten kann fitnessherabsetzend wirken, das physiologische Gleichgewicht erheblich stören und letzten Endes zu Krankheiten führen. Warum sollte Krankheit nicht vermieden werden, wenn man das könnte? Prophylaktisches Denken wäre ein wunderbarer Anfang. Die Krankenkassen beginnen langsam, das Potenzial von Vorbeugung statt Behandlung zu verstehen. Aus dieser Ecke könnte eine Kehrtwende initiiert werden. Das rein kapitalistische Motiv dahinter sollte niemanden stören. Noch ist eine ernst zu nehmende Bewegung aber nicht in Sicht.

Es ist zu erwarten, dass die Lebenserwartung unserer Kinder durch die steigenden Raten von Übergewicht und daraus folgend von Zuckerkrankheit mit allen Folgekrankheiten bereits kürzer sein wird als die unsrige. Das können wir nicht tatenlos hinnehmen. Die Gesellschaft muss das Spiel mit der Evolution ernst nehmen und reagieren. Denk- und Sichtweisen, die Evolutionsprinzipien miteinbeziehen, können uns dabei helfen, folgenreiche Diskrepanzen rechtzeitig aufzuspüren und korrektives Verhalten einzuleiten, damit möglichst viele Menschen auf diesem einzigartigen, wunderschönen Planeten ihr Leben in vollen Zügen genießen können.

Mit den berühmten Grußworten des genialen Halb-Vulkaniers Mr. Spock aus *Star Trek*, eines großen Verfechters des Rationalismus und sicherlich auch evidenzbasierter Medizin, möchte ich dieses Buch beschließen: „Live long and prosper!" – am leichtesten und am besten mit gesunder Ernährung und viel Bewegung!

Danksagung

Gerold Estermann hat sich durch ein unfertiges Manuskript gequält und viele Fehler gefunden und nicht verständliche Satzstellungen und -formulierungen entdeckt. Danke, Gerold, für Deine so wertvollen Korrekturen und Anmerkungen.

Das erste Buch *Der Krebs lebt nur vom Blut allein – Chemotherapie am Ende,* ein Versuch, die Limitationen von Krebstherapie dem interessierten Nicht-Fachmann näherzubringen, ist vor allem meiner Mutter gewidmet, das zweite, *Die Resistenzfalle – Infektionskrankheiten auf dem Vormarsch,* die Darstellung der exzessiven Verwendung von Antibiotika mit vielfach zweifelhaftem Nutzen, aber wahrscheinlichen negativen Langzeitkonsequenzen ist meinen Professoren gewidmet, die mich in meinem Denken absichtlich und vielleicht noch stärker unabsichtlich geformt und geprägt haben, aber an dem Ergebnis und an den Konsequenzen natürlich keine Schuld verantworten und tragen müssen. Sie haben einen nicht zu unterschätzenden Beitrag geleistet, eine Wissenschaftssucht und fast -obsession bei mir zu induzieren, vielfach zum Unbehagen meiner direkten Umgebung.

Dieses für den interessierten Laien verfasste Buch widme ich allen Wissenschaftern, die in den letzten Jahrzehnten entscheidende Beiträge zum besseren Verständnis von Evolution mit Schwergewicht auf medizinischen Aspekten geleistet haben. Für den teilweise provokanten Inhalt übernehme ich gerne die Verantwortung.

Ohne das Wenden, Streichen, Verändern von vielen Worten, Sätzen und Absätzen eines großartigen (Prä-)Lektors, der anonym zu bleiben wünscht, wäre mein Manuskript kein Buch geworden. Es war ein Vergnügen, sich den meisten Anweisungen zu unterwerfen. Franz Tettinger, der Lektor von Braumüller, hat dem Buch einen wunderbaren finalen Schliff gegeben und ich bin mit dem Ergebnis mehr als zufrieden. Die Leser hoffentlich ebenso.

Und dem Leitmotiv des anonymen Lektors kann ich nur zustimmen: „Ohne Klarheit in der Sprache ist der Mensch ein Gartenzwerg."

Thomas Böhm,
Wien, im September 2013

Literatur

Anand, Preetha, Kunnumakara, Ajaikumar B., Sundaram, Chitra, Harikumar, Kuzhuvelil B., Tharakan, Sheeja T., Lai, Oiki S.,Sung, Bokyung, Aggarwal, Bharat B., Cancer is a Preventable Disease that Requires Major Lifestyle Changes, in: Pharmaceutical Research, September 2008, Volume 25, Number 9, Seite 2097–2116

Anderson, Peter, Chisholm, Dan, Fuhr, Daniela C., Effectiveness and cost-effectiveness of policies and programmes to reduce the harm caused by alcohol, in: Lancet, 2009, 373: 2234–46

Anthes, Emily, Six ways to boost brain power, Scientific American Mind, 2008

Arias, Cesar A., Murray, Barbara E, Antibiotic-Resistant bugs in the 21st Century – A Clinical Super-Challenge, in: New England Journal of Medicine, 2009, 360: 439–443

Armstrong, G.L., Conn L.A., Pinner R.W., Trends in infectious disease mortality in the United States during the 20th century, in: Journal of the American Medical Association, 1999, 281: 61–66

Babyak, Michael, Blumenthal, James A., Herman, Steve, Khatri, Parinda, Doraiswamy, Murali, Moore, Kathleen, Craighead, W. Edward, Baldewicz, Teri T., Krishnan, K. Ranga, Exercise Treatment for Major Depression: Maintenance of Therapeutic Benefit at 10 Months, in: Psychosomatic Medicine, 2000, 62: 633–638

Bach, Jean-François, The Effect of Infections on Susceptibility to Autoimmune and Allergic Disorders, in: The New England Journal of Medicine, 2002, 347: 911–920

Bailar, J.C., Gornik, H.L., Cancer Undefeated, in: New England Journal of Medicine, 1997, 336: 1569–1574

Bailar, J.C., Smith, E.M., Progress against Cancer? in: New England Journal of Medicine, 1986, 314: 1226–1232

Baker, Nicola, de Koning, Harry P., Mäser, Pascal, Horn, David, Drug resistance in African trypanosomiasis: the melarsoprol and pentamidine story, in: Trends in Parasitology, Volume 29, Issue 3, März 2013, Seite 110–118

Baumeister, Roy F., Vohs, Kathleen D., Sexual Economics: Sex as Female Resource for Social Exchange in Heterosexual Interactions, in: Personality and Social Psychology Review 2004, Volume 8, Number 4, Seite 339–363

Berg, R.D., The indigenous gastrointestinal microflora, in: Trends in Microbiology, 1996; 4 (11) : 430–435. Wiedergabe der Daten mit freundlicher Genehmigung von Elsevier.

Black, William, Welch, Gilbert, Advances in diagnostic imaging and overestimation of disease prevalence and the benefits of therapy, in: New England Journal of Medicine, 1993, 17: 1237–1243

Blumenthal, J., Effects of exercise training on older patients with major depression, in: Archives of Internal Medicine, 1999, 159: 2349–2356

Böhm, Thomas, Der Krebs lebt nur vom Blut allein – Chemotherapie am Ende, ABW Wissenschaftsverlag, 2008

Böhm, Thomas, Die Resistenzfalle, Infektionskrankheiten auf den Vormarsch, ABW Wissenschaftsverlag, 2010

Bonner, J.T., Why Size Matters, Princeton University Press, 2006

Boon, Thiery, van Baren, Nicolas, Immunosurveillance against Cancer and Immunotherapy – Synergy or Antagonism?, in: New England Journal of Medicine, 2003, 348: 252–254

Brenner, H., Hakulinen, T., Long-term cancer patient survival achieved by the end of the 20th century: most up-to-date estimates from the nationwide Finnish cancer registry, in: British Journal of Cancer, 2001, 85: 367–371

Butler, D., Maurice, J., O'Brien, C., Time to put malaria control on the global agenda, in: Nature, 1997, 386: 535–541

Carey, Benedict, Popular Drugs May Help Only Severe Depression, in: New York Times, 6. Jänner 2010

Carmeliet, Peter, Angiogenesis in life, disease and medicine, in: Nature, 2005, 438: 932–936

Casswell, Sally, Thamarangsi, Thaksaphon, Reducing harm from alcohol: call to action, in: Lancet, 2009, 373: 2247–57

CDC: Centers for Disease Control and Prevention, Morbidity and Mortality Weekly Report 1999, 48(12): 243–248

CDC: Centers for Disease Control and Prevention, Morbidity and Mortality Weekly 2006, 55(32): 880–881

Chakravarty, Jaya, Sundar, Shyam, Drug Resistance in Leishmaniasis, in: Journal of Global Infectious Diseases, Mai-August 2010, 2(2): 167–176

Cohn, Samuel K., Weaver, Lawrence T., The Black Death and AIDS: CCR5-delta32 in genetics and history, in: Quarterly Journal of Medicine, 2006

Collins, William E., Barnwell, John W., A hopeful beginning for Malaria Vaccines, in: New England Journal of Medicine, 2008, 359: 2259–2601

Cox, Gerald F., Buerger, Joachim, Lip, Va, Mau, Ulrike A., Sperling, Karl, Wu, Bai-Lin, Horsthemke, Bernhard, Intracytoplasmic Sperm Injection May Increase the Risk of Imprinting Defects, in: The American Journal of Human Genetics, 2002, 71: 162–164

Crouch, Colin, Postdemokratie, edition suhrkamp, 2008

Cutler, David, The Value of Medical Spending in the United States, 1960–2000, in: New England Journal of Medicine, 2006, 355: 920–927

Dawkins, Richard, The greatest show on earth: The evidence for evolution, Bantam Press, 2009

Dawkins, Richard, The Selfish Gene, 30th Anniversary Edition, Oxford University Press, 2006

de Waal, Frans, Our inner ape, A leading primatologist explains why we are who we are, Riverhead Books, Paperback 2006

DeBaun, Michael R., Niemitz, Emily L., Feinberg, Andrew P., Association of In Vitro Fertilization with Beckwith-Wiedemann Syndrome and Epigenetic Alterations of LIT1 and H19, in: The American Journal of Human Genetics, 2003, 72: 156–160,

DeFilippis A., Sperling L., Understanding omega-3's, in: American Heart Journal, 2006; 151: 564–70

Dennett, Daniel, The Intentional Stance (6th printing), Cambridge, Massachusetts: The MIT Press, 1996

Derr, Mark, New Theories Link Black Death to Ebola-Like Virus, in: New York Times, 2. Oktober 2001

Dobzhansky, Theodosius, Nothing in Biology Makes Sense Except in the Light of Evolution, in: The American Biology Teacher, 1973, 35(3): 125–129

Donnenberg, Michael S., Pathogenic strategies of enteric bacteria, in: Nature, 2000, 406: 768–774

Dunbar R.I.M., Why Humans aren't just Great Apes, in: British Academy Review, 2008, 11: 15–17

Dunn, G.P., Bruce, A.T., Ikeda, H., Old, L.J., Schreiber, R.D., Cancer immunoediting: from immunosurveillance to tumor escape, in: Nature Immunology, 2002,3: 991–998

Ebos, J.M., Kerbel, R.S., Antiangiogenic therapy: impact on invasion, disease progression, and metastasis, in: Nature Reviews Clinical Oncology, 2011, 8: 210

Fehr, Ernst, Fischbacher, Urs, The nature of human altruism, in: Nature, Oktober 2003, Volume 425, Seite 785–791

Ferrara, Napoleone, Kerbel, Robert S., Angiogenesis as a therapeutic target, in: Nature, 2005, 438: 967–974

Finlay, B. Brett, The art of bacterial warfare, in: Scientific American, 2010, Seite 42–49

Flanagan, Michael, Avastin's progression, Biocentury, 6. März 2006, Volume 14, Number 11, Seite A1–A7

Flexner, C., HIV-protease inhibitors, in: The New England Journal of Medicine, 1998, 338: 1281–1292

Folkman, Judah, Tumor Angiogenesis: Therapeutic Implications, in: New England Journal of Medicine, 1971, 285: 1182–1186

Fournier, Jay C., DeRubeis, Robert J., Hollon, Steven D., Dimidjian, Sona, Amsterdam, Jay D., Shelton, Richard C., Fawcett Jan, Antidepressant drug effects and depression severity: a patient level meta-analysis, in: Journal of the American Medical Association, 2010,(1): 47–53

Frans, Emma et al., Advancing Paternal Age and Bipolar Disorder, in: Archives of General Psychiatry, 2008, 65(9): 1034–1040

Freud, Sigmund, Das Unbehagen der Kultur und andere kulturhistorische Schriften, Psychologie Fischer Taschenbuchverlag, 1994, 173–174

Galvani, Alison P., Slatkin, Montgomery, Evaluating plague and smallpox as historical selective pressures for the CCR5-delta32 HIV-resistance allele, in: PNAS, 2003, 100: 15276–15279

Gandon, Sylvain, Mackinnon, Margaret J., Nee, Sean, Read, Andrew F., Imperfect vaccines and the evolution of pathogen virulence, in: Nature, 2001, 414: 751–756

Garnick, Marc B., The Great Prostate Debate: Does Screening Save Lives?, Scientific American, February 2012; U.S. Preventive Services Task Force. Screening for Prostate Cancer: Draft Recommendation Statement, Seite 28–33

Generations and Gender Survey: Familienentwicklung in Österreich, Erste Ergebnisse des „Generations and Gender Survey (GGS)" 2008/09, Herausgegeben vom Österreichischen Institut für Familienforschung

Gissler, M. et al., In-vitro fertilization pregnancies and perinatal health in Finland 1991–1993, in: Human Reproduction, 1995, Volume 10: 1856–1861

Gladwell, Malcolm, None of the Above: What I.Q. doesn't tell you about race, in: The New Yorker, 17. Dezember 2007

Gluckman P.D., Hanson M.A., Evolution, development and timing of puberty, in: Trends in Endocrinology and Metabolism, 2006; 17: 7–12. Wiedergabe der Daten mit freundlicher Genehmigung von Elsevier.

Gluckman, Peter, Beedle, Alan, Hanson, Mark, Principles of Evolutionary Medicine, Oxford University Press, 2010

Gorbach, Sherwood L., Antimicrobial use in animal feed – Time to Stop, in: The New England Journal of Medicine, 2001, 345: 1202–1203

Gray, Nicole, Father Time: Children with older Dads at Greater Risk for Mental Illness, in: Scientific American, August 2011; auch unter: www.scientificamerican.com/article.cfm?id=children-with-older-dads-at-greater-mental-illness-risk (Stand: 8. August 2013)

Groopman, Jerome, Superbugs, The new generation of resistant infections is almost impossible to treat, in: The New Yorker, 11. August 2008

Hammer, Scott M. et al., A controlled trial of two nucleoside analogues plus indinavir in persons with human immunodeficiency virus infection and CD4 cell counts of 200 per cubic milliliter or less, in: The New England Journal of Medicine, 1997, 337: 725–733

Harford, Tim, The logic of life: the rational economics of an irrational world, Random House, 2008

Harrow, M., Factors involved in outcome and recovery in schizophrenia patients not on antipsychotic medications in: The Journal of Nervous and Mental Diseases, 2007; 195: 406–414

Health Canada Report, Changing Fertility Patterns: Trends and Implications, in: Health Canada Policy Research Bulletin, Mai 2005, Issue 10

Heber, David, Carpenter, Catherine L., Addictive genes and the relationship to obesity and inflammation, in: Molecular Neurobiology, 2011, 44: 160–165.

Hecht, C.A., Hook, E.B., The imprecision in rates of down syndrome by 1-year maternal age intervals: A critical analysis of rates used in biochemical screening, in: Prenatal Diagnosis, 1994, 14: 729–738

Heffner, L.J., Advanced maternal age: How old is too old?, in: New England Journal of Medicine, 2004, 351(19), Seite 1927–1929

Herrnstein, Richard J., Murray, Charles, The Bell Curve: Intelligence and Class Structure in American Life, Free Press Paperback (published by Simon & Schuster), 1996

Hertzog, Christopher, Kramer, Arthur F., Wilson, Robert S., Lindenberger, Ulman, Fit Body, Fit Mind, in: Scientific American Mind Juli/August 2009, Seite 24–31

Hicks, Lauri A., Taylor, Thomas H., Hunkler, Robert J., U.S. Outpatient Antibiotic Prescribing, 2010, in: The New England Journal of Medicine 2013, 368: 1461–1462

Hoffert, Stephen, Companies Seeking Solutions To Emerging Drug Resistance, in: The Scientist, April 1998, Seite 68; auch unter: http://www.the-scientist.com/?articles.view/articleNo/18879/title/Companies-Seeking-Solutions-To-Emerging-Drug-Resistance/ (Stand: 8. August 2013)

Holick, Michael F., Resurrection of vitamin D deficiency and rickets, in: The Journal of Clinical Investigations, Volume 116, Number 8, August 2006, Seite 2062–2072

Homan, G.F., Davies, M., Norman, R., The impact of lifestyle factors on reproductive performance in the general population and those undergoing infertility treatment: a review, in: Human Reproduction Update 2007, Volume 13, Number 3, Seite 209–223

Huffman, M. A., Self-medicative Behaviour in the African Apes: An Evolutionary Perspective into the Origins Of Human Traditional Medicine, in: BioScience, 2001, Vol. 51, No 8

Hvistendahl, Mara, Unnatural Selection – Choosing Boys over Girls and the Consequences of a World Full of Men, Perseus Books, Public Affairs, 2011

Jokela, Markus et al., Body mass index in adolescence and number of children in adulthood, in: Epidemiology, 2007, 18: 599–606

Jokela, Markus, Eloviainio, Marko, Kivimäki, Mika, Lower fertility with obesity and underweight: the US National Longitudinal Survey of Youth, in: American Journal of Clinical Nutrition, 2008, 88: 886–893

Jokela, Markus, Physical attractiveness and reproductive success in humans: evidence from the late 20th century Unites States, in: Evolution and Human Behavior, 2009, 30 (5): 342–350

Kalivas, Peter W., Volkow, Nora D., The Neural Basis of Addiction: A Pathology of Motivation and Choice, in: The American Journal of Psychiatry, 2005, 162: 1403–1413

Keller, Matthew C., Miller, Geoffrey, Resolving the paradox of common, harmful, heritable mental disorders: Which evolutionary genetic models work best?, in: Behavioral and Brain Sciences, 2006, 29: 385–452

Kennedy, C., Bajdik, C.D., Willemze, R., de Gruiil, F.R., and Bavinck, J.N.. The influence of painful sunburns and lifetime of sun exposure on the risk of actinic keratoses, seborrheic warts, melanocytic nevi, atypical nevi, and skin cancer. Journal of Investigative Dermatology, 2003, 120: 1087–1093

Kmietowicz, Z., Resistance to antiviral drugs is climbing, in: British Journal of Medicine, 2005, 331: 308

Knodel J., Infant mortality and fertility in three Bavarian villages: An analysis of family histories from the 19th century, Population Studies 1968, 22: 297–318

Koivurova, Sari et al., Neonatal outcome and congenital malformations in children born after in-vitro fertilization, in: Human Reproduction, 2002, Volume 17, Number 5: 1391–1398

Konje, J.C., Kaufman. P., Bell S.C., Taylor D.J., A longitudinal study of quantitative uterine blood flow with the use of color power angiography in appropriate for gestational age pregnancies. American Journal of Obstetrics and Gynecology, 2001, 185: 608–613. Wiedergabe der Daten mit freundlicher Genehmigung von Elsevier.

Kruger, D.J., Nesse, R.M., An evolutionary life-history framework for understanding sex differences in human mortality rates, in: Human Nature, 2006; 17: 74–97.

Kruger, Daniel, Nesse, Randolph N., Sexual selection and the Male: Female Mortality Ratio, in: Evolutionary Psychology, 2004, 2: 66–85

Kruger, Daniel, Socio-demographic factors intensifying male mating competition exacerbate male mortality rates, in: Evolutionary Psychology, 2010, 8(2): 194–204

Kuhn, Thomas S., The Structure of Scientific Revolutions, University of Chicago Press, 1970, Seite 150

Langenbach, Jürgen, Als gestände ich einen Mord, in: Spectrum, Die Presse, 27. Dezember 2008; auch unter: http://diepresse.com/home/spectrum/zeichenderzeit/440255/Als-gestaende-ich-einen-Mord (Stand: 8. August 2013)

Langlois, Judith H., Kalakanis, Lisa, Rubenstein, Adam J., Larson, Andrea, Hallam, Monica, Smoot, Monica, Maxims or Myths of Beauty? A Meta-Analytic and Theoretical Review, in: Psychological Bulletin, 2000, Volume 126, 3: 390–423

Lauerman, John F., Homicidal Cultures – They're gaining on us, in: Harvard Magazine, März/April 1997, Seite 18–21

Leichsenring, Falk, Rabung, Sven, Effectiveness of Long-term Psychodynamic Psychotherapy, in: JAMA, 2008, 300(13): 1551–1565

Leichsenring, Falk, Rabung, Sven, Leibing, Eric, The Efficacy of Short-term Psychodynamic Psychotherapy in Specific Psychiatric Disorders, in: Archives of General Psychiatry, 2004, 61: 1208–1216

Levitt, Steven, Dubner, Stephen J., Superfreakonomics: Global Cooling, Patriotic Prostitutes, and Why Suicide Bombers Should Buy Life Insurance, William Morrow/HarperCollins 2009

Levy, Stuart B., The challenge of antibiotic resistance, in: Scientific American, März 1998, Seite 46–53

Li, Ming D., Burmeister, Margit, New insights into the genetics of addiction, in: Nature Reviews Genetics, April 2009, Volume 10, 225–231.

Liessmann, Konrad Paul, Theorie der Unbildung, Die Irrtümer der Wissensgesellschaft, Serie Piper, 2008

Little, Susan J. et al., Antiretroviral-drug resistance among patients recently infected with HIV, in: The New England Journal of Medicine, 2002, 347: 385–394

Lorenz, Konrad, Das sogenannte Böse: Zur Naturgeschichte der Aggression, dtv Wissen, 25. Auflage 2007

Ludwig, Arnold M., King of the Mountain, The University Press of Kentucky, 2002

Malaspina, D. et al., Advancing Paternal Age and the Risk of Schizophrenia, in: Archives General Psychiatry, 2001; 58: 361–367

Manthey, Leonie, van Veen, Tineke, Giltay, Erik J., Stoop, José E., Knuistingh Neven, Arie, Penninx, Brenda W. J. H., Zitman, Frans G., Correlates of (inappropriate) benzodiazepine use: the Netherlands Study of Depression and Anxiety (NESDA), in: British Journal Clinical Pharmacology, 2011, 71: 263–272

Mathers, Colin, Loncar, Dejan, Projections of Global Mortality and Burden of Disease from 2002 to 2030, in: PLoS Medicine, 2006, 3: 2011–2030

Michaud, P.A., Juris, J.C., Deppen, A., Gender-related psychosocial and behavioural correlates of pubertal timing in a national sample of Swiss adolescents, in: Molecular and Cellular Endocrinology, 2006; 254–255: 172–178

Miller, Matthew, Hemenway, David, Guns and Suicide in the United States, in: New England Journal of Medicine, 2008, 359, 10: 989–991

Mocroft, A., Ledergerber, B., Viard, J. P., Staszewski, S., Murphy, M., Chiesi, A., Horban, A., Hansen, A.-B. E., Phillips, A. N., Lundgren, J. D. for the EuroSIDA Study Group, Time to Virological Failure of 3 Classes of Antiretrovirals after Initiation of Highly Active Antiretroviral Therapy: Results from the EuroSIDA Study Group, in: The Journal of Infectious Diseases, 2004; 190: 1947–56

Mokdad, Ali H., Marks, James S., Stroup-Donna F., Gerberding, Julie L., Actual Causes of Death in the United States, 2000, in: JAMA, 2004, 291: 1238–1245

Molla, Akhteruzzaman et al., Ordered accumulation of mutations in HIV protease confers resistance to ritonavir, in: Nature Medicine, 1996, 2: 760–766

Nesse, Randolph M., Bergstrom, Carl T., Ellison, Peter T., Flier, Jeffrey S., Gluckman, Peter, Govindaraju, Diddahally R., Niethammer, Dietrich, Omenn, Gilbert S., Perlman, Robert L., Schwartz, Mark D., Thomas, Mark G., Stearns, Stephen C., Valle, David, Making evolutionary biology – a basic science for medicine, in: PNAS, Jänner 2010, Volume 107: 1800–1807

Nesse, Randolph M., Berridge, Kent C., Psychoactive Drug Use in Evolutionary Perspective, in: Science, Oktober 1997, Volume 278, Seite 63–66.

Nowak, Martin A., Why we help: The evolution of cooperation, in: Scientific American, Juli 2012, Seite 34–39

Oeffinger, Kevin C. et al. Chronic Health Conditions in Adult Survivors of Childhood Cancer, in: New England Journal Medicine, 2006, 355: 1572–82

Olfson, Mark, Marcus, Steven C., National Trends in Outpatient Psychotherapy, in: American Journal of Psychiatry, 2010, 167, Number 12: 1456–1463

Oxford Textbook of Oncology, Section 4.1: Chemotherapy: General Aspects, 1995, 451–452

Palumbi, Stephen R., Humans as the World's Greatest Evolutionary Force, in: Science, September 2001, Volume 293, Seite 1786–1790

Paton et al., Designer probiotics for prevention of enteric infections, in: Nature Reviews Microbiology, 2006, 4: 193–200

Patterson, James T., The Dread Disease: Cancer and Modern American Culture, Harvard University Press 1989, Seite 88

Perry, Jane, Data show that SARS is gradually coming under control, in: British Medical Journal, 2003, 326: 1166–68

Pier et al., Salmonella typhi uses CFTR to enter intestinal epithelial cells, in: Nature, 1998, 393: 79–82

Pigott, Edmund, Leventhal, Allan M., Alter, Gregory S., Boren, John J., Efficacy and Effectiveness of Antidepressants: Current Status of Research, in: Psychother Psychosom, 2010, 79: 267–279

Pollard, Katherine S., What makes us human? Comparisons of the genomes of humans and chimpanzees are revealing those rare stretches of DNA that are ours alone, in: Scientific American, Mai 2009, Seite 32–37

Quillen, E.E., Shriver, M.D., Unpacking human evolution to find the genetic determinants of human skin pigmentation, in: Journal of Investigative Dermatology, 2011, 131: E5–E7

Raeburn, Paul, The Father Factor, in: Scientific American Mind, Februar/März 2009, Seite 30–35

Rehm, Jürgen, Mathers, Colin, Popova, Svetlana, Thavorncharoensap, Montarat, Teerawattananon, Yot, Patra, Jayadeep, Global burden of disease and injury and economic cost attributable to alcohol use and alcohol-use disorders, in: Lancet, 2009, 373: 2223–33

Reichenberg, Abraham et al., Advancing Paternal Age and Autism, in: Archives of General Psychiatry, 2006, 63: 1026–1032

Rose-Ackerman, Susan, Fighting corruption, in: The Economist, 29. April 2004

Roush, Richard T., Occurrence, Genetics and Management of Insecticide Resistance, in Parasitology Today, 1993, 9: 174–179

Sacks, Frank M. et al., Comparison of weight-loss diets with different compositions of fat, protein, and carbohydrates, in: New England Journal of Medicine, 2009, 360: 9: 859–873

Schaller, M., Park, J. H., The behavioral immune system (and why it matters), in: Current Directions in Psychological Science, 2011, 20, 99–103; auch unter: www.scientificamerican.com/article.cfm?id=the-behavioral-immune-system (Stand: 8. August 2013)

Schieve, Laura et al., Perinatal Outcome Among Singleton Infants Conceived Through Assisted Reproductive Technology in the United States, in: Obstetrics & Gynecology, 2004, 103: 1144–53.

Schwartz, Morton N., Editorial, in: The New England Journal of Medicine 1997, 337: 491–492.

Seppaelae, Helena et al., The effect of changes in the consumption of macrolide antibiotics on erythromycin resistance in group A streptococci in Finland, in: The New England Journal of Medicine, 1997, 337: 441–446

Shah, Sonia, New Threat from Poxviruses, in: Scientific American, März 2013, Seite 52–57

Sharon, N.; Lis, H. Carbohydrates in cell recognition, in: Scientific American, 1993, 268: 82–89

Shedler, Jonathan, The Efficacy of Psychodynamic Psychotherapy, in: American Psychologist, Februar–März 2010, Volume 65, Number 2, Seite 98–109

Shu, Suyu, Plautz, Gregory E., Krauss, John C., Chang, Alfred E., Tumor Immunology, in: Journal of the American Medical Association, 1997, 278: 1972–1981

Shubin, Neil H., This old body, in: Scientific American, Jänner 2009, Seite 50–53 (Special Issue: The Evolution of Evolution: How Darwin's Theory Survives, Thrives and Reshapes the World); siehe auch: http://jeromegroopman.com/ny-articles/Superbugs-081108.pdf (Stand: 8. August 2013)

Simon, Gregory E., Von Korff, Michael, Saunders, Kathleen, Miglioretti, Diana L., Crane, Paul K., van Belle, Gerald, Kessler, Ronald C., Association between obesity and psychiatric disorders in the US adult population, in: Archives of General Psychiatry, 2006, 63(7): 824–830

Snowden, Frank M., Emerging and reemerging diseases: A historical perspective, in: Immunological Reviews 2008, Volume 225, Seite 9–26

Spiro, David M., Tay, Khoon-Yen, Arnold, Donald H., Dziura, James D., Baker, Mark D., Shapiro, Eugene D., Wait-and-See Prescription for the Treatment of Acute Otitis Media, in: JAMA, 2006, 296: 1235–1241

Spitzer, Manfred, Digitale Demenz, Wie wir uns und unsere Kinder um den Verstand bringen, Droemer, 2012

Spitzer, Manfred, Lernen: Gehirnforschung und die Schule des Lebens, Elsevier Spektrum Akademischer Verlag 2007

Stearns, Stephen C., Koella, Jacob C. (Editoren); Evolution in Health and Disease, 2nd Edition, Oxford University Press, 2008

Sunstein, Cass R., Why societies need dissent? Harvard University Press, 2003

Suttorp, Norbert, Dietel, Manfred, Zeitz, Martin (Hrsg.), Harrisons Innere Medizin Band 3, 18te Auflage, 2013, ABW Wissenschaftsverlag

Tannock, Ian F., Conventional cancer therapy: promise broken or promise delayed?, in: The Lancet, 1998,351, Supplement ii: 9–16

The Howard Hughes Medical Institute, The race against lethal microbes, 1996

Trevanathan, Wenda R., Smith, E.O., McKenna, James J., Evolutionary Medicine and Health, New Perspectives, Oxford University Press, 2008

Verweij, J., de Jonge, M.J.A., Achievements and future of chemotherapy, in: European Journal of Cancer, 2000, 36: 1479–1487

Wade, Nicholas, Before the dawn: Recovering the lost history of our ancestors, Penguin Books, 2007

Walsh, Christopher T., Molecular mechanisms that confer antibacterial drug resistance, in: Nature, 2000, 406: 775–781

Walum, Hasse et al., Genetic variation in the vasopressin receptor 1a gene (AVPR1A) associates with pair-bonding behavior in humans, in: Proceedings of the National Academy of Sciences, 2008, Volume 105, Number 37: 14153–14156

Weiss, Rick, The Washington Post: Protecting teeth with bacteria that bite back, 22 July 2002.

Whitaker, Robert, Anatomy of an Epidemic: Magic Bullets, Psychiatric Drugs and the Astonishing Rise of Mental Illness in America, Crown Publishers, 2010

Whitaker, Robert, Anatomy of an Epidemic: Psychiatric Drugs and the Astonishing Rise of Mental Illness in America, in: Ethical Human Psychology and Psychiatry, 2005, Volume 7, Number 1, Seite 30

Wilcox, Allen J., On the importance and unimportance of birthweight, in: International Journal of Epidemiology, 2001; 30: 1233–1241

Williams, Brian G., Dye, Christopher, Antiretroviral drugs for tuberculosis control in the era of HIV/AIDS, in: Science, 2003, 301: 1535–1537

Wilson, Margo, Daly, Martin, Life expectancy, economic inequality and reproductive timing in Chicago neighbourhoods, in: British Medical Journal, 1997, 314: 1271–1274.

Ziebe, Soren et al., Assisted reproductive technologies are an integrated part of national strategies addressing demographic and reproductive challenges, in: Human Reproduction Update, 2008, Vol.14, No.6 pp. 583–592

Zimmer, Carl, The Search for Intelligence, in: Scientific American, Oktober 2008, Seite 52–59

Internetquellen

Alstad, Donald N., University of Minnesota; Populus, Simulations of Population Biology; www.cbs.umn.edu/populus (Stand: 23. Juni 2013)

Begley, Sharon, Insights: New doubts about prostate-cancer vaccine Provenge, 30. März 2012: http://www.reuters.com/article/2012/03/30/us-provenge-idUSBRE82T07420120330 (Stand: 8. August 2013)

Genentech USA Inc.: Avastin-Verschreibungsinformation: http://www.gene.com/gene/products/information/pdf/avastin-prescribing.pdf (Stand: 8. August 2013)

CDC-Report: Centers for Disease Control and Prevention, Assisted Reproductive Technology Surveillance – United States, 2006, http://www.cdc.gov/mmwr/preview/mmwrhtml/ss5805a1.htm. (Stand: 8. August 2013)

Copenhagen Consensus Challenge Paper 2004 von Susan Rose-Ackerman: http://www.copenhagenconsensus.com/sites/default/files/CP%2B-%2BCorruption%2BFINISHED.pdf (Stand: 8.August 2013)

Dendreon Corporation, Provenge Verschreibungsinformation: http://www.dendreon.com/prescribing-information.pdf (Stand: 8. August 2013)

The Economist, 20. April 2002, auch unter: http://www.economist.com/node/1087112

FAZ-Interview von Christian Schwägerl mit Jared Diamond, Juli 2007: http://www.faz.net/aktuell/feuilleton/buecher/interview-sind-wir-etwa-die-ersten-normalen-menschen-1464308.html (Stand: 8. August 2013)

Jokela, Markus, Website: http://blogs.helsinki.fi/mmjokela/ bzw. http://blogs.helsinki.fi/mmjokela/women-are-getting-more-beautiful-getting-the-story-right/ (Stand: 8. August 2013)

IDSA-Report: Report from the Infectious Diseases Society of America, BAD BUGS, NO DRUGS, As Antibiotic Discovery Stagnates... A Public Health Crisis Brews, July 2004: http://www.idsociety.org/uploadedfiles/idsa/policy_and_advocacy/current_topics_and_issues/antimicrobial_resistance/10x20/images/bad%20bugs%20no%20drugs.pdf (Stand: Juni 2013)

Smithsonian National Museum of Natural History: http://humanorigins.si.edu/ (Stand: 8. August 2013)

WHO, Globaler Plan gegen die Artemisin-Resistenz: http://www.who.int/malaria/publications/atoz/artemisinin_resistance_containment_2011.pdf bzw. Update: http://www.who.int/malaria/publications/atoz/arupdate042012.pdf (Stand: 8. August 2013)

WHO: Global tuberculosis report 2012 http://www.who.int/tb/publications/global_report/en/ (Stand: 8. August 2013)

WHO Factsheet 2012: www.who.int/mediacentre/factsheets/fs107/en/ (Stand: 8. August 2013)

WHO Malaria Report: http://www.who.int/malaria/publications/atoz/arupdate042012.pdf (Stand: 8. August 2013)

Wikipedia, „Human evolution"; „Cranial capacity":http://en.wikipedia.org/wiki/Human_evolution; http://en.wikipedia.org/wiki/Cranial_capacity (Stand: 8. August 2013)

World Health Statistics Report 2007: http://www.who.int/gho/publications/world_health_statistics/whostat2007.pdf (Stand: 8. August 2013)

Worldwide HIV & AIDS Statistics Summary: http://www.avert.org/worldstats.htm (Stand: 2. Juli 2013)